普通高等教育"十三五"重点规划教材

焊接冶金学——基本原理

主编　杜则裕

参编　张炳范　孙俊生

主审　李志远　邹增大

U0239693

机 械 工 业 出 版 社

本书从焊接过程中的金属加热及温度场、熔池金属的化学冶金及焊接接头的物理冶金各阶段的变化规律，阐述焊接过程的本质。本书主要内容包括焊接热源及熔池形成，焊接化学冶金，焊条、焊丝及焊剂，熔池凝固及焊缝固态相变，焊接缺欠，焊接热影响区，焊接裂纹。本书注重培养学生独立思考、分析问题及解决问题的工作能力，注意加强学生理论联系实际的训练及试验。

　　本书是高等学校焊接技术与工程专业、材料成形及控制工程专业、材料加工工程专业（焊接方向）的重要专业理论课教材，也是从事焊接研究和焊接工程的技术人员学习的主要参考书。

图书在版编目（CIP）数据

　　焊接冶金学：基本原理/杜则裕主编. —北京：机械工业出版社，2018.6（2023.6重印）

　　普通高等教育"十三五"重点规划教材

　　ISBN 978-7-111-59343-0

　　Ⅰ.①焊… Ⅱ.①杜… Ⅲ.①焊接冶金-高等学校-教材 Ⅳ.①TG401

　　中国版本图书馆 CIP 数据核字（2018）第 043478 号

机械工业出版社（北京市百万庄大街 22 号　邮政编码 100037）
策划编辑：冯春生　责任编辑：冯春生　章承林
责任校对：肖　琳　封面设计：路恩中
责任印制：常天培
北京机工印刷厂有限公司印刷
2023 年 6 月第 1 版第 7 次印刷
184mm×260mm · 18.75 印张 · 456 千字
标准书号：ISBN 978-7-111-59343-0
定价：49.00 元

本书是高等学校焊接技术与工程专业、材料成形及控制工程专业、材料加工工程专业（焊接方向）的一门重要的专业理论课教材，在培养焊接专业本科生、焊接工程技术人员掌握专业理论知识过程中起着非常重要的作用，同时也是从事与材料开发和焊接技术相关的研究人员和工程技术人员的重要参考书。本书是根据由中国机械工业教育协会材料加工工程学科教学委员会焊接学科组和机械工业出版社共同组织的焊接专业（方向）教材编写工作会议所通过的教材编写大纲的要求编写的。

"焊接冶金学——基本原理"是本专业学生首先要学习的专业课程，为学生建立焊接学科的理论基础、专业名词术语的正确概念，以便为后续的专业课程学习打下坚实的基础。本课程在20世纪50年代我国焊接专业初创时期的名称是"焊接原理"。这就表明，本课程的主要任务是使学生掌握焊接的基本理论，例如焊件的加热及热量的传导及分布、焊接过程中的冶金反应，以及金属在焊接过程中的组织变化等。在高校教学实践的基础上，1961年天津大学焊接教研室编写的《焊接冶金基础》由中国工业出版社出版，并且得到其他高校的选用。20世纪70年代本课程名称为"金属材料焊接理论基础"。20世纪80年代根据国家标准焊接名词术语的准确用法，本课程名称改为"金属熔焊原理"。1988年出版的全国统编教材的课程名称确定为"焊接冶金"。随着科学技术的发展，我国进行了大规模的经济建设，尤其是改革开放以来，高等学校的教学改革也在积极开展，焊接冶金学科的教学及科研成果不断丰富和充实提高了本课程的内容及水平。1995年机械工业出版社出版了由张文钺教授主编的《焊接冶金学（基本原理）》。近年来，焊接已经逐渐形成了独立的学科体系，在焊接传热学、焊接化学冶金学、焊接材料学、焊接金属学等诸多领域都取得了可喜的科技进步，焊接技术在国家经济建设及国防建设中做出了重要贡献。这些重要成果应当反映到高校焊接专业课教学中来。本书编者本着积极结合新标准、新工艺、新技术、新成果的理念，力求讲清楚本课程的重点及难点，使学生建立起正确的专业学术概念，为后续课程及今后的实际工作打下坚实的基础。

本书的特点是从焊接过程中的金属加热及温度场、熔池金属的化学冶金及焊接接头的物理冶金各阶段的变化规律，阐述焊接过程的本质。目的是为了启发学生独立思考、分析问题及解决问题的工作能力，注意加强学生理论联系实际的训练及试验。

本书由天津大学博士生导师杜则裕教授担任主编，由华中科技大学博士生导师李志远教授、山东大学博士生导师邹增大教授担任主审。本书绪论、第1章、第3章、第4章、第5章由杜则裕编写，第2章由天津大学张炳范教授编写，第6章、第7章由山东大学孙俊生教授编写。为本书编写提供帮助的还有隋永莉、刘光云、张德勤、屈朝霞、杨立军、邸新杰等。

本书在编写过程中得到了中冶钢铁研究总院、中国工程建设焊接协会、华中科技大学、山东大学、北京航空航天大学、中国石油大学（华东）、中国石油管道科学研究院、中国石油管道学院、九江学院等单位的大力协助，特此表示感谢。本书在编写过程中，参考了大量的相关科学技术文献，在此谨向这些文献的作者及所在单位表示衷心的感谢。

本书的出版得到了机械工业出版社的大力支持与帮助，对于他们的辛勤劳动，在此表示衷心的感谢。

限于编者的水平，书中不妥之处敬请读者批评指正。

编　者

绪　论

近年来，随着我国经济建设的快速发展，焊接科学技术取得了重大的进步。举世瞩目的载人航天、奥运工程、西气东输、高速列车、航空母舰及海洋工程等重大的焊接科学应用项目取得了辉煌的业绩，从而为焊接科学理论与工程技术的发展奠定了坚实的基础，并且创造了可持续发展的优良条件。

我国的钢铁年产量已经超过 7 亿 t，按照工业发达国家的数据，将近 50%的钢材需要经过焊接加工。虽然我国已经是制造业的焊接大国，但是应该清醒地认识到我国焊接技术水平与工业发达国家还有一定的差距。随着科学技术的不断进步，新材料、新能源、新工艺的不断出现，焊接科学与技术必将为我国现代化的经济建设及国防建设事业做出重大的贡献。

按照教学计划的安排，"焊接冶金学——基本原理"是焊接专业学生最早接触到的一门专业课。本绪论的主要内容就是要介绍：①什么是焊接？讲清楚焊接过程的物理本质；②本课程是干什么的？讲清楚焊接冶金学的研究领域；③ 学习本课程有什么用？讲清楚学习本课程的目的及学习内容。使学生充分了解这三个问题，对于今后的专业课学习是非常有益的。

1. 焊接过程的物理本质

什么是焊接？焊接（Welding）的定义是：通过加热或加压，或两者并用，并且用或不用填充材料，使工件达到结合的一种方法（GB/T 3375—1994《焊接术语》）。

焊接与其他连接方式不同，即不仅在宏观上形成了永久性的连接，而且在微观上也建立了金属组织之间的内在联系。

由金属学的理论可知，金属是依靠金属键结合的。两个原子之间的结合力取决于它们之间引力与斥力共同作用的结果。对于大多数金属来说，当原子间的距离 $r_A \approx 0.3 \sim 0.5 \mathrm{nm}$ 时，结合力最大。当原子间的距离大于或小于 r_A 时，原子之间的结合力就明显减小。

实现焊接过程，从理论上分析就是使两个被连接的金属表面接近到相距为 r_A 时，就可以在接触表面上进行原子扩散、再结晶等物理化学过程，并且形成金属键的连接，达到焊接的目的。然而，使两个金属表面接近到相距为 r_A 并非是轻而易举的。即使经过精加工的金属表面实际上也有微观的凸凹不平，并且金属表面还常常有氧化膜、油污、水等杂质的吸附层。这些都在阻碍金属表面的紧密接触。为了克服这些阻碍金属表面紧密接触的因素，在焊接工艺上需要采取以下两种措施：

（1）对母材施加压力　其目的是破坏母材接触表面上的氧化膜，使连接处产生局部塑性变形，增加有效接触面积，实现母材之间的紧密接触。

（2）对母材加热　其目的是使连接处达到塑性或熔化状态，使母材接触面的氧化膜迅速破坏，降低金属变形的阻力。加热也增加了金属原子的振动能量，从而促进扩散、再结晶等物理化学过程的发展。

每种金属实现焊接所必须的温度与压力之间存在着一定的关系，焊接纯铁时所必需的温度和压力的关系如图 0-1 所示。由该图可知，金属加热的温度越低，实现焊接所需的压力就越大。当金属的加热温度 $T < T_1$ 时，压力必须在 AB 线以上才能实现焊接，这就是图中 1 区的情况。当金属的加热温度为 $T_1 < T < T_2$ 时，压力应该在 BC 线以上，即图中 2 区的电阻焊情况。当金属的加热温度 $T \geq T_M$ 时（T_M 是金属的熔化温度），实现焊接所需的压力为零，这就是图中的 3 区，说明实现熔焊时是不需要任何压力的。

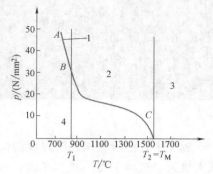

图 0-1　焊接纯铁时所必需的温度和压力

1—高压焊接区　2—电阻焊区
3—熔焊区　4—不能实现焊接区

根据母材是否被加热而熔化或是否被加压，通常将焊接方法分为熔焊（fusion welding）、压焊（pressure welding）及钎焊〔硬钎焊（brazing）和软钎焊（soldering）〕三类。其中每一类又按照不同的加热方式、工艺特点等特征再细分为若干小类。

（1）熔焊　熔焊是指待焊处的母材金属熔化以形成焊缝的焊接方法。熔焊包括焊条电弧焊、埋弧焊、电渣焊、CO_2 气体保护焊、等离子弧焊等。

（2）压焊　压焊是指焊接过程中，必须对焊件施加压力（加热或不加热），以完成焊接的方法。压焊包括固态焊、热压焊、锻焊、气压焊及冷压焊等。

（3）钎焊　钎焊是指采用比母材熔点低的金属材料作为钎料，将焊件和钎料加热到高于钎料熔点，但低于母材熔化温度，利用液态钎料润湿母材，填充接头间隙并与母材相互扩散实现连接焊件的方法。根据使用钎料的不同，钎焊可分为硬钎焊和软钎焊两类。

钎焊方法可根据热源或加热方法来分类。常用的钎焊方法有炉中钎焊、火焰钎焊、浸渍钎焊、感应钎焊、电阻钎焊等。

总之，尽管焊接方法有很多种，但是在实质上都是使母材和焊缝金属形成共同的晶粒，如图 0-2a 所示。钎焊接头虽然在钎料熔点以下的温度时也能形成不可拆卸的接头，但是在一般情况下由于母材不熔化，只是填充的钎料熔化，所以在连接处不易形成共同的晶粒，而

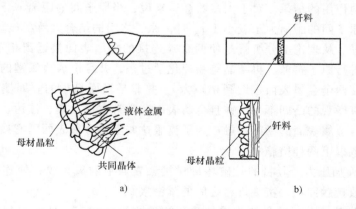

图 0-2　焊接与钎焊的本质区别

a）焊接　b）钎焊

只是在钎料与母材之间形成粘合。如图 0-2b 所示。因此，焊接与钎焊在微观上是有原则区别的。但是，近年来研制的共同钎料，也能使钎焊形成共同晶粒。这只是钎焊范畴中的特例。

　　2. 焊接冶金学的研究领域

　　随着科学技术的不断进步，生产中的各种装备日益向高温、高压、大容量、大型化的方向发展，所以生产实践中不断提出具有特殊性能材料焊接的新课题。例如高强度钢、超高强度钢、不锈钢、耐蚀钢、铝合金、钛合金、耐热合金、各种活性金属、难熔金属、异种金属、金属与非金属的焊接以及今后的功能材料、记忆合金的焊接等。科学技术与生产实际对焊接不断地提出更高的要求，就促使人们去研究焊接冶金的有关课题，并且不断地解决，促使焊接学科不断地向前发展。

　　焊接冶金学的研究领域十分广泛。它包括焊接经历的各个过程。对于金属材料的熔焊，焊接一般要经历加热、熔化、冶金反应、凝固结晶、固态相变、形成达到质量要求的焊接接头等过程。上述这些过程之间的相互联系和所处的温度、时间条件等如图 0-3 所示。为便于分析，可归纳为如下三个相互联系的过程：

　　（1）焊接热过程　在熔焊条件下，母材受到焊接热源的作用，将发生局部受热、局部熔化及传热过程。因此，在母材中必然进行热量的传递和分布，这就是焊接热过程。

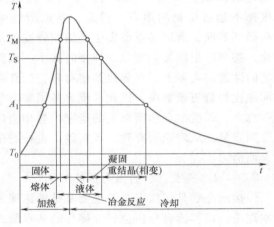

图 0-3　熔焊经历的过程

T_M—金属的熔化温度（液相线）　T_S—金属的凝固温度（固相线）　A_1—钢的 A_1 相变点　T_0—初始温度

　　焊接热过程贯穿全部焊接过程的始终，而且焊接冶金是在热过程中发生和发展的。焊接温度场与焊接应力和应变的分布、冶金反应、结晶及相变等都有着密切的关系。同时，焊接热过程也是影响焊接质量和焊接生产率的重要因素。因此，世界各国都对焊接热过程的研究十分重视。目前，它已经发展成为焊接领域中的一个独立分支，即"焊接传热学"。

　　（2）焊接化学冶金过程　熔焊时，在熔化金属、熔渣及气相之间进行着一系列的化学冶金反应，例如金属的氧化、还原、脱硫、脱磷、合金元素过渡、脱氢等反应。这些冶金反应直接影响焊缝金属的化学成分、组织和性能，因此控制化学冶金过程是提高焊接质量的重要方法之一。有关研制新型焊接材料用来提高焊缝强韧性的课题是当前化学冶金方面的研究重点。所采取的措施是通过焊接材料向焊缝金属中过渡 Mo、V、Ti、RE 等微量元素；或通过净化焊缝，适当降低焊缝中的含碳量，最大限度地排除 S、P、O、N、H 等杂质，从而使焊缝金属韧化。

　　（3）焊接时金属的凝固结晶及相变过程　随着焊接过程的进行，热源向前移动而离开已经局部熔化的金属。这时液态金属由于热源的离开而温度逐渐降低，便开始了凝固结晶过程，金属原子由近程有序排列转变为远程有序排列，即由液态转变为固态。对于具有同素异构转变的金属，随着温度的下降将发生固态相变。由于焊接条件下是快速连续冷却，受局部拘束应力的作用，所以焊缝金属的凝固结晶和相变都具有各自的特点。并且在这些过程中会产生偏析、夹杂、气孔、脆化、裂纹等缺欠。因此，调整和控制焊缝金属的凝固和相变过程是保证焊接质量的技术关键。

熔焊时，熔合区和靠近焊缝两侧的母材在焊接过程中也受到了热源的作用。图 0-4 表示了焊接接头的组成，其中，母材是被焊接的材料；焊缝是焊件焊接后所形成的结合部分；熔合区是焊接接头中，焊缝与热影响区相互过渡的区域；而热影响区是焊接过程中母材因受热的影响（但未熔化）而发生金相组织和力学性能变化的区域。显然，热影响区中各点的最高温度都不超过母材的熔点。但是，各点所经受

图 0-4　焊接接头示意图
1—焊缝　2—熔合区　3—热影响区　4—母材

的热循环不同，所以各点所发生的组织转变也不同，并且在某些情况下还会导致性能变脆或软化，甚至产生缺欠。所以，焊接时除了应该保证焊缝金属的性能以外，还必须要保证热影响区的性能。实际上，在焊接某些材料，如高强度钢、铝合金、钛合金等时，热影响区存在的问题比焊缝更难解决。因此，世界各国都非常重视这方面的研究工作。

总之，焊接冶金学所涉及的研究内容相当广泛。目前的发展趋势正在从宏观到微观，从定性到定量，从理论研究到工程实践，进行着全面、深入、系统地研究，为不断地提高焊接质量而努力。

3. 学习焊接冶金学的目的及任务

焊接冶金学是焊接专业的主要基础理论课之一。其目的在于使读者掌握金属材料熔焊的基本理论，培养读者分析金属焊接性的基本能力，学会焊接试验研究的基本方法，并且结合工程实例的介绍与讨论，为读者在生产实际中正确地选择焊接材料及焊接工艺方法，制订合理的焊接工艺方案及工艺措施打下必要的基础。

焊接冶金学的主要任务是研究金属材料在熔焊条件下，有关焊接传热学、化学冶金和物理冶金学的普遍规律，并且在此基础上讨论具体焊接条件下金属材料的焊接性，为在生产实践中分析问题、解决问题、制订合理的焊接工艺方案，提高焊接质量打下理论基础。因此，焊接冶金学在专业课教学中占有重要的地位。焊接冶金学的内容可分为以下两大部分：

（1）焊接冶金学——基本原理　这部分内容为本书第 1 章~第 7 章，是金属熔焊的理论基础，主要讨论在焊接条件下焊接热源、焊接温度场、焊条熔化及熔池的形成；焊接化学冶金过程的特点、气相对金属的作用、熔渣及其对金属的作用、合金过渡；焊条、焊丝、焊剂；熔池凝固、焊缝固态相变、焊缝性能的改善；焊接缺欠与焊接缺陷、焊接缺欠的分类、焊接缺欠的评级与处理、焊缝中的气孔、焊缝中的杂质；焊接热循环、焊接热循环条件下的金属组织转变特点、焊接热影响区的组织和性能、焊接热/力模型模拟技术简介；焊接裂纹的危害及分类、焊接热裂纹、焊接冷裂纹、再热裂纹、层状撕裂、应力腐蚀裂纹、焊接裂纹诊断的一般方法等。

（2）焊接冶金学——材料焊接性　这部分内容主要对典型材料的焊接性进行分析以及选择正确的焊接工艺方案，讨论的主要内容有材料焊接性及其试验评定、合金结构钢的焊接、不锈钢及耐热钢的焊接、有色金属（铝、铜、钛及其合金）的焊接、铸铁的焊接、先进材料的焊接以及异种材料的焊接等。

焊接冶金学是在"物理化学"、"金属学及热处理"以及"焊接技术导论"等课程的基础上，结合焊接过程的特点分析、讨论各种材料焊接时的基本规律。本书在讨论具体材料的焊接时，重点放在分析材料的焊接性特点、如何制订焊接工艺方案，并结合典型工程实例，这对于深入学习及掌握材料焊接的基本规律，培养读者分析实际问题、解决生产问题的能力是相当有益的。由于焊接冶金学所涉及的理论问题和实际问题相当广泛，所以在学习时必须综合运用本专业各门学科的知识，结合生产实践经验及典型工程实例的分析讨论，认真思考，不断总结。

对于焊接冶金及材料焊接性方面某些未被认识的规律，还需要焊接工作者在今后的科学实践及生产实践中不断地探索，勤于思考，并加以认真总结。

思 考 题

1. 什么是焊接？焊接与钎焊的区别是什么？
2. 焊接冶金的研究领域包括哪些方面？
3. 学习焊接冶金学的目的是什么？
4. 结合图 0-3，说明熔焊经历的全部过程。

焊接热源及熔池形成

在现代科学技术条件下，实现焊接过程所采用的能源主要是电能与机械能，以及化学能、光能、超声波能等。对于熔焊，主要是采用电弧热、电阻热，以及等离子弧、电子束、激光束等高能量密度的焊接能源。

本章主要讨论焊接热源、焊接温度场、焊条熔化及熔池的形成等。这些方面对于焊接化学冶金、熔池凝固、焊接热影响区的组织与性能，以及焊接应力与变形、焊接缺欠的产生及防止都有着重要的影响。

1.1 焊接热源

熔焊的发展过程反映出所使用的焊接热源的发展变化过程。从19世纪80年代开发电弧以来，焊接热源得到了不断的更新与完善。例如，19世纪末的碳弧电焊、金属极电弧焊；20世纪初的气焊及薄皮焊条电弧焊；20世纪20年代的焊条电弧焊及氢原子焊、氩气保护焊；20世纪40年代的电阻焊和埋弧焊；20世纪50年代出现了电渣焊和气体保护焊；20世纪60年代的电子束焊、等离子弧焊；20世纪70年代开发了激光焊；20世纪80年代开始探索新的焊接热源，如太阳能、微波和离子束等。为了满足国家建设的需求，在科学技术发展中总是不断地研制出新的材料，设计出新型的工程结构，并且提出更为严格的技术要求，因此就需要不断地开发与探索新的焊接热源和新的焊接工艺方法。

1.1.1 焊接热源的种类及特征

焊接生产实践中，满足焊接条件的热源有以下几种：

（1）电弧热　利用气体介质在放电过程中所产生的热能作为焊接热源。这是目前应用最为广泛的焊接热源。例如，焊条电弧焊、自动埋弧焊、钨极惰性气体保护电弧焊（TIG）、熔化极惰性气体保护电弧焊（MIG）、CO_2气体保护焊等。

（2）化学热　利用氧、乙炔等可燃性气体或铝、镁热剂燃烧所产生的热量作为焊接热源。例如，氧乙炔焊、热剂焊等。

（3）电阻热　利用电流通过导体时产生的电阻热作为焊接热源。例如，电阻焊和电渣焊。采用这种热源的焊接工艺，都具有高度的机械化和自动化水平，生产率高，但耗电量大。

（4）高频热源　利用高频感应产生的二次电流作为热源，对具有磁性的金属材料进行局部集中加热。其实质属于电阻加热的另一种形式。例如，管材高频焊。

（5）摩擦热　利用由机械摩擦而产生的热能作为焊接热源。例如，摩擦焊。

（6）等离子弧　利用等离子焊炬，将阴极和阳极之间的自由电弧压缩成高温、高电离度及高能量密度的电弧。等离子弧焊就是利用等离子弧作为焊接热源的熔焊方法。

（7）电子束　利用加速和聚焦的电子束轰击置于真空或非真空中的焊件所产生的热能作为热源。例如，电子束焊。

（8）激光束　通过受激辐射而使放射增强的光称为激光，利用经过聚焦产生能量高度集中的激光束作为焊接热源。例如，激光焊接。

总之，每种热源都有各自的特点，在生产中都有不同程度的应用。各种热源的主要特性见表 1-1。各种热源的物理本质及相应的焊接工艺，将在有关课程中进行讨论。

表 1-1　各种热源的主要特性

热　　源	最小加热面积/cm^2	最大功率密度/(W/cm^2)	温度/K
乙炔火焰	10^{-2}	2×10^3	3.5×10^3
金属极电弧焊	10^{-3}	10^4	6×10^3
钨极氩弧焊（TIG）	10^{-3}	1.5×10^4	8×10^3
自动埋弧焊	10^{-3}	2×10^4	6.4×10^3
电渣焊	10^{-2}	10^4	2.3×10^3
熔化极氩弧焊（MIG）、CO_2 气体保护焊	10^{-4}	$10^4\sim10^5$	9×10^3
等离子弧	10^{-5}	1.5×10^5	$(1.8\sim2.4)\times10^4$
电子束	10^{-7}	$10^7\sim10^9$	$(1.9\sim2.5)\times10^4$
激光	10^{-8}	$10^7\sim10^9$	—

1.1.2　焊接过程的热效率

1. 热效率的定义

由热源提供的热量，在焊接过程中并不是全部被利用了，而是有一部分热量损失于周围介质和飞溅等。所以，真正用于焊接的热量只是热源提供热量的一部分。

设由热源提供的热量为 Q_0，用于加热焊件的有效热量为 Q，那么热效率的定义为

$$\eta=\frac{Q}{Q_0} \tag{1-1}$$

式中　η——热效率或加热功率的有效系数。

在一定条件下，η 是常数，它主要取决于热源的性质、焊接工艺方法、焊接材料的种类、母材的种类及焊件的形状、尺寸等因素。

2. 各种焊接方法的焊接热效率

（1）电弧焊的热效率　如果认为电弧在电路中是无感的，则全部电能转化为热能，电弧功率为

$$P_0=UI \tag{1-2}$$

式中　P_0——电弧功率，即电弧在单位时间内所析出的能量（W）；

　　　U——电弧电压（V）；

　　　I——焊接电流（A）。

由于能量不是全部用于加热焊件，因此真正用于加热焊件的有效功率 P 为

$$P=\eta UI \tag{1-3}$$

电弧焊的热效率 η 受许多因素的影响。不同焊接方法的热效率见表 1-2。此外，焊接电

流的种类及大小、焊接速度、使用的焊接材料等都对热效率有影响。电弧焊时的热量分配如图 1-1 所示。

表 1-2　不同焊接方法的热效率 η

焊接方法	碳弧焊	焊条电弧焊	自动埋弧焊	电渣焊	TIG	MIG		电子束焊、激光焊
						钢	铝	
η	0.5~0.65	0.77~0.87	0.77~0.90	0.83	0.68~0.85	0.66~0.69	0.70~0.85	>0.9

必须指出，此处的焊接热效率 η 只是考虑焊件吸收了多少热能。实际上，焊件所吸收的热能又可分为两部分：一部分用于熔化金属而形成焊缝；另一部分由于热传导而流失于母材形成热影响区。然而，焊接热效率 η 并不能反映出这两部分之间的比例。严格地说，用于熔化金属形成焊缝的热能才是真正的热效率。所以，η 值并不能反映热能利用的合理性。

（2）电渣焊的热效率　由于电渣焊的渣池处于厚大焊件的中间，因此热能向外散失较少，热能主要损失于强制焊缝成形的冷却滑块。实践证明，焊件越厚，滑块带走热量的比例越小。因此，电渣焊时焊件板厚越大，热效率越高。

90mm 厚钢板电渣焊时的热能分配如图 1-2 所示，它的热效率可达 80% 以上。

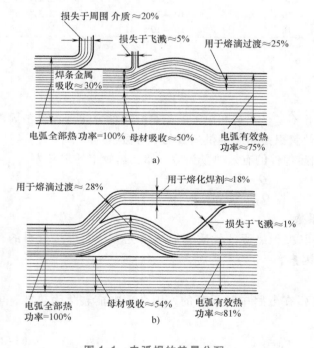

图 1-1　电弧焊的热量分配

a）焊条电弧焊（$I=150\sim250\text{A}$，$U=35\text{V}$）

b）自动埋弧焊（$I=1000\text{A}$，$U=36\text{V}$，$v=36\text{m/h}$）

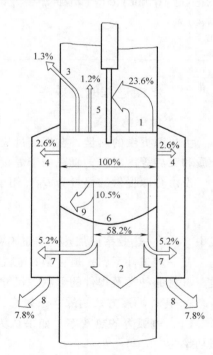

图 1-2　电渣焊时的热能分配

（钢板厚 $\delta=90\text{mm}$）

1—用于熔化焊丝的热能　2—向母材传导的热能　3—辐射于焊件边缘的热能　4—渣池损失于滑块的热能　5—辐射于周围介质而损失的热能　6—用于熔化母材的热能　7—熔池损失于滑块的热能　8—冷却水带走的热能　9—用于熔池过热的热能

（3）电子束焊和激光焊的热效率　由于它们采用的是高能量密度的热源，因此能量损失较少，热效率可达 90% 以上。

1.1.3　焊件加热区的热能分布

热源的热能传给焊件时所通过的焊件表面上的区域就称为加热区。如果所讨论的热源是对称的，则加热区是圆形的。如果进一步分析，电弧焊的加热区又可分为活性斑点区及加热斑点区（见图 1-3）。

1. 活性斑点区

这是带电质点（电子和离子）集中轰击的部位，在这个部位电能转变为热能。该斑点的直径为 d_A。电流密度 j 的变化如图 1-3 中的虚线所示。

2. 加热斑点区

在这个区内金属受热是通过电弧的辐射和与周围介质的对流进行的。加热斑点的直径为 d_H，热流密度 $q(r)$ 的变化如图 1-3 所示。加热斑点区的热能是不均匀的，中心多而边缘少。在电流密度不变的条件下，电弧电压越高，则中心与边缘的热能相差越小。在电弧电压不变时，电流密度越大，则中心与边缘的热能相差越大。

单位时间通过单位面积传递给焊件的热能称为热流密度，以 $q(r)$ 表示。研究工作证明，加热斑点上的热流密度分布可以近似地用高斯曲线来描述，如图 1-4 所示。距斑点中心 O 为 r 的任意点 A，它的热流密度为

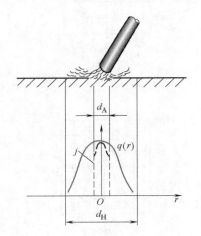
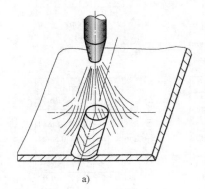
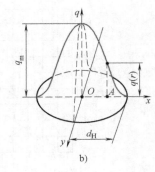

图 1-3　电弧作用下的加热斑点　　　　图 1-4　加热斑点上热流密度的分布

a）热源加热焊件　b）热流密度的分布

$$q(r)=q_m e^{-Kr^2} \tag{1-4}$$

式中　$q(r)$——A 点的热流密度 $[\mathrm{J/(cm^2 \cdot s)}]$；

　　　q_m——加热斑点中心的最大热流密度 $[\mathrm{J/(cm^2 \cdot s)}]$；

　　　K——能量集中系数（$\mathrm{cm^{-2}}$）；

　　　r——A 点距加热斑点中心的距离（cm）。

显然，当已知 q_m 和 K 值时，就可由式（1-4）求出任意点的热流密度。

高斯曲线下面所覆盖的全部热能为

$$P = \int_S q(r)\,\mathrm{d}S = \int_0^\infty q_\mathrm{m}\mathrm{e}^{-Kr^2}2\pi r\mathrm{d}r = \frac{\pi}{K}q_\mathrm{m}$$

故
$$q_\mathrm{m} = \frac{K}{\pi}P \qquad\qquad (1\text{-}5)$$

式中 P——电弧的有效功率，$P = \eta UI$。

K 值表明热流集中的程度，它主要取决于焊接方法、焊接参数和被焊金属材料的热物理性能等。不同焊接方法的能量集中系数 K 值见表 1-3。

表 1-3 不同焊接方法的能量集中系数 K 值

焊接方法	焊条电弧焊	自动埋弧焊	TIG	气焊
K/cm^{-2}	1.2~1.4	6.0	3.0~7.0	0.17~0.39

试验证明，不同的焊接方法、不同的焊接参数对于热能的分布有着不同的影响。随着焊接新工艺的发展，影响热能分布的因素更加复杂。例如，等离子弧焊时，焊接电流、孔道长度、喷嘴直径、氩气流量以及喷嘴与焊件的距离等都影响着热能的分布，等离子弧在加热斑点上的热流密度分布如图 1-5 所示。

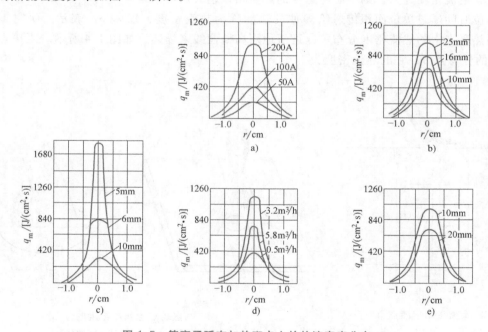

图 1-5 等离子弧在加热斑点上的热流密度分布

a）电流的影响   b）孔道长度的影响（$I = 200\mathrm{A}$）   c）喷嘴直径的影响（$I = 100\mathrm{A}$）

d）氩气流量的影响（$I = 100\mathrm{A}$）   e）喷嘴与焊件距离的影响（$I = 200\mathrm{A}$）

1.2 焊接温度场

在焊接热源作用下，焊件上各点的温度每一瞬时都在变化。某一瞬时焊件上各点温度的分布状态称为焊接温度场。

1.2.1　焊接传热的基本方式

焊接时，由于焊件局部受热致使焊件本身出现很大的温差。因此，在焊件内部以及焊件与周围介质之间必然发生热能的流动。根据传热学的理论，热能传递的基本方式是传导、对流、辐射。

焊接传热学研究结果认为，在电弧焊条件下，热能由热源传给焊件，主要是以辐射和对流为主，母材和焊条获得热能之后则以传导为主向金属内部传递热能。由于焊接传热学主要是研究焊件上的温度分布及其随时间变化的规律性，因此焊接温度场的研究是以热传导为主，适当考虑辐射和对流的作用。

1.2.2　焊接温度场的特征

焊接温度场与磁场、电场有类似的概念，其数学表达式为

$$T = f(x, y, z, t) \tag{1-6}$$

式中　T——某瞬时焊件上某点的温度；

x, y, z——焊件上某点的空间坐标；

t——时间。

焊接温度场可以用等温线或等温面来表示。把焊件上瞬时温度相同的各点连接在一起，成为一条线或一个面就称为等温线或等温面。各等温线或等温面之间不能相交，因为彼此之间存在着温差。这个温差的大小可以由温度梯度来表示。

1. 温度梯度

焊接温度场中的等温线和平均温度变化率如图 1-6 所示。由图中可以看出，与 x 轴相交的各个等温线彼此温度不同，并且 $T_1 > T_2 > T_3$。如相邻的温度为 T_1 和 T_2，则温差为 $(T_1 - T_2)$，所以在 s 方向上的平均温度变化率为 $(T_1 - T_2)/\Delta s$，如果 Δs 很小时，则

$$\lim \left| \frac{T_1 - T_2}{\Delta s} \right|_{\Delta s \to 0} = \frac{\partial T}{\partial s}$$

在不同的方向上有着不同的温度变化率。但是，只有在法线 nn 的方向上，温度变化率最大。所以，在法线方向上的温度变化率就是温度梯度。温度梯度是一个向量，它的方向是在法线上且指向温度增加的方向。图 1-7 中，A 点温度梯度如箭头所示，它的数值为

$$\lim \left| \frac{\Delta T}{\Delta n} \right|_{\Delta n \to 0} = \frac{\partial T}{\partial n} \tag{1-7}$$

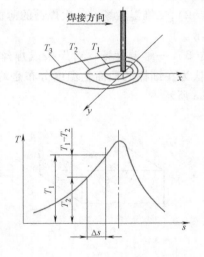

图 1-6　焊接温度场中的等温线和平均温度变化率

假如过 A 点的任意方向上的直线 ll，与法线 nn 之间的夹角为 α，则 ll 方向上的温度变化率为

$$\frac{\partial T}{\partial l} = \frac{\partial T}{\partial n} \cos \alpha \tag{1-8}$$

2. 温度场的分类

（1）按照焊件上各点温度与时间的关系分类

1）稳定温度场：焊件上各点的温度不随时间而变化，即温度场只与焊件各点的位置有关。其表达式为 $T=f(x,y,z)$。

2）非稳定温度场：焊件上各点的温度随时间而变化，前面所分析的焊接温度场就属于此类。

3）准稳定温度场：当热源功率不变，焊接过程进行了一个阶段之后，焊件传热达到了饱和状态，形成了暂时稳定的温度场。

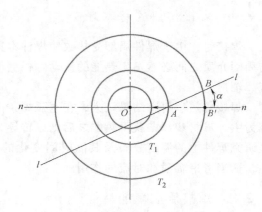

图 1-7　温度梯度示意图

例如固定热源在补焊缺陷时就会出现这种情况。对于正常焊接条件的移动热源，在经过一定时间以后，焊件上也会形成准稳定温度场。这时焊件上各点的温度虽然随时间而变化，但各点温度能跟随热源一起移动，也就是这个温度场与热源以同样的速度向前移动着。如果采用移动的坐标系，坐标原点与热源中心相重合，则各点的温度只取决于这个系统的空间坐标，而与热源的移动速度和距离无关。

（2）按照焊件尺寸和热源性质分类

1）三维温度场：对于厚大焊件表面上的堆焊，可以把热源看成是一个点，热的传播是在空间的三个方向上，如图 1-8a 所示。

2）二维温度场：一次焊透的薄板。温度场可以看成是二维的，属于平面传热，如图1-8b所示。

3）一维温度场：对焊条或焊丝的加热、细棒的电阻焊对接，其温度场均属于一维的。并认为在细棒的截面上温度分布是均匀的，热源是一个小平面，其传热方向只有一个，如图1-8c 所示。

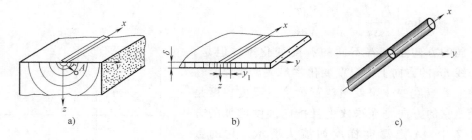

图 1-8　温度场的分类

a）三维温度场　b）二维温度场　c）一维温度场

3. 温度场的影响因素

（1）热源的性质　由于焊接热源的性质不同，焊接时的温度场也不同。按照焊接传热学的理论，用焊条电弧焊焊接厚度大于 25mm 的钢板，此时的热源可认为是点状热源，焊件是三维温度场。而100mm 厚的焊件进行电渣焊，则认为是线状热源，焊件是平面传热，属于二维温度场。

气焊时，热源作用的面积大；埋弧焊时的热量比较集中；电子束焊时，热能相当集中。所以用不同的热源焊接时，焊件的温度场是各不相同的。

（2）焊接热输入　同样的焊接热源，采用不同的焊接热输入（即热源功率 P 和焊接速度 v 之比）对温度场的分布也不相同，如图 1-9 所示。

以低碳钢电弧焊为例，当 $P=$ 常数时，随着焊接速度 v 的增大，等温线的范围变小。即温度场的宽度和长度都变小。但宽度的减小更严重，所以温度场的形状变得细长，如图1-9a所示。

当 $v=$ 常数时，随着热源功率的增大，温度场的范围也随之增大，如图 1-9b 所示。

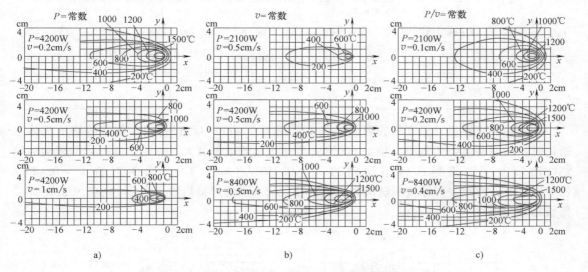

图 1-9　焊接热输入及焊接参数对温度场的影响

低碳钢：$\lambda=0.42\mathrm{W}/(\mathrm{cm}\cdot\mathrm{°C})$，$c\rho=4.83\mathrm{J}/(\mathrm{cm}^3\cdot\mathrm{°C})$，$a=0.08\mathrm{cm}^2/\mathrm{s}$，$\delta=1\mathrm{cm}$

a）$P=$常数，焊接速度 v 的影响　b）$v=$常数，P 的影响　c）$P/v=$常数，P 及 v 同时变化时对温度场的影响

当 P/v 保持定值时，即在相同比例的情况下增大 P 与 v 时，会使等温线稍加拉长，也就是说使温度场的范围加大，并且拉长，如图 1-9c 所示。

（3）被焊金属的热物理性质　由于金属材料的热物理性质不同，必然会影响焊接温度场的分布。对焊接温度场影响较大的热物理性质有以下几种：

1）热导率 λ：表示金属材料的导热能力。其物理意义是，单位时间内沿法线方向单位距离温度相差 1°C 时，经过单位面积所传播的热能，量纲为 $\mathrm{W}/(\mathrm{cm}\cdot\mathrm{°C})$。

热导率 λ 随着金属的化学成分、组织和温度的不同而变化。

2）比热容 c：1g 物质每升高 1°C 时所需的热能，称为比热容，量纲为 $\mathrm{J}/(\mathrm{g}\cdot\mathrm{°C})$。

各种材料具有不同的比热容，而同样的材料当温度变化时，比热容也随之变化。

3）体积比热容 $c\rho$：单位体积的物质每升高 1°C 所需的热量，量纲为 $\mathrm{J}/(\mathrm{cm}^3\cdot\mathrm{°C})$。体积比热容是温度的函数。

4）热扩散率 a：表示温度传播的速度，$a=\lambda/(c\rho)$，量纲为 cm^2/s，它也是温度的函数。

5）表面散热系数 α：表明金属散热的能力。其物理意义是，散热体表面与周围介质温度相差 1°C 时，通过单位面积在单位时间内所散失的热能，量纲为 $\mathrm{J}/(\mathrm{cm}^2\cdot\mathrm{s}\cdot\mathrm{°C})$。

总之，被焊金属的热物理性质对温度场有着重要的影响，但是它们又都随温度而变化。然而焊接时温度的变化急剧，这是研究焊接传热学的主要困难。如果作为定性地粗略计算，可采用焊接时焊件温度变化范围内的热物理常数的平均值。常用金属材料热物理常数的平均值见表1-4。

表1-4 常用金属材料热物理常数的平均值

热物理常数	量　纲	焊接条件下选取的平均值			
		低碳钢、低合金钢	不锈钢	铝	纯铜
λ	W/(cm · ℃)	0.378~0.504	0.168~0.336	2.65	3.78
c	J/(g · ℃)	0.625~0.756	0.42~0.50	1.0	1.32
$c\rho$	J/(cm^3 · ℃)	4.83~5.46	3.36~4.2	2.63	3.99
$a=\dfrac{\lambda}{c\rho}$	cm^2/s	0.07~0.10	0.05~0.07	1.00	0.95
α	J/(cm^2 · s · ℃)	(0~1500℃) (0.63~37.8)×10^{-3}	—	—	—

金属热物理性质对温度场的影响如图1-10所示。由图中可以看出，焊接镍铬奥氏体不锈钢时，相同等温线的范围（例如600℃）要比焊接低碳钢时大，原因是奥氏体不锈钢的导热性比较差［镍铬奥氏体不锈钢的 $\lambda = 0.252W/(cm · ℃)$，低碳钢的 $\lambda = 0.42W/(cm · ℃)$］。因此，当焊接不锈钢和耐热钢时，所选用的焊接热输入（P/v 的值）应比焊接低碳钢时要小。

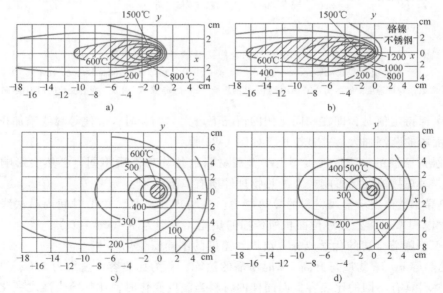

图1-10 金属热物理性质对温度场的影响

$E = 21kJ/cm（P = 4200W，v = 0.2cm/s），\delta = 1cm$

a）低碳钢　b）铬镍不锈钢　c）铝　d）纯铜

但是，焊接铝和铜时，由于材料的导热性能很好，因此应选用比焊接低碳钢时更大的热输入才能保证质量。

（4）焊接的形状及尺寸　焊件的几何形状、尺寸及板厚、所处的状态（例如环境温度、预热及后热等）对焊接传热有很大的影响，所以不同情况下的温度场不同。

1）厚大焊接：属于 x、y、z 三向传热（空间传热），热源为点状，热传播为半球形，所以一般认为是半无限大体。

试验证明，对于焊条电弧焊在正常的焊接参数条件下，板厚大于 25mm 的低碳钢焊件，或者是板厚在 20mm 以上的不锈钢焊件，都可认为是厚大焊件。

2）薄板：属于 x、y 两向传热（平面传热），热源特征为线状，在焊条电弧焊时，板厚在 8mm 以下的低碳钢焊件以及板厚在 5mm 以下的不锈钢焊件可认为是薄板。

3）细棒：属于 x 轴的单向传热（线性传热），热源特征为面状。工程上的棒材电阻对焊以及焊条电弧焊时的焊条加热都可认为是细棒的受热情况。

此外，接头形式、坡口形状、间隙尺寸，以及具体的焊接工艺等对焊接温度场都有不同程度的影响。

1.3　焊条熔化及熔池的形成

1.3.1　焊条的加热及熔化

在焊接过程中，焊条的加热及熔化对焊接工艺性能、焊接冶金反应、焊缝的成分与性能以及焊接生产率都有很大的影响。

1. 焊条金属的加热

电弧焊时用于加热和熔化焊条或焊丝的热能是电阻热、电弧热和化学反应热。在一般情况下，化学反应热只占 1%~3%，可以忽略不计。

（1）电阻加热　焊条电弧焊时，焊接电流通过焊芯将产生电阻热，这部分热能加热焊芯和药皮。在正常的焊接参数时，焊接电流对焊芯的预热作用不大。如果采用大电流密度施焊时，则电阻热过大使焊芯和药皮的温升过高，这样就容易使飞溅增加，药皮开裂甚至脱落，丧失其冶金作用，焊缝成形变坏，甚至还会产生气孔等缺欠。用不锈钢焊条时，这种现象更为严重。因此，要求焊条电弧焊在焊接终了时，焊芯的温度不得高于 650℃。

试验证明，电流密度越大，焊芯的温升越高。当电流密度相同时，焊芯的电阻越大，其温升越高。例如，当采用 130A 的焊接电流通过 ϕ4mm 的 H12Cr19Ni9 与 H08A 焊芯时，10s 后表面温升分别为 917℃ 与 532℃。所以，一般不锈钢焊条比碳钢焊条要短些。

（2）电弧加热　使焊条加热和熔化的热能主要来自焊接电弧。然而，焊接电弧用于加热和熔化焊条的功率只是全部功率的一小部分，即

$$P_e = \eta_e UI \tag{1-9}$$

式中　P_e——用于加热焊条的热功率（W）；

　　　η_e——焊条加热的有效系数，对于药皮焊条，$\eta_e = 0.2 \sim 0.27$；

　　　U——电弧电压（V）；

　　　I——焊接电流（A）。

焊条端部所得到的热功率 P_e 用于加热和熔化焊芯和药皮，并使焊条端部的液态金属过热和蒸发，另一部分通过传导使焊芯深处和药皮的温度升高。

2. 焊条金属的熔化

焊条熔化是焊接的重要过程，焊条熔化速度是反映焊接生产率的重要因素。用高速摄影研究焊接过程发现，焊条金属的熔化是以周期性的滴状形式进行的，说明焊条的熔化是不均匀的。

（1）焊条金属的平均熔化速度 它是指单位时间内熔化焊芯的质量（或长度），即焊条金属的平均熔化速度。试验证明，在正常的焊接参数条件下，焊条金属的平均熔化速度与焊接电流成正比，即

$$g_M = \frac{m}{t} \alpha_p I \tag{1-10}$$

式中 g_M——焊条金属的平均熔化速度（g/h）；

m——熔化焊芯的质量（g）；

t——电弧燃烧的时间（h）；

α_p——焊条的熔化系数，其定义是，在熔焊过程中，单位电流、单位时间内，焊芯（或焊丝）的熔化量[g/(A·h)]；

I——焊接电流（A）。

（2）焊条金属的平均熔敷速度 焊接过程中熔化的焊条金属并非全部进入熔池而形成焊缝，通常有一部分损失（如飞溅等）。因此，在熔焊过程中，单位时间内熔敷在焊件上的金属质量称为平均熔敷速度，即

$$g_D = \frac{m_D}{t} = \alpha_H I \tag{1-11}$$

式中 g_D——焊条金属的平均熔敷速度（g/h）；

m_D——熔敷到焊缝金属中的焊芯金属质量（g）；

t——电弧燃烧时间（h）；

α_H——焊条的熔敷系数，其定义是，在熔焊过程中，单位电流、单位时间内，焊芯（或焊丝）熔敷在焊件上的金属量[g/(A·h)]；

I——焊接电流（A）。

（3）焊条金属的损失系数 在焊接过程中，由于飞溅、氧化、蒸发将损失一部分焊条金属。焊芯（或焊丝）在熔敷过程中的损失量与熔化的焊芯（或焊丝）原有质量的百分比称为损失系数，即

$$\psi = \frac{m - m_D}{m} = \frac{g_M - g_D}{g_M} = 1 - \frac{\alpha_H}{\alpha_p} \tag{1-12}$$

或

$$\alpha_H = (1 - \psi) \alpha_p \tag{1-13}$$

由此可见，焊条的熔敷速度才是反映焊接生产率的指标。各种焊条的 α_p 和 α_H 见第3章表 3-8。

3. 焊条金属的过渡特性

电弧焊时，在焊条（或焊丝）端部形成的并向熔池过渡的液态金属滴称为熔滴。熔滴通过电弧空间向熔池转移的过程就称为熔滴过渡，熔滴过渡的形式有以下几种：

（1）短路过渡 短弧焊时，熔滴长大受到了电弧空间的限制，当熔滴还没有长大到它的最大尺寸时，焊条（或焊丝）端部的熔滴与熔池短路接触，由于强烈过热和磁

收缩的作用使其爆断，直接向熔池过渡的形式称为短路过渡。短路过渡示意图如图 1-11 所示。

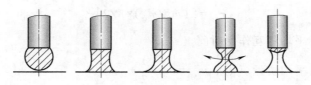

图 1-11　短路过渡示意图

（2）粗滴过渡　粗滴过渡就是熔滴呈粗大颗粒状向熔池自由过渡的形式。当电弧长度超过某一数值时，熔滴依靠表面张力的作用可以保持在焊丝顶端自由长大，直至熔滴下落的力大于表面张力时，熔滴就脱离焊丝而落入熔池，如图 1-12 所示。此时，焊接电流和电弧电压的波动比短路过渡时要小。

（3）喷射过渡　喷射过渡是指熔滴呈细小颗粒并以喷射状态快速通过电弧空间向熔池过渡的形式。喷射过渡的特点是，熔滴细、过渡频率高，熔滴沿焊丝轴向以高速向熔池过渡，飞溅小，过程稳定，熔深大，焊缝成形美观；此外，焊丝端部变尖，电弧活性斑点遍及焊丝端部的锥面。由粗滴过渡向喷射过渡转变的示意图如图 1-13 所示。

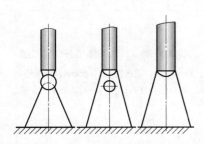

图 1-12　粗滴过渡示意图

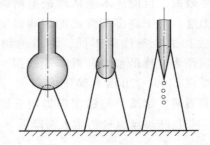

图 1-13　由粗滴过渡向喷射过渡转变的示意图

4. 熔滴的比表面积和平均相互作用时间

焊接时，液体金属、熔渣和气相之间的相互作用属于高温多相反应。因此，熔滴的比表面积和熔滴与周围介质相互作用的时间，对熔滴阶段的冶金反应有较大的影响。

（1）熔滴的比表面积　熔滴的表面积 S_g 与其质量 ρV_g 之比称为熔滴的比表面积 S，即

$$S = S_g / (\rho V_g) \tag{1-14}$$

假设熔滴是半径为 R 的球体，则比表面积为

$$S = 3 / (\rho R)$$

式中　ρ——熔滴金属的密度。

由上述公式中可以看出，熔滴越小，其比表面积越大。因此，凡能使熔滴变小的因素，如增大电流密度，在药皮中加入表面活性物质等，都可以使熔滴的比表面积增大，这是有利于冶金反应的。焊条电弧焊时，正常情况下的熔滴比表面积可达 $10^3 \sim 10^4 \mathrm{cm^2/kg}$，约比炼钢时大 1000 倍。

（2）熔滴的平均相互作用时间　其表达式为

$$\tau_{cp} = m_{cp} / g_{cp} \tag{1-15}$$

因为
$$\tau_{cp}=\left(m_0+\frac{1}{2}m_{tr}\right)/(m_{tr}/\tau)$$

所以
$$\tau_{cp}=[(m_0/m_{tr})+1/2]\tau \tag{1-16}$$

式中　τ_{cp}——熔滴的平均相互作用时间（s）；

　　　　m_{cp}——熔滴的平均质量（g），$m_{cp}=m_0+\frac{1}{2}m_{tr}$；

　　　　m_0——熔滴脱落后在焊条端部剩余的液体金属质量（g）；

　　　　m_{tr}——单个熔滴的质量（g）；

　　　　τ——熔滴长大的时间（s）；

　　　　g_{cp}——熔滴过渡的一个周期内焊芯的平均熔化速度（g/s），$g_{cp}=m_{tr}/\tau$。

　　由式（1-16）可知，平均相互作用时间与 τ 及 m_0/m_{tr} 的比值有关。焊接方法、焊接参数、电流极性以及焊接材料成分的不同，使平均相互作用时间可以在 0.01~1.0s 的范围内变化。

　　5. 熔滴温度

　　熔滴温度是研究熔滴阶段各种物理化学反应时的重要数据，目前还不能从理论上精确地计算出熔滴温度。对于许多测量出的熔滴温度，由于测量方法和试验条件的不同，测得的结果也不同，只能作为定性的参考。对于低碳钢，熔滴的平均温度在 2100~2700K 的范围内。

图 1-14　熔滴温度 T_g 与焊接电流 I 的关系

光焊丝：1—ϕ3mm，正极性　2—ϕ5mm，反极性
3—ϕ5mm，正极性金红石焊条　4—ϕ7.4mm，交流

　　试验表明，熔滴平均温度随焊接电流的增大而升高，并且随焊丝直径的增大而降低（见图1-14）。

1.3.2　熔池的形成

　　熔焊时，在焊接热源作用下，焊件上所形成的具有一定几何表状的液态金属部分就是熔池。熔池是由熔化的焊条金属与局部熔化的母材金属所组成的。如果用非熔化极进行焊接时，例如不加填充材料的钨极氩弧焊，此时熔池仅由局部熔化的母材所组成。

　　1. 熔池的形状和尺寸

　　熔池的形成需要一定的时间，经过这个时间以后，就进入准稳定时期，这时熔池的形状、尺寸、质量不再发生变化。电弧焊时熔池的形状如图1-15所示。熔池很像一个不标准的半椭球，其轮廓正好是熔点的等温面。由图 1-15 可以看出，熔池的宽度与深度是沿 x 轴连续变化的。在一般情况下，随着焊接电流的增加，熔池的最大深度 H_{max} 增大，熔池的最大宽度 B_{max} 相对减小；随着电弧电压的升高，H_{max} 减小，B_{max} 增加。

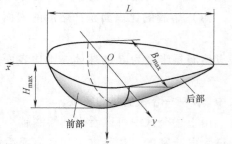

图 1-15　电弧焊时熔池的形状

　　熔池的长度 L 可由下式进行近似估算，即

$$L = K_2 P = K_2 UI \tag{1-17}$$

式中　K_2——比例常数。

试验证明，K_2 取决于焊接方法和焊接参数，见表 1-5。熔池的表面积也取决于焊接方法和焊接参数，一般在 $1\sim4\text{cm}^2$ 之内，熔池的比表面积在 $3\sim130\text{cm}^2/\text{kg}$ 范围内变化，虽然比熔滴的比表面积小得多，但仍比炼钢时的比表面积大。熔池的几何形状及物理参量见表 1-6。

表 1-5　K_2 与焊接方法及焊接电流的关系

焊接方法	焊接电流/A	$K_2/(\text{mm/kW})$	焊接方法	焊接电流/A	$K_2/(\text{mm/kW})$
焊条电弧焊	100~300	3.2~5.5	埋弧焊	550~3000	2.4~3.2
MIG	200~300	3.8~4.8	TIG	600	2.85
埋弧焊	150~370	3.5~4.8			

表 1-6　熔池的几何形状及物理参量

焊接方法	焊接参数					熔池长度 L/cm	焊缝横截面面积 S_w/cm²	熔池质量 m_p/g	熔池表面积 S_p/cm²	熔池平均存在时间 t_{cp}/s	比表面积 S/(cm²/kg)
	I/A	U/V	v/(cm/s)	焊丝直径/mm	极性						
光焊丝	140~230	17~19	0.25	5	正	1.09~1.88	0.106~0.274	0.71~2.5	0.7~1.7	1.0~2.1	6.3~11.3
氧化铁型焊条	140~230	26	0.25	5	正	1.51~3.07	0.118~0.335	1.28~7.2	1.05~3.65	2.1~4.7	7.1~8.2
埋弧焊:不锈钢焊丝 H20CrMoA, 焊剂 HJ431	200~370	27~28	0.59	3	反	2.0~3.98	0.085~0.36	1.9~11.5	1.25~3.65	1.9~3.5	3.2~6.6
氩弧焊:不锈钢焊丝 H12Cr18Ni9Ti	200~300	23~24.5	0.74	2	反	1.8~2.8	0.099~0.173	1.4~4.35	0.87~1.9	1~1.63	4.4~6.0

2. 熔池的质量

焊条电弧焊时熔池的质量通常在 $0.6\sim16\text{g}$ 的范围内。多数情况下小于 5g。试验证明，焊条电弧焊时，熔池的质量与 P^2/v 成正比。

自动埋弧焊时，由于焊接电流值较大，熔池的质量也较大，但通常也小于 100g。

3. 熔池存在的时间

由于熔池的体积和质量很小，所以熔池存在的时间很短，一般只有几秒至几十秒，因此，在熔池中的冶金反应时间是很短暂的，但它还是比熔滴阶段存在的时间长。

熔池在液态时存在的最大时间 $t_{\max}$ 为

$$t_{\max} = \frac{L}{v} \tag{1-18}$$

式中　L——熔池的长度（cm）；

　　　v——焊接速度（cm/s）。

由熔池质量确定的熔池平均存在时间 t_{cp} 为

$$t_{cp} = \frac{m_p}{\rho v S_w}$$
(1-19)

式中　m_p——熔池的质量（g）；

　　　ρ——熔池液态金属的密度（g/cm³）；

　　　v——焊接速度（cm/s）；

　　　S_w——焊缝的横截面面积（cm²）。

不同的焊接方法及不同的焊接参数条件下熔池的平均存在时间 t_{cp} 和最大存在时间 t_{max} 见表 1-6 和表 1-7。

表 1-7　碳钢电弧焊时熔池的最大存在时间

焊件厚度 /mm	焊接方法	焊接参数			熔池最大存在时间 /s
		焊接电流/A	电弧电压/V	焊接速度/(m/h)	
5	自动埋弧焊	575	36	50	4.43
11		840	37	41	8.20
16				20	16.50
23		1100	38	18	25.10
30		1560	40	16	41.80
—	焊条电弧焊	150~200	—	3	24.0
—				7	10.0
—				11	6.5

4. 熔池的温度

由于熔池温度的影响因素比较复杂，所以难以用理论分析的方法精确地计算出来。实测表明，熔池各点的温度是不均匀的，如图 1-16 所示。熔池的前部，由于输入的热量大于散失的热量，所以随着焊接热源的向前移动，母材就不断地熔化。位于电弧下面的熔池表面（图 1-16 中的曲线 1）即熔池中部，具有最高的温度。而熔池后部的温度逐渐降低，因为这个区域输入的热量小于散失的热量，于是发生金属凝固的过程。

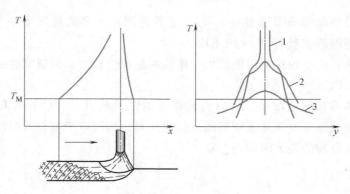

图 1-16　熔池的温度分布
1—熔池中部　2—熔池前部　3—熔池后部

实测的熔池平均温度见表 1-8。对于低碳钢，熔池的平均温度为（1770±100）℃。

表 1-8 熔池的平均温度

母　　材	焊接方法	平均温度/℃	过热度/℃
低碳钢 $T_M = 1525℃$	埋弧焊	1705～1860	185～325
	熔化极氩弧焊	1625～1800	100～275
	钨极氩弧焊	1665～1790	140～265
铝 $T_M = 660℃$	熔化极氩弧焊	1000～1245	340～585
	钨极氩弧焊	1075～1215	415～550

注：T_M 表示金属的熔点。

5. 熔池中液相的运动状态

熔池中的液相在焊接过程中发生强烈的搅拌作用，这样就使冶金反应充分进行，同时将熔化的母材与焊丝金属充分混合使之均匀化。产生熔池中液相运动的原因有以下几点：

1）由于熔池温度分布不均匀而造成的液态金属密度差，使液相产生对流运动。温度高的地方金属密度小，温度低的地方金属密度大。由于这种密度差将使液相从低温区向高温区流动。

2）由于熔池温度分布不均匀，也使表面张力分布不均匀。由于表面张力差将使液相发生对流运动。

3）由于焊接热源作用在熔池上的各种机械力使熔池中的液相产生搅拌作用。电弧焊时作用在熔池上的力有电磁力、气体吹力、熔滴下落的冲击力、离子的冲击力等。

研究表明，焊接参数、电极直径、焊炬的倾斜角度等对熔池中液相的运动状态都有很大的影响。搅拌运动有利于母材及焊丝的熔化金属很好地混合，以便获得成分均匀的焊缝；搅拌运动有利于气体、夹杂的排出，以便消除焊接缺欠，提高焊缝质量；搅拌运动有利于焊接冶金过程的进行。

但是，在液态金属与母材交界处，由于液态金属的运动受到限制，所以这些部位常出现化学成分的不均匀。

思 考 题

1. 焊接热源有哪些？各有什么特点？你对未来的焊接热源有何展望？

2. 焊接过程的热效率是什么？根据图 1-2 给出的数据，计算出电渣焊的热效率。

3. 以焊条电弧焊为例，分析说明焊接热源如何将热能转给焊件。

4. 什么是焊接温度场？它有哪几类？

5. 什么是温度梯度？

6. 解释下列名词：

（1）焊条金属的平均熔化速度。

（2）焊条金属的平均熔敷速度。

（3）焊条金属的损失系数。

7. 熔滴过渡有几种形式？各有何特点？

8. 熔池的几何形状有哪些参数？与焊接参数有什么关系？

9. 若把 $q(r) \geqslant 0.05q_m$ 的区域定义为加热斑点区，求加热斑点区的直径 d_H。

10. 已知电弧焊时 $I = 500A$，$U = 37.5V$，$\eta = 0.8$，$d_H = 3cm$，求热能集中系数 K 和最大热流密度 q_m。

熔焊过程中，焊接区内各种物质之间在高温下相互作用的过程，称为焊接化学冶金过程。这是一个极为复杂的物理化学变化过程。

焊接化学冶金过程对焊缝金属的化学成分、性能，某些焊接缺欠（如气孔、结晶裂纹等）以及焊接工艺性能都有很大的影响，因此引起了人们广泛深入的研究，现已发展成为焊接理论的一个重要分支——焊接化学冶金学。它主要研究在各种焊接工艺条件下，冶金反应与焊缝金属化学成分、性能之间的关系及其变化规律。其研究的目的在于运用这些规律合理地选择焊接材料，控制焊缝金属的化学成分和性能使之符合使用要求，设计创造新的焊接材料。

本章以焊条电弧焊方法焊接低碳钢和低合金钢时的冶金问题为重点，从热力学的角度来阐明焊接化学冶金的一般规律。它可以作为分析其他熔焊方法及材料冶金问题的基础。由于目前有关焊接化学冶金动力学方面的研究还很不成熟，故本章不做介绍。

2.1 焊接化学冶金过程的特点

焊接化学冶金过程与炼钢过程相比，无论是在原材料方面还是在冶炼条件方面都有很大的不同。因此，必须研究焊接化学冶金的特点，找出其本身固有的规律，以指导人们使冶金反应向有利的方向发展，从而得到优质的焊缝金属。

本节关于焊接化学冶金过程的特点将从焊接区内的金属（包括焊件、焊条等焊接材料）进行必须的保护、焊接冶金反应的区域性及连续性、焊接工艺条件对于化学冶金反应的影响，以及焊接冶金系统的不平衡性等几个方面进行论述。

2.1.1 焊接过程中对金属的保护

在焊接过程中必须对焊接区内的金属进行保护，这是焊接化学冶金的特点之一。这里主要介绍保护的必要性、保护的方式和效果及其对焊缝金属性能的影响。

1. 保护的必要性

用低碳钢光焊丝在空气中进行无保护焊接时，焊缝金属的化学成分和性能与母材和焊丝相比，发生了很大的变化。由于熔化金属与其周围的空气发生激烈的相互作用，使焊缝金属中氧和氮的含量显著增加。根据资料介绍，含氮量可达 $0.105\% \sim 0.218\%$（质量分数），比焊丝中含氮量高 $20 \sim 45$ 倍；含氧量为 $0.14\% \sim 0.72\%$（质量分数），比焊丝中含氧量高 $7 \sim 35$ 倍。同时锰、碳等有益合金元素因烧损和蒸发而减少。这时焊缝金属的塑性和韧性急剧下降，但是由于氮的强化作用，强度变化比较小（见表2-1）。此外，用光焊丝焊接时，电弧不稳定，使焊缝中产生气孔。因此这种光焊丝无保护焊接是没有实用价值的。

为了提高焊缝金属的质量，把熔焊方法用于制造重要结构，就必须尽量减少焊缝金属中有害杂质的含量和有益合金元素的损失，使焊缝金属得到合适的化学成分。因此，焊接化学冶金的首要任务就是对焊接区内的金属加强保护，以免受空气的有害作用。

表 2-1　低碳钢无保护焊时焊缝的性能

性能指标	母　　材	焊　　缝	性能指标	母　　材	焊　　缝
抗拉强度/MPa	390~440	334~390	弯曲角/(°)	180	20~40
伸长率(%)	25~30	5~10	冲击吸收能量/J	117.6	3.92~19.6

2. 保护的方式和效果

事实上，大多数熔焊方法都是基于加强保护的思路发展和完善起来的。迄今为止，已找到许多保护材料（如焊条药皮、焊剂、药芯焊丝中的药芯、保护气体等）和保护手段（见表 2-2）。

表 2-2　熔焊方法的保护方式

保护方式	熔　焊　方　法
熔渣	埋弧焊、电渣焊、不含造气成分的焊条和药芯焊丝焊接
气体	气焊、在惰性气体和其他保护气体（如 CO_2、混合气体）中焊接
熔渣和气体	具有造气成分的焊条和药芯焊丝焊接
真空	真空电子束焊接
自保护	用含有脱氧、脱氮剂的所谓自保护焊丝焊接

各种保护方式的保护效果是不同的。例如，埋弧焊是利用焊剂及其熔化以后形成的熔渣隔离空气保护金属的，焊剂的保护效果取决于焊剂的粒度和结构。多孔性的浮石状焊剂比玻璃状的焊剂具有更大的表面积，吸附的空气更多，因此保护效果较差。试验表明，焊剂的粒度越大，其松装密度（单位体积内焊剂的质量）越小，透气性越大，焊缝金属中含氮量越高，说明保护效果越差（见表 2-3）。但是不应当认为焊剂的松装密度越大越好。因为当熔池中有大量气体析出时，如果松装密度过大，则透气性过小，将阻碍气体外逸，促使焊缝中形成气孔，使焊缝表面出现压坑等缺欠，所以焊剂应当有适当的透气性。埋弧焊时焊缝的含氮量一般为 0.002%~0.007%（质量分数），比焊条电弧焊的保护效果好。

表 2-3　中锰高硅低氟焊剂（HJ331）的松装密度与焊缝含氮量的关系

松装密度/(kg/m³)	透气性 $K^①$	焊缝金属的含氮量(质量分数,%)
550	3800	0.0094
800	3000	0.0043
1000	2500	0.0022
1200	2000	0.0022

① 是利用测定造型混合物透气性的方法测定的，以量纲为一的系数 K 作为指标。

气体保护焊的保护效果取决于保护气的性质与纯度、焊炬的结构、气流的特性等因素。一般来说，惰性气体（氩、氦等）的保护效果是比较好的，因此适用于焊接合金钢和化学活性金属及其合金。

焊条药皮和焊丝药芯一般是由造气剂、造渣剂和铁合金等组成的（见第 3 章）。这些物质在焊接过程中能形成渣-气联合保护。造渣剂熔化以后形成熔渣，覆盖在熔滴和熔池的表面上将空气隔离开。熔渣凝固以后，在焊缝上面形成渣壳，可以防止处于高温的焊缝金属与空气接触。同时造气剂（主要是有机物和碳酸盐等）受热以后分解，析出大量气体。据计算，熔化 100g 焊芯，焊条可以析出 2500～5080cm³ 的气体。这些气体在药皮套筒中被电弧加热膨胀，从而形成定向气流吹出熔池，将焊接区与空气隔离开。用焊条和药芯焊丝焊接时的保护效果，取决于其中保护材料的含量、熔渣的性质和焊接参数等（见本章第 2.2 节），并用熔敷金属中的含氮量多少衡量保护的好坏。由图 2-1 可以看出，随着药芯焊丝中保护材料含量的增加，熔敷金属中的含氮量减少。过分增加其含量，则药芯的熔化将落后于金属外皮，从而使保护效果变坏。图 2-2 表示出焊条熔化时析出的气体数量越多，熔敷金属中的含氮量越少。用工业生产的焊条和药芯焊丝焊接时，焊缝含氮量（质量分数）为 0.010%～0.014%（低碳钢为 0.004%），证明保护基本上是可靠的。

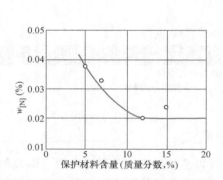

图 2-1　熔敷金属中的含氮量与焊丝
药芯中保护材料含量的关系

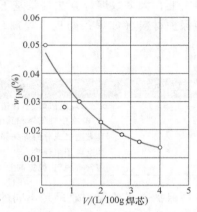

图 2-2　焊条熔化时析出气体的体积
V 对熔敷金属含氮量的影响

在真空度高于 $1.33×10^{-2}Pa$ 的真空室内进行电子束焊接，其保护效果是最理想的。这时虽然不能把空气完全排除掉，但随着真空度的提高，可以把氧和氮的有害作用减至最小。

自保护焊是利用特制的实心或药芯光焊丝在空气中焊接的一种方法。它不是利用机械隔离空气的办法来保护金属的，而是在焊丝或药芯中加入脱氧和脱氮剂，使由空气进入熔化金属中的氧和氮进入熔渣中，故称自保护。因实心自保护焊丝的保护效果欠佳，焊缝金属的塑性和韧性偏差，所以目前生产上应用较少。

应当指出，目前关于隔离空气的问题已基本解决。但是仅仅机械地保护熔化金属，在有些情况下仍然不能得到合格的焊缝成分。例如，在多数情况下药皮、焊剂对金属具有程度不同的氧化性，从而使焊缝金属增氧。因此焊接冶金的另一个任务是对熔化金属进行冶金处理，也就是说，通过调整焊接材料的成分和性能，控制冶金反应的发展，来获得预期要求的焊缝成分，这是本章要讨论的主要内容。

2.1.2　焊接化学冶金反应区及其反应条件

与普通化学冶金过程不同，焊接化学冶金过程是分区域（或阶段）连续进行的，且各区的反应条件（反应物的性质和浓度、温度、反应时间、相接触面积、对流和搅拌运动等）也有较大的差异，因而也就影响到各区反应进行的可能性、方向、速度和限度。

不同焊接方法有不同的反应区。焊条电弧焊时有三个反应区：药皮反应区、熔滴反应区和熔池反应区，如图 2-3 所示。熔化极气体保护焊时，只有熔滴和熔池两个反应区。不填充金属的气焊、钨极氩弧焊和电子束焊接只有一个熔池反应区。现以焊条电弧焊为例加以讨论。

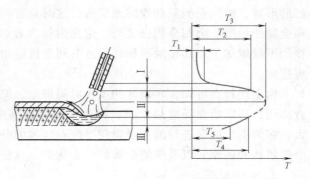

图 2-3 焊条电弧焊的焊接化学冶金反应区
Ⅰ—药皮反应区 Ⅱ—熔滴反应区 Ⅲ—熔池反应区
T_1—药皮开始反应温度 T_2—焊条端熔滴温度 T_3—弧柱间熔滴温度 T_4—熔池最高温度 T_5—熔池凝固温度

1. 药皮反应区

药皮反应区的温度范围从 100℃ 至药皮的熔点（对于钢焊条约为 1200℃）。在该区内的主要物化反应有水分的蒸发、某些物质的分解和铁合金的氧化。

当药皮被加热时，其中的吸附水就开始蒸发，加热温度超过 100℃，吸附水全部蒸发；加热温度超过 200~400℃，药皮中某些组成物，如白泥、白云母中的结晶水将被排除，而化合水则需在更高温度下才能析出。

当药皮加热到一定温度时，其中的有机物，如木粉、纤维素和淀粉等则开始分解和燃烧，形成 CO、CO_2、H_2 等气体。某些焊条中的碳酸盐（如大理石——$CaCO_3$，菱苦土——$MgCO_3$）和高价氧化物（如赤铁矿——Fe_2O_3，锰矿——MnO_2 等）也发生分解，形成 CO_2、O_2 等气体。

上述物化反应产生的大量气体，一方面对熔化金属有机械保护作用，另一方面对被焊金属和药皮中的铁合金（如锰铁、硅铁和钛铁等）有很大的氧化作用。试验表明，温度高于 600℃ 就会发生铁合金的明显氧化，结果使气相的氧化性大大下降。这个过程即所谓的"先期脱氧"（见本章第 2.3 节）。

药皮反应阶段可视为准备阶段。因为这一阶段反应的产物可作为熔滴和熔池阶段的反应物，所以它对整个焊接化学冶金过程和焊接质量有一定的影响。

2. 熔滴反应区

从熔滴形成、长大到过渡至熔池中都属于熔滴反应区。从反应条件看，这个区有以下特点：

（1）熔滴的温度高 对于电弧焊焊接钢材而言，熔滴活性斑点处的温度接近焊芯的沸点，约为 2800℃；熔滴的平均温度根据焊接参数不同，在 1800~2400℃ 的范围内变化。这样使熔滴金属的过热度很大，可达 300~900℃。

（2）熔滴与气体和熔渣的接触面积大 在正常情况下，熔滴的比表面积可达 10^3~$10^4 cm^2/kg$，约比炼钢时大 1000 倍。

（3）各相之间的反应时间（接触时间）短 熔滴在焊条末端停留时间仅为 0.01~0.1s。熔滴向熔池过渡的速度高达 2.5~10m/s，经过弧柱区的时间极短，只有 0.0001~0.001s。在这个区各相接触的平均时间为 0.01~1.0s。由此可知，熔滴阶段的反应主要是在焊条末端进行的。

（4）熔滴与熔渣发生强烈的混合 在熔滴形成、长大和过渡过程中，它不断地改变自已的形状，使其表面局部收缩或扩张。这时总有可能拉断覆盖在熔滴表面上的渣层，而被熔滴金属所包围。金相分析已证明，熔滴内包含着熔渣的质点，其尺寸可达 $50\mu m$。这种混合作用不仅增加了相的接触面积，而且有利于反应物和产物进入和退出反应表面，从而加快反应速度。

由上述特点可知，在该区的反应时间虽短，但因温度高，相接触面积大，并有强烈的混合作用，所以冶金反应最激烈，许多反应可达到接近终了的程度，因而对焊缝成分影响最大。在熔滴反应区进行的主要物化反应有气体的分解和溶解、金属的蒸发、金属及其合金成分的氧化和还原，以及焊缝金属的合金化等。这些问题在下面将详细讨论。

3. 熔池反应区

熔滴和熔渣落入熔池后，各相之间进一步发生物化反应，直至金属凝固，形成焊缝金属。

（1）熔池反应区的物理条件　与熔滴相比，熔池的平均温度较低，为 $1600\sim1900℃$；比表面积较小，为 $3\sim130cm^2/kg$；反应时间稍长些，但也不超过几十秒，例如焊条电弧焊时通常为 $3\sim8s$，埋弧焊时为 $6\sim25s$。熔池的突出特点之一是温度分布极不均匀，因此在熔池的前部和后部反应可以同时向相反的方向进行。例如在熔池的前部发生金属的熔化、气体的吸收，并有利于发展吸热反应；而在熔池的后部即发生金属的凝固、气体的逸出，并有利于发展放热反应。此外，熔池中的强烈运动，有助于加快反应速度，并为气体和非金属夹杂物的外逸创造了有利条件。

（2）熔池反应区的化学条件　熔池反应区的化学条件与熔滴反应区也有所不同。

首先，熔池阶段系统中反应物的浓度与平衡浓度之差比熔滴阶段小，所以在其余条件相同的情况下熔池中的反应速度比熔滴中要小。

其次，当药皮质量系数 K_b（单位长度上药皮与焊芯的质量比）较大时，参与和熔池金属作用的熔渣数量比参与和熔滴金属作用的数量多。因为 K_b 大时有一部分熔渣直接流入熔池，而不与熔滴发生作用，这必然给冶金反应带来影响。例如，用具有氧化型药皮的焊条焊接时，随着 K_b 的增加，硅在熔滴和熔敷金属中的含量开始时都迅速减少（即硅的氧化损失增加）。但当 $K_b \geq 0.18$（相当药皮厚度为 $1mm$）时，熔滴中硅的氧化损失趋于稳定，而熔池中依靠没有与熔滴接触的那一部分熔渣使硅继续氧化（见图 2-4）。因此可以认为存在一个临界药皮厚度 h_0，在 h_0 以外的药皮所形成的熔渣不与熔滴接触，只与熔池发生作用。由此可知，增加药皮厚度能够加强熔池阶段的反应。h_0 取决于药皮的成分和焊接参数。

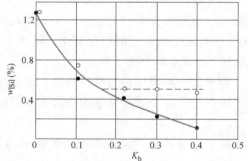

图 2-4　在熔滴和熔敷金属中的硅含量 $w_{[Si]}$ 与 K_b 的关系

焊芯为 35MnSi 钢（$w_{Si}=24\%$）；药皮中赤铁矿的质量分数为 40%，萤石的质量分数为 60%

○—熔滴　●—熔敷金属

最后，熔池反应区的反应物质是不断更新的。新熔化的母材、焊芯和药皮不断进入熔池的前部，凝固的金属和熔渣不断从熔池后部退出反应区。在焊接参数恒定的情况下，这种物质的更替过程可以达到相对稳定状态，从而得到成分均匀的焊缝金属。

由上述熔池反应区的物理、化学条件可以得出结论：熔池阶段的反应速度比熔滴阶段小，并且在整个反应过程中的贡献也较小。合金元素在熔池阶段被氧化的程度比熔滴阶段小就证明了这一点（见表2-4）。但是在某些情况下（如大厚度药皮），熔池中的反应也有相当大的贡献。

总之，焊接化学冶金过程是分区域连续进行的。在熔滴阶段进行的反应多数在熔池阶段将继续进行，但也有的停止反应甚至改变反应方向。各阶段冶金反应的综合结果，决定了焊缝金属的最终化学成分。

表 2-4　合金元素在不同阶段的损失

药　　皮	元　　素	元素的损失占原始含量的质量分数（%）		
		总的	熔滴中	熔池中
赤铁矿 $K_b = 0.5$	C	87.5	80	7.5
	Mn	97	97	0
	Si	98.3	98.3	0
大理石80%，萤石20% $K_b = 0.27$	C	40	30	10.0
	Mn	47.2	29.2	18.0
	Si	75	47.5	27.5

2.1.3　焊接工艺条件与化学冶金反应的关系

焊接化学冶金过程与焊接工艺条件有密切的联系。改变焊接工艺条件（如焊接方法、焊接参数等）必然会引起冶金反应条件（反应物的种类、数量、含量、浓度、反应时间等）的变化，因而也就会影响冶金反应的过程。这种影响可归结为以下两个方面。

1. 熔合比的影响

一般熔焊时，焊缝金属是由填充金属和局部熔化的母材组成的。在焊缝金属中局部熔化的母材所占的比例称为熔合比，可用试验的方法测得。

熔合比取决于焊接方法、参数、接头形式和板厚、坡口角度和形式、母材性质、焊接材料种类以及焊条（焊丝）的倾角等因素（见表2-5）。

表 2-5　焊接工艺条件对低碳钢熔合比的影响

焊接方法	接头形式	被焊金属厚度/mm	熔合比 θ
焊条电弧焊	I形坡口对接	2~4	0.4~0.5
		10	0.5~0.6
	V形坡口对接	4	0.25~0.5
		6	0.2~0.4
		10~20	0.2~0.3
	角接及搭接	2~4	0.3~0.4
		5~20	0.2~0.3
	堆焊	—	0.1~0.4
埋弧焊	对接	10~30	0.45~0.75

当母材和填充金属的成分不同时，熔合比对焊缝金属的成分有很大的影响。假设焊接时合

金元素没有任何损失，则这时焊缝金属中的合金元素含量称为原始含量，它与熔合比的关系为

$$C_0 = \theta C_b + (1-\theta) C_e \qquad (2-1)$$

式中　　C_0——某元素在焊缝金属中的原始质量分数（%）；

　　　　C_b——该元素在母材中的质量分数（%）；

　　　　C_e——该元素在焊条中的质量分数（%）；

　　　　θ——熔合比。

实际上，焊条中的合金元素在焊接过程中是有损失的，而母材中的合金元素几乎全部过渡到焊缝金属中。这样，焊缝金属中合金元素的实际质量分数 C_W 为

$$C_W = \theta C_b + (1-\theta) C_d \qquad (2-2)$$

式中　　C_d——熔敷金属（完全由填充金属熔化后所形成的那部分焊缝金属）中元素的实际质量分数（%）。

C_b、C_d、θ 均可由技术资料中查得或用化学分析和试验的方法得到。这样就可计算出焊缝的化学成分。

由式（2-2）可以看出，通过改变熔合比可以改变焊缝金属的化学成分。这个结论在焊接生产中具有重要的实用价值。例如，要保证焊缝金属成分和性能的稳定性，必须严格控制焊接工艺条件，使熔合比稳定、合理。在堆焊时，总是调整焊接参数使熔合比尽可能的小，以减少母材成分对堆焊层性能的影响。在焊接异种钢时，熔合比对焊缝金属成分和性能的影响甚大，因此要根据熔合比选择焊接材料。

2. 熔滴过渡特性的影响

焊接参数对熔滴过渡特性有很大影响，因此对冶金反应也必然产生影响。试验表明，熔滴阶段的反应时间（或熔滴存在的时间）随着焊接电流的增加而变短，随着电弧电压的增加而变长。所以，可以断定反应进行的程度将随电流的增加而减小，随电压的增加而增大。

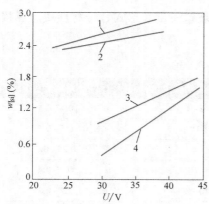

图 2-5　熔敷金属中硅含量 $w_{[Si]}$ 与电弧
电压 U 和电流 I 的关系

焊条（$\phi 2.5$mm，$K_b = 0.7$）：

1—$I = 150$A　2—$I = 220$A

药芯焊丝（$\phi 4$mm，$K_b = 0.66$）：

3—$I = 240$A　4—$I = 410$A

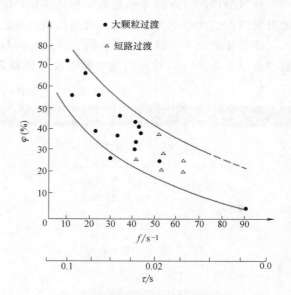

图 2-6　熔滴过渡频率 f 和过渡时间 τ
与硅的损失率 φ 的关系

（低碳钢 CO_2 堆焊）

例如，采用下列配方（质量分数）：萤石 30%，大理石 6%，硅砂 42%，锰铁 15%，铝粉 7%，分别制成焊条和药芯焊丝，用来研究焊接参数与硅还原反应的关系，发现熔敷金属中的含硅量随着电压的增加和电流的减小而增加（见图 2-5）。CO_2 保护焊时，焊丝中硅的氧化损失也有类似的情况。增大焊接电流，熔滴过渡频率增加，氧化反应的时间变短，硅的氧化损失率减小；增加电弧电压，氧化反应的时间增长，硅的损失率增大（见图 2-6）。此外，短路过渡比大颗粒过渡时硅的损失小，原因是短路过渡时熔滴与 CO_2 的反应时间较短。

2.1.4 焊接化学冶金系统及其不平衡性

焊接化学冶金系统是一个复杂的高温多相反应系统。根据焊接方法不同，组成系统的相也不同。例如，焊条电弧焊和埋弧焊时，系统内有三个相互作用的相，即液态金属、熔渣和电弧气氛；气体保护焊时，主要是气相与金属相之间的相互作用；而电渣焊时，主要是熔渣与金属之间的作用。由物理化学可知，多相反应是在相界面上进行的，并与传质、传热和动量传输过程密切相关。影响多相反应的可能性、方向、速度和限度的因素很多，这给焊接化学冶金的研究工作增加了困难。

近年来多数研究者认为，焊接区的不等温条件排除了整个系统平衡的可能性。但是在系统的个别部分可能出现个别反应的短暂平衡状态。上面指出的同一反应在熔池前部和后部反应的方向不同，就是有力的证明。因为反应改变方向必须通过平衡状态。试验表明，焊缝金属的最终成分与熔池凝固温度下的平衡成分相比，通常距离是比较远的。然而，各种反应离平衡的远近程度是不一样的。这种系统的不平衡性是焊接化学冶金过程的又一个特点。

上述说明，不能直接应用热力学平衡的计算公式定量地分析焊接化学冶金问题，但是做定性分析还是有益的。例如，通过热力学计算可以确定冶金反应最大可能的方向、发展趋势和影响因素等。只有研究焊接化学冶金反应的动力学，才能从理论上计算焊缝金属的化学成分。可惜，这方面的研究还不成熟。

2.2 气相对金属的作用

2.2.1 焊接区内的气体

弄清焊接区内气体的来源、产生、成分及其分布，对于研究气相与熔化金属的相互作用具有重要意义。

1. 气体的来源和产生

焊接区内的气体主要来源于焊接材料。例如，焊条药皮、焊剂和药芯中的造气剂、高价氧化物和水分都是气体的重要来源；气体保护焊时，焊接区内的气体主要来自所采用的保护气体及杂质（如氧、氮、水汽等）。热源周围的空气也是一种难以避免的气源。据估算，焊条电弧焊时侵入电弧中的空气约占 3%。焊丝表面上和母材坡口附近的铁皮、铁锈、油污、油漆和吸附水等，在焊接时也会析出气体。在一般情况下，焊丝和母材中因冶炼而残留的气体是很少的，对气相的成分影响不大。

除了直接输送和侵入焊接区内的气体以外，其中的气体主要是通过以下物化反应产生的。

（1）有机物的分解和燃烧　制造焊条时常用淀粉、纤维素、糊精、藻酸盐等有机物作为造气剂和涂料增塑剂。这些物质受热以后将发生复杂的分解和燃烧反应，统称为热氧化分解反应。例如，纤维素的热氧化分解反应可表示为

$$(C_6H_{10}O_5)_m + \frac{7}{2}mO_2 = 6mCO_2 + 5mH_2$$

实际上用色谱分析证明，反应的气态产物主要是 CO_2，还有少量的 CO、H_2、烃和水汽。

用热称重法研究表明，这些有机物加热到 $220 \sim 250℃$ 就开始分解，并伴随着放热效应。在 $220 \sim 320℃$ 范围内它们的质量损失可达 50%，大约在 $800℃$ 完全分解。这说明，对含有机物的焊条，烘干温度应控制在 $150℃$ 左右，不应超过 $200℃$。

（2）碳酸盐和高价氧化物的分解　焊接冶金中常用的碳酸盐有 $CaCO_3$、$MgCO_3$、$BaCO_3$ 和白云石 $CaMg(CO_3)_2$。当加热超过一定温度时，这些碳酸盐开始发生分解，产生 CO_2 气体。$CaCO_3$ 和 $MgCO_3$ 的分解反应和分解压可表示为

$$CaCO_3 = CaO + CO_2$$

$$\lg p_{CO_2} = -\frac{8920}{T} + 7.54 \tag{2-3}$$

$$MgCO_3 = MgO + CO_2$$

$$\lg p_{CO_2} = -\frac{5785}{T} + 6.27 \tag{2-4}$$

空气中 CO_2 的分压为 $30.4Pa$。利用式（2-3）和式（2-4）可计算出在空气中 $CaCO_3$ 开始分解的温度为 $545℃$，而 $MgCO_3$ 为 $325℃$。假设电弧气氛的总压力 $p = 101kPa$，并令 $p_{CO_2} = p$，则可计算出 $CaCO_3$ 剧烈分解的温度为 $910℃$，$MgCO_3$ 为 $650℃$。可见，在焊接过程中它们能够完全分解。

应当指出，随着加热速度的增加，碳酸盐的分解温度升高。但是，药皮中的 CaF_2、SiO_2、TiO_2 和 Na_2CO_3 等成分使 $CaCO_3$ 的分解温度区间移向低温（见图 2-7）。从对熔化金属保护的观点看，$CaCO_3$ 过早分解是不利的，而适当延长 $CaCO_3$ 的分解温度区间是有利的。在这方面 Na_2CO_3 有特殊的作用（比较图2-7中曲线 6 和 7）。碳酸盐的粒度对其分解压也有影响，粒度越小，在同样温度下的分解压越大。如果电弧中有水蒸气，则可加速碳酸盐的分解，这是催化的效果。

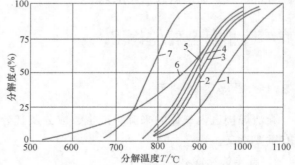

图 2-7　不同物质对碳酸钙分解度 a 的影响
1—$CaCO_3$　2—$CaCO_3+CaF_2$　3—$CaCO_3+TiO_2$　4—$CaCO_3+SiO_2$
5—$CaCO_3+Na_2CO_3$（比例为 $1:1$）　6—$CaCO_3+CaF_2+TiO_2$
（比例为 $1:2:2$）　7—$CaCO_3+CaF_2+TiO_2+Na_2CO_3$
（比例为 $1:2:2:1$），加热速度为 $30℃/s$

由上述可知，对含 $CaCO_3$ 的焊条烘干温度不应超过 $450℃$，对含 $MgCO_3$ 的焊条不应超过 $300℃$。

焊接材料中常用的高价氧化物主要有 Fe_2O_3 和 MnO_2。它们在焊接过程中将发生逐级分解反应，可表示为

$$6Fe_2O_3 = 4Fe_3O_4 + O_2$$

$$2Fe_3O_4 = 6FeO + O_2$$

$$4MnO_2 = 2Mn_2O_3 + O_2$$

$$6Mn_2O_3 = 4Mn_3O_4 + O_2$$

$$2Mn_3O_4 = 6MnO + O_2$$

反应结果是产生大量氧气和低价氧化物。

（3）材料的蒸发　在焊接过程中，除焊接材料中的水分发生蒸发外，金属元素和熔渣的各种成分也在电弧高温的作用下发生蒸发，形成相当多的蒸气。

各种物质的蒸发取决于它们的饱和蒸气压（或沸点）、在溶液中的浓度、系统的总压力和焊接参数等因素。在一定的温度下，物质的沸点越低越容易蒸发。由表2-6可以看出，在金属元素中 Zn、Mg、Pb、Mn 的沸点较低，因此在熔滴阶段最容易蒸发。从焊接黄铜、Al-Mg 合金和铅的实践，以及焊接烟尘中的 MnO_2 含量随焊条药皮中锰铁含量直线增加的事实（见图2-8），都证明了这一点。在氟化物中，AlF_3、KF、LiF、NaF 的沸点低，易于蒸发。若物质处于溶液中，则物质的浓度越高，其饱和蒸气压越大，越容易蒸发。例如，焊接铁合金时，虽然其沸点较高，但其浓度很大，所以气相中铁的蒸气是相当可观的。焊接参数对蒸发现象也有明显的影响，增加焊接电流和电弧电压都会加剧材料的蒸发。

表 2-6　纯金属和氟化物的沸点

物　质	沸点/℃	物　质	沸点/℃	物　质	沸点/℃	物　质	沸点/℃
Zn	907	Al	2327	Ti	3127	LiF	1670
Mg	1126	Ni	2459	C	4502	NaF	1700
Pb	1740	Si	2467	Mn	4804	BaF_2	2137
Mn	2097	Cu	2547	AlF_3	1260	MgF_2	2239
Cr	2222	Fe	2753	KF	1500	CaF_2	2500

焊接时的蒸发现象不仅会使气相的成分复杂化，而且会造成合金元素的损失，甚至产生焊接缺欠，增加焊接烟尘，污染环境，影响焊工的身体健康。

应当指出，除上述物化反应产生气体外，还有一些冶金反应也会产生气态产物，将在下面有关部分进行介绍。

2. 气体分解

气体的状态（分子、原子和离子状态）对其在金属中的溶解和与金属的作用有很大的影响，故本书将扼要介绍一下焊接区内气体的分解。关于气体电离问题在其他课程中讨论。

（1）简单气体的分解　焊接区气相中常见的简单气体有 N_2、H_2、O_2 等双原子气体。气体受热后将增加其原

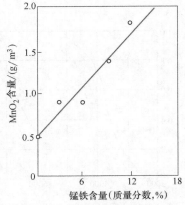

图 2-8　焊接烟尘中 MnO_2 含量与药皮中锰铁含量的关系

子的振动和旋转能。当原子获得的能量足够高时，将使原子键断开，分解为单个原子或离子和电子。表 2-7 给出了一些气体分解反应在标准状态下的热效应 ΔH_{298}^0，这些反应都是吸热反应。由表 2-7 中的数据可以比较各种气体和同一气体按不同方式进行分解的难易程度。

表 2-7 气体分解反应

编号	反应式	$\Delta H_{298}^0/(kJ/mol)$	编号	反应式	$\Delta H_{298}^0/(kJ/mol)$
1	$F_2 = F + F$	−270	6	$CO_2 = CO + \frac{1}{2}O_2$	−282.8
2	$H_2 = H + H$	−433.9	7	$H_2O + H_2 + \frac{1}{2}O_2$	−483.2
3	$H_2 = H + H^+ + e$	−1745	8	$H_2O = OH + \frac{1}{2}H_2$	−532.8
4	$O_2 = O + O$	−489.9	9	$H_2O = H_2 + O$	−977.3
5	$N_2 = N + N$	−711.4	10	$H_2O = 2H + O$	−1808.3

设双原子气体分解反应的平衡常数为 K_p，分解后混合气体的总压力为 p_0，则其分解度（分解的分子数与原有分子总数之比）a 可表示为

$$a = \sqrt{\frac{K_p}{K_p + 4p_0}} \tag{2-5}$$

利用式（2-5）可计算出双原子气体的分解度随温度变化的曲线，如图 2-9 所示。可以看出，在焊接温度下（5000K），H_2 和 O_2 的分解度很大，绝大部分以原子状态存在，而氮的分解度很小，基本上以分子状态存在。

（2）复杂气体的分解　CO_2 和 H_2O 是焊接冶金中常见的复杂气体。升高温度，CO_2 可按表 2-7 中的反应式 6 进行分解，生成 CO 和 O_2，使气相氧化性增加。CO_2 的分解度示于图 2-10。在 4000K 时，CO_2 的分解度是很大的。

水蒸气的分解是比较复杂的，它可按表 2-7 中反应式 7～10 进行分解。热力学计算表明，当温度低于 4500K 时，按反应式 7 分解的可能性最大，而当温度高于 4500K 时，按反应式 10 分解的可能性最大。分解的产物有 H_2、O_2、H、O 等。这不仅增加了气相的氧化性，而且增加了气相中氢的分压。水蒸气的分解度示于图 2-10。

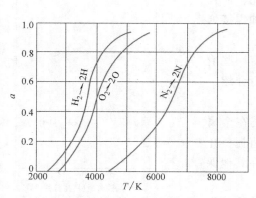

图 2-9　双原子气体的分解度 a 与
温度 T 的关系（$p_0 = 101kPa$）

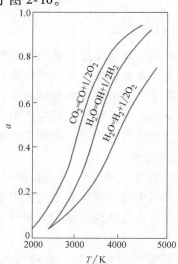

图 2-10　复杂气体的分解度 a 与温度 T 的关系

3. 气相的成分及其分布

在焊接过程中测定气相的成分是很困难的，目前国内外正用光谱和色谱法进行测试，但尚不成熟。常用的方法是，把焊接区内的气体抽出来，冷却到室温进行分析。显然，其结果是不精确的，因为气体自高温冷却下来，其成分将发生变化。但是，这个结果对于分析气相对金属的作用还是有参考价值的。

气相的成分和数量随焊接方法、焊接参数、焊条或焊剂的种类不同而变化（见表 2-8）。可以看出，用低氢型焊条焊接时，气相中含 H_2 和 H_2O 很少，故称"低氢型"。埋弧焊和中性焰气焊时，气相中含 CO_2 和 H_2O 很少，因而气相的氧化性很小；相反，焊条电弧焊时气相的氧化性相对较大。

表 2-8 焊接碳钢时冷至室温气相的成分

焊接方法	焊条和焊剂类型	气相成分(体积分数，%)					备注
		CO	CO_2	H_2	H_2O	N_2	
焊条电弧焊	钛钙型	50.7	5.9	37.7	5.7	—	焊条在 110℃ 烘干 2h
	钛铁矿型	48.1	4.8	36.6	10.5	—	
	纤维素型	42.3	2.9	41.2	12.6	—	
	钛型	46.7	5.3	35.5	13.5	—	
	低氢型	79.8	16.9	1.8	1.5	—	
	氧化铁型	55.6	7.3	24.0	13.1	—	
埋弧焊	HJ330	86.2	—	9.3	—	4.5	焊剂为玻璃状
	HJ431	89~93	—	7~9	—	<1.5	
气焊	$\dfrac{O_2}{C_2H_2}$(体积比) = 1.1~1.2(中性焰)	60~66	有	34~40	有		

因为沿焊接电弧的轴向和径向温度分布是不均匀的，所以各种气体的分子、原子和离子在电弧中的分布也是不均匀的。很可惜，迄今还不了解这种分布规律，还有待研究。显然，掌握这种分布规律对于深入研究焊接化学冶金反应的规律具有重要意义。

综上所述，焊接区内的气体是由 CO_2、H_2O、N_2、H_2、O_2、金属和熔渣的蒸气以及它们分解和电离的产物组成的混合物。其中，对焊接质量影响最大的是 N_2、H_2、O_2、CO_2、H_2O，下面分别讨论它们对金属的作用。

2.2.2 氮对金属的作用

焊接区周围的空气是气相中氮的主要来源。尽管焊接时采取了保护措施，但总有或多或少的氮侵入焊接区与熔化金属发生作用。

根据氮与金属作用的特点，大致可分为两种情况。一种是不与氮发生作用的金属，如铜和镍等，它们既不溶解氮，又不形成氮化物，因此焊接这一类金属可用氮作为保护气体；另一种是与氮发生作用的金属，如铁、钛等既能溶解氮，又能与氮形成稳定的氮化物，焊接这一类金属及合金时，防止焊缝金属的氮化是一个重要问题。

1. 氮在金属中的溶解

气体的溶解过程可分为如下几个阶段：气体分子向气体与金属界面上运动；气体被金属表面吸附；在金属表面上分解为原子；气体原子穿过金属表面层，并向金属深处扩散。这个过程不受电场影响，属于纯化学溶解。

氮在金属中的溶解反应可表示为

$$N_2 = 2[N] \tag{2-6}$$

由式（2-6）的质量作用定律可求出氮在金属中的溶解度 S_N（平衡时的含量）为

$$S_N = K_{N_2}\sqrt{p_{N_2}} \tag{2-7}$$

式中　　K_{N_2}——氮溶解反应的平衡常数，取决于温度和金属的种类；

　　　　p_{N_2}——气相中分子氮的分压。

式（2-7）称为平方根定律。可以看出，降低气相中氮的分压可以减少金属中的含氮量。

考虑到焊接时金属的蒸气将使气相中氮的分压减小，经计算得到氮在铁中的溶解度与温度的关系，如图 2-11 所示。可以看出，氮在液态铁中的溶解度随着温度的升高而增大；当温度为 2200℃时，氮的溶解度达到最大值 47cm³/100g（0.059%）；继续升高温度溶解度急剧下降，至铁的沸点（2750℃）时，溶解度变为零，这是金属蒸气压急剧增加的结果。此外，还可以看出，当液态铁凝固时，氮的溶解度突然下降至于 1/4 左右。

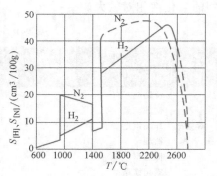

图 2-11　氮和氢在铁中的溶解度
$S_{[N]} \cdot S_{[H]}$ 与温度 T 的关系
$$p_{N_2} + p_金 = 101 kPa$$

电弧焊时的气体溶解过程比普通的气体溶解过程要复杂得多。其特点是，熔化金属过热度大；在熔池表面上通过局部活性部分和熔滴吸收气体；电弧气氛中有受激的分子、原子和离子，这增加了气体的活性，使其在金属中的溶解度增加。所以电弧焊时熔化金属吸收的气体量常常要超过它的平衡含量（溶解度）。

试验表明，在电弧焊的条件下，固定熔池中的溶氮量比用平方根定律计算的溶解度高几倍。当 p_{N_2} 较小时，熔池的含氮量仍与 $\sqrt{p_{N_2}}$ 成正比；当 p_{N_2} 大于某一个值时熔池的含氮量为一常数。

电弧焊时熔化金属的含氮量高于溶解度的主要原因在于：电弧中受激的氮分子，特别是氮原子的溶解速度比没受激的氮分子要快得多；电弧中的氮离子 N^+ 可在阴极溶解；在氧化性电弧气氛中形成 NO，遇到温度较低的液态金属它分解为 N 和 O，N 迅速溶于金属。

2. 氮对焊接质量的影响

在碳钢焊缝中，氮是有害的杂质。氮是促使焊缝产生气孔的主要原因之一。如上所述，液态金属在高温时可以溶解大量的氮，而在其凝固时氮的溶解度突然下降。这时过饱和的氮以气泡的形式从熔池中向外逸出，当焊缝金属的结晶速度大于它的逸出速度时，就形成气孔。因保护不良产生的气孔，如焊条电弧焊的引弧端和弧坑处的气孔，一般都与氮有关。这个问题在第 5 章中还要详细介绍。

氮是提高低碳钢和低合金钢焊缝金属强度、降低塑性和韧性的元素。在室温下 α-Fe 中氮的溶解度很小，仅为 0.001%。如果熔池中含有较多的氮，则由于焊接时冷却速度很大，一部分氮将以过饱和的形式存在于固溶体中，还有一部分氮以针状氮化物（Fe_4N）的形式析出，分布于晶界或晶内。因此使焊缝金属的强度、硬度升高，而塑性和韧性，特别是低温韧性急剧下降（见图 2-12 和图 2-13）。

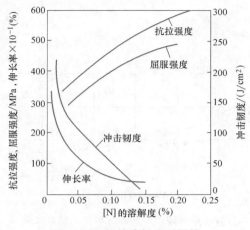

图 2-12　氮的溶解度对焊缝
金属常温力学性能的影响

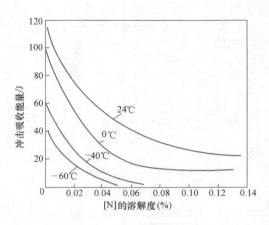

图 2-13　氮的溶解度对低碳
钢焊缝低温韧性的影响

　　氮是促使焊缝金属时效脆化的元素。焊缝金属中过饱和的氮处于不稳定状态，随着时间的延长，过饱和的氮将逐渐析出，形成稳定的针状 Fe_4N。这样就会使焊缝金属的强度上升，塑性和韧性下降。在焊缝金属中加入能形成稳定氮化物的元素，如钛、铝、锆等，可以抑制或消除时效现象。

　　3. 影响焊缝含氮量的因素及控制措施

　　为消除氮对焊缝金属的有害作用，必须弄清影响焊缝含氮量的因素，从而达到控制氮的目的。

　　(1) 焊接区保护的影响　氮不同于氧，一旦进入液态金属脱氮就比较困难，所以控制氮的主要措施是加强保护，防止空气与金属作用。

　　如第 2.1 节中所述，各种焊接方法的保护效果是不同的，这大体上可以从焊缝中的含氮量看出来（见表 2-9）。

表 2-9　用不同方法焊接低碳钢时焊缝的含氮量 $w_{[N]}$

焊接方法		$w_{[N]}(\%)$	焊接方法	$w_{[N]}(\%)$
焊条电弧焊	光焊丝电弧焊	0.08~0.228	埋弧焊	0.002~0.007
	纤维素焊条	0.013	CO_2 保护焊	0.008~0.015
	钛型焊条	0.015	气焊	0.015~0.020
	钛铁矿型焊条	0.014	熔化极氩弧焊	0.0068
	低氢型焊条	0.010	药芯焊丝明弧焊	0.015~0.04
			实心合金焊丝自保护焊	<0.12

　　焊条药皮的保护作用，在很大程度上取决于药皮的成分和数量。图 2-14 所示是造渣型焊条药皮质量系数 K_b 与焊缝含氮量的关系。由图可见，随着 K_b 的增加，焊缝含氮量下降；当 $K_b > 40\%$ 时，焊缝含氮量保持在 0.04%~0.05%（质量分数）的水平，不再下降。此外，若 K_b 过大，则工艺性能变坏。因此，单纯用增加 K_b 的办法来加强保护是有限的。在药皮中加入造气剂（如碳酸盐、有机物等），形成气-渣联合保护，可使焊缝含氮量下降到 0.02%（质量分数）以下，如图 2-15 所示。

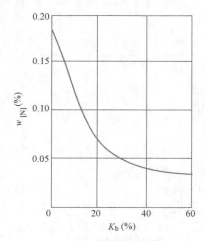

图 2-14　造渣型焊条药皮质量系数
K_b 与焊缝含氮量 $w_{[N]}$ 的关系

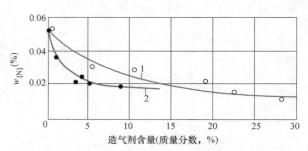

图 2-15　气-渣联合保护型焊条药皮中造气剂含量
与焊缝含氮量 $w_{[N]}$ 的关系

1—碱性焊条，$K_b = 35\%$，造气剂为 $CaCO_3$

2—氧化铁型焊条，$K_b = 40\%$，造气剂为淀粉

药芯焊丝的保护效果，主要取决于其中保护成分的含量（见图 2-1）和形状系数（单位长度药芯焊丝腔体内金属带的质量与外壳金属带质量的比值）。随着形状系数的增加，保护效果得到改善。例如，形状系数为 1.3 的双层结构比形状系数为零的管状结构保护效果好。

其他焊接方法的保护效果及其影响因素在第 2.1 节中已论及，不再重述。

（2）焊接参数的影响　焊接参数对焊接含氮量有明显的影响。若增加电弧电压（即增加电弧长度），则将导致保护变坏，氮与熔滴的作用时间增长，故使焊缝金属含氮量增加（见图 2-16）。在熔渣保护不良的情况下，电弧长度对焊缝含氮量的影响尤其显著。为减少焊缝中的气体含量，应尽量采用短弧焊。

若增加焊接电流，则熔滴过渡频率增加，氮与熔滴的作用时间缩短，焊缝含氮量下降。直流正极性焊接时焊缝含氮量比反极性时高，这与氮离子的溶解有关。

试验表明，焊接速度对焊缝含氮量影响不大。在同样条件下，增加焊丝直径可使焊缝含氮量下降，这是由于熔滴变大的缘故。多层焊时焊缝含氮量比单层焊时高，这与氮的逐层积累有关。

（3）合金元素的影响　增加焊丝或药皮中的含碳量可降低焊缝中的含氮量（见图 2-17）。这是因为碳能降低

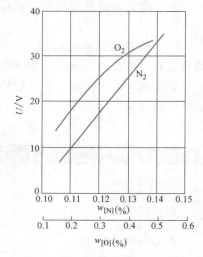

图 2-16　焊条电弧焊时电弧
电压 U 对焊缝含氧量 $w_{[O]}$ 和
含氮量 $w_{[N]}$ 的影响

氮在铁中的溶解度；碳氧化生成 CO、CO_2，加强了保护，降低了气相中氮的分压；碳氧化引起的熔池沸腾有利于氮的逸出。在某些堆焊工作中，可用这种办法消除氮气孔。钛、铝、锆和稀土元素对氮有较大的亲和力，能形成稳定的氮化物，且它们不溶于液态钢而进入熔渣；这些元素对氧的亲和力也很大，可减少气相中 NO 的含

量，所以可在一定程度上减少焊缝含氮量。自保护焊时，就是根据这个原理在焊丝中加入这一类元素进行脱氮的。

总之，从目前的经验看，加强保护是控制氮含量的最有效措施，其他办法都有很大的局限性。

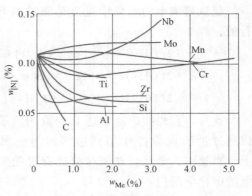

图 2-17　焊丝中合金元素的含量 w_{Me}

对焊缝含氮量 $w_{[N]}$ 的影响

在 101kPa 空气中焊接、25V、250A、焊速 20cm/min，直流反极性

2.2.3　氢对金属的作用

对于许多金属及合金，氢对焊接质量是有害的。因此，关于焊接时氢的行为是国际上的重点研究课题之一。

焊接时，氢主要来源于焊接材料中的水分、含氢物质及电弧周围空气中的水蒸气等。各种焊接方法气相中的含氢量和含水蒸气量见表 2-8。实际上，一般熔焊时总有或多或少的氢与金属发生作用。

1. 氢在金属中的溶解

根据氢与金属作用的特点可把金属分为两类。

第一类是能形成稳定氢化物的金属，如 Zr、Ti、V、Ta、Nb 等。这类金属吸收氢的反应是放热反应，因此在较低温度下吸氢量大，在高温时吸氢量少。焊接这类金属及合金时，必须防止在固态下吸收大量的氢，否则将严重影响接头的质量。

第二类是不形成稳定氢化物的金属，如 Al、Fe、Ni、Cu、Cr、Mo 等。但氢能够溶于这类金属及其合金中，溶解反应是吸热反应。由于这类金属及合金在工业上应用很广泛，故应着重讨论氢在这类金属中的溶解问题。

焊接方法不同，氢向金属中溶解的途径也不同。气体保护焊时，氢是通过气相与液态金属的界面以原子或质子的形式溶入金属的；电渣焊和电渣熔炼时，氢是通过渣层溶入金属的；而焊条电弧焊和埋弧焊时，上述两种途径兼而有之。

氢通过熔渣向金属中溶解时，氢或者水蒸气首先溶于熔渣。溶解在熔渣中的氢主要以 OH^- 离子的形式存在，这是由于发生如下溶解反应的结果。

对于含有自由氧离子的酸性或碱性熔渣，有

$$H_2O_{气} + (O^{2-}) \Longleftrightarrow 2(OH^-) \tag{2-8}$$

对于不含自由氧离子的熔渣，有

$$H_2O_{气} + (Si_m O_n^{q-}) \Longleftrightarrow 2(OH^-) + (Si_m O_{n-1}^{(q-2)-}) \tag{2-9}$$

由反应式（2-8）可以看出，熔渣中自由氧离子浓度越大（即熔渣的碱度越大），水在熔渣中的溶解度越大。这已被试验证明，如图 2-18 所示。在含 SiO_2 多的熔渣中自由氧离子很少，水的溶解是依靠断开 Si—O 离子键实现的，因此其溶解度比较小。氧离子活度是决定水在熔渣中溶解度的主要因素，但不是唯一因素。若熔渣中含有氟化物，则发生如下反应：

$$(OH^-) + (F^-) \Longleftrightarrow (O^{2-}) + HF$$

使水在熔渣中的溶解度下降。

氢从熔渣中向金属中过渡是通过如下反应进行的，即

$$(Fe^{2+})^{\ominus}+2(OH^-) \Longrightarrow [Fe]^{\ominus}+2[O]+2[H]$$

$$[Fe]+2(OH^-) \Longrightarrow (Fe^{2+})+2(O^{2-})+2[H]$$

$$2(OH^-) \Longrightarrow (O^{2-})+2[H]+[O]$$

此外，在焊接熔渣中还有少量的质子，它可以通过扩散或搅拌作用到达熔渣与金属的界面上，直接溶入金属。在阳极处还有可能发生溶解氢的电化学反应：

$$(OH^-) \Longrightarrow [H]+[O]+e$$

总之，当氢通过熔渣向金属中过渡时，其溶解度取决于气相中氢和水蒸气的分压、熔渣的碱度、氟化物的含量和金属中的含氧量等因素。

当氢通过气相向金属中过渡时，其溶解度取决于氢的状态。如果氢在气相中以分子状态存在，则它在金属中的溶解度符合平方根定律，即

$$S_H = K_{H_2}\sqrt{p_{H_2}} \qquad (2-10)$$

式中 S_H——氢在金属中的溶解度；

K_{H_2}——平衡常数，取决于温度；

p_{H_2}——气相中分子氢的分压。

考虑平衡常数与温度的关系以及金属蒸气压对溶解度的影响，计算得到氢在液态铁中的溶解度与温度的关系（见图 2-11）。氢在铝、铜和镍中的溶解度曲线和在铁中是类似的（见图 2-19）。可以看出，第二类金属不同于第一类金属，随着温度升高，氢在第二类金属中的溶解度是增加的，并在一定的温度下达到最大值。例如，对铁约在 2400℃ 达到最大值 43cm³/100g（见图 2-11），这就是说，熔滴阶段吸收的氢比熔池阶段多；继续升温，由于金属蒸气压急剧增加，使氢的溶解度迅速下降，在接近金属沸点时溶解度为零；此外，在变态点处溶解度发生突变，这往往是造成焊接缺欠（如气孔、冷裂等）的原因之一。

实际上，电弧焊时气相中的氢不完全是以分子状态存在的，还有相当多的原子氢和质子等。因此，电弧焊时氢的溶解度比用平方根定律计算出来的标准溶解度高得多，如图 2-20 所示。图中曲线 1 是在 Ar+H₂ 混合气中，用 200~300A 电流，钨极电弧熔炼金属试验时得到的；曲线 2 是考虑了氢分压对熔池平均温度的影响后，用平方根定律式（2-10）计算得到

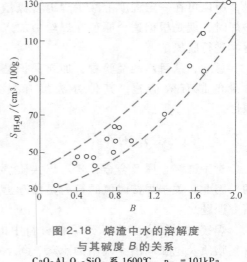

图 2-18　熔渣中水的溶解度
与其碱度 B 的关系

CaO-Al₂O₃-SiO₂ 系 1600℃，$p_{H_2}=101kPa$

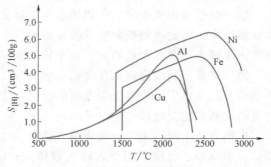

图 2-19　氢在金属中的溶解度 $S_{[H]}$ 与温度 T 的关系

$p_{H_2}+p_{\hat{\pm}}=1.01kPa$，其余为 Ar

⊖（ ）表示在熔渣中。

⊖［ ］表示在金属中。

的。可以看出，曲线 1 和曲线 2 接近于直线，两者斜率之比等于电弧加热时的溶解度与标准溶解度之比，对于铁此比值为 1.7，镍为 2.1。这说明，电弧加热时铁和镍吸收的氢量比在熔池平均温度下它的标准溶解度高大约 1 倍。

此外，合金元素对氢在铁中的溶解度也有很大的影响（见图 2-21）。Ti、Zr、Nb 及某些稀土元素可提高氢在液态铁中的溶解度；Mn、Ni、Cr、Mo 影响不大；而 C、Si、Al 可降低氢的溶解度。氧能有效地降低氢在液态铁、低碳钢和低合金钢中的溶解度，因为氧是表面活性元素，它可以减少金属对氢的吸附。

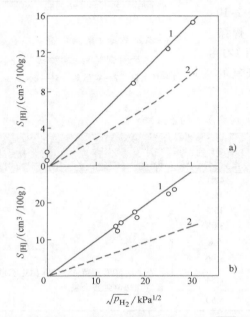

图 2-20　氢在液态金属中的溶解度 $S_{[H]}$ 与 $\sqrt{p_{H_2}}$ 的关系

a）工业纯铁　b）镍

1—电弧加热时　2—无电弧加热时

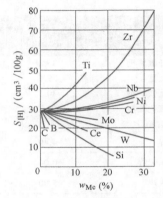

图 2-21　合金元素的含量 w_{Me}
对氢在铁合金中溶解度 $S_{[H]}$
的影响（加热温度为 $1600℃$）

氢在固态钢中的溶解度与其组织结构有关。一般在面心立方晶格的奥氏体钢中的溶解度，比在体心立方晶格的铁素体-珠光体钢中的溶解度大。

2. 焊缝金属中的氢及其扩散

在焊接过程中，液态金属所吸收的大量氢，有一部分在熔池凝固过程中可以逸出。但熔池冷却很快，还有相当多的氢来不及逸出，而被留在固态焊缝金属中。

在钢焊缝中，氢大部分是以 H、H^+ 或 H^- 形式存在的，它们与焊缝金属形成间隙固溶体。由于氢原子和氢离子的半径很小，这一部分氢可以在焊缝金属的晶格中自由扩散，故称之为扩散氢。还有一部分氢扩散聚集到陷阱（金属的晶格缺陷、显微裂纹和非金属夹杂物边缘的空隙）中，结合为氢分子，因其半径大，不能自由扩散，故称之为残余氢。对第二类金属来说，扩散氢占 80% ~ 90%，因此它对接头性能的影响比残余氢大。

焊缝金属中的含氢量，因扩散的缘故而是随时间变化的（见图 2-22）。焊后随着放置时间的增加，扩散氢减少，残余氢增加，而总氢量下降。这说明一部分扩散氢从焊缝中逸出，一部分变为残余氢。为了使测氢准确和便于比较试验结果，许多国家都制定了测定熔敷金属中扩散氢的标准方法，如甘油法和水银法等。我国国家标准 GB/T 3965—2012《熔敷金属中扩散氢测定方法》规定的是甘油法。所谓熔敷金属的扩散氢含量，是指焊后立即按标准方法测定并换算为标准状态下的含氢量。在真空室内将试样加热到 650℃ 可测定残余含氢量。用各种焊接方法焊接碳钢时，熔敷金属中的含氢量示于表 2-10。低碳钢板和焊丝的含氢量很低，一般为 $0.2 \sim 0.5 cm^3/100g$。由表 2-10 可以看出，所有焊接方法都使熔敷金属增氢。焊条电弧焊时，只有低氢焊条扩散氢含量最少。而 CO_2 气体保护焊时，扩散氢含量极少，是一种超低氢的焊接方法。

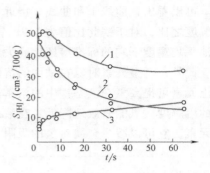

图 2-22　焊缝中的含氢量 $S_{[H]}$ 与焊后放置时间 t 的关系
1—总氢量　2—扩散氢　3—残余氢

表 2-10　焊接碳钢时熔敷金属中的含氢量

焊接方法		扩散氢含量 /(cm³/100g)	残余氢含量 /(cm³/100g)	总氢量 /(cm³/100g)	备　注
焊条电弧焊	纤维素型	35.8	6.3	42.1	—
	钛型	39.1	7.1	46.2	
	钛铁矿型	30.1	6.7	36.8	
	氧化铁型	32.3	6.5	38.8	
	低氢型	4.2	2.6	6.8	
埋弧焊		4.40	1~1.5	5.90	在 40~50℃ 停留 48~72h 测定扩散氢；真空加热测定残余氢
CO_2 保护焊		0.04	1~1.5	1.54	
氧乙炔焊		5.00	1~1.5	6.50	

　　氢在焊接接头中的扩散和分布是一个复杂的问题，至今尚未充分认识，还有待研究。由图 2-23 可以看出，氢在接头横截面上的分布特征与母材的成分、组织和焊缝金属的类型等因素有关。值得注意的是，氢由焊缝扩散到近缝区，并达到相当大的深度。

　　近缝区产生的冷裂纹与其中的含氢量有密切的关系。研究表明，母材和焊缝金属组织类型的匹配不同，近缝区给定点氢扩散的动力学曲线具有不同的特征（见图 2-24）。在具有奥氏体和马氏体时效钢焊缝的情况下，无论母材是淬火钢还是非淬火钢，近缝区给定点的氢含量都是单调下降的；而在具

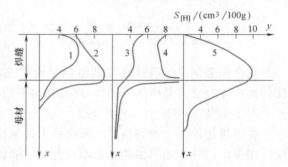

图 2-23　氢沿焊接接头横断面的分布
1—低碳钢，碱性焊条　2—低碳钢，钛型焊条
3—30CrMnSi 钢，自动堆焊的铁素体焊缝
4—30CrMnSi 钢，奥氏体焊缝
5—工业纯铁，纤维素型焊条

有铁素体焊缝的情况下，近缝区给定点的氢含量有极大值，且在母材中氢的扩散系数越小，达到极大值所需要的时间越长。氢扩散动力学曲线的这些特征与氢在奥氏体、马氏体和铁素体钢中的扩散系数依次增大有密切关系。显然，这些研究成果对防止近缝区产生冷裂纹具有

指导意义。

3. 氢对焊接质量的影响

许多金属及合金焊接时，氢是有害的。就结构钢的焊接而言，氢的有害作用有以下四个方面。

（1）氢脆　氢在室温附近使钢的塑性严重下降的现象称为氢脆（见图 2-25）。用含氢量高的铁素体焊缝做拉伸试验时，这种现象特别明显，其伸长率和断面收缩率显著下降，而强度几乎不受影响。焊缝金属经过去氢处理，其塑性可以恢复。

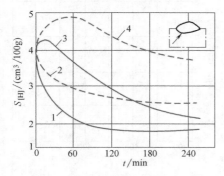

图 2-24　临近熔合线近缝区内
氢含量 $S_{[H]}$ 随时间 t 的变化

1—Q235+奥氏体焊缝　2—45 钢+
奥氏体焊缝　3—Q235+铁素体焊缝
4—45 钢+铁素体焊缝

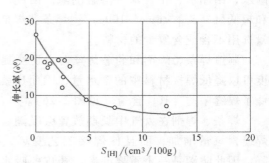

图 2-25　含氢量 $S_{[H]}$ 对低碳
钢塑性（伸长率）的影响

氢脆现象是由溶解在金属晶格中的氢引起的。在试件拉伸过程中，金属中的位错发生运动和堆积，结果形成显微空腔。与此同时溶解在晶格中的原子氢不断地沿着位错运动的方向扩散，最后聚集到显微空腔内结合为分子氢。这个过程的发展使空腔内产生很高的压力，导致金属变脆。

（2）白点　碳钢或低合金钢焊缝，如含氢量高，则常常在其拉伸或弯曲断面上出现银白色圆形局部脆断点，称之为白点。白点的直径一般为 0.5～3mm，其周围为塑性断口，故用肉眼即可辨认。在许多情况下，白点的中心有小夹杂物或气孔。如焊缝产生白点，则其塑性大大下降。

焊缝金属对白点的敏感性是与含氢量、金属的组织和变形速度等因素有关的。铁素体和奥氏体钢焊缝不出现白点。前者是因为氢在其中扩散快，易于逸出；后者是因为氢在其中的溶解度大，且扩散很慢。碳钢和用 Cr、Ni、Mo 合金化的焊缝，尤其是这些元素含量较多时，对白点很敏感。试件含氢量越大，出现白点的可能性越大，若预先经过去氢处理，则可消除白点。

（3）形成气孔　如果熔池吸收了大量的氢，那么在它凝固时由于溶解度的突然下降，使氢处于过饱和状态，这促使产生如下反应：

$$2[H] = H_2$$

反应生成的分子氢不溶于金属，于是在液态金属中形成气泡。当气泡外逸速度小于凝固速度时，就在焊缝中形成气孔（见第 5 章）。

（4）产生冷裂纹　冷裂纹是焊接接头冷却到较低温度产生的一种裂纹，其危害很大。氢是促使产生这种裂纹的主要原因之一。这将在第 7 章专门讨论。

4. 控制氢的措施

鉴于上述氢的有害作用，在许多情况下要求尽量减少焊缝中的含氢量。

（1）限制焊接材料中的含氢量　制造焊条、焊剂和药芯焊丝用的各种材料，如有机物、天然云母、白泥、长石、水玻璃、铁合金等，都程度不同地含有吸附水、结晶水、化合水或溶解的氢。因此，制造低氢和超低氢（$S_{[H]} < 1cm^3/100g$）型焊条和焊剂时，应尽量选用不含或含氢少的材料。

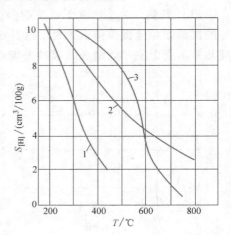

图 2-26　烘焙温度 T 与焊缝含
氢量 $S_{[H]}$ 的关系

1—碱性焊条　2—碱性烧
结焊剂　3—药芯焊丝

制造焊条、焊剂和药芯焊丝时，适当提高烘焙温度可以降低焊接材料中的含水量，因而也就相应地降低了焊缝中的 [H] 含量（见图 2-26）。

焊条、焊剂在大气中长期放置会吸潮。这不仅使焊缝含氢量增加，而且使焊接工艺变坏，抗裂性下降。因此防潮是一个重要问题。药皮的吸水量取决于它本身的成分、黏结剂的种类和大气中水蒸气的分压等因素。图 2-27 所示是几种国产焊条的吸潮性。采用高模数、低浓度的水玻璃，或用含锂的水玻璃可提高焊条的抗潮性。烧结焊剂的吸潮性主要取决于烧结温度及在大气中的放置时间（见图 2-28），经 700~800℃ 烧结，可大大降低吸潮性。玻璃状熔炼焊剂的吸水量，根据粒度不同，可在 0.1%~0.5% 的范围内变化。

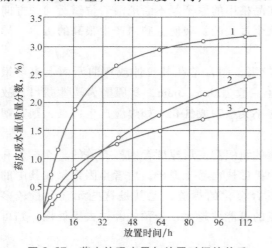

图 2-27　药皮的吸水量与放置时间的关系

1—E5015　2—D-6 低尘焊条　3—E4303

试验前按说明书烘干，环境温度为 32℃，相对湿度为 80%

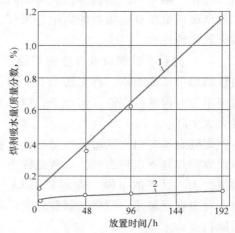

图 2-28　烧结焊剂吸水量与放置时间的关系

1—500℃ 烧结　2—800℃ 烧结

环境温度为 23℃，相对湿度为 90%

由上述可知，焊接材料在使用前应再烘干，这是生产上去氢的最有效方法，特别是使用低氢型焊条时，切不可忽视。升高烘焙温度可大大降低焊缝的含氢量。但烘焙温度不可过高，否则将丧失药皮的冶金作用。焊条、焊剂烘焙后应立即使用，或放在低温（100℃）烘箱内，以免重新吸潮。焊接用保护气体中的水分如果超过标准，则应采取去水、干燥等措施。

（2）清除焊丝和焊件表面上的杂质 焊丝和焊件坡口附近表面上的铁锈、油污、吸附水等是增加焊缝含氢量的原因之一，焊前应仔细清除。

焊接铝、铝镁合金、钛及钛合金时，因其表面层结构不致密常形成含水的氧化膜，如 $Al(OH)_3$、$Mg(OH)_2$ 等，所以必须用机械或化学方法进行清除，否则由于氢的作用可能产生气孔、裂纹或使接头性能变坏。

（3）冶金处理 由上述可知，降低气相中氢的分压可以减少氢在液态金属中的溶解度。而要降低氢的分压，就应该调整焊接材料的成分，使氢在焊接过程中生成比较稳定的不溶于液态金属的氢化物，如 HF、OH（见图 2-29）及其他稳定氢化物。其具体措施如下：

1）在药皮和焊剂中加入氟化物。试验证明，在高硅高锰焊剂中加入适当比例的 CaF_2 和 SiO_2 可显著降低焊缝的含氢量；在焊条药皮中加入氟化物，如 CaF_2、MgF_2、BaF_2、Na_3AlF_6 等可以不同程度地降低焊缝含氢量。其中常用的是在药皮中加入质量分数为（7%~8%）的 CaF_2，即可急剧减少焊缝含氢量，再增加其含量，则去氢的作用相对减小（见图 2-30）。

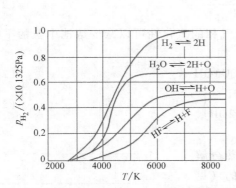

图 2-29　H_2、H_2O、OH、HF 分解时
原子氢的平衡分压 p_{H_2} 与温度 T 的关系

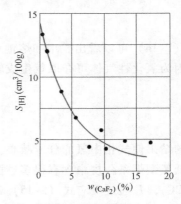

图 2-30　药皮中 CaF_2 含量 $w_{(CaF_2)}$ 与
焊缝中含氢量 $S_{[H]}$ 的关系
（直流反极性）

关于氟化物去氢的机理目前有多种假说，下面仅介绍其中两种主要的。一种假说是，当熔渣中 CaF_2 和 SiO_2 共存时，发生如下反应：

$$2CaF_2 + 3SiO_2 \Longrightarrow 2CaSiO_3 + SiF_4 \tag{2-11}$$

生成的 SiF_4 沸点很低（90℃），它将以气态存在，并与气相中的原子氢和水蒸气发生反应：

$$SiF_4 + 3H \Longrightarrow SiF_{气} + 3HF \tag{2-12}$$

$$SiF_4 + 2H_2O \Longrightarrow SiO_{2气} + 4HF \tag{2-13}$$

由于反应生成了高温下较稳定的 HF，故能够降低焊缝含氢量。应当指出，CaF_2 通过反应式（2-11）~式（2-13）去氢的效果取决于熔渣的碱度或 SiO_2 的活度。在酸性熔渣中 SiO_2 的含量高、活度大，能使反应式（2-11）顺利进行，所以去氢效果比较好，用高硅高锰焊剂焊接时证明了这一点。但是，在碱性焊剂和焊条药皮中 SiO_2 含量少、活度小，不利于反应式

（2-11）向右进行，试验测得的 SiF_4 和 HF 很少，由此看来还存在别的去氢途径。

另一种假说，是由我国的学者提出的，即在碱性焊条药皮中 CaF_2 的去氢机理。CaF_2 和药皮中的水玻璃发生反应：

$$Na_2O \cdot nSiO_2 + mH_2O \Longrightarrow 2NaOH + nSiO_2(m-1)H_2O$$

$$2NaOH + CaF_2 \Longrightarrow 2NaF + Ca(OH)_2$$

$$K_2O \cdot nSiO_2 + mH_2O \Longrightarrow 2KOH + nSiO_2(m-1)H_2O$$

$$2KOH + CaF_2 \Longrightarrow 2KF + Ca(OH)_2$$

与此同时，CaF_2 与水蒸气和氢发生如下反应：

$$CaF_{2气} + H_2O_气 \Longrightarrow CaO_气 + 2HF$$

$$CaF_{2气} + 2H \Longrightarrow Ca_气 + 2HF$$

上述反应生成的 NaF 和 KF 与 HF 发生反应：

$$NaF + HF \Longrightarrow NaHF_2$$

$$KF + HF \Longrightarrow KHF_2$$

生成的氟化氢钠和氟化氢钾进入焊接烟尘，从而达到了去氢的目的。

2）控制焊接材料的氧化还原势。研究表明，熔池中氢的平衡浓度可用下式表示：

$$S_{[H]} = \sqrt{\frac{p_{H_2} p_{H_2O}}{S_{[O]}}} \qquad (2-14)$$

由式（2-14）可以看出，增加熔池中的含氧量或气相的氧化性可以减少熔池中氢的平衡浓度。因为氧化性气体可夺取氢生成较稳定的 OH，如

$$CO_2 + H \Longrightarrow CO + OH \qquad (2-15)$$

$$\left.\begin{array}{l} O + H \Longrightarrow OH \\ O_2 + H_2 \Longrightarrow 2OH \end{array}\right\} \qquad (2-16)$$

反应的结果使气相中氢的分压减小。

低氢型焊条药皮中含有很多碳酸盐，它们受热分解析出 CO_2，并通过反应式（2-15）达到去氢的目的（见图 2-31）。CO_2 保护焊时，尽管其中含有一定的水分，但焊缝中的含氢量很低，其原因也在于此。用氩弧焊焊接不锈钢、铝、铜时，为了消除氢气孔和改进工艺性能常在氩气中加入5%左右的氧气，也是以反应式（2-16）为理论基础的。在药皮中加入 Fe_2O_3 可以明显降低熔敷金属中扩散氢含量（见图 2-32）。因为 Fe_2O_3 分解出氧气，可促使反应式（2-16）向右进行。同时使 $S_{[O]}$ 增大。相反，在药皮中加入脱氧剂，如钛铁，则增加扩散氢含量（见图 2-33）。由此可知，为了得到含氧和含氢都低的焊缝金属，在增加脱氧剂的同时，必须采取其他的有效去氢措施。

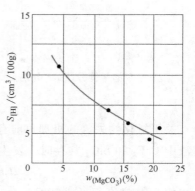

图 2-31　药皮中 $MgCO_3$ 含量 $w_{(MgCO_3)}$ 对焊缝中扩散氢含量 $S_{[H]}$ 的影响（$MgCO_3$-TiO_2-SiO_2 药皮）

3）在药皮或焊芯中加入微量的稀土或稀散元素。在药皮（或焊芯）中加入微量的碲或硒可以大幅度降低扩散氢含量（见图 2-34）。碲是一种很有前途的强去氢剂。但是，即使在药皮中加入千分之几的碲，也会使焊接工艺性能和焊缝成形变坏，这些问题有待解决。在药

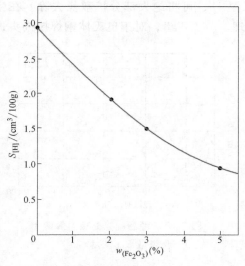

图 2-32　药皮中 Fe_2O_3 含量 $w_{(Fe_2O_3)}$ 对
焊缝中扩散氢含量 $S_{[H]}$ 的影响

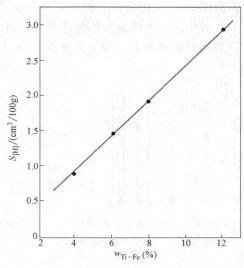

图 2-33　药皮中 Fe-Ti 含量 $w_{Ti\text{-}Fe}$ 对扩散
氢含量 $S_{[H]}$ 的影响

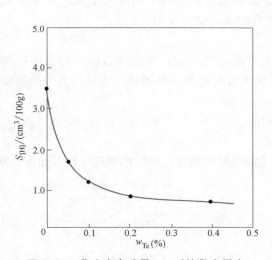

图 2-34　药皮中含碲量 w_{Te} 对熔敷金属中
扩散氢含量 $S_{[H]}$ 的影响

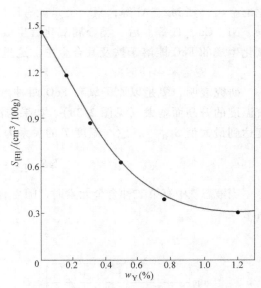

图 2-35　药皮中含钇量 w_Y 与熔敷金属中
扩散氢含量 $S_{[H]}$ 的关系

皮中加入微量的稀土元素，如钇，也能显著降低扩散氢含量（见图 2-35），同时能提高焊缝的韧性。我国有丰富的稀土资源，因此利用和发展这种去氢方法更有前途。

（4）控制焊接参数　焊接参数对焊缝含氢量有一定的影响。例如，焊条电弧焊时，增大焊接电流使熔滴吸收的氢量增加；增加电弧电压使焊缝含氢量有所减少。电弧焊时，电流种类和极性对焊缝含氢量也有影响（见图 2-36）。应当指出，通过控制焊接参数来限制焊缝含氢量是有很大局限性的。

（5）焊后脱氢处理　焊后把焊件加热到一定的温度，促使氢扩散外逸的工艺叫脱氢处理。由图 2-37 可以看出，把焊件加热到 350℃，保温 1h，可将绝大部分扩散氢去除。在生产上，对于易产生冷裂纹的焊件常要求进行脱氢处理。应当指出，对于奥氏体钢焊接接头进行脱氢处理效果不大，因而是不必要的。

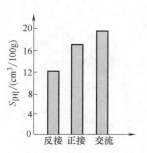

图 2-36　电流种类和极性对焊缝
含氢量 $S_{[H]}$ 的影响（E4303）

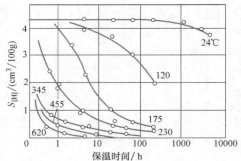

图 2-37　焊后脱氢处理对焊缝
含氢量 $S_{[H]}$ 的影响

2.2.4　氧对金属的作用

根据氧与金属作用的特点，可把金属分为两类：一类是不溶解氧，但焊接时发生激烈氧化的金属，如 Mg、Al 等；另一类是能有限溶解氧，同时焊接过程中也发生氧化的金属，如 Fe、Ni、Cu、Ti 等。后一类金属氧化后生成的金属氧化物能溶解于相应的金属中。例如铁氧化生成的 FeO 能溶于铁及其合金中。这里主要介绍氧对铁的作用。

1. 氧在金属中的溶解

研究表明，氧是以原子氧和 FeO 两种形式溶于液态铁中的。氧在液态铁中的溶解度随着温度的升高而增大（见图 2-38）。如果与液态铁平衡的是纯 FeO 熔渣，则氧在其中的溶解度达到最大值 $S_{[O]_{max}}$，它与温度 T 的关系为

$$\lg S_{[O]_{max}} = -\frac{6320}{T} + 2.734 \tag{2-17}$$

当液态铁中有第二种合金元素时，随着合金元素含量的增加，氧的溶解度下降，如图2-39所示。

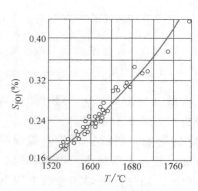

图 2-38　液态铁中氧的溶解度 $S_{[O]}$
与温度 T 的关系

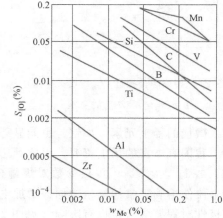

图 2-39　合金元素的含量 w_{Me} 对液态铁中
氧的溶解度 $S_{[O]}$ 的影响（加热温度为 1600℃）

在铁冷却过程中，氧的溶解度急剧下降。在室温下 α-Fe 中几乎不溶解氧（$S_{[O]} <$ 0.001%）。因此，焊缝金属和钢中所含的氧绝大部分是以氧化物（FeO、SiO_2、MnO、Al_2O_3 等）和硅酸盐夹杂物的形式存在的。焊缝含氧量是相对总含氧量而言的，它既包括溶解的氧，也包括非金属夹杂物中的氧。

2. 氧化性气体对金属的氧化

焊接时金属的氧化是在各个反应区通过氧化性气体（如 O_2、CO_2、H_2O 等）和活性熔渣与金属相互作用实现的。关于活性熔渣对金属的氧化将在后面介绍。

（1）金属氧化还原方向的判据　在一个由金属、金属氧化物和氧化性气体组成的系统中，究竟是发生金属的氧化还是金属被还原，需要用一个判据来判断。由物理化学可知，金属氧化物的分解压 p_{O_2} 可以作为判据。假设在金属-氧-金属氧化物系统中氧的实际分压为 $\{p_{O_2}\}$，则

$$\{p_{O_2}\} > p_{O_2} \qquad 金属被氧化$$
$$\{p_{O_2}\} = p_{O_2} \qquad 处于平衡状态$$
$$\{p_{O_2}\} < p_{O_2} \qquad 金属被还原$$

金属氧化物的分解压是温度的函数，它随温度的升高而增加（见图 2-40）。可以看出，除 Ni 和 Cu 外，在同样温度下 FeO 的分解压最大，即最不稳定。在 FeO 为纯凝聚相时，其分解压为

$$\lg p_{O_2} = -\frac{26730}{T} + 6.43 \qquad (2\text{-}18)$$

实际上，FeO 不是纯凝聚相，而是溶于液态铁中，这时其分解压 p'_{O_2} 可用下式表示，即

$$p'_{O_2} = p'_{O_2} \frac{S_{[FeO]^2}}{S_{[FeO]_{max}}^2} \qquad (2\text{-}19)$$

式中　$S_{[FeO]}$ ——溶解在液态铁中的 FeO 的浓度；

　　　$S_{[FeO]_{max}}$ ——在液态铁中 FeO 的饱和浓度（最大溶解度），可用式（2-17）经过折算求出。

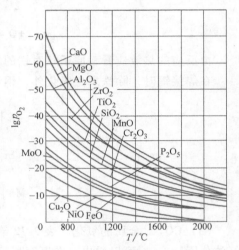

图 2-40　自由氧化物的分解压
$\lg p_{O_2}$ 与温度 T 的关系

由式（2-19）可以看出，由于 FeO 溶于液态铁中，使它的分解压减小，即铁更容易氧化。利用式（2-17）、式（2-18）和式（2-19），可计算出在不同温度下液态铁中 [FeO] 的浓度与其分解压的关系，见表 2-11。由此可见，在焊接温度下 FeO 的分解压是很小的，气相中只要有微量的氧，即可使铁氧化。

表 2-11　在不同温度下液态铁中 [FeO] 的浓度与其分解压 p'_{O_2}（×101.3kPa）的关系

在液态铁中含量（%）		温度/℃				
$S_{[FeO]}$	$S_{[O]}$	1540	1600	1800	2000	2300
0.10	0.0222	7.4×10^{-11}	1.7×10^{-10}	1.56×10^{-9}	6.1×10^{-9}	4.8×10^{-8}
0.20	0.0444	2.9×10^{-10}	6.7×10^{-10}	6.25×10^{-9}	2.4×10^{-8}	1.9×10^{-7}
0.50	0.1110	1.8×10^{-9}	4.2×10^{-9}	3.9×10^{-8}	1.5×10^{-7}	1.2×10^{-6}

（续）

在液态铁中含量（%）		温度/℃				
$S_{[FeO]}$	$S_{[O]}$	1540	1600	1800	2000	2300
1.00	0.2220	—	—	1.5×10^{-7}	6.1×10^{-7}	4.8×10^{-6}
2.00	0.4440	—	—	—	2.4×10^{-6}	1.9×10^{-5}
3.00	0.6660	—	—	—	—	4.3×10^{-5}
$S_{[FeO]max}$	—	4.0×10^{-9}	1.5×10^{-8}	3.4×10^{-7}	4.8×10^{-6}	1.08×10^{-4}

（2）自由氧对金属的氧化　用光焊丝在空气中无保护焊接时，可以认为气相中氧的分压等于空气中氧的分压，即 $\{p_{O_2}\} = 21.3kPa$，它远大于焊接温度下 FeO 的分解压（见表 2-11），所以铁被氧化，焊缝含氧量很高（见表 2-13）。

焊条电弧焊时，虽然采取了保护措施，但空气中的氧总是或多或少地侵入电弧，高价氧化物等物质受热分解也产生氧气，这样就使气相中自由氧的分压大于 FeO 的分解压，因此也使铁氧化，即

$$[Fe] + \frac{1}{2}O_2 =\!=\!= FeO + 26.97kJ/mol$$

$$[Fe] + O =\!=\!= FeO + 515.76kJ/mol$$

由反应的热效应看，原子氧对铁的氧化比分子氧更激烈。

在焊接钢时，除铁发生氧化外，钢液中其他对氧亲和力比铁大的元素也发生氧化，如

$$[C] + \frac{1}{2}O_2 =\!=\!= CO \uparrow$$

$$[Si] + O_2 =\!=\!= (SiO_2)$$

$$[Mn] + \frac{1}{2}O_2 =\!=\!= (MnO)$$

（3）CO_2 对金属的氧化　表 2-12 给出了纯 CO_2 高温分解得到的平衡气相成分和气相中氧的分压 $\{p_{O_2}\}$。可以看出，在温度高于铁的熔点时，$\{p_{O_2}\}$ 远远大于 FeO 的分解压 p_{O_2}，所以在高温下 CO_2 对液态铁和其他许多金属来说是活泼的氧化剂。当温度为 3000K 时，$\{p_{O_2}\} \approx$ 20.3kPa，也就是说约等于空气中氧的分压。可见，当温度高于 3000K 时，CO_2 的氧化性超过了空气。

表 2-12　纯 CO_2 分解得到的平衡气相成分

温度/K		1800	2000	2200	2500	3000	3500	4000
气相成分（体积分数，%）	CO_2	99.34	97.74	93.94	81.10	44.26	16.69	5.92
	CO	0.44	1.51	4.04	12.60	37.16	55.54	62.72
	O_2	0.22	0.76	2.02	6.30	18.58	27.77	31.36
气相中氧的分压 $\{p_{O_2}\}/$ （$\times 101.325kPa$）		2.2×10^{-3}	7.6×10^{-3}	2.02×10^{-2}	6.3×10^{-2}	18.58×10^{-2}	27.77×10^{-2}	31.36×10^{-2}
饱和时 FeO 的分解压 $p_{O_2}/$（$\times 101.325kPa$）		3.81×10^{-9}	1.08×10^{-7}	1.35×10^{-6}	5.3×10^{-5}	—	—	—

CO_2 与液态铁的反应和平衡常数 K 如下：

$$CO_2+[Fe]\Longrightarrow CO+[FeO] \tag{2-20}$$

$$\lg K=\lg\frac{w_{CO}w_{[FeO]}}{w_{CO_2}}=-\frac{11576}{T}+6.855 \tag{2-21}$$

当温度升高时，上述反应的平衡常数增大，反应向右进行，促使铁氧化。因此 CO_2 在熔滴阶段对金属的氧化程度比在熔池阶段大。这表明，用 CO_2 作为保护气体只能防止空气中氮的侵入，而不能防止金属的氧化。实践证明，用普通焊丝（H08A）进行 CO_2 保护焊时，由于碳的氧化在焊缝中产生气孔，同时合金元素烧损，焊缝含氧量增大。所以必须采用含硅量、含锰量高的焊丝（H08Mn2Si）或药芯焊丝，以利于脱氧，获得优质焊缝。同理，在含碳酸盐的药皮中也必须加入脱氧剂。

（4）$H_2O_汽$ 对金属的氧化　气相中的水蒸气不仅使焊缝增氢，而且使铁和其他合金元素氧化，$H_2O_汽$ 与 Fe 的反应式及平衡常数 K 如下：

$$H_2O_汽+[Fe]\Longrightarrow[FeO]+H_2 \tag{2-22}$$

$$\lg K=\lg\frac{w_{H_2}w_{[FeO]}}{w_{H_2O}}=-\frac{10200}{T}+5.5 \tag{2-23}$$

由式（2-23）可知，温度 T 越高，$H_2O_汽$ 的氧化性越强。比较式（2-21）和式（2-23）可以发现，在液态铁存在的温度，CO_2 的氧化性比 $H_2O_汽$ 大。应强调指出，当气相含有较多的水分时，为了保证焊接质量，在脱氧的同时必须去氢。低氢型药皮中含有较多的脱氧剂，但如果受潮，则焊接时易产生气孔，其原因就是熔池增氢的结果。

（5）混合气体对金属的氧化　焊条电弧焊时，气相不是单一气体，而是多种气体的混合物。理论计算表明，钛铁矿型焊条和低氢型焊条电弧气氛中氧的分压 $\{p_{O_2}\}$，在温度高于 2500K 的情况下大于 FeO 的分解压 p'_{O_2}，因此混合气体对铁是氧化性的，药皮中必须加入脱氧剂。

气体保护焊时，为了改善电弧的电、热和工艺特性，常采用混合保护气体，如 $Ar+O_2$、$Ar+CO_2$、$Ar+CO_2+O_2$、CO_2+O_2 等。显然，评价这些混合气体对金属的氧化能力，对于选择合适的焊丝，保证焊缝的性能具有重要意义。试验用焊丝为 H08Mn2Si，直径为 1.6mm，母材为低碳钢，焊接参数固定不变。试验结果表明，在 O_2 和 CO_2 含量相同的条件下，$Ar+O_2$ 的氧化能力比 $Ar+CO_2$ 大。$Ar+15\%O_2$ 混合气体的氧化能力大体与纯 CO_2 气相当。在所有混合气体中随着 O_2 和 CO_2 含量的增加，合金元素的烧损量、焊缝中非金属夹杂物和氧的含量都增加，因此焊缝金属的力学性能，特别是低温韧性明显下降，甚至可能产生气孔。采用氧化性混合气体焊接时，应根据其氧化能力的大小选择含有合适脱氧剂的焊丝。

3. 氧对焊接质量的影响

焊接低碳钢时，尽管母材和焊丝的含氧量很低，但是由于金属与气相和熔渣作用的结果，焊缝的含氧量总是增加的（见表 2-13）。不过由于焊接方法、焊接材料、焊接参数不同，焊缝含氧量也不同。

氧在焊缝中无论以何种形式存在，对焊缝的性能都有很大的影响。随着焊缝含氧量的增加，其强度、塑性、韧性都明显下降（见图 2-41），尤其是低温冲击韧度急剧下降（见图 2-42）。此外，它还会引起热脆、冷脆和时效硬化。

表 2-13　用各种方法焊接时焊缝的含氧量

材料及焊接方法	平均含氧量(质量分数,%)	材料及焊接方法	平均含氧量(质量分数,%)
低碳镇静钢	0.003~0.008	纤维素型焊条	0.090
低碳沸腾钢	0.010~0.020	氧化铁型焊条	0.122
H08 焊丝	0.01~0.02	铁粉型焊条	0.093
H08 光焊丝焊接	0.15~0.30	自动埋弧焊	0.03~0.05
低氢型焊条	0.02~0.03	电渣焊	0.01~0.02
钛铁矿型焊条	0.101	气焊	0.045~0.05
钛钙型焊条	0.05~0.07	CO_2 保护焊	0.02~0.07
钛型焊条	0.065	氩弧焊	0.0017

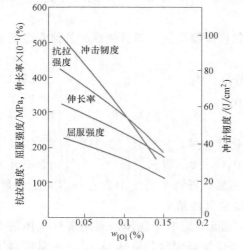

图 2-41　氧（以 FeO 形式存在）对低碳钢
常温力学性能的影响

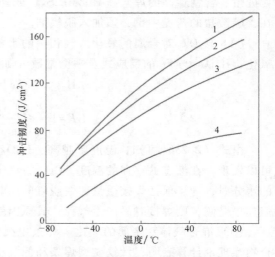

图 2-42　低碳钢埋弧焊时硅酸盐夹杂物
对焊缝冲击韧度的影响

含夹杂物的质量分数：1—0.028%~0.030%
2—0.034%~0.053%　　3—0.104%~0.110%
4—0.196%

　　溶解在熔池中的氧与碳发生反应，生成不溶于金属的 CO，在熔池凝固时 CO 气泡来不及逸出就会形成气孔。

　　氧烧损钢中的有益合金元素使焊缝性能变坏。熔滴中含氧和碳多时，它们相互作用生成的 CO 受热膨胀，使熔滴爆炸，造成飞溅，影响焊接过程的稳定性。

　　必须指出，焊接材料具有氧化性并不是在所有情况下都是有害的。相反，为了减少焊缝含氢量，改进电弧的特性，获得必要的熔渣物理化学性能，在焊接材料中有时要故意加入一定量的氧化剂。

　　4. 控制氧的措施

　　鉴于氧的有害作用，必须控制焊缝中的含氧量。

　　（1）纯化焊接材料　在焊接某些要求比较高的合金钢、合金和活性金属时，应尽量用不含氧或含氧少的焊接材料。例如，采用高纯度的惰性气体作为保护气体，采用低氧或无氧焊条、焊剂，乃至在真空室中焊接。表 2-14 列举了用低氧焊条和普通焊条焊接时焊缝的含氧量。

表 2-14 低氧焊条熔敷金属中的含氧量

焊条	药皮组成（质量分数）	焊芯材料	含氧量（质量分数，%）	
			焊芯	焊缝
低氧焊条	$CaCO_3$ 为 10%～15% CaF_2 为 85%～90%	Cr20Ni80	0.013	0.010
一般碱性焊条	含 $CaCO_3$ 约为 40%	Cr20Ni80	0.013	0.035

（2）控制焊接参数 焊缝中的含氧量与焊接工艺条件有密切关系。增加电弧电压，使空气侵入电弧，并增加氧与熔滴的接触时间，所以使焊缝含氧量增加（见图 2-16）。为了减少焊缝含氧量应采用短弧焊。此外，焊接方法、熔滴过渡特性、电流的种类等也有一定的影响。

（3）脱氧 用控制焊接参数的方法减少焊缝含氧量是很受限制的，所以必须用冶金的方法进行脱氧。这是实际生产中行之有效的方法，将在本章第 2.3 节中介绍。

2.3 熔渣及其对金属的作用

2.3.1 焊接熔渣

1. 熔渣的作用、成分及分类

（1）熔渣在焊接过程中的作用

1）机械保护作用 如前所述，焊接时形成的熔渣覆盖在熔滴和熔池的表面上，把液态金属与空气隔开，防止液态金属的氧化和氮化。熔渣凝固后形成的渣壳覆盖在焊缝上，可以防止处于高温的焊缝金属受空气的有害作用。

2）改善焊接工艺性能的作用 良好的焊接工艺性能是保证焊接化学冶金过程顺利进行的前提。在溶渣中加入适当的物质可使电弧容易引燃、稳定燃烧，减少飞溅，保证具有良好的操作性、脱渣性和焊缝成形性等。

3）冶金处理作用 熔渣和液体金属能够发生一系列物化反应，从而对焊缝金属的成分给予很大的影响。在一定的条件下熔渣可以去除焊缝中的有害杂质，如脱氧、脱硫、脱磷、去氢，还可以使焊缝金属合金化。总之，通过控制熔渣的成分和性能，可以在很大程度上调整和控制焊缝金属的成分和性能。

（2）熔渣的成分和分类 根据焊接熔渣的成分和性能可将其分为三大类：

第一类是盐型熔渣。它主要是由金属氟酸盐、氯酸盐和不含氧的化合物组成的。属于这个类型的渣系有 CaF_2-NaF、CaF_2-$BaCl_2$-NaF、KCl-$NaCl$-Na_3AlF_6、BaF_2-MgF_2-CaF_2-LiF 等。盐型熔渣的氧化性很小，所以主要用于焊接铝、钛和其他化学活性金属及其合金。在某些情况下，也用于焊接含活性元素的高合金钢。

第二类是盐-氧化物型熔渣。这类熔渣主要是由氟化物和强金属氧化物组成的。如常用的 CaF_2-CaO-Al_2O_3、CaF_2-CaO-SiO_2、CaF_3-CaO-Al_2O_3-SiO_2 等渣系都属于这个类型的熔渣。它们主要用于焊接合金钢及合金，因为这个类型的熔渣氧化性较小。

第三类是氧化物型熔渣。它们主要是由金属氧化物组成的。如应用很广泛的 MnO-SiO_2、

FeO-MnO-SiO_2、CaO-TiO_2-SiO_2 等渣系都属于这个类型的熔渣。这类熔渣一般含有较多的弱氧化物（如 MnO、SiO_2 等），因此氧化性较强，主要用于焊接低碳钢和低合金钢。

本课程主要讨论第二类和第三类熔渣。表 2-15 列举出了一些焊条和焊剂的熔渣成分。可见，实际的焊接熔渣是一个多种成分的复杂体系。为研究方便，往往把含量少、影响小的次要成分舍去，简化为由含量多、影响大的成分组成的渣系。例如，表 2-15 中低氢型焊条的熔渣，可简化为 CaO-SiO_2-CaF_2 三元渣系。熔渣状态图和合金相图相似，研究熔渣成分和性能之间的关系时，可作为参考。

表 2-15　焊接熔渣的化学成分举例

焊条和焊剂类型	熔渣的化学成分 (质量分数 , %)										熔渣碱度		熔渣类型
	SiO_2	TiO_2	Al_2O_3	FeO	MnO	CaO	MgO	Na_2O	K_2O	CaF_2	B_1	B_2	
钛铁矿型	29.2	14.0	1.1	15.6	26.5	8.7	1.3	1.4	1.1	—	0.88	−0.1	氧化物型
钛型	23.4	37.7	10.0	6.9	11.7	3.7	0.5	2.2	2.9	—	0.43	−2.0	氧化物型
钛钙型	25.1	30.2	3.5	9.5	13.7	8.8	5.2	1.7	2.3	—	0.76	−0.9	氧化物型
纤维素型	34.7	17.5	5.5	11.9	14.4	2.1	5.8	3.8	4.3	—	0.60	−1.3	氧化物型
氧化铁型	40.4	1.3	4.5	22.7	19.3	1.3	4.6	1.8	1.5	—	0.60	−0.7	氧化物型
低氢型	24.1	7.0	1.5	4.0	3.5	35.8	—	0.8	0.8	20.3	1.86	+0.9	盐-氧化物型
HJ430	38.5	—	1.3	4.7	43.0	1.7	0.45	—	—	6.0	0.62	−0.33	氧化物型
HJ251	18.2~22.0	—	18.0~23.0	≤1.0	7.0~10.0	3.0~6.0	14.0~17.0	—	—	23.0~30.0	1.15~1.44	+0.048~+0.49	盐-氧化物型

2. 熔渣的结构理论

熔渣的物化性质及其与金属的作用与液态熔渣的内部结构有密切的关系。关于液态熔渣的结构，目前有两种理论：分子理论和离子理论。

（1）分子理论　熔渣的分子理论是以对凝固熔渣的相分析和化学成分分析结果为依据的，其要点如下：

1）液态熔渣是由化合物的分子组成的。其中包括氧化物的分子（如 CaO、SiO_2 等）、复合物的分子（如 $CaO \cdot SiO_2$、$MnO \cdot SiO_2$ 等），以及氟化物、硫化物的分子等。

2）氧化物及其复合物处于平衡状态。例如

$$CaO+SiO_2 \Longleftrightarrow CaO \cdot SiO_2 \qquad (2-24)$$

升温时，反应式（2-24）向左进行；降温时则向反方向进行。各种复合物的稳定性可用它们的生成热效应来衡量。生成热效应越大，它越稳定。

3）只有自由氧化物才能参与和金属的反应。例如只有熔渣中自由的 FeO 才能参与下面的反应：

$$(FeO)+[C] \Longrightarrow [Fe]+CO$$

而硅酸铁 $(FeO)_2 \cdot SiO_2$ 中的 FeO 不能参与上面的反应。

分子理论建立最早，至今仍广泛应用，因为它能简明地、定性地解释熔渣与金属的冶金反应。但是，分子理论假设的熔渣结构与实际结构不符，许多重要现象，如对熔渣的导电性它就无法解释，因此又出现了离子理论。

（2）离子理论　离子理论是在研究熔渣电化学性质的基础上提出来的。离子理论也有不同的假说。完全离子理论的要点如下：

1）液态熔渣是由阴、阳离子组成的电中性溶液。熔渣中离子的种类和存在的形式取决于熔渣的成分和温度。一般来说，负电性大的元素以阴离子的形式存在，如 F^-、O^{2-}、S^{2-}等；负电性小的元素形成阳离子，如 K^+、Na^+、Ca^{2+}、Mg^{2+}、Fe^{2+}、Mn^{2+} 等。还有一些负电性比较大的元素，如 Si、Al、B 等，其阴离子往往不能独立存在，而与氧离子形成复杂的阴离子，如 SiO_4^{4-}、$Si_3O_9^{6-}$、$Al_3O_7^{5-}$ 等。

2）离子的分布和相互作用取决于它的综合矩。离子的综合矩可表示为

$$综合矩 = \frac{z}{r} \tag{2-25}$$

式中　z——离子的电荷（静电单位）；

　　　r——离子的半径（10^{-1}nm）。

表 2-16 给出了各种离子在 0℃ 时的综合矩。当升高温度时，r 增大，综合矩减小，但表中综合矩大小的顺序不变。

表 2-16　离子的综合矩

离子	离子半径/nm	综合矩/[×10² (静电单位/cm)]	离子	离子半径/nm	综合矩/[×10² (静电单位/cm)]
K^+	0.133	3.61	Ti^{4+}	0.068	28.2
Na^+	0.095	5.05	Al^{3+}	0.050	28.8
Ca^{2+}	0.106	9.0	Si^{4+}	0.041	47.0
Mn^{2+}	0.091	10.6	F^-	0.133	3.6
Fe^{2+}	0.083	11.6	PO_4^{3-}	0.276	5.2
Mg^{2+}	0.078	12.9	S^{2-}	0.174	5.6
Mn^{3+}	0.070	20.6	SiO_4^{4-}	0.279	6.9
Fe^{3+}	0.067	21.5	O^{2-}	0.132	7.3

离子的综合矩越大，说明它的静电场越强，与异号离子的引力越大。由表 2-16 可知，阳离子中 Si^{4+} 的综合矩最大，而阴离子中 O^{2-} 的综合矩最大，所以两者结合为复杂的硅氧阴离子，如 SiO_4^{4-}。它的结构最简单，为一个四面体。随着熔渣中 SiO_2 含量的增多，经过不同的聚合反应可以形成链状、环状和网状结构的硅氧离子。硅氧离子的结构越复杂，其尺寸越大。

综合矩的大小还影响离子在熔渣中的分布。相互作用力大的异号离子彼此接近形成集团，相互作用力弱的异号离子也形成集团。所以当离子的综合矩相差较大时，熔渣的化学成分在微观上是不均匀的，离子的分布是近似有序的。

盐型熔渣主要含简单的阴、阳离子，且综合矩差异不大，所以可认为是结构简单的均匀离子溶液。盐-氧化物型熔渣属于结构比较复杂的、化学成分微观不均匀的离子溶液。氧化物型熔渣是具有复杂网络结构的、化学成分更不均匀的离子溶液。

3）熔渣与金属的作用过程是原子与离子交换电荷的过程。例如，硅还原铁氧化的过程是铁原子和硅离子在两相界面上交换电荷的过程，即

$$(Si^{4+}) + 2[Fe] \Longrightarrow 2(Fe^{2+}) + [Si]$$

应当指出，实际的焊接熔渣是十分复杂的，在有些熔渣中不仅有离子，而且还有少量分子。虽然离子理论比分子理论更合理，但目前尚缺乏系统的热力学资料，故在焊接冶金中仍

在应用分子理论。

3. 熔渣的性质与其结构的关系

（1）**熔渣的碱度** 碱度是熔渣的重要化学性质。熔渣的其他物化性质，如熔渣的活性、黏度和表面张力等都与熔渣的碱度有密切关系。不同的熔渣结构理论，对碱度的定义和计算方法是不同的。

分子理论认为熔渣中的氧化物按其性质可分为三类：

1）酸性氧化物：按照酸性由强变弱的顺序有 SiO_2、TiO_2、P_2O_5 等。

2）碱性氧化物：按照碱性由强变弱的顺序有 K_2O、Na_2O、CaO、MgO、BaO、MnO、FeO 等。

3）中性氧化物：主要有 Al_2O_3、Fe_2O_3、Cr_2O_3 等。这些氧化物在不同性质的熔渣中可呈酸性，也可呈碱性。例如，在强酸性熔渣中常呈弱碱性，而在强碱性熔渣中常呈弱酸性。

根据分子理论，碱度 B 的定义为

$$B = \frac{\sum (n_{R_2O} + n_{RO})}{\sum n_{RO_2}} \tag{2-26}$$

式中　n_{R_2O}、n_{RO}——熔渣中碱性氧化物的摩尔分数；

　　　n_{RO_2}——熔渣中酸性氧化物的摩尔分数。

碱度 B 的倒数称为酸度，从理论上讲，当 $B>1$ 时为碱性熔渣；$B<1$ 时为酸性熔渣；$B=1$ 时为中性熔渣。实际上用式（2-26）计算是不准确的。根据经验，当 $B>1.3$ 时，熔渣才是碱性的。产生这种现象的原因，是式（2-26）中既没有考虑氧化物的酸碱性强弱程度是不同的，也没有考虑碱性氧化物和酸性氧化物形成中性复合物的情况。

考虑上述两点，对式（2-26）进行修正，提出了比较精确的计算公式：

$$B_1 = \frac{0.018w_{CaO} + 0.015w_{MgO} + 0.006w_{CaF_2} + 0.014(w_{Na_2O} + w_{K_2O}) + 0.007(w_{MnO} + w_{FeO})}{0.017w_{SiO_2} + 0.005(w_{Al_2O_3} + w_{TiO_2} + w_{ZrO_2})}$$

$$\tag{2-27}$$

当 $B_1>1$ 时为碱性熔渣；$B_1<1$ 时为酸性熔渣；$B_1=1$ 时为中性熔渣。表 2-15 中的 B_1 值就是用式（2-27）计算的结果。可以看出，只有低氢型焊条和 HJ251 的熔渣才是碱性的，这与实际情况是相符的。

离子理论把液态熔渣中自由氧离子的浓度（或氧离子的活度）定义为碱度。所谓自由氧离子就是游离状态的氧离子。熔渣中自由氧离子的浓度越大，其碱度越大。在离子理论计算碱度的方法中，最常用的是日本的森氏法，即

$$B_2 = \sum_{i=1}^{n} a_i n_i \tag{2-28}$$

式中　n_i——熔渣中第 i 种氧化物的摩尔分数；

　　　a_i——熔渣中第 i 种氧化物的碱度系数（见表 2-17）。

若 $B_2>0$，则为碱性熔渣；$B_2<0$ 为酸性熔渣；$B_2=0$ 为中性熔渣。表 2-15 中的 B_2 值就是用式（2-28）计算的结果。可以看出与用式（2-27）计算的结果是一致的。根据熔渣的碱度可把焊条和焊剂分为酸性和碱性两大类，它们的冶金性能和工艺性能以及焊缝的成分、性能都有显著的不同，这将在后面的章节中介绍。

表 2-17　氧化物的 a_i 值及相对分子质量

分　类	氧化物	a_i 值	相对分子质量
碱性	K_2O	9.0	94.2
	Na_2O	8.5	62
	CaO	6.05	56
	MnO	4.8	71
	MgO	4.0	40.3
	FeO	3.4	72
酸性	SiO_2	-6.31	60
	TiO_2	-4.97	80
	ZrO_2	-0.2	123
	Al_2O_3	-0.2	102
	Fe_2O_3	0	159.7

（2）熔渣的黏度　黏度是熔渣的重要物理性质之一。它对熔渣的保护效果、焊接工艺性能和化学冶金都有显著的影响。因此，控制熔渣的黏度是保证焊接过程正常进行的重要条件之一。

熔渣的黏度取决于熔渣的成分和温度，实质上取决于熔渣的结构。结构越复杂，阴离子的尺寸越大，熔渣质点移动越困难，熔渣的黏度也就越大。

1）温度对黏度的影响。升高温度，熔渣的黏度下降（见图 2-43），但碱性熔渣和酸性熔渣黏度下降的趋势不同。在含 SiO_2 较多的酸性熔渣中，有较多的复杂 Si—O 离子。升温时，Si—O 离子的热振动能增加，使其极性键局部断开，出现尺寸较小的 Si—O 离子，因而黏度下降。但复杂 Si—O 离子的解体是随温度升高逐渐进行的，所以黏度下降比较缓慢。对于碱性熔渣，升高温度可消除没有熔化的固体颗粒，所以黏度也下降。另外，碱性熔渣中的离子尺寸较小，容易移动，当温度高于液相线时，黏度迅速下降；当温度低于液相线时，熔渣中出现细小的晶体，黏度迅速升高。

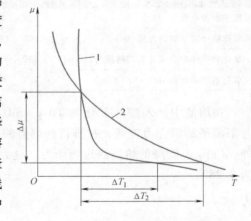

图 2-43　熔渣黏度 μ 与温度 T 的关系
1—碱性熔渣　2—含 SiO_2 多的酸性熔渣

由图 2-43 可以看出，当两种熔渣的黏度都变化 $\Delta\mu$ 时，含 SiO_2 多的酸性熔渣对应的温度变化 ΔT_2 大，即凝固时间长，故叫长渣，这种熔渣不适于仰焊；而碱性熔渣对应的 ΔT_1 小，即凝固时间短，故叫短渣。低氢型和氧化钛型焊条的熔渣属于短渣，适用于全位置焊接。

2）熔渣成分对黏度的影响。在酸性熔渣中加入 SiO_2，使 Si—O 阴离子的聚合程度增大，其尺寸也增大，因而使黏度迅速升高。减少 SiO_2，增加 TiO_2，可减少复杂的 Si—O 离子，降低高温时的黏度。含 TiO_2 多的酸性熔渣已不是玻璃状熔渣，而是接近晶体状的熔渣，即变为短渣。在酸性熔渣中加入碱性氧化物能破坏 Si—O 离子键，减小其尺寸，因而可降低黏度。

在碱性熔渣中加入高熔点的碱性氧化物（如 CaO），则可能出现未熔化的固体颗粒，增大熔渣的流动阻力，使黏度升高。这时如加入少量 SiO_2，则因 CaO 与 SiO_2 形成低熔点的硅酸盐（如 CaO·SiO$_2$，熔点 1540℃），使黏度下降。当加入的 SiO$_2$ 满足 $w_{CaO}/w_{SiO_2} = 1.87$（或 $w_{CaCO_3}/w_{SiO_2} = 3.3$）时，形成正硅酸盐（CaO）$_2$·SiO$_2$，此时熔渣中的 Si—O 离子主要以尺寸最小的 SiO$_4^{4-}$ 形式存在，所以其黏度较小。这已被低氢型焊条配制的实践所证明。

在碱性熔渣中加入 CaF$_2$，能促使 CaO 熔化，故可降低非均相碱性熔渣的黏度。不仅如此，CaF$_2$ 还能降低酸性熔渣的黏度。因为 CaF$_2$ 在渣中产生 F$^-$，而 F$^-$ 能破坏 Si—O 键，减小其尺寸。

焊钢用熔渣的黏度在 1500℃ 左右时为 0.1～0.2Pa·s 比较合适。

（3）熔渣的表面张力　熔渣的表面张力对熔滴过渡、焊缝成形、脱渣性以及许多冶金反应都有重要的影响。

熔渣的表面张力实际上是气相与熔渣之间的界面张力。物质的表面张力与其中质点之间的作用力大小有关，或者说与化学键的键能有关。键能越大，表面张力越大。一般来讲，金属键的键能最大，所以液体金属的表面张力最大；具有离子键的物质，如 CaO、MgO、FeO、MnO 等键能比较大，它们的表面张力也较大；具有共价键的物质，如 TiO$_2$、SiO$_2$、B$_2$O$_3$、P$_2$O$_5$ 键能较小，其表面张力也较小（见表 2-18）。

表 2-18　氧化物的物化性能

物化性能	Na	Ca	Mg	Fe	Mn	Al	Ti	Si	B	P	O
原子的负电性	0.9	1.0	1.2	1.25	1.25	1.5	1.6	1.8	2.0	2.1	3.5
氧化物中离子键的含量(%)	82	80	73	72	72	63	59	50	44	39	—
氧化物熔体中金属与氧的键能/(kJ/mol)	710	1200	1180	1180	1130	1170	1040	995	710	725	—
氧化物的表面张力/($\times 10^{-3}$N/m)	297	614	512	590	653	580	380	400	100	—	—

在熔渣中加入酸性氧化物 TiO$_2$、SiO$_2$、B$_2$O$_3$ 等，由于它们形成综合矩较小的阴离子，与阳离子的结合力较弱，被排挤到熔渣的表面层中，因此使表面张力减小（见图 2-44）。此外，CaF$_2$ 也能降低熔渣的表面张力。这是因为液态氟化钙的表面张力在 1470～1550℃ 时仅为 0.28N/m。

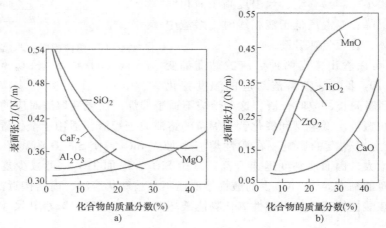

图 2-44　焊接熔渣的成分对其表面张力的影响

CaF$_2$-SiO$_2$-Al$_2$O$_3$-MgO 渣系（无锰中硅中氟焊剂）

在熔渣中加入碱性氧化物 CaO、MgO、MnO 等，可增加表面张力。这是因为 Ca^{2+}、Mg^{2+}、Mn^{2+} 阳离子的综合矩较大，与综合矩较大的阴离子的结合力较强。

升高温度，熔渣的表面张力减小。这是因为温度升高，使离子的半径增大，综合矩减小，离子之间的距离增大，相互作用力减弱。

应当指出，熔渣与金属间的界面张力对焊接化学冶金也有重要的影响。然而，对这方面的研究较少。

（4）熔渣的熔点　熔渣的熔点是影响焊接工艺性能和质量的重要因素之一，因此要求熔渣的熔点（或药皮的熔点）与焊丝和母材的熔点相匹配。

焊接熔渣是一个多元体系，它的固液转变是在一定温度区间进行的，常把固态熔渣开始熔化的温度称为熔渣的熔点。焊条药皮的熔点是指药皮开始熔化的温度，又称造渣温度。药皮的熔点越高，其熔渣的熔点也越高。

熔渣（或药皮）的熔点取决于组成物的种类、数量和颗粒度。一般来讲，药皮中难熔的物质越多，颗粒度越大，其熔点越高。参考渣系相图，调整组成物的种类和配比，使之形成低熔点共晶或化合物，可降低其熔点。适于焊接钢的熔渣熔点一般在 1150~1350℃ 范围内。

2.3.2　活性熔渣对焊缝金属的氧化

除了上述氧化性气体对焊缝金属的氧化以外，活性熔渣对焊缝金属也发生氧化。活性熔渣对焊缝金属的氧化可分为两种基本形式：扩散氧化和置换氧化。

1. 扩散氧化

焊接钢时，FeO 既溶于熔渣又溶于液态钢，在一定温度下平衡时，它在两相中的含量符合分配定律：

$$L = \frac{w_{(FeO)}}{w_{[FeO]}} \tag{2-29}$$

在温度不变的情况下，当增加熔渣中 FeO 的含量时，它将向熔池中扩散，使焊缝中的含氧量增加。图 2-45 所示是焊接低碳钢时的结果。可以看出，焊缝中的含氧量随着熔渣中 FeO 含量的增加呈直线增加。

FeO 的分配常数与温度 T 和熔渣的性质有关。在 SiO_2 饱和的酸性熔渣中，有

$$\lg L = \frac{4906}{T} - 1.877 \tag{2-30}$$

在 CaO 饱和的碱性熔渣中，有

$$\lg L = \frac{5014}{T} - 1.980 \tag{2-31}$$

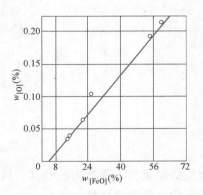

图 2-45　熔渣中 FeO 含量 $w_{(FeO)}$ 与焊缝中含氧量 $w_{[O]}$ 的关系

由式（2-30）和式（2-31）可以看出，温度 T 升高，L 减小，即在高温时 FeO 向液态钢中分配。由此可以推断，扩散氧化主要是在熔滴阶段和熔池高温区进行的。但是，在焊接温度下，$L>1$，即 FeO 在熔渣中的分配量总是大一些。

比较式（2-30）和式（2-31）可知，在同样温度下，FeO 在碱性熔渣中比在酸性熔渣中更容易向金属中分配。也就是说，在熔渣含 FeO 量相同的情况下，碱性熔渣时焊缝含氧量比酸性熔渣时多。试验证明了这一点，如图 2-46 所示。这种现象可用熔渣分子理论解释。碱性熔渣含 SiO_2、TiO_2 等酸性氧化物较少，FeO 的活度大，易向金属中扩散，使焊缝增氧。正因为如此，在碱性焊条药皮中一般不加入含 FeO 的物质，并要求焊接时清除焊件表面上的氧化皮和铁锈，否则不仅使焊缝增氧，而且可能产生气孔等缺欠。这就是所谓碱性焊条对铁锈和氧化皮敏感性大的原因。相反，酸性熔渣含 SiO_2、TiO_2 等酸性氧化物较多，它们与 FeO 形成复合物（如 $FeO \cdot SiO_2$），使 FeO

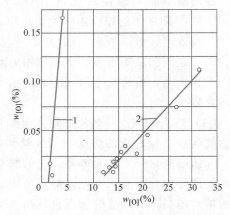

图 2-46　不同性质熔渣中的含氧量 $w_{[O]}$
与焊缝含氧量 $w_{(O)}$ 的关系
1—碱性熔渣　2—酸性熔渣

的活度减小，故在熔渣中 FeO 含量相同的情况下，焊缝含氧量减少。

但是，不应当由此认为碱性焊条的焊缝含氧量比酸性焊条高，恰恰相反，碱性焊条的焊缝含氧量比酸性焊条低，这是因为碱性焊条药皮的氧化势小的缘故。

2. 置换氧化

如果熔渣中含有较多的易分解的氧化物，则可能与液态铁发生置换反应，使铁氧化，而另一个元素被还原。例如，用低碳钢焊丝配合高硅高锰焊剂（如 HJ431）进行埋弧焊时，发生如下反应：

$$(SiO_2) + 2[Fe] \rightleftharpoons [Si] + 2FeO \begin{matrix} (FeO) \\ \uparrow \\ \downarrow \\ [FeO] \end{matrix}$$

$$\lg K_{Si} = \frac{w_{(FeO)}^2 w_{[Si]}}{w_{(SiO_2)}} = -\frac{13460}{T} + 6.04 \tag{2-32}$$

$$(MnO) + [FeO] \rightleftharpoons [Mn] + FeO \begin{matrix} (FeO) \\ \uparrow \\ \downarrow \\ [FeO] \end{matrix}$$

$$\lg K_{Mn} = \frac{w_{(FeO)} w_{[Mn]}}{w_{(MnO)}} = -\frac{6600}{T} + 3.16 \tag{2-33}$$

反应的结果使焊缝增加硅和锰，同时使铁氧化，生成的 FeO 大部分进入熔渣，小部分溶于液态钢，使焊缝增氧。

上述反应的方向和限度，取决于温度、熔渣中 MnO、SiO_2、FeO 的活度和金属中硅、锰的含量，以及焊接参数等因素。由式（2-32）和式（2-33）可以看出，升高温度，平衡常数增大，反应向右进行。因此，置换氧化反应主要发生在熔滴阶段和熔池前部的高温区。这已被表 2-19 中的试验数据所证实。在熔池的后部，由于温度下降，上述反应向左进行，已还原的硅和锰有一部分又被氧化，所生成的 SiO_2 和 MnO 往往在焊缝中形成非金属夹杂物。但是，由于温度低、反应慢，所以总体来看，焊缝中的氧、硅和锰的含量还是增加的。

表 2-19　各反应区中金属的成分（自动埋弧焊，HJ431）

分析对象	$w_{Si}(\%)$	$w_{Mn}(\%)$
母材	0.01	0.52
焊丝	0.01	0.45
焊丝端部熔滴金属	0.15	0.63
基本上由焊丝构成的焊缝（间接电弧）	0.20	0.86
完全由母材构成的焊缝（不熔化极）	0.04	0.56
由母材和焊丝混合成的焊缝	0.10~0.15	0.6~0.65

为了评价盐-氧化物型和氧化物型焊剂中由于硅、锰还原对金属的氧化能力，定义了焊剂的活度

$$A_F = \frac{w_{(SiO_2)} + 0.42B_1^2 w_{(MnO)}}{100B_1} \qquad (2-34)$$

式中　　　　　A_F——焊剂的活度；

$w_{(SiO_2)}$、$w_{(MnO)}$——焊剂中 SiO_2 和 MnO 的质量分数（%）；

B_1——焊剂的碱度，可用式（2-27）计算。

A_F 值在 0~1 之间变化。试验表明，熔敷金属中的含氧量随焊剂的活度 A_F 的增加呈直线增加（见图 2-47），相关系数 $\gamma = 0.96$。因此，根据 A_F 值可将焊剂分为高活性的，$A_F \geq 0.6$；活性的，$A_F = 0.6 \sim 0.3$；低活性的，$A_F = 0.3 \sim 0.1$；惰性的，$A_F \leq 0.1$。这种分类对选择焊剂是很有用的。

在焊丝或药皮中含有对氧亲和力比铁大的元素（如 Al、Ti、Cr 等）时，它们将与 SiO_2、MnO 发生更激烈的置换反应。例如

$$4[Al] + 3(SiO_2) \Longleftrightarrow 2(Al_2O_3) + 3[Si]$$
$$2[Al] + 3(MnO) \Longleftrightarrow (Al_2O_3) + 3[Mn]$$

反应生成的 Al_2O_3 使焊缝中非金属夹杂物增多，含氧量升高，同时硅、锰含量也显著增加。图 2-48 所示是埋弧焊的试验结果。

焊接低碳钢和低合金钢时，尽管上述反应使焊缝增氧，但因硅、锰同时增加，使焊缝性能仍能满足使

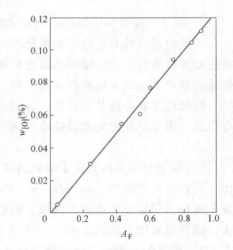

图 2-47　熔敷金属中的含氧
量 $w_{[O]}$ 与 A_F 的关系
$I = 500 \sim 550A$，　$U = 35 \sim 36V$，　$v = 25m/h$

用要求，所以高硅高锰焊剂配合低碳钢焊丝埋弧焊广泛用于焊接低碳钢和低合金钢。但是在焊接中、高合金钢时，焊缝含氧和硅量的增加，使它的抗裂性和力学性能，特别是低温韧性显著降低。在焊接时创造氧化性条件，例如增加药皮中 FeO 的含量可以抑制硅的还原过程（见图 2-49）。但是，在药皮或焊丝中具有强脱氧剂的情况下，阻止硅的还原过程是不可能的。所以，必须在药皮或焊剂中去除 SiO_2，并利用不含硅酸盐的黏结剂，例如铝酸钠。这是在研制焊接高合金钢和合金用焊条或焊剂时必须注意的。

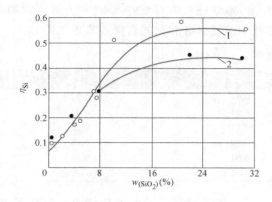

图 2-48　硅的过渡系数 η_{Si} 与
焊丝中含铝量 w_{Al} 的关系

1—w_{Al} = 5. 1%　2—w_{Al} = 3. 5%

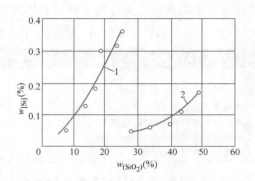

图 2-49　药皮中 FeO 含量 w_{FeO} 与
熔敷金属中含硅量 $w_{[Si]}$ 的关系

1—w_{FeO} = 11%　2—w_{FeO} = 20%

应当指出，某些强氧化物，如 B_2O_3、Al_2O_3、TiO_2 也会在一定条件下发生置换氧化反应，使焊缝增 B、Al、Ti 和 O，同时使其他元素（如 Si）烧损。

2.3.3　焊缝金属的脱氧

1. 脱氧的目的和选择脱氧剂的原则

焊接时脱氧的必要性已如前所述。脱氧的目的是尽量减少焊缝中的含氧量。这一方面要防止被焊金属的氧化，减少在液态金属中溶解的氧；另一方面要排除脱氧后的产物，因为它们是焊缝中非金属夹杂物的主要来源，而这些夹杂物会使焊缝含氧量增加。

脱氧的主要措施是在焊丝、焊剂或药皮中加入合适的元素或铁合金，使之在焊接过程中夺取氧。用于脱氧的元素或铁合金叫脱氧剂。为了达到脱氧的目的，选择脱氧剂应遵循以下原则：

1）脱氧剂在焊接温度下对氧的亲和力应比被焊金属对氧的亲和力大。由图 2-40 可以看出，焊接铁基合金时，Al、Ti、Si、Mn 等可作为脱氧剂。实际生产中，常用它们的铁合金或金属粉，如锰铁、硅铁、钛铁、铝粉等。在其他条件相同的情况下，元素对氧的亲和力越大，则其脱氧能力越强。

2）脱氧的产物应不溶于液态金属，其密度也应小于液态金属的密度，同时应尽量使脱氧产物处于液态。这样有利于脱氧产物在液态金属中聚合成大的质点，加快上浮到熔渣中去的速度，减少夹杂物的数量，提高脱氧效果。

3）必须考虑脱氧剂对焊缝成分、性能以及焊接工艺性能的影响。在满足技术要求的前提下，还应考虑成本。

在本章第 2.1 节中已指出，焊接化学冶金反应是分区域连续进行的。脱氧反应也是分区域连续进行的，按其进行的方式和特点可分为先期脱氧、沉淀脱氧和扩散脱氧。

2. 先期脱氧

在药皮加热阶段，固态药皮中进行的脱氧反应叫先期脱氧，其特点是脱氧过程和脱氧产物与熔滴不发生直接关系。

含有脱氧剂的药皮被加热时，其中的高价氧化物或碳酸盐分解出的氧和二氧化碳便和脱氧剂发生反应。例如，Al、Ti、Si、Mn 的先期脱氧反应可简写为

$$Fe_2O_3+Mn \Longrightarrow MnO+2FeO$$

$$FeO+Mn \Longrightarrow MnO+Fe$$

$$MnO_2+Mn \Longrightarrow 2MnO$$

$$2CaCO_3+Ti \Longrightarrow 2CaO+TiO_2+2CO$$

$$3CaCO_3+2Al \Longrightarrow 3CaO+Al_2O_3+3CO$$

$$2CaCO_3+Si \Longrightarrow 2CaO+SiO_2+2CO$$

$$CaCO_3+Mn \Longrightarrow CaO+CO+MnO$$

上述反应的结果使气相的氧化性减弱。由于 Al 和 Ti 对氧的亲和力很大，它们在先期脱氧的过程中绝大部分被烧损，故它们沉淀脱氧的作用不大。

先期脱氧的效果取决于脱氧剂对氧的亲和力、脱氧剂的粒度、氧化剂与脱氧剂的比例、焊接电流密度等因素。

应当指出，由于药皮加热阶段温度低，传质条件差，先期脱氧是不完全的，需进一步脱氧。

3. 沉淀脱氧

沉淀脱氧是在熔滴和熔池内进行的。其原理是溶解在液态金属中的脱氧剂和 FeO 直接反应，把铁还原，脱氧产物浮出液态金属。这是减少焊缝含氧量的具有决定意义的一环。下面介绍几种常用的沉淀脱氧反应。

（1）锰的脱氧反应　在药皮中加入适量的锰铁或焊丝中含有较多的锰，可进行如下脱氧反应：

$$[Mn]+[FeO] \Longrightarrow [Fe]+(MnO)$$

$$K=\frac{a_{MnO}}{a_{Mn}a_{FeO}}=\frac{\gamma_{MnO}w_{(MnO)}}{a_{Mn}a_{FeO}}$$

式中　γ_{MnO}——熔渣中 MnO 的活度系数；

a_{MnO}——熔渣中 MnO 的活度；

a_{Mn}——金属中 Mn 的活度；

a_{FeO}——金属中 FeO 的活度。

当金属中含 Mn 和 FeO 量少时，则 $a_{Mn} \approx w_{[Mn]}$，$a_{FeO} \approx w_{[FeO]}$，于是得到

$$w_{[FeO]}=\frac{\gamma_{MnO}w_{(MnO)}}{Kw_{[Mn]}} \tag{2-35}$$

由式（2-35）可以看出，增加金属中的含锰量，减少熔渣中的 MnO，可以提高脱氧效果。熔渣的性质对锰的脱氧效果也有很大的影响。在酸性熔渣中含有较多的 SiO_2 和 TiO_2，它们与脱氧产物 MnO 生成复合物 $MnO \cdot SiO_2$ 和 $MnO \cdot TiO_2$，从而使 γ_{MnO} 减小，因此脱氧效果较好（见图 2-50）。相反，在碱性熔渣中 γ_{MnO} 较大，不利于锰脱氧，且碱度越大，锰的脱氧效果越差。正是由于这个原因，一般酸性焊条用锰铁作为脱氧剂，而碱性焊条不单独用锰铁作为脱氧剂。

根据钢液中锰的含量不同，其脱氧产物 MnO 和 FeO 既可形成液态产物，又可形成固态产物，如图 2-51 所示。出现液态或固态产物的临界含锰量取决于钢液的温度。显然，在一

定的温度下，加入过多的锰会形成固态产物，易造成焊缝夹杂。此外，温度下降使锰的脱氧能力提高，但相对其他常用的脱氧剂来说，它是一种弱脱氧剂。

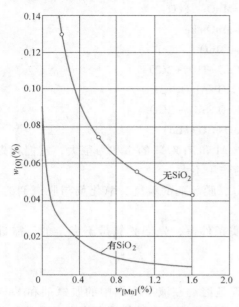

图2-50　1600℃时 SiO_2 对锰脱氧的影响

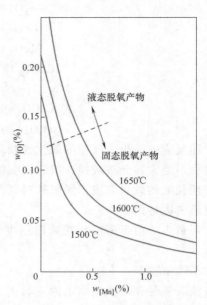

图2-51　与液态及固态脱氧产物平衡的锰、氧含量 $w_{[Mn]}$、$w_{[O]}$

（2）硅的脱氧反应　用类似分析锰脱氧的方法可以分析硅的脱氧反应：

$$[Si]+2[FeO]\Longrightarrow 2[Fe]+(SiO_2)$$

$$w_{[FeO]}=\sqrt{\frac{\gamma_{SiO_2}w_{(SiO_2)}}{Kw_{[Si]}}} \tag{2-36}$$

显然，提高熔渣的碱度和金属中的含硅量，可以提高硅的脱氧效果。

硅的脱氧能力比锰大，但生成的 SiO_2 熔点高（见表2-20），通常认为处于固态，不易聚合为大的质点；同时 SiO_2 与钢液的界面张力小，润湿性好，SiO_2 不易从钢液中分离，所以易造成夹杂。因此，一般不单独用硅脱氧。

表 2-20　几种化合物的熔点和密度

化合物	FeO	MnO	SiO_2	TiO_2	Al_2O_3	$(FeO)_3SiO_2$	$MnO \cdot SiO_2$	$(MnO)_2SiO_2$
熔点/℃	1370	1580	1713	1825	2050	1205	1270	1326
密度(20℃时)/(g/cm³)	5.80	5.11	2.26	4.07	3.95	4.30	3.60	4.10

（3）硅锰联合脱氧　把锰和硅按适当比例加入金属中进行联合脱氧时，可以得到较好的脱氧效果。实践证明，当 $w_{[Mn]}/w_{[Si]}=3\sim7$ 时，脱氧产物可形成硅酸盐 $MnO \cdot SiO_2$，它的密度小，熔点低（见表2-20），在钢液中处于液态（见图2-52）。因此容易聚合为半径大的质点（见表2-21），浮到熔渣中去，减少焊缝中的夹杂物，从而降低焊缝中的含氧量。

表 2-21　金属中 $w_{[Mn]}/w_{[Si]}$ 对脱氧产物质点半径的影响

$w_{[Mn]}/w_{[Si]}$	1.25	1.98	2.78	3.60	4.18	8.70	15.90
最大质点半径/cm	0.00075	0.00145	0.0126	0.01285	0.01835	0.00195	0.0006

在 CO_2 保护焊时，根据硅锰联合脱氧的原则。常在焊丝中加入适当比例的锰和硅。各国实用的焊丝中 $w_{[Mn]}/w_{[Si]} = 1.5 \sim 3$。由表 2-22 可知，用硅锰焊丝所形成的熔渣主要是由 MnO 和 SiO_2 组成的。焊缝中的锰硅比不同，在图 2-52 中占有不同的位置。$w_{[Mn]}/w_{[Si]} = 3.1$ 时，处于 Ⅳ 的位置，形成液态脱氧产物，所以焊缝中夹杂物较少；而锰硅比小时，出现固态 SiO_2，所以焊缝中夹杂物增多。

其他焊接材料也可利用硅锰联合脱氧的原则。例如，在碱性焊条药皮中一般加入锰铁和硅铁进行联合脱氧，脱氧效果较好。

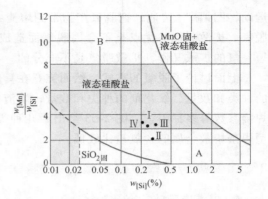

图 2-52　脱氧产物形态与 $w_{[Mn]}/w_{[Si]}$ 的关系

A、B—固体+液态硅酸盐区，1600℃

表 2-22　CO_2 保护焊焊低碳钢时焊缝成分与夹杂物的关系

焊　丝	焊缝成分（%）				熔渣的成分（%）				焊缝夹杂物（质量分数，%）	在图 2-52 中的位置
	$w_{[Mn]}/w_{[Si]}$	w_C	w_{Mn}	w_{Si}	w_{MnO}	w_{SiO_2}	w_{FeO}	w_S		
H08MnSiA	2.6	0.13	0.78	0.29	38.7	48.2	10.6	0.016	0.014	Ⅰ
	1.7	0.14	0.82	0.47						Ⅱ
H08Mn2SiA	2.74	0.12	0.85	0.31	47.6	41.9	8.5	0.050	0.009	Ⅲ
	3.1	0.14	0.72	0.23						Ⅳ

采用含两种以上脱氧元素的复合脱氧剂是今后发展的方向。因为这种脱氧剂熔点低，熔化快，且各种脱氧反应在同一区域进行，有利于低熔点脱氧产物的形成、聚合和排除，减少夹杂物的数量。例如，钙的脱氧能力很强，但它的蒸气压高，在钢液中溶解度低，脱氧效果变差；如用硅钙合金作为脱氧剂，则可提高钙的溶解度，减少蒸发损失，易生成低熔点的硅酸钙，对 Al_2O_3 还起助熔作用。因此，硅钙合金不仅是有效的脱氧剂，而且是良好的净化剂。

4. 扩散脱氧

扩散脱氧是在液态金属与熔渣界面上进行的，是以分配定律为理论基础的。

由式（2-30）和式（2-31）可知，当温度下降时 FeO 的分配系数 L 增大，即发生如下扩散过程：

$$[FeO] \rightarrow (FeO)$$

这意味着在熔池后部的低温区进行扩散脱氧。

在一定温度下，扩散脱氧的关键是降低熔渣中 FeO 的活度。在酸性熔渣中，由于 SiO_2 和 TiO_2 与 FeO 生成复合物 $FeO \cdot SiO_2$ 和 $FeO \cdot TiO_2$，使 FeO 的活度减小，有利于扩散脱氧；而在碱性渣中 FeO 的活度大，其扩散脱氧的能力比酸性渣差。熔渣中的脱氧剂可降低 FeO 的活度，加强扩散脱氧。按照离子理论，硅的扩散脱氧反应如下：

$$2[Fe] + 2[O] \rightarrow 2(Fe^{2+}) + 2(O^{2-})$$

$$2(Fe^{2+}) + 2(O^{2-}) + 2(O^{2-}) + Si \rightarrow 2[Fe] + (SiO_4^{4-})$$

$$2[O] + 2(O^{2-}) + Si \rightarrow (SiO_4^{4-})$$

焊接时熔池和熔渣发生强烈的搅拌运动，并在气体的吹力作用下熔渣不断地向熔池后部运动,"冲刷"熔池,把脱氧产物带到熔渣中去。这不仅有利于沉淀脱氧,而且有利于扩散脱氧。扩散脱氧的优点是不会因脱氧而造成夹杂。但是在焊接条件下,冷速大,扩散时间短,氧的扩散又慢,扩散脱氧是不充分的。

上面讨论了脱氧的方式,然而究竟在具体焊接条件下脱氧的效果如何,则取决于脱氧剂的种类和数量,氧化剂的种类和数量,熔渣的成分、碱度和物理性质,焊丝和母材的成分,焊接参数等多种因素。图 2-53 给出了几种焊条熔敷金属的含氧量。可以看出,低氢型和钛型焊条熔敷金属的含氧量比较低。

2.3.4 焊缝金属中硫和磷的控制

1. 焊缝中硫的危害及控制

(1) 硫的危害 硫是焊缝金属中有害的杂质之一。当硫以 FeS 的形式存在时危害性最大。因为它与液态铁几乎可以无限互溶,而在室温下它在固态铁中的溶解度仅为 0.015% ~ 0.02% (见图 2-54)。这样,在熔池凝固时它容易发生偏析,以低熔点共晶 Fe+FeS (熔点为 985℃) 或 FeS+FeO (熔点为 940℃) 的形式呈片状或链状分布于晶界。因此增加了焊缝金属产生结晶裂纹的倾向,同时还会降低冲击韧性和耐蚀性。在焊接合金钢,尤其是高镍合金钢时,硫的有害作用更为严重。因为硫与镍形成 NiS,而 NiS 又与 Ni 形成熔点更低的共晶 NiS+Ni (熔点为 644℃),所以产生结晶裂纹的倾向更大。当钢焊缝含碳量增加时,会促进硫的偏析,从而增加它的危害性。由于上述原因,应尽量减少焊缝中的含硫量。

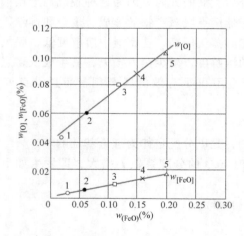

图 2-53 焊条熔敷金属中总含氧量
$w_{[O]}$ 和 FeO 含量 $w_{[FeO]}$ 与药皮中
FeO 含量 $w_{(FeO)}$ 的关系
1—低氢型 2—钛型 3—有机物型
4—钛铁矿型 5—氧化铁型

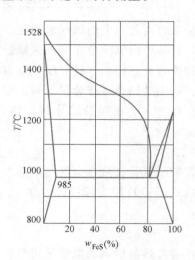

图 2-54 Fe-FeS 相图

(2) 控制硫的措施 常用的措施主要有:

1) 限制焊接材料中的含硫量。焊缝中的硫主要来源于三个方面:一是母材,其中的硫几乎可以全部过渡到焊缝中去,但母材的含硫量比较低;二是焊丝,其中的硫有 70% ~ 80%

可以过渡到焊缝中去；三是药皮或焊剂，其中的硫约有 50%可以过渡到焊缝中。由此可见，严格控制焊接材料的含硫量是限制焊缝含硫量的关键措施。

制造焊接材料时，应严格按照有关标准选择原材料。低碳钢及低合金钢焊丝的含硫量应小于 0.03%~0.04%（质量分数）；合金钢焊丝的含硫量应小于 0.025%~0.03%（质量分数）；不锈钢焊丝的含硫量应小于 0.02%（质量分数）。药皮、药芯和焊剂的原材料，如锰矿、赤铁矿、钛铁矿、锰铁等都含有一定的硫，而且含量变动幅度较大，因此对焊缝含硫量影响很大，应严加控制。当某材料含硫量过高时，应预先进行处理，使含硫量降低到要求的范围内，见表 2-23。

表 2-23　原材料的焙烧处理

材　料	原含硫量（质量分数,%）	处理方法	处理后含硫量（质量分数,%）
TiO_2	0.14	1000℃ 焙烧 25~30min	0.07
CaF_2	0.32	焙　烧	0.13

2）用冶金方法脱硫　为减少焊缝的含硫量，如同脱氧一样，可选择对硫亲和力比铁大的元素进行脱硫。由硫化物的生成自由能可知，Ce、Ca、Mg 等元素在高温时对硫有很大的亲和力。但是，因它们对氧的亲和力比硫大，首先被氧化，故在焊接条件下直接用这些元素脱硫受到限制。在焊接化学冶金中常用锰作为脱硫剂，其脱硫反应为

$$[FeS]+[Mn]=(MnS)+[Fe]$$

$$\lg K=\frac{8220}{T}-1.86 \tag{2-37}$$

反应产物 MnS 实际上不溶于钢液，大部分进入熔渣，少量的残留在焊缝中形成硫化物或氧硫化物夹杂。但因 MnS 熔点较高（1610℃），夹杂物以点状弥散分布，故危害较小。由式（2-37）可以看出，降低温度 T，平衡常数 K 增大，有利于脱硫。然而，从动力学的角度看，熔池后部温度低、冷却快、反应时间短，实际上不利于脱硫，所以必须增加熔池中的含锰量（$w_{Mn}>1\%$），才能得到较好的脱硫效果。

熔渣中的碱性氧化物，如 MnO、CaO、MgO 等，也能脱硫，反应式为

$$[FeS]+(MnO)=\!=\!=(MnS)+(FeO)$$

$$[FeS]+(CaO)=\!=\!=(CaS)+(FeO)$$

$$[FeS]+(MgO)=\!=\!=(MgS)+(FeO)$$

生成的 CaS 和 MgS 不溶于钢液而进入熔渣。由质量作用定律可知，增加熔渣中 MnO（见图 2-55）和 CaO 的含量，减少 FeO 的含量，有利于脱硫。增加熔渣的碱度可以提高脱硫能力（见图 2-56）。熔渣中加入 CaF_2 能降低熔渣的黏度，有利于 S^{2-} 扩散，同时形成易挥发物 SF_6，因而有利于脱硫。

应当指出，目前常用的焊条药皮和焊剂的碱度都不高（一般 $B<2$），脱硫能力有限，焊接普通钢还可以满足要求，但用来焊含硫量很低（$w_S<0.014\%$）的精炼钢，则远远不能满足要求。近年来精炼钢的产量不断增加，迫切需要研制焊接这类钢的焊接材料。$CaCO_3$-MgO-CaF_2 系高碱度黏结焊剂（用钛作为脱氧剂）有较好的脱硫效果，焊缝中 $w_S<0.010\%$。用强碱性无氧药皮或焊剂，可得到含硫量更低的焊缝金属（$w_S<0.006\%$）。研究表明，稀土元素不仅可以脱硫和改变硫化物夹杂的尺寸、形态和分布，而且可以提高焊缝的韧性。加强这方面的研究工作，对于解决焊接时的脱硫问题是很有前途的。

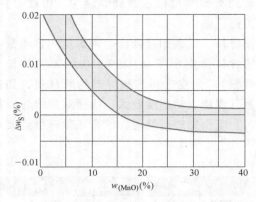

图 2-55　焊剂中 MnO 含量 $w_{(MnO)}$ 与
焊缝中硫增量 $\triangle w_S$ 的关系

焊剂中 $w_{SiO_2} = 43\% \sim 50\%$，

$w_{[S]_0} = 0.025\% \sim 0.04\%$（原始含硫量）

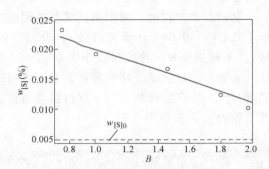

图 2-56　焊剂碱度对熔敷金属含硫量的影响
焊剂中含硫量 $w_S = 0.05\%$　$w_{[S]_0}$—原始含硫量

2. 焊缝中磷的危害及控制

（1）磷的危害　磷在多数钢焊缝中有一种有害的杂质。在液态铁中可溶解较多的磷，并认为主要以 Fe_2P 和 Fe_3P 的形式存在，而磷在固态铁中的溶解度只有千分之几。磷与铁和镍还可以形成低熔点共晶，如 $Fe_3P + Fe$（熔点为1050℃）（见图2-57）、$Ni_3P + Fe$（熔点为880℃）。因此，在熔池快速凝固时，磷易发生偏析。磷化铁常分布于晶界，减弱了晶粒之间的结合力，同时它本身既硬又脆。这就增加了焊缝金属的冷脆性，即冲击韧度降低，脆性转变温度升高（见图2-58）。焊接奥氏体钢或低合金钢焊缝含碳量高时，磷也促使形成结晶裂纹，因此有必要限制焊缝中的含磷量。

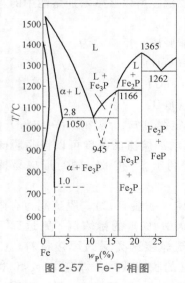

图 2-57　Fe-P 相图

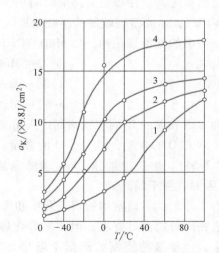

图 2-58　焊缝含磷量对冲击韧度 a_K 的影响
1—$w_C = 0.16\%$，$w_S = 0.046\%$，$w_P = 0.068\%$
2—$w_C = 0.16\%$，$w_S = 0.048\%$，$w_P = 0.055\%$
3—$w_C = 0.16\%$，$w_S = 0.046\%$，$w_P = 0.045\%$
4—$w_C = 0.10\%$，$w_S = 0.030\%$，$w_P = 0.03\%$

（2）控制磷的措施　为减少焊缝中的含磷量，首先必须限制母材、填充金属、药皮和焊剂中的含磷量。药皮和焊剂中的锰矿是导致焊缝增磷的主要来源。锰矿通常含有 0.22%（质量分数）左右的磷，并以 $(MnO)_3 \cdot P_2O_5$ 的形式存在。高锰熔炼焊剂含磷量的水平为 0.15%（质量分数），而不含锰矿的熔炼和粘结焊剂一般不超过 0.05%（质量分数）。

根据焊接区内反应物质的浓度条件、焊剂性质和焊接参数等因素，磷可以由熔渣向焊缝中过渡或者相反。试验表明，当焊剂中含磷量大于 0.03%（质量分数）时，磷可由熔渣向焊缝过渡。由图 2-59 可以看出，减少焊剂中含磷量可减少焊缝含磷量。

磷一旦进入液态金属，就应当采用脱磷的方法将其清除。脱磷反应分为两步：第一步 FeO 将磷氧化生成 P_2O_5；第二步使之与熔渣中的碱性氧化物生成稳定的磷酸盐。两步合并的反应式为

$$2[Fe_3P]+5(FeO)+3(CaO)\Longleftrightarrow((CaO)_3 \cdot P_2O_5)+11[Fe]$$
$$2[Fe_3P]+5(FeO)+4(CaO)\Longleftrightarrow((CaO)_4 \cdot P_2O_5)+11[Fe]$$

由上述反应可以看出，增加熔渣的碱度可减少焊缝的含磷量，这已被埋弧焊试验所证明（见图 2-60）。但是，当碱度 $B>2.5$ 时，则影响很小。在焊接熔渣中含 FeO 的限度内，它对脱磷过程没有明显的影响，即使焊剂含 12%（质量分数）的 FeO 也不能使磷由焊缝向熔渣过渡。在碱性熔渣中加入 CaF_2 有利于脱磷，这是因为 CaF_2 在熔渣中形成 Ca^{2+}，使熔渣中 P_2O_5 的活度下降；另外，CaF_2 可降低熔渣的黏度，有利于物质扩散。

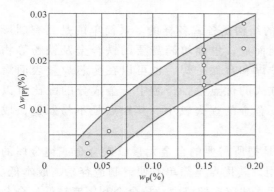 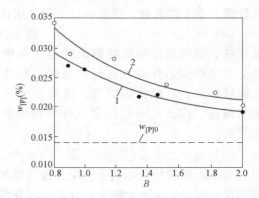

图 2-59　焊缝中磷增量 $\Delta w_{[P]}$ 与焊剂中含磷量 w_P 的关系

图 2-60　焊剂碱度 B 对焊缝含磷量 $w_{[P]}$ 的影响
1—$w_P = 0.03\%$　2—$w_P = 0.05\%$
$w_{[P]0}$—焊缝中原始含磷量

应当指出，由于焊接熔渣的碱度受焊接工艺性能的制约，不可过分增大；碱性熔渣不允许含有较多的 FeO，否则会使焊缝增氧，不利于脱硫，甚至产生气孔，所以碱性熔渣的脱磷效果是很不理想的。酸性熔渣虽然含有较多的 FeO，有利于磷的氧化，但因碱度低，所以比碱性熔渣的脱磷能力更弱。实际上，焊接时脱磷比脱硫更困难。控制焊缝含磷量，主要是严格限制焊接材料中的含磷量。

2.4　合金过渡

2.4.1　合金过渡的目的及方式

所谓合金过渡就是把所需要的合金元素通过焊接材料过渡到焊缝金属（或堆焊金属）

中的过程。

1. 合金过渡的目的

1）补偿焊接过程中由于蒸发、氧化等原因造成的合金元素损失。

2）消除焊接缺欠，改善焊缝金属的组织和性能。例如，为了消除因硫引起的结晶裂纹，需要向焊缝中加入锰；在焊接某些结构钢时，常向焊缝加入微量的 Ti、B 等元素，以细化晶粒，提高焊缝的韧性。

3）获得具有特殊性能的堆焊金属。例如，冷加工和热加工用的工具或其他零件（切削刀具、热锻模、轧辊、阀门等），要求表面具有耐磨性、热硬性、耐热性和耐蚀性，用堆焊的方法过渡 Cr、Mo、W、Mn 等合金元素，可在零件表面上得到具有上述性能的堆焊层。

由此看来，研究合金过渡的方式和合金过渡的规律具有重要意义。

2. 合金过渡的方式

常用的合金过渡方式有以下几种：

（1）应用合金焊丝或带极　把所需要的合金元素加入焊丝、带极或板极内，配合碱性药皮或低氧、无氧焊剂进行焊接或堆焊，从而把合金元素过渡到焊缝或堆焊层中。其优点是可靠，焊缝成分均匀、稳定，合金损失少；缺点是制造工艺复杂，成本高。对于脆性材料，如硬质合金不能轧制、拔丝，故不能采用这种方式。

（2）应用药芯焊丝或药芯焊条　药芯焊丝的结构是各式各样的。最简单的是具有圆形断面的，其外皮可用低碳钢或其他合金钢卷制而成，里面填满需要的铁合金及铁粉等物质。用这种药芯焊丝可进行埋弧焊、气体保护焊和自保护焊，也可以在药芯焊丝表面涂上碱性药皮，制成药芯焊条。这种合金过渡方式的优点是，药芯中合金成分的配比可以任意调整，因此可得到任意成分的堆焊金属；合金的损失较小。其缺点是不易制造，成本较高。

（3）应用合金药皮或粘结焊剂　这种方式是把所需要的合金元素以铁合金或纯金属的形式加入药皮或粘结焊剂中，配合普通焊丝使用。其优点是简单方便，制造容易、成本低。其缺点是由于氧化损失较大，并有一部分合金元素残留在熔渣中，故合金利用率较低，合金成分不够稳定、均匀。

（4）应用合金粉末　将需要的合金元素按比例配制成具有一定粒度的合金粉末，把它输送到焊接区，或直接涂敷在焊件表面或坡口内，它在热源的作用下与母材熔合后就形成合金化的堆焊金属。其优点是合金成分的比例调配方便，不必经过轧制、拔丝等工序，合金的损失小。其缺点是合金成分的均匀性较差，制粉工艺较复杂。

此外，还可以通过从金属氧化物中还原金属的方式来合金化，如硅锰还原反应。但这种方式合金化的程度是有限的，还会造成焊缝增氧。

上述合金过渡的方式，在实际生产中可根据具体条件和要求来选择，有时可以两种方式同时使用。

2.4.2　合金过渡过程的理论分析

通过焊丝合金过渡的过程比较简单。焊丝熔化后，合金元素就溶解在液态金属中。这里主要是讨论通过药皮、焊剂和药芯焊丝等合金剂过渡的过程。

1. 合金剂过渡的方式

焊接时熔滴和熔池既与气相接触，又与熔渣接触。试验表明，合金过渡过程主要是在液态金属与熔渣的界面上进行的，而通过合金元素蒸气和离子过渡是很少的。合金剂的熔点一般比较高，多数情况下是来不及完全熔化就以颗粒状悬浮在液态熔渣中。由于熔渣的运动，使一部分合金剂的颗粒被带到熔渣与液态金属的界面上，并被液态金属的表面层所溶解，然后由表面层向金属内部扩散，并通过搅拌作用使成分均匀化。另外，悬浮在熔渣中的合金剂颗粒还有一部分没有被带到熔渣与金属的界面上，或虽被带到界面上，但因接触时间很短而没来得及过渡到金属中。这时，随着温度的下降它们被凝固在熔渣中。通常称之为残留在熔渣中的损失。

2. 在合金过渡过程中各阶段的作用

在 2.1 节中已指出，当药皮厚度 $h<h_0$（临界药皮厚度）时，全部熔渣都可以与熔滴相互作用；当 $h>h_0$ 时，则只有一部分熔渣与熔滴作用，另一部分直接流入熔池。合金过渡时也发生这种情况。如图 2-61 所示，当 $K_b \leqslant 0.4$ 时，熔滴中的含锰量等于熔敷金属中的含锰量，并随 K_b 的增加而增大，说明合金过渡过程几乎全部是在熔滴阶段完成的。当 $K_b>0.4$ 时，熔滴的含锰量与 K_b 无关，为一常数，而熔敷金属中的含锰量却直线增加，这意味着有一部分熔渣直接与熔池作用，使熔池阶段的合金过渡过程加强。随着药皮厚度的增加，熔池阶段在合金过渡过程中的作用逐渐增大，这使焊缝成分的不均匀性和力学性能的分散度增大。制造焊条时必须注意这一点。

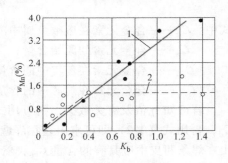

图 2-61 锰在熔滴和熔敷金属
中的含量与 K_b 的关系
1—熔敷金属中　2—熔滴中

3. 合金过渡时的物质平衡

通过药皮、焊剂和药芯合金过渡时，合金元素的平衡关系为

$$M_d = M_0 - (M_{sl} + M_{0x}) \tag{2-38}$$

式中　M_d——过渡到熔敷金属中的某元素量；

M_0——某元素的原始含量；

M_{sl}——残留在熔渣中自由的某元素量；

M_{0x}——被氧化（或由于其他反应损失）的某元素量。

试验表明，残留损失与合金剂的密度和粒度无关，熔渣成分对它的影响也很小。实际上，在熔渣中含量相同的条件下，各种元素的残留损失是大致相同的。增加熔池的存在时间，加强搅拌运动可以减少残留损失。合金元素的氧化损失取决于元素对氧的亲和力、气相和熔渣的氧化性等因素。

在 $MgO\text{-}Al_2O_3\text{-}CaF_2$ 系粘结焊剂埋弧焊的条件下，假定锰的原始含量为 100%，用式（2-38）计算了锰的平衡关系，结果列于表 2-24。可以看出，锰的残留损失是相当大的，不可忽视。在氧化损失中，熔池中的氧化损失所占的比例较大。残留损失和氧化损失的比例主要取决于药皮或焊剂的氧化性。

焊接冶金学——基本原理

表 2-24　埋弧焊通过焊剂过渡锰时的平衡关系

项　　目	原始含量	熔敷金属中	总损失	残留损失	氧化损失		
					总的	熔滴中	熔池中
平衡关系(%)	100	46	54	26.5	27.5	9.7	17.8
各种损失(%)	—	—	100	49	51	18	33

2.4.3　合金过渡系数及其影响因素

1. 合金过渡系数

为了说明在焊接过程中合金元素利用率的高低，常引用过渡系数的概念。合金元素的过渡系数 η 等于它在熔敷金属中的实际含量与它的原始含量之比，即

$$\eta = \frac{C_d}{C_e} = \frac{C_d}{C_{cw} + K_b C_{co}} \tag{2-39}$$

式中　C_d——合金元素在熔敷金属中的含量；

　　　C_e——合金元素的原始含量；

　　　C_{co}——合金元素在药皮中的含量；

　　　C_{cw}——合金元素在焊芯中的含量。

若已知 η 值及有关数据，则可用式（2-39）预先计算出合金元素在熔敷金属中的含量 C_d，再用式（2-2）即可求出它在焊缝中的含量。相反，根据对熔敷金属成分的要求，可求出在焊条药皮中应具有的含量 C_{co}，然后再通过试验加以校正。可见，合金过渡系数对于设计和选择焊接材料是有实用价值的。

应当指出，式（2-39）是总的合金过渡系数，它不能说明合金元素由焊丝和药皮每一方面过渡的情况。实际上，这两种过渡形式的合金过渡系数是不相等的，尤其是当药皮氧化性较强时更为明显（见表 2-25）。只有在药皮氧化性很小，且残留损失不大的情况下，它们的过渡系数才接近相等。在一般情况下，通过焊丝过渡时过渡系数大，而通过药皮过渡时过渡系数较小，为简化计算，通常都用总过渡系数。

表 2-25　锰的过渡系数

含锰量及过渡系数（%）	药　皮　类　型		
	氧化铁型	钛铁矿型	氧化锰型
药皮含锰量	9.0	4.3	5.4
焊芯含锰量	0.14~1.3	0.14~1.3	0.14~1.33
熔敷金属含锰量	0.77~1.2	0.77~1.28	0.55~1.04
总过渡系数	8.4~11.8	15.6~21.6	10~15
由焊丝过渡的系数	42	45	33
由药皮过渡的系数	7~8	14~17	9~11.5

2. 影响过渡系数的因素

研究此问题的目的在于寻找提高过渡系数的途径。影响过渡系数的主要因素如下：

（1）合金元素的物化性质　合金元素的沸点越低，其蒸发损失越大，过渡系数越小。

合金元素对氧的亲和力越大，其氧化损失越大，过渡系数越小。在 1600℃ 时各种合金元素对氧亲和力由小至大的顺序为 Cu、Ni、Co、Fe、W、Mo、Cr、Mn、V、Si、Ti、

Zr、Al。

焊接钢时，位于铁前面的元素几乎无氧化损失，只有残留损失，故过渡系数大；位于铁后面靠近铁的元素，氧化损失较小，其过渡系数较大；而右面远离铁的元素，如 Ti、Zr、Al 等因对氧亲和力很大，氧化损失严重，所以一般很难过渡到焊缝中去。为了过渡这类元素必须创造低氧或无氧焊接条件，如用无氧焊剂、惰性气体保护等。

当用几个合金元素同时合金过渡时，其中对氧亲和力大的元素依靠自身的氧化可减少其他元素的氧化，提高它们的过渡系数。例如，在碱性药皮中加入铝和钛，可提高硅和锰的过渡系数。

（2）合金元素的含量　试验表明，随着药皮或焊剂中合金元素含量的增加，其过渡系数逐渐增加，最后趋于一个定值（见图 2-62 和图 2-63）。药皮（焊剂）的氧化性和元素对氧的亲和力越大，合金元素含量对过渡系数的影响越大。

（3）合金剂的粒度　增加合金剂的粒度，其表面积和氧化损失减小，而残留损失不变，因此过渡系数增大。把锰、硅、铬分别加入 Al_2O_3-CaF_2-MgO 系粘结焊剂中进行试验，证明了上述结论（见表 2-26）。但如果粒度过大，则不易熔化，过渡系数减小。

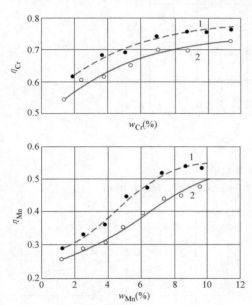

图 2-62　锰和铬的过渡系数与其
在焊剂中含量的关系
1—正极性　2—反极性

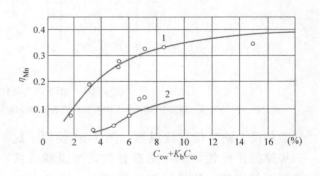

图 2-63　锰的过渡系数与其在焊条中含量的关系
1—碱性熔渣　2—酸性熔渣

表 2-26　合金剂粒度与过渡系数的关系

粒度/μm	过渡系数 η			
	Mn	Si	Cr	C
<56	0.37	0.44	0.59	0.49
56~125	0.40	0.51	0.62	0.57
125~200	0.47	0.51	0.64	0.57
200~250	0.53	0.58	0.67	0.61

（续）

粒度/μm	过渡系数 η			
	Mn	Si	Cr	C
250~355	0.54	0.64	0.71	0.62
355~500	0.57	0.66	0.82	0.68
500~700	0.71	0.70	—	0.74

（4）药皮（或焊剂）的成分　药皮或焊剂的成分决定了气相和熔渣的氧化性、熔渣的碱度和黏度，因此对合金过渡系数的影响很大。

药皮或焊剂的氧化势越大，则合金过渡系数越小。当合金元素及其氧化物在药皮中共存时，由质量作用定律可知，能够提高该元素的过渡系数。

若其他条件相同，则合金元素的氧化物与熔渣的酸碱性相同时，有利于提高过渡系数；

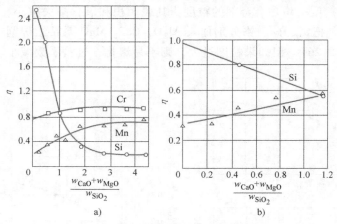

图 2-64　熔渣碱度与过渡系数的关系

a）药皮含 20% 的大理石，焊芯为 H06Cr19Ni9Ti　b）无氧药皮，焊芯为 H08A

性质相反，则降低过渡系数。图 2-64 说明了这一规律的正确性。SiO_2 是酸性的，所以随着熔渣碱度的增加，硅的过渡系数减小；MnO 是碱性的，所以随碱度的增加锰的过渡系数增大。

（5）药皮质量系数　试验表明，在药皮中合金剂含量相同的条件下，K_b 增加，η 减小（见图 2-65）。因为药皮加厚，合金剂进入金属所通过的平均路程增大，使氧化和残留损失均有所增加。为提高 η 值，可采用双层药皮，即里面一层主要加合金剂，外层加造气剂、造渣剂及脱氧剂。

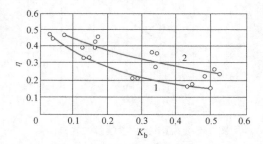

图 2-65　锰的过渡系数与 K_b 的关系

1—含锰铁为 20%　2—含锰铁为 50%
药皮中大理石和萤石的比例为 1.27：1

思　考　题

1. 试述焊接过程中对于焊接区金属保护的必要性。可采用的保护方式及效果如何？

2. 分析焊接冶金反应的区域性及连续性。以焊条电弧焊为例，对于各区域的温度、进行的反应、反应时间长短、反应的结果，以及对于最终的焊缝成分有何影响？

3. 焊接区内的气体有哪些？气体的来源有哪些？

4. 说明氮对金属的作用及其对焊接质量的影响。如何防止氮的有害作用？

5. 氢是如何溶解到金属中去的？什么是扩散氢及残余氢？

6. 氢对焊接质量的影响如何？焊接过程中控制氢的措施有哪些？效果如何？

7. 氧是如何溶入液态铁中的？试述金属氧化还原的判据。

8. 以焊条电弧焊、气体保护焊为例，分析保护气体的作用。对于采用 $Ar+O_2$、$Ar+CO_2$ 等保护气体的工艺，增加氧化性气体的作用是什么？根据焊接化学冶金理论如何去指导这些工艺才能保证焊接接头的质量？

9. 试述焊接熔渣的作用及分类。

10. 焊接熔渣的结构理论有哪两种？分别叙述其要点。

11. 说明熔渣的碱度、黏度、表面张力、熔点等各项物理性质对于焊接质量的影响。

12. 什么是长渣？什么是短渣？碱性焊条的熔渣属于哪一种？它有何优点？

13. 试分析活性熔渣对焊缝金属氧化的两种基本形式。

14. 脱氧剂的选择原则有哪些？

15. 焊缝金属的脱氧方式有哪些？脱氧效果如何？

16. 氧对焊接质量有哪些影响？控制氧的措施有哪些？

17. 分别叙述硫、磷对焊接的危害性及其控制措施。

18. 焊缝金属合金化的目的及方式如何？怎样实现？

19. 什么是合金元素的过渡系数？其影响因素有哪些？怎样才能提高合金元素的过渡系数？

20. 综合分析熔渣的碱度对于金属的氧化、脱氧、脱硫、脱磷、合金过渡的影响。

焊条、焊丝及焊剂

焊接时所使用的焊条、焊丝、焊剂及保护气体等消耗材料，统称为焊接材料。焊条电弧焊使用的焊接材料是焊条。埋弧焊及电渣焊使用的焊接材料是焊丝（或板状电极等填充金属）和焊剂。气体保护焊使用的焊接材料是焊丝和保护气体。

焊条、焊丝是焊接回路的组成部分之一。在焊接过程中，焊条、焊丝不仅传导着电流，而且它是与焊件之间形成电弧的一个电极。并且在电弧热源的作用下，焊条、焊丝受热熔化以熔滴的形式进入熔池，与熔化了的母材共同组成焊缝，起着填充金属的作用。所以，焊条药皮、焊丝、焊剂、药芯焊丝的外皮及药芯，以及保护气体等，在焊接过程中是进行必要的冶金反应和保证焊接质量所必需的重要材料。因此，焊接材料不仅影响着焊接过程的稳定性、焊接接头的性能及质量，还影响着焊接生产率。

据资料介绍，许多工业发达国家的焊接生产都发展得很快。焊接结构的用钢量已经达到钢产量的50%左右。工业生产中，每吨钢材所需的焊接材料为3~5kg。在使用的焊接材料中，焊条所占的比例为50%~60%。随着焊接过程机械化与自动化水平的提高，焊丝及保护气体在使用的焊接材料中所占的比例将会迅速提高，而焊条所占的比例必然会不断降低。

1996年我国的钢产量突破1亿t，成为世界第一产钢大国。随着我国经济建设的发展，我国钢产量及焊接材料产量已经连续多年居于世界首位。据资料统计，2012年我国钢产量为7.16亿t。我国焊接材料的总产量从2003年的193万t发展到2012年的474万t。在这十年中，焊条产量从150万t发展到220万t；气体保护焊用实心焊丝从30万t发展到160万t；药芯焊丝从4万t发展到42万t；埋弧焊用焊接材料从9万t发展到52万t。我国著名的三家大型焊接材料企业的产量，居于全球焊接材料产量排名的前列。

近年来，我国各种类型焊接材料品种所占的比例发生了明显的变化。例如，2003—2012年我国主要焊接材料总产量中，焊条所占的比例由77.7%下降到46.4%，气体保护焊用实心焊丝由15.5%上升到33.8%，药芯焊丝由2.1%快速增长到8.8%，埋弧焊用焊接材料则由4.7%增加到11.0%。由这些统计数据可以看出，进入21世纪以来，我国焊接自动化程度明显加快，焊条产品所占的比例正在逐渐减小，实心焊丝、药芯焊丝得到了较快的发展，而且埋弧焊用焊接材料的发展呈现出趋于稳定的态势。由于机械化、自动化、智能化焊接具有生产效率高、焊接质量好、劳动强度低等诸多优点，许多工业发达国家的焊接自动化率已经达到或超过80%。

随着科学技术的发展，目前我国主要制造业的骨干企业，各类焊丝的使用比例约占焊接材料使用总量的70%，与工业发达国家水平相近，但仍然是初级的自动化率。目前，我国众多的中小型企业仍然较多地使用焊条。因此，应当努力提高我国的焊接自动化、数字化、智能化水平，我国焊接科技工作者的使命任重道远。

本章对焊条、焊丝及焊剂进行讨论。关于焊条的内容，重点介绍焊条类型、所执行的国家标准、焊条的工艺性能及指标，并且在焊接化学冶金学的基础上深入分析典型焊条的冶金性能，以及新型焊条的配方设计原则、焊条设计基础等。关于焊丝的论述，重点讨论药芯焊丝的类型、特点及冶金性能等。关于焊剂的论述，重点介绍焊剂的类型、所执行的国家标准，以及焊剂性能与选用等工程应用基础知识等。

3.1　焊条

焊条是涂有药皮的、供焊条电弧焊使用的熔化电极，它由焊芯及药皮两部分组成。

3.1.1　焊条的分类

1. 按照焊条的用途分类

（1）结构钢焊条　主要用于焊接碳钢及低合金高强度钢。

（2）钼和铬钼耐热钢焊条　主要用于焊接珠光体耐热钢及马氏体耐热钢。

（3）不锈钢焊条　主要用于焊接不锈钢及热强钢，它可分为铬不锈钢焊条及铬镍不锈钢焊条两类。

（4）堆焊焊条　主要用于堆焊，以获得具有热硬性、耐磨性及耐蚀性的堆焊层。

（5）低温钢焊条　主要用于焊接在低温条件下工作的钢结构，其熔敷金属具有不同的低温工作性能。

（6）铸铁焊条　主要用于焊补铸铁构件。

（7）镍及镍合金焊条　主要用于焊接镍及高镍合金，也可用于异种金属的焊接及堆焊。

（8）铜及铜合金焊条　主要用于焊接铜及铜合金，其中包括纯铜焊条及青铜焊条。

（9）铝及铝合金焊条　主要用于焊接铝及铝合金构件。

（10）特殊用途焊条　用于水下焊接、水下切割等特殊工作需要的焊条。

2. 按照焊接熔渣的碱度分类

（1）酸性焊条　在焊条药皮中含有多量酸性氧化物的焊条。这类焊条的特点是，工艺性能好、焊缝表面成形美观、波纹细密。由于该类焊条药皮中含有较多的 FeO、TiO_2、SiO_2 等成分，所以熔渣的氧化性较强。酸性焊条一般均可采用交、直流电源施焊。典型的酸性焊条型号为 E4303（牌号为 J422）。

（2）碱性焊条　在焊条药皮中含有多量碱性氧化物，同时含有氟化钙的焊条。由于该类焊条药皮中含有较多的大理石、萤石等成分，它们在焊接冶金反应中生成 CO_2 和 HF，因此降低了焊缝中的含氢量。所以碱性焊条又称为低氢型焊条。采用碱性焊条焊成的焊缝金属具有较好的塑性和冲击韧性。承受动载荷的焊件或刚性较大的重要结构均采用碱性焊条施工。典型的碱性焊条型号为 E5015（牌号为 J507）。

3. 按照焊条药皮的类型分类

按照焊条药皮的类型可分为氧化钛型焊条、钛钙型焊条、钛铁矿型焊条、氧化铁型焊条、纤维素型焊条和低氢型焊条等。

3.1.2 焊条型号和焊条牌号

1. 焊条型号

焊条型号是在我国标准或权威性国际组织（例如 ISO）的有关技术标准及法规中，根据焊条特性指标进行明确划分及规定的。焊条型号的有关规定是焊条生产、使用、管理及研究等相关单位必须遵照执行的。

我国现行有关焊条的国家标准，主要有以下各项：

GB/T 5117—2012　非合金钢及细晶粒钢焊条

GB/T 5118—2012　热强钢焊条

GB/T 32533—2016　高强钢焊条

GB/T 983—2012　不锈钢焊条

GB/T 3965—2012　熔敷金属中扩散氢测定方法

GB/T 13814—2008　镍及镍合金焊条

GB/T 10044—2006　铸铁焊条及焊丝

GB/T 984—2001　堆焊焊条

GB/T 3669—2001　铝及铝合金焊条

GB/T 5117—2012　规定了非合金钢及细晶粒钢焊条的型号、技术要求、试验方法及检验规则等内容。

GB/T 5117—2012　适用于抗拉强度低于 570MPa 的非合金钢及细晶粒钢焊条。

GB/T 5117—2012　明确规定了焊条型号按熔敷金属力学性能、药皮类型、焊接位置、电流类型、熔敷金属化学成分和焊后状态等进行划分。

GB/T 5117—2012 规定的非合金钢及细晶粒钢焊条型号由以下五部分组成：

1）第一部分用字母"E"表示焊条。

2）第二部分为"E"后面的紧邻两位数字，表示熔敷金属的最小抗拉强度代号，如"43、50、55、57"，分别代表熔敷金属的最小抗拉强度值为"430MPa、490MPa、550MPa、570MPa"。

3）第三部分为"E"后面的第三和第四两位数字，表示药皮类型、焊接位置和电流类型，见表 3-1。

表 3-1　非合金钢及细晶粒钢焊条药皮类型及代号

代号	药皮类型	焊接位置	电流类型	简要说明
03	钛型	全位置	交流和直流正、反接	包含二氧化钛和碳酸钙的混合物,所以同时具有金红石焊条和碱性焊条的某些性能
10	纤维素	全位置	直流反接	含有大量可燃有机物,尤其是纤维素,由于强电弧特性特别适用于向下立焊。由于钠影响电弧稳定性,因此通常使用直流反接
11	纤维素	全位置	交流和直流反接	含有大量可燃有机物,尤其是纤维素,由于强电弧特性特别适用于向下立焊,采用钾增强电弧稳定性,适用于交直流两用及直流反接
12	金红石	全位置	交流和直流正接	含有大量二氧化钛（金红石）,由于柔软电弧特性适用于在简单装配条件下对大的根部间隙进行焊接

（续）

代号	药皮类型	焊接位置	电流类型	简要说明
13	金红石	全位置	交流和直流正、反接	含有大量二氧化钛（金红石）和增强电弧稳定性的钾，与12相比，可在低电流条件下产生稳定电弧，特别适用于薄板焊接
14	金红石+铁粉	全位置	交流和直流正、反接	此药皮类型和12、13类似，但添加了少量铁粉。加入铁粉可以提高电弧承载能力和熔敷效率，适用于全位置焊接
15	碱性	全位置	直流反接	此药皮碱度较高，含有大量的氧化钙和萤石，由于钠影响电弧稳定性，因此只适用于直流反接；焊条含氢量低，能改善焊缝冶金性能
16	碱性	全位置	交流和直流反接	此药皮碱度较高，含有大量的氧化钙和萤石，由于钾增强电弧稳定性，因此适用于交流焊接；焊条氢含量低，能改善焊缝冶金性能
18	碱性+铁粉	全位置	交流和直流反接	此药皮类型和16类似，含有大量铁粉，药皮略厚，所含铁粉能提高电弧承载能力和熔敷效率
19	钛铁矿	全位置	交流和直流正、反接	包含钛和铁的氧化物，通常在钛铁矿获取。虽然不属于碱性药皮，但可制造出高韧性的焊缝金属
20	氧化铁	PA、PB	交流和直流正接	包含大量的铁氧化物。熔渣流动性好，主要在平焊和横焊中使用。主要用于角焊缝和搭接焊缝
24	金红石+铁粉	PA、PB	交流和直流正、反接	此药皮类型和14类似，含有大量铁粉，药皮略厚，通常只在平焊和横焊中使用。主要用于角焊缝和搭接焊缝
27	氧化铁+铁粉	PA、PB	交流和直流正、反接	此药皮类型和20类似，含有大量铁粉，药皮略厚，增加了铁氧化物，主要用于高速角焊缝和搭接焊缝的焊接
28	碱性+铁粉	PA、PB、PC	交流和直流反接	此药皮类型和18类似，含有大量铁粉，药皮略厚，通常只在平焊和横焊中使用。氢含量低，冶金性能好
40	不做规定	由制造商确定		此药皮类型不属于本表的任何类型，由供应商和购买商协议确定
45	碱性	全位置	直流反接	此药皮类型和15类似，主要用于向下立焊
48	碱性	全位置	交流和直流反转	此药皮类型和18类似，主要用于向下立焊

注：1. "全位置"并不一定包含向下立焊，由制造商确定。

2. PA 为平焊，PB 为平角焊，PC 为横焊，PG 为向下立焊。

4）第四部分为熔敷金属的化学成分分类代号，可为"无标记"或短划"-"后的字母、数字或字母和数字组合，见表 3-2。

表 3-2　非合金钢及细晶粒钢焊条熔敷金属化学成分分类代号

分类代号	主要化学成分的名义含量（质量分数,%）				
	Mn	Ni	Cr	Mo	Cu
无标记、-1、-P1、-P2	1.0	—	—	—	—
-1M3	—	—	—	0.5	—
-3M2	1.5	—	—	0.4	—

（续）

分类代号	主要化学成分的名义含量（质量分数，%）				
	Mn	Ni	Cr	Mo	Cu
−3M3	1.5	—	—	0.5	—
−N1	—	0.5	—	—	—
−N2	—	1.0	—	—	—
−N3	—	1.5	—	—	—
−3N3	1.5	1.5	—	—	—
−N5	—	2.5	—	—	—
−N7	—	3.5	—	—	—
−N13	—	6.5	—	—	—
−N2M3	—	1.0	—	0.5	—
−NC	—	0.5	—	—	0.4
−CC	—	—	0.5	—	0.4
−NCC	—	0.2	0.6	—	0.5
−NCC1	—	0.6	0.6	—	0.5
−NCC2	—	0.3	0.2	—	0.5
−G	其他成分				

5）第五部分为焊后状态代号，其中，"无标记"表示焊态，"P"表示热处理状态，"AP"表示焊态和焊后热处理两种状态均可。

除以上强制分类代号外，根据供需双方协商，可在型号后依次附加可选代号：

1）字母"U"，表示在规定试验温度下，冲击吸收能量可以达到47J以上（详见该标准条文"4.5.3"）。

2）扩散氢代号"HX"，其中，X代表15、10或5，分别表示每100g熔敷金属中扩散氢含量的最大值为15mL、10mL或5mL。

GB/T 5117—2012规定的焊条型号举例如下：

示例1：

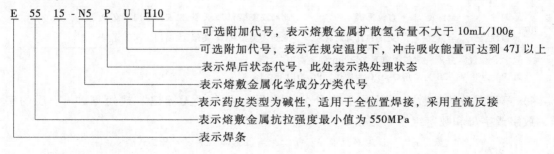

示例2：

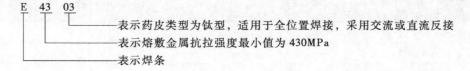

GB/T 5117—2012 规定了焊条的熔敷金属化学成分应符合表 3-3 规定；关于焊条的力学性能，该标准还规定了焊条熔敷金属拉伸试验结果应符合表 3-4 规定。

表 3-3　非合金钢及细晶粒钢焊条熔敷金属化学成分

焊条型号	化学成分（质量分数，%）									
	C	Mn	Si	P	S	Ni	Cr	Mo	V	其他
E4303	0.20	1.20	1.00	0.040	0.035	0.30	0.20	0.30	0.08	—
E4310	0.20	1.20	1.00	0.040	0.035	0.30	0.20	0.30	0.08	—
E4311	0.20	1.20	1.00	0.040	0.035	0.30	0.20	0.30	0.08	—
E4312	0.20	1.20	1.00	0.040	0.035	0.30	0.20	0.30	0.08	—
E4313	0.20	1.20	1.00	0.040	0.035	0.30	0.20	0.30	0.08	—
E4315	0.20	1.20	1.00	0.040	0.035	0.30	0.20	0.30	0.08	—
E4316	0.20	1.20	1.00	0.040	0.035	0.30	0.20	0.30	0.08	—
E4318	0.03	0.60	0.40	0.025	0.015	0.30	0.20	0.30	0.08	—
E4319	0.20	1.20	1.00	0.040	0.035	0.30	0.20	0.30	0.08	—
E4320	0.20	1.20	1.00	0.040	0.035	0.30	0.20	0.30	0.08	—
E4324	0.20	1.20	1.00	0.040	0.035	0.30	0.20	0.30	0.08	—
E4327	0.20	1.20	1.00	0.040	0.035	0.30	0.20	0.30	0.08	—
E4328	0.20	1.20	1.00	0.040	0.035	0.30	0.20	0.30	0.08	—
E4340	—	—	—	0.040	0.035	—	—	—	—	—
E5003	0.15	1.25	0.90	0.040	0.035	0.30	0.20	0.30	0.08	—
E5010	0.20	1.25	0.90	0.035	0.035	0.30	0.20	0.30	0.08	—
E5011	0.20	1.25	0.90	0.035	0.035	0.30	0.20	0.30	0.08	—
E5012	0.20	1.20	1.00	0.035	0.035	0.30	0.20	0.30	0.08	—
E5013	0.20	1.20	1.00	0.035	0.035	0.30	0.20	0.30	0.08	—
E5014	0.15	1.25	0.90	0.035	0.035	0.30	0.20	0.30	0.08	—
E5015	0.15	1.60	0.90	0.035	0.035	0.30	0.20	0.30	0.08	—
E5016	0.15	1.60	0.75	0.035	0.035	0.30	0.20	0.30	0.08	—
E5016-1	0.15	1.60	0.75	0.035	0.035	0.30	0.20	0.30	0.08	—
E5018	0.15	1.60	0.90	0.035	0.035	0.30	0.20	0.30	0.08	—
E5018-1	0.15	1.60	0.90	0.035	0.035	0.30	0.20	0.30	0.08	—

注：表中单值均为最大值。

表 3-4　非合金钢及细晶粒钢焊条熔敷金属力学性能

焊条型号	抗拉强度 R_m/MPa	屈服强度[①] R_{eL}/MPa	断后伸长率 A（%）	冲击试验温度/℃
E4303	≥430	≥330	≥20	0
E4310	≥430	≥330	≥20	−30
E4311	≥430	≥330	≥20	−30
E4312	≥430	≥330	≥16	—

（续）

焊条型号	抗拉强度 R_m/MPa	屈服强度[①] R_{eL}/MPa	断后伸长率 A（%）	冲击试验温度/℃
E4313	≥430	≥330	≥16	—
E4315	≥430	≥330	≥20	-30
E4316	≥430	≥330	≥20	-30
E4318	≥430	≥330	≥20	-30
E4319	≥430	≥330	≥20	-20
E4320	≥430	≥330	≥20	—
E4324	≥430	≥330	≥16	—
E4327	≥430	≥330	≥20	-30
E4328	≥430	≥330	≥20	-20
E4340	≥430	≥330	≥20	0
E5003	≥490	≥400	≥20	0
E5010	490~650	≥400	≥20	-30
E5011	490~650	≥400	≥20	-30
E5012	≥490	≥400	≥16	—
E5013	≥490	≥400	≥16	—
E5014	≥490	≥400	≥16	—
E5015	≥490	≥400	≥20	-30
E5016	≥490	≥400	≥20	-30
E5016-1	≥490	≥400	≥20	-45
E5018	≥490	≥400	≥20	-30
E5018-1	≥490	≥400	≥20	-45

① 当屈服发生不明显时，应测定塑性延伸强度 $R_{p0.2}$。

2. 焊条牌号

焊条牌号是对于焊条产品的命名，是由焊条生产厂家制定的。由于各厂家自行制定的焊条牌号编制方法互不相同，对于焊条用户在选用、采购时造成许多不便。同时，对于各厂家的焊条产品的销售与宣传也不利。因此，自1968年起我国焊条行业采用统一牌号，对于符合相同的焊条型号、性能，并且属于同一药皮类型的焊条产品，共同命名为统一的牌号，并且标注"符合 GB/T ××××型"或"相当 GB/T ××××型"，以便于用户根据焊条性能、按照国家标准进行采购及选用。

焊条牌号的编制方法如下：

1）焊条排号最前面的字母表示焊条类别。

2）接下来的第一、二位数字表示各大类焊条中的若干小类。例如，对于结构钢焊条则表示熔敷金属抗拉强度等级。

3）第三位数字表示焊条药皮类型和焊接电源种类。

各类焊条牌号的编制方法列于本书的附录 A。

焊条牌号举例如下：

示例 1：

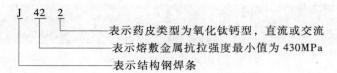

牌号为 J422 焊条，符合 GB/T 5117—2012　E4303 型。该焊条可用于抗拉强度最小值为 430MPa 级别的结构钢（例如 Q235 钢）的焊接施工。

示例 2：

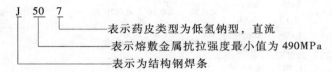

牌号为 J507 焊条，符合 GB/T 5117—2012　E5015 型。该焊条可用于抗拉强度最小值为 490MPa 的低合金高强度结构钢（例如 Q345 钢）的焊接施工。

3.1.3　焊条的组成

焊条是由药皮和焊芯两部分组成的。焊条药皮是压涂在焊芯表面上的涂料层。在焊条制造过程中，由各种粉料和黏结剂，按一定比例配制的、待涂压的药皮原材料，称为涂料。焊芯是焊条中被药皮包覆的金属芯。焊条药皮和焊芯（不包括无药皮夹持端）的质量比，称为药皮质量系数 K_b。现代工业生产中通常使用的焊条，其药皮质量系数 $K_b = 30\% \sim 50\%$。

1. 焊芯

进行焊条电弧焊时，在焊接回路中焊芯起着导电作用，在焊条端部与焊件之间形成电弧；当焊芯受焊接热的作用熔化形成熔滴进入熔池，作为填充金属与熔化了的母材液体金属共同组成焊缝。因此，焊芯的化学成分和性能对于焊缝金属的质量具有重要的影响。根据焊件的材料，选择相应牌号的焊丝金属作为焊芯。焊接碳素钢、低合金钢时，通常选用碳素钢焊丝作为焊芯，通过药皮过渡合金元素。常用的焊芯牌号为 H08A、H08E 等。焊芯牌号中，"H"表示焊接用钢丝的"焊"字汉语拼音的第一个字母；"08"表示焊接用钢丝的平均碳含量为 0.08%（质量分数）；"A"表示优质钢；"E"表示特级钢，即对于硫、磷等杂质的限量更加严格。制造焊条常用焊芯的化学成分见表 3-5。

表 3-5　常用焊芯的化学成分

类别	牌号	化学成分（质量分数，%）										
		C	Mn	Si	Cr	Ni	Cu	Mo	V	S	P	其他
非合金钢	H08A	≤0.10	0.30~0.60	≤0.03	≤0.20	≤0.30	≤0.20	—	—	≤0.030	≤0.030	—
	H08E	≤0.10	0.30~0.60	≤0.03	0.20	≤0.30	≤0.20	—	—	≤0.020	≤0.020	—
	H08C	≤0.10	0.30~0.60	≤0.03	≤0.10	≤0.10	≤0.20	—	—	≤0.015	≤0.015	—
	H08MnA	≤0.10	0.80~1.10	≤0.07	≤0.20	≤0.30	≤0.20	—	—	≤0.030	≤0.030	—

（续）

类别	牌号	化学成分（质量分数，%）										
		C	Mn	Si	Cr	Ni	Cu	Mo	V	S	P	其他
非合金钢	H15A	0.11~0.18	0.35~0.65	≤0.03	≤0.20	≤0.30	≤0.20	—	—	≤0.030	≤0.030	
	H15Mn	0.11~0.18	0.80~1.10	≤0.03	≤0.20	≤0.30	≤0.20			≤0.035	≤0.035	
低合金钢	H08MnSi	≤0.11	1.20~1.50	0.40~0.70	≤0.20	≤0.30	≤0.20			≤0.035	≤0.035	
	H10MnSi	≤0.14	0.80~1.10	0.60~0.90	≤0.20	≤0.30	≤0.20			≤0.035	≤0.035	
	H11MnSiA	0.07~0.15	1.00~1.50	0.65~0.95	≤0.20	≤0.30	≤0.20			≤0.025	≤0.035	
合金钢	H08Mn2Si	≤0.11	1.70~2.10	0.65~0.95	≤0.20	≤0.30	≤0.20			≤0.035	≤0.035	
	H08Mn2SiA	≤0.11	1.80~2.10	0.65~0.95	≤0.20	≤0.30	≤0.20			≤0.030	≤0.030	
	H08MnMoA	≤0.10	1.20~1.60	≤0.25	≤0.20	≤0.30	≤0.20	0.30~0.50		≤0.030	≤0.030	Ti0.15
	H08Mn2MoA	0.06~0.11	1.60~1.90	≤0.25	≤0.20	≤0.30	≤0.20	0.50~0.70		≤0.030	≤0.030	Ti0.15
	H08Mn2MoVA	0.06~0.11	1.60~1.90	≤0.25	≤0.20	≤0.30	≤0.20	0.50~0.70	0.06~0.12	≤0.030	≤0.030	Ti0.15
	H08CrMoA	≤0.10	0.40~0.70	0.15~0.35	0.80~1.10	≤0.30	≤0.20	0.40~0.60		≤0.030	≤0.030	—

在保证与母材等强度的条件下，低碳钢焊芯中的碳含量应当越少越好。因为焊芯中碳含量的增高，会增大气孔和裂纹的倾向，同时也会增大飞溅，影响焊接过程的稳定性。所以，低碳钢焊芯中碳的质量分数应当低于 0.10%。

锰是焊芯中的有益元素。它既能脱氧，又能控制硫的有害作用。对于低碳钢焊芯，其质量分数一般以 0.30%~0.60%为宜。

焊接过程中，由于硅极易被氧化形成 SiO_2，使得焊缝中含有较多的夹杂物，严重时还会引起热裂纹。因此，希望焊芯中的硅含量越少越好。

低碳钢焊芯中的镍、铬元素是作为杂质混入的，其含量控制在国家标准所规定的范围以内时，对于焊接冶金过程不会有较大的影响。

硫、磷是钢中的有害元素，可以引起裂纹、气孔等缺欠。因此，应当对它们的含量严格控制。

此外，焊芯的电阻率及焊芯中的夹杂物（例如 SiO_2、Al_2O_3 等）对于焊条性能都有一定的影响。电阻率大的焊芯在焊接时，因电阻热过大容易使焊条药皮过热而发红，失去应起的焊接冶金及保护作用，并且很容易产生气孔缺欠。当焊芯中含有较多的夹杂物时易产生飞溅，并且影响焊接电弧的稳定性。

2. 焊条药皮

（1）焊条药皮的作用

1）保护焊接区。由于电弧的热作用使药皮熔化形成熔渣，在焊接冶金过程中又会产生出某些气体。熔渣和电弧气氛起着隔离空气、保护熔滴、熔池和焊接区的作用，防止氮气等有害气体侵入焊缝。

2）进行冶金反应。焊接过程中，药皮的组成物质在焊接热的作用下而熔化，与金属熔滴接触、混合以及进入到熔池的各阶段中，都在进行着激烈的冶金反应。其作用是去除有害杂质（例如 O、N、H、S、P 等），并且保护或添加有益的合金元素，使焊缝的抗气孔及抗裂纹的性能优良，并且使焊缝金属满足各项性能的要求。

3）使焊条具有优良的工艺性能。焊条药皮中的某些成分可以使电弧容易引燃，并能稳定地连续燃烧，焊接飞溅小，焊缝成形美观，易于脱渣以及可适用于各种空间位置的施焊。

（2）焊条药皮的类型

1）氧化钛型。简称钛型。焊条药皮中加入质量分数为 35% 以上的二氧化钛和相当数量的硅酸盐、锰铁及少量有机物。

2）氧化钛钙型。简称钛钙型。焊条药皮中加入质量分数为 30% 以上的二氧化钛和质量分数为 20% 以下的碳酸盐，以及相当数量的硅酸盐和锰铁，一般不加或少加有机物。

3）钛铁矿型。药皮中加入质量分数为 30% 以上的钛铁矿和一定数量的硅酸盐、锰铁以及少量有机物，一般不加或加少量的碳酸盐。

4）氧化铁型。药皮中加入大量铁矿石和一定数量的硅酸盐、锰铁及少量有机物。

5）纤维素型。药皮中加入质量分数为 20% 以上的有机物和一定数量的造渣物质及锰铁等。

6）低氢型。药皮中加入大量碳酸盐、萤石、铁合金以及二氧化钛等。

7）石墨型。药皮中加入大量石墨，以保证焊缝金属的石墨化作用。配以低碳钢焊芯或铸铁焊芯可用于制造铸铁焊条。

8）盐基型。焊条药皮由氟盐和氯盐组成，例如氟化钠、氟化钾、氯化钠、氯化锂、冰晶石等，主要用于制造铝及铝合金焊条。

（3）药皮原材料的种类　典型的结构钢焊条药皮配方见表 3-6。从表中可以看出，焊条药皮是由多种原材料组成的。焊条药皮原材料按其来源可分为四大类。

1）矿物类。主要是各种矿石、矿砂等。例如钛铁矿、赤铁矿、金红石、大理石、白云石、萤石、长石、白泥、云母等。

2）金属及铁合金类。例如金属铬、金属镍、铝粉、锰铁、硅铁、钛铁、钼铁、钒铁等。

3）化工产品类。例如钛白粉、碳酸钾、碳酸钡、纯碱，以及起粘结剂作用的水玻璃等。

4）有机物类。例如淀粉、木粉、竹粉、纤维素、酚醛树脂等。

（4）药皮原材料的作用　制造焊条所使用的药皮原材料，据资料统计有近百种，然而常用的为 30 余种。这些原材料在焊条药皮中的作用，可归纳为以下各项：

1）稳弧。可以改善焊条的引弧性能，并且在焊接过程中提高电弧燃烧的稳定性。这种药皮原材料通常称为稳弧剂。一般含低电离电位元素的物质都有稳弧作用。常用的稳弧剂有碳酸钾、大理石、水玻璃、长石、金红石等。

2）造渣。药皮中某些原材料受焊接热源的作用而熔化，形成具有一定物理、化学性能的熔渣，从而保护熔滴金属和焊接熔池，并能改善焊缝成形性。这种药皮原材料通常被称为造渣剂。它们是焊条药皮中最基本的组成物，常用的造渣剂有钛铁矿、金红石、大理石、石英砂、长石、云母、萤石等。

表 3-6　结构钢焊条药皮配方（质量分数，%）

焊条型号	E4340	E4313	E4313	E4303	E4324	E4319	E4320	E5011	E5016	E5015
焊条牌号	J420G	J421X	J421	J422	J422Fe	J423	J424	J505	J506	J507
人造金红石	30	24	40	28					5	
钛白粉	10	32	6	9	11	8		8	4	2
菱苦土	7				2			7		
白云石			7	10		12				
大理石	13					6			48	44
萤石									18	24
钛铁矿				6	17	28		23		
长石	5		9			14				
白泥	12		10	14	7	14				
云母	8		7	10	4	6			5	
锰铁	15	2	12	14	10	17	27.5	4		4
钛铁									5	13
45 硅铁						7			10	
淀粉		4					5			
钼铁		1						4	3	
木粉		26			1	2		纤维素30 K₂CO₃4 锰矿8 硅铝酸盐12		
其他		二氧化锰16	纤维素5		铁粉39	矽砂3	花岗石33 赤铁矿35		矽砂3 NaF 2	纯碱1 石英7 低度硅铁2.5

3）造气。药皮中的有机物和碳酸盐在焊接时受热发生分解，而产生气体，从而起到隔离空气、保护焊接区的作用。这种药皮原材料通常被称为造气剂。常用的造气剂有淀粉、木粉、大理石、菱苦土等。

4）脱氧。通过焊接化学冶金反应，降低药皮、熔滴、熔池金属中的含氧量，提高焊缝金属的性能。这种药皮原材料通常被称为脱氧剂。在焊接钢铁材料时，对氧亲和力比铁大的金属及其合金都可以作为脱氧剂。常用的脱氧剂有锰铁、硅铁、钛铁、铝粉等。

5）合金化。其作用是补偿焊缝金属中有益合金元素的烧损，以及向焊缝中过渡必要的合金成分。这种药皮原材料通常被称为合金剂。常用的合金剂采用铁合金或金属粉，例如锰铁、硅铁、钼铁、镍粉、钨粉等。

6）粘结。为了把药皮材料牢固地涂敷到焊芯上，并且使焊条药皮烘干后具有一定的强度，必须在药皮中加入粘结力强的物质。常用的黏结剂有钠水玻璃、钾钠水玻璃、酚醛树脂等。

7）成形。加入某些物质使焊条药皮涂料具有一定的塑性、弹性及流动性，以便于焊条的压涂，使焊条表面光滑、不开裂。常用的成形剂有白泥、云母、钛白粉、糊精等。

　　焊条药皮原材料的作用见表 3-7。应当指出，每种原材料在焊条药皮中，可以同时有几种作用。所以，在设计焊条药皮配方、选择焊条药皮原材料时，必须注意其主要作用，兼顾其次要作用。并且还需要注意是否有氧化、增氢、增硫、增磷等化学冶金方面的不良影响。总之，在焊条的设计与制造工作中，应当从焊条配方的全局考虑，选择焊条药皮的每一种原材料。

表 3-7　焊条药皮原材料的作用

材料	主要成分	造气	造渣	脱氧	合金化	稳弧	粘结	成形	增氢	增硫	增磷	氧化
金红石	TiO_2		A			B						
钛白粉	TiO_2		A			B		A				
钛铁矿	TiO_2,FeO		A			B						B
赤铁矿	Fe_2O_3		A							B	B	B
锰矿	MnO_2		A								B	B
大理石	$CaCO_3$	A	A									B
菱苦土	$MgCO_3$	A	A									
白云石	$CaCO_3+MgCO_3$	A	A			B						B
石英砂	SiO_2		A									
长石	SiO_2,Al_2O_3,K_2O+Na_2O		A			B						
白泥	SiO_2,Al_2O_3,H_2O		A				A	B				
云母	SiO_2,Al_2O_3,H_2O,K_2O		A			B	A	B				
滑石	SiO_2,Al_2O_3,MgO		A					B				
萤石	CaF_2		A									
碳酸钠	Na_2CO_3					B	A					
碳酸钾	K_2CO_3					A						
锰铁	Mn,Fe		B	A	A						B	
硅铁	Si,Fe		B	A	A							
钛铁	Ti,Fe		B	A	B							
铝粉	Al		B	A								
钼铁	Mo,Fe		B	B	A							
木粉		A		B		B			B	B		
淀粉		A		B		B			B	B		
糊精		A		B		B			B	B		
水玻璃	K_2O,Na_2O,SiO_2		B				A	A				

　　注：A—主要作用；B—附带作用。

3.1.4　焊条的工艺性能

　　焊条的工艺性能是焊条施焊时的性能，主要包括电弧的稳定性、焊缝成形、脱渣性、飞溅大小等。焊条的工艺性能是衡量焊条质量的重要指标之一。本节将讨论焊接电弧的稳定性、焊缝成形、脱渣性、飞溅率、焊条的熔化速度及熔敷速度、焊条药皮发红、焊接烟尘、各种位置焊接的适应性等。

1. 焊接电弧的稳定性

电弧稳定性是指电弧保持稳定燃烧（不产生断弧、漂移和磁偏吹等）的程度。电弧稳定性直接影响焊接过程的连续性及焊接质量。焊接电源的特性、焊接参数、焊条药皮类型及组成物等许多因素都影响电弧的稳定性。

在焊条药皮中添加电离电位较低的物质，可以降低电弧气氛的电离电位，从而提高了焊接电弧的稳定性。由于造渣和焊条压涂工艺的需要，通常在焊条药皮中都含有云母、长石、钛白粉或金红石等成分。所以，一般焊条的电弧稳定性都比较好。但是，低氢型焊条由于药皮中萤石的反电离作用，采用交流电源焊接时电弧不能稳定燃烧，只有采用直流电源才能保持电弧连续、稳定地燃烧。如果在低氢型焊条药皮中添加稳弧剂（例如碳酸钾等），也可以在采用交流电源焊接时，保持电弧的稳定性。

此外，当焊条药皮的熔点过高或药皮太厚时，很容易在焊条的端部形成较长的套筒，致使电弧熄灭，破坏了电弧燃烧的稳定性。这在焊条设计与制造时是应当引起注意的。

2. 焊缝成形

焊缝成形是指熔焊时，液态金属冷凝后形成的焊缝外形。良好的焊缝成形，要求焊缝表面光滑、波纹细密、美观，焊缝的几何形状及尺寸正确，符合图样的规定。焊缝应圆滑地向母材过渡，余高符合技术标准要求，并且无裂纹、气孔、咬边等缺欠。焊缝表面成形不仅影响焊缝是否美观，更重要的是影响焊接接头的力学性能。成形不好的焊缝会造成应力集中，引起焊接部件的早期破坏。

影响焊缝成形的因素除焊接操作工艺以外，主要是熔渣凝固温度，高温熔渣的黏度、表面张力及密度等。

熔渣凝固温度是指焊条药皮熔化所形成的液态熔渣转变为固态时的温度。如果熔渣的凝固温度过高，就会造成压铁液的现象。因此，会严重影响焊缝成形，甚至会产生气孔。如果凝固温度过低，会使得熔渣不能均匀地覆盖在焊缝表面，也会造成表面成形很差。

高温时熔渣黏度过大，将会使焊接冶金反应缓慢，焊缝表面成形不良，容易产生气孔、夹杂等缺欠。如果熔渣黏度过小，将会造成熔渣对焊缝覆盖不均匀，失去了应起的保护作用。因此，焊接时要求熔渣的黏度必须合适。一般在1500℃时，熔渣黏度以 $0.1\sim0.2Pa\cdot s$ 为宜。熔渣的黏度与熔渣的化学成分有关。图 3-1 所示为 1500℃时，SiO_2-MnO-FeO 渣系的熔渣黏度与熔渣成分之间的关系。图 3-1 中 A 区成分的熔渣黏度小，流动性大；B 区成分的熔渣具有中等黏度，适于焊接；C 区成分的熔渣黏度最大。从熔渣的黏度图中可以看出，当温度一定时，随着熔渣组成物比例的变化，熔渣黏度也相应地变化。这对

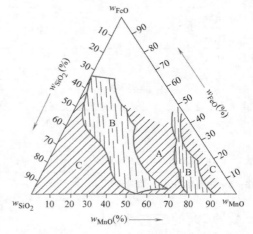

图 3-1　SiO_2-MnO-FeO 渣系黏度图（1500℃）

A 区—黏度小　B 区—黏度适中　C 区—黏度小

于焊条、药芯焊丝及焊剂的研究与制造具有重要的指导意义。

液态熔渣的表面张力对于焊缝成形具有很大的影响。焊接时，熔渣的表面张力要适当，一般为 0.3~0.4N/m，即可使熔化状态的熔渣均匀地覆盖在焊缝表面上。当熔池结晶时，表面张力急剧增加，使焊缝具有优良的成形。

3. 脱渣性

焊接时，熔渣凝固后覆盖在焊缝表面上的非金属物质，称为焊渣，也称渣壳。焊条的脱渣性是指渣壳从焊缝表面脱落的难易程度。脱渣性差的焊条，不仅使清渣工作困难、耗费工时，而且在多层焊施工时，还会产生夹渣缺欠。因此，脱渣性是焊条工艺性能的重要指标之一。影响焊条脱渣性的因素比较多，归纳起来有以下几个方面：

（1）渣壳的线胀系数 渣壳与焊缝金属的线胀系数相差越大，冷却时渣壳越容易与焊缝金属脱离。不同类型焊条的渣壳具有不同的线胀系数，如图 3-2 所示。由于钛型焊条 E4313（J421）的渣壳与低碳钢材料的线胀系数相差最大，所以它的脱渣性最好。低氢型焊条 E4315（J427）的渣壳与低碳钢的线胀系数相差较小，因此它的脱渣性较差。

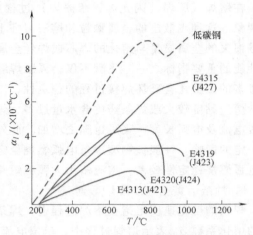

图 3-2 几种焊条渣壳和低碳钢线
胀系数 α_l 与温度 T 的关系

（2）渣壳的松脆性 渣壳越松脆，就越容易从焊缝上清除。在平板上进行表面堆焊时，一般脱渣都比较容易。然而，在角焊缝及深坡口的底层焊接时，由于渣壳夹在钢板坡口之间，致使脱渣比较困难。在这种情况下，渣壳的松脆性就显示出较大的影响。钛型焊条渣壳的结构比较密实、坚硬，在坡口中的脱渣性较差；低氢型焊条的脱渣性最不理想。

（3）渣壳的氧化性 在焊缝金属冷却结晶的开始阶段，尚未凝固的液态熔渣与处于高温状态的焊缝金属间仍会发生一定的冶金反应。如果熔渣的氧化性很强，就会使焊缝表面氧化，生成一层氧化膜，其主要成分是氧化铁（FeO），它的晶格结构是面心立方晶格。此时，FeO 晶格搭建在焊缝金属的 α-Fe 体心立方晶格上，如图 3-3 所示。因此，这层氧化膜牢固地粘在焊缝金属表面上，致使脱渣困难。

如果熔渣中含有能形成尖晶石型化合物的二价和三价金属氧化物（如 Al_2O_3、V_2O_3、Cr_2O_3 等），可以与熔渣中的 FeO、MnO、CaO、MgO 等形成体心立方晶格的尖晶石型化合物 $MeO \cdot Me_2O_3$。由于尖晶石

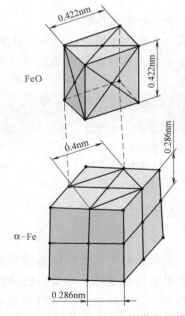

图 3-3 FeO 与 α-Fe 晶格搭建的模型

晶格常数与 FeO 的晶格常数相差不大，所以它们可以互相联成共同晶格。这样，渣壳与焊缝金属通过 FeO 薄膜的中介，牢固地联系起来，致使焊条的脱渣性恶化，焊缝表面出现黏渣现象。这也说明了含 Al、V、Cr 的合金钢焊接时，脱渣性不好的原因就是这些合金元素在焊接过程中形成了氧化物。实践证明，提高焊条的脱氧能力，可以明显地改善焊条的脱渣性。

4. 飞溅率

在熔焊或压焊（闪光焊、摩擦焊）过程中，熔化的金属颗粒和熔渣会出现向周围飞散的现象。这种飞散出的金属颗粒和熔渣习惯上也叫"飞溅"。焊芯或焊丝在熔敷过程中，因飞溅损失的金属质量与熔化的焊芯或焊丝金属质量的百分比，称为飞溅率。它是焊接材料工艺性能的重要指标之一。飞溅不仅会弄脏焊缝及其附近的区域，增加焊后清理的工作量，而且过多的飞溅还会破坏焊接过程的稳定性，以及降低焊条的熔敷效率。

熔渣黏度较大或焊条药皮含水量过多、焊条偏心率过大等，都会造成较大的飞溅。增大焊接电流及电弧长度，飞溅也随之增加。此外，焊接电源类型、熔滴过渡形态等对于飞溅也有一定的影响。一般钛钙型焊条电弧燃烧稳定，熔滴为细颗粒过渡，飞溅较小。低氢型焊条的电弧燃烧稳定性较差，熔滴多为大颗粒短路过渡，所以飞溅比较大。

5. 焊条的熔化速度及熔敷速度

焊条的熔化速度是指在熔焊过程中，焊条在单位时间内熔化的长度或质量。通常采用焊条的熔化系数 α_P 表示熔焊过程中，单位电流、单位时间内焊芯的熔化量。

焊条的熔敷速度是指熔焊过程中，焊条在单位时间内熔敷在焊件上的金属量。通常采用焊条的熔敷系数 α_H 表示熔焊过程中，单位电流、单位时间内焊芯熔敷在焊件上的金属量，它标志着焊接过程的生产效率。焊条的熔敷速度及熔敷系数，是从焊芯的熔化量中减去了飞溅、烧损等因素造成的损失，是真正熔敷在焊件上的金属量。α_H 与 α_P 的关系为

$$\alpha_H = (1 - \Psi) \alpha_P$$

式中　Ψ——损失系数。

表 3-8 是几种焊条熔化系数及熔敷系数的实测数据。不同类型焊条的熔化系数是不相同的，这是由于不同焊条的药皮成分不同所致。

表 3-8　几种焊条熔化系数 α_P 及熔敷系数 α_H 的实测数据

焊条型号	焊条牌号	$\alpha_P/$ [g/(A·h)]	$\alpha_H/$ [g/(A·h)]
E4303	J422	9.16	8.25
E4319	J423	10.1	9.7
E4320	J424	9.1	8.2
E4315	J427	9.5	9.0
E5015	J507	9.06	8.49

药皮成分对于焊条熔化系数的影响：药皮成分影响电弧电压，电弧气氛的电离电位越低，电弧电压就越低，电弧的热量就越少，因此焊条的熔化系数就越小；药皮成分影响熔滴过渡形态，调整药皮成分可以使熔滴由短路过渡变为颗粒过渡，从而提高了焊条的熔化系数；当焊条药皮中含有放热反应的物质时，由于化学反应热加速焊条熔化，其结果提高了焊

条熔化系数。此外，在焊条药皮中加入铁粉，可以提高焊条的熔化系数。所以，熔化速度快、熔敷效率高的高效率焊条的药皮中，一般均含有大量的铁粉。

6. 焊条药皮发红

焊接过程中，焊条在使用到后半段时，焊条药皮由于温升过高而发红，甚至出现药皮开裂的现象，称为焊条药皮发红。焊条药皮发红严重时，还会出现药皮脱落的现象。显然，受热发红的药皮已经失去了保护焊接区及进行焊接冶金的作用。所以，焊条药皮发红会引起焊接工艺性能恶化，严重地影响焊接质量；同时，也造成了材料的浪费。使用普通焊条，按照正确的焊接参数进行焊接时，通常没有焊条药皮发红的现象。解决不锈钢焊条的药皮发红是焊条研制中的重要课题。不锈钢焊条药皮发红的原因是由于不锈钢焊芯的电阻率大，焊条的熔化系数小，使得焊条熔化所需要的时间较长，并且产生的电阻热较多，致使焊条的温升过高而导致药皮发红。解决焊条药皮发红的技术路线是调整焊条药皮配方、改善熔滴过渡形态、提高焊条的熔化系数、减少电阻热以降低焊条表面的温升。目前，我国焊接行业通过试验、研究，已经成功地解决了不锈钢焊条药皮发红的课题。

7. 焊接烟尘

焊接电弧的高温作用，使得焊条端部的液态金属和熔渣激烈地蒸发。同时，在熔滴和熔池的表面也发生着蒸发。由于蒸发而产生的高温蒸气从电弧区被吹出后，迅速地被氧化和冷凝，成为细小的固体粒子。这些微小的颗粒分散飘浮于空气中，弥散分布在电弧周围，就形成了焊接烟尘。

碳钢焊条及低合金钢焊条一般均采用低碳钢焊芯，因此这类焊条的焊接烟尘主要来源于焊条药皮成分。不同类型焊条的发尘速度和发尘量见表 3-9。数据表明，低氢型焊条的发尘量高于其他类型焊条。由于烟尘中通常含有各种有毒有害物质，因而会危害焊工健康，并且还会造成环境污染。

以 E4303（J422）和 E5015（J507）焊条为例，采用普通化学分析方法测定焊接时，不同焊条烟尘的化学成分见表 3-10；采用 X 射线荧光分析仪及光谱分析仪测定焊接烟尘中的化学元素及可溶性物质的数据见表 3-11。

表 3-9　不同类型焊条的发尘速度和发尘量

焊条类别	发尘速度/ (mg/min)	发尘量/ (g/kg)
钛钙型焊条	200~280	6~8
高钛型焊条	280~320	7~9
钛铁矿型焊条	300~360	8~10
低氢型焊条	360~450	10~20

表 3-10　不同焊条烟尘的化学成分（质量分数，%）

焊条型号	焊条牌号	Fe_2O_3	SiO_2	MnO	TiO_2	CaO	MgO	Na_2O	K_2O	CaF_2	KF	NaF
E4303	J422	48.12	17.93	7.18	2.61	0.95	0.27	6.03	6.81	—	—	—
E5015	J507	24.93	5.62	6.30	1.22	10.34	—	6.39	—	19.92	7.95	13.71

表 3-11 焊接烟尘中所含化学元素及可溶性物质

焊条型号	焊条牌号	多量元素	中等量元素	少量元素	可溶性物质总量 （质量分数，%）	可溶性氟的含量 （质量分数，%）
E4303	J422	Fe	Si、Mn、Na、Ca	Al、K、Mg	20.5	0
E5015	J507	Fe、F、Na	Ca、K	Mn、Si、Ti	49.3	9.1

研究结果表明，非低氢型焊条烟尘的主要成分为氧化铁，约占 50%，不含氟；低氢型焊条烟尘中，含氟 10% 以上，以 CaF_2、NaF、$KCaF_3$ 等晶体状态存在，F 与 K、Na 的化合物均为可溶性物质。E5015（J507）焊条烟尘中，氧化铁大约占 25%，并且 K、Na、F 成分的含量较高。

为了保护焊工的身体健康，除采用防尘、通风等技术措施之外，还应从根本上尽量减少焊条的发尘量、降低烟尘的毒性。目前，国内外都将低尘低毒焊条的研究及开发列为重要课题之一。

8. 全位置焊接的适应性

工艺性能良好的焊条应能适应空间各种位置的焊接。不同类型的焊条在各种位置上焊接的适应性是不同的。几乎所有的焊条都能进行平焊，而横焊、立焊、仰焊就不是所有焊条都能够胜任的。进行横焊、立焊、仰焊时的困难在于：在重力的作用下熔滴不容易向熔池过渡；熔池金属及熔渣向下流淌，以致于不能形成正常的焊缝。因此，应适当增加电弧及气流的吹力，克服重力的影响，不仅要把熔滴送到熔池，而且还要阻止熔池金属及熔渣向下流淌。调节熔渣的熔点、黏度及表面张力是解决焊条全位置焊接的技术关键。因为这不仅可以阻止熔渣及铁液的下淌，而且还能使高温的熔渣尽快地凝固。

总之，焊条的工艺性能主要取决于焊条药皮的组成。因此，工艺性能良好的焊条，必须合理地确定焊条药皮配方。

为了便于综合分析及比较，现将各种药皮类型的结构钢焊条工艺性能列于表 3-12。

表 3-12 各种药皮类型的结构钢焊条工艺性能

焊条型号	E××13	E××03	E××19	E××20	E××11	E××16	E××15
焊条牌号	J××1	J××2	J××3	J××4	J××5	J××6	J××7
药皮主要成分	w_{TiO_2} =45%~60%，硅酸盐锰铁，有机物	w_{TiO_2} =30%~45%，硅酸盐锰铁	$w_{铁铁矿}$ >30%，硅酸盐锰铁，有机物	$w_{氧化铁}$ >30%，硅酸盐锰铁，有机物	$w_{有机物}$ >15%，TiO_2 硅酸盐	$w_{碳酸盐}$ >30%，萤石，铁合金，稳弧剂	$w_{碳酸盐}$ >30%，萤石，铁合金，不加稳弧剂
熔渣特性	酸性、短渣	酸性、短渣	酸性、较短渣	酸性、长渣	酸性、短渣	碱性、短渣	碱性、短渣
电弧稳定性	柔和、稳定	稳定	稳定	稳定	稳定	较差，交、直	较差，直流
电弧吹力	小	中	稍大	大	大	稍大	稍大
飞溅	少	少	中	中	多	较多	较多
焊缝外观	纹细、美	美	美	美	稍粗	稍粗	美
熔深	小	中	中	大	大	中	中
咬边	小	小	中	小	大	小	小
焊脚形状	凸	平	平、稍凸	平	平	平或凹	平或凹
脱渣性	好	好	好	好	好	较差	较差
熔化系数	中	中	稍大	大	大	中	中
尘、害	少	少	稍多	多	稍多	多	多
平焊	易	易	易	易	易	易	易
立向上焊	易	易	易	不可	极易	易	易
立向下焊	易	易	困难	不可	易	易	易
仰焊	稍易	稍易	易	不可	极易	稍难	稍难

3.1.5 典型焊条的冶金性能分析

焊条的冶金性能最终反映在焊缝金属化学成分、力学性能以及抗气孔、抗裂纹的能力等各个方面。因此，为了获得各项性能良好的焊缝，就必然要求焊条具有良好的冶金性能。下面以钛钙型焊条 E4303（J422）、低氢型焊条 E5015（J507）为例，分别对酸性焊条及碱性焊条的冶金性能进行全面分析。

1. 钛钙型焊条 E4303（J422）

（1）E4303 焊条药皮配方分析　E4303 焊条的典型配方见表 3-6。E4303 焊条熔敷金属及焊芯 H08A 化学成分见表 3-13。E4303 焊条熔敷金属力学性能见表 3-4。

表 3-13　E4303、E5015 等焊条熔敷金属及焊芯化学成分

焊条型号	化学成分（质量分数,%）										说明
	C	Mn	Si	P	S	Ni	Cr	Mo	V	Cu	
E4303	0.20	1.20	1.00	0.040	0.035	0.30	0.20	0.30	0.08	—	引自（GB/T 5117—2012）
E5015	0.15	1.60	0.90	0.035	0.035	0.30	0.20	0.30	0.08	—	
E5016	0.15	1.60	0.75	0.035	0.035	0.30	0.20	0.30	0.08	—	
H08A	≤0.10	0.30~0.60	≤0.07	≤0.030	≤0.030	≤0.30	≤0.20	—	—	≤0.20	
H08E	≤0.10	0.30~0.60	≤0.03	≤0.020	≤0.020	≤0.30	≤0.20	—	—	≤0.20	

注：表中单值均为最大值。

在 E4303 焊条的配方设计上，采用了大量的金红石、钛白粉以及适量的云母、白云石、白泥等作为造渣剂、造气剂及稳弧剂。在焊接过程中采用气渣联合保护的方式。由表 2-15 中所列的数据可知：钛钙型焊条的熔渣碱度 $B_1 = 0.76$，是酸性熔渣，属于 TiO_2-SiO_2-MnO 渣系。

E4303 焊条药皮中通常含有质量分数为 30% 以上的 TiO_2、质量分数为 30% 左右的硅酸盐、质量分数为 20% 以下的碳酸盐、质量分数为 10%～15% 的锰铁，以及质量分数为 3% 以下的有机物等。在焊条药皮材料中，以 TiO_2 为主要成分的有金红石、人造金红石、钛铁矿及还原钛铁矿等。它们的 TiO_2 含量（质量分数）依次为 ≥92%、85%～90%、≥45% 及 ≥52%。钛钙型焊条的国外产品多采用天然金红石制造。我国在 20 世纪 50 年代时也是采用天然金红石制造钛钙型焊条。由于当时我国正处于第一个五年计划时期，国内大规模的经济建设正在蓬勃发展，对于焊条的需求量较大。天然金红石出产国的矿砂售价不断翻番涨价，致使我国焊条产业无法承受。因此，钛钙型焊条的制造技术路线改为人造金红石、还原钛铁矿的开发及利用。经过半个多世纪的实践，我国在钛钙型焊条制造上取得了重大的技术进步。基于国内资源，目前 E4303 焊条药皮配方有四种体系：人造金红石体系、还原钛铁矿体系、钛铁矿+人造金红石体系以及钛铁矿+钛白粉体系。这四种体系的 E4303 焊条药皮的几个配方见表 3-14。现将表 3-14 中所列的几个配方分析如下：

1）配方 A，属于人造金红石体系。这是我国较早应用的配方体系。配方 A 与表 3-6 中的 E4303 的配方是同一个体系。比较这两个配方的具体数值，可以发现人造金红石、钛白粉、锰铁的质量分数相差都在 2% 以内。而且白泥的质量分数都是 14%。配方 A 中木粉的质量分数为 1%，而表 3-6 中的 E4303 中没有木粉。因此可以认为这两个配方基本上相同。由

于这种体系中的主要成分是 TiO_2，而且钛与氧结合得很稳定。致使在焊接过程中很难分解出氧，因此氧化性很小。配方 A 的焊条工艺性能优良，在焊接施工中受到好评。

表 3-14 E4303 焊条药皮的几个配方（质量分数,%）

配方代号	A	B	C	D	E
原料名称	人造金红石体系	还原钛铁矿体系 I	还原钛铁矿体系 II	钛铁矿+人造金红石体系	钛铁矿+钛白粉体系
人造金红石	30	—	—	14.4	—
钛白粉	8	7.5	—	5.8	20.8
还原钛铁矿	—	42.2	51	—	—
钛铁矿	—	—	—	22.2	22.5
钛铁	—	—	—	6.9	—
中碳锰铁	12（低碳）	10.2	8.6	9	15
木粉	1	—	1.9	1	—
大理石	12.4	5.6	9.6	9.6	14.2
菱苦土	7	—	—	5.8	—
白云石	—	13.2	—	—	—
白泥	14	13.2	7.7	9.6	13.3
长石	8.6	1.1	9.6	8	7.6
云母	7	5.6	5.8	7.7	6.6
石英	—	1.4	—	—	—
碱云母	—	—	4.8	—	—
淀粉	—	—	1	—	—

2）配方 B，属于还原钛铁矿体系。配方 B 的主要组成物是以质量分数为 52% 以上 TiO_2 的还原钛铁矿为主，辅以化工产品的钛白粉。该配方中 TiO_2 的质量分数约为 30%。由于还原钛铁矿成分中还有 Fe，因此配方 B 的氧化性不大，并且 Fe 还具有一定的还原性。此外，考虑到焊条药皮质量系数的因素，该配方中只能加到 TiO_2 的质量分数为 30%，不能再加高了。否则，焊条药皮就太厚，对焊接冶金过程的影响也不利。此外，中碳锰铁的质量分数约为 10%、硅酸盐的质量分数约为 21%、碳酸盐的质量分数约为 19%，与 TiO_2 一起构成了 E4303 焊条药皮的主要成分。总之，配方 B 所代表的还原钛铁矿体系是该类焊条中应用最为广泛的。

3）配方 C，也属于还原钛铁矿体系，其特点是在药皮配方中不含钛白粉。配方 C 与配方 B 的不同点有以下几项：

① 配方 C 中没有钛白粉，就要增加还原钛铁矿的用量。经过计算可知，配方 C 中 TiO_2 总质量分数约为 27%，比配方 B 中 TiO_2 的质量分数少 3%。

② 配方 C 由于增加 8.8%（质量分数）的还原钛铁矿，使得焊条药皮的质量增加了。因此在配方中应当增加质量较小的成分，如木粉、长石、碱云母、淀粉等。其目的是使得药皮质量系数 K_b 保持在适当的范围内。

③ 增加还原钛铁矿的量，同时下调了中碳锰铁约 1.6%（质量分数），这也是为了保证

K_b 的做法之一。因此，在配方 C 中增加木粉及淀粉成分，在脱氧方面也起到了协助的作用。

在焊条压涂工艺方面，经过不断总结经验，不用钛白粉也可以顺利地制造出表面质量优良的 E4303 焊条。并且这种焊条比人造金红石和钛白粉体系焊条可降低成本 15% 以上。

4）配方 D，属于钛铁矿+人造金红石体系，其特点是 TiO_2 来源以钛铁矿、人造金红石为主，以钛白粉为辅。该配方中 TiO_2 的质量分数经过计算可知接近 30%。钛铁矿的成分中还含有 FeO、Fe_2O_3 等，因此该焊条药皮具有较强的氧化性。从该配方可知，该焊条是由 Ti-Fe、Mn-Fe 脱氧的。加入质量分数为 16% 的脱氧剂使脱氧效果较好，而且脱氧产物 TiO_2 可进入熔渣。

5）配方 E，属于钛铁矿+钛白粉体系。该配方中 TiO_2 的质量分数约为 31%。由于该焊条的熔渣流动性较大，不利于立焊及仰焊位的焊接施工。同时，加入钛白粉成分容易使焊条发红，飞溅增大。目前这种体系的焊条配方已经很少应用。

总之，钛钙型药皮是焊条制造行业中应用最为普遍的一种类型。它不仅应用于非合金钢及细晶粒钢，而且在低合金钢、不锈钢以及堆焊焊条中也得到了广泛的应用。以 E4303（J422）为代表的钛钙型焊条，在我国的焊条产品中已经居于主导地位，约占我国焊条总产量的 80%。钛钙型焊条具有优良的工艺性能及力学性能。我国著名品牌的 E4303 焊条已经达到国际先进水平。

（2）E4303 焊条的焊接冶金反应　从表 2-8 可以知道钛钙型焊条焊接时的气相成分（体积分数）：CO 为 50.7%、CO_2 为 5.9%、H_2 为 37.7%、H_2O 为 5.7%。由此可知，焊接时的保护气体主要是 CO 和 H_2。

运用焊接化学冶金学的理论，对于钛钙型焊条 E4303（J422）在焊接过程中的冶金反应分析如下：

1）氧化及脱氧反应。

① 铁的氧化。焊接过程中铁的氧化有以下途径：

a. 电弧气氛中的氧直接使铁氧化，即

$$[Fe]+O \Longrightarrow FeO+515.76kJ/mol \tag{3-1}$$

$$[Fe]+\frac{1}{2}O_2 \Longrightarrow FeO+26.97kJ/mol \tag{3-2}$$

从以上两式的反应热效应来看，原子氧对铁的氧化更为激烈。

b. 电弧气氛中 CO_2 对铁的氧化，即

$$[Fe]+CO_2 \Longrightarrow [FeO]+CO \tag{3-3}$$

从焊接化学冶金学可以知道，当温度高于 3000K 时，CO_2 的氧化性超过了空气的作用。当温度升高时，上述反应的平衡常数增大，反应向右进行，促使铁的氧化。

c. 电弧气氛中 $H_2O_气$ 对铁的氧化，即

$$[Fe]+H_2O_气 \Longrightarrow [FeO]+H_2 \tag{3-4}$$

气相中的水蒸气不仅使铁氧化，同时还会使焊缝金属增氢。显然这对于焊接接头的质量是不利的。此外，电弧气氛中还有其他一些氧化性的气体也会造成对铁的氧化。

d. 熔渣中 SiO_2 等氧化物与液态铁发生置换反应，而使铁氧化，即

$$(SiO_2)+2[Fe] = [Si]+2FeO \quad\begin{matrix}(FeO)\\ \uparrow\\ \downarrow\\ [FeO]\end{matrix} \tag{3-5}$$

又如

$$(MnO)+[Fe] = [Mn]+FeO \quad\begin{matrix}(FeO)\\ \uparrow\\ \downarrow\\ [FeO]\end{matrix} \tag{3-6}$$

反应结果使铁氧化，生成的 FeO 大部分进入熔渣。而溶于液态铁中的 FeO 使焊缝增氧。因而使焊缝金属的力学性能、物理及化学性能变差。

② 脱氧反应。焊接过程中氧是以 FeO 或原子氧的形式溶解于铁中的，因此就降低了焊缝金属的力学性能指标。当采用钛钙型焊条焊接低碳钢时，焊缝金属平均含氧量（质量分数）为 0.05%~0.07%（见表 2-13）。

从焊接冶金过程的分析可知，脱氧反应可以分为先期脱氧、沉淀脱氧和扩散脱氧三种方式。钛钙型焊条的脱氧反应有以下几种：

a. 锰的脱氧反应。在药皮加热阶段锰有先期脱氧作用。锰会与碳酸盐或高价氧化物分解出的二氧化碳及氧发生反应，例如

$$CaCO_3 = CaO+CO_2$$
$$Mn+CO_2 = MnO+CO\uparrow$$

所以

$$CaCO_3+Mn = CaO+MnO+CO\uparrow \tag{3-7}$$

同时

$$Mn+\frac{1}{2}O_2 = MnO \tag{3-8}$$

在熔滴和熔池内锰进行着沉淀脱氧：

$$[Mn]+[FeO] = (MnO)+[Fe] \tag{3-9}$$

锰脱氧反应的产物 MnO 转移到熔渣中，因此熔渣中的 MnO 含量增加。MnO 又与熔渣中的酸性氧化物 SiO_2、TiO_2 等相结合而成为复合化合物，即

$$MnO+SiO_2 = MnO \cdot SiO_2 \tag{3-10}$$
$$MnO+TiO_2 = MnO \cdot TiO_2 \tag{3-11}$$

上述反应的生成物进入熔渣中。

b. 硅的脱氧反应。焊芯的原始含硅量很少。但是高温时由于 SiO_2 还原而向熔池中过渡硅，在冷却过程中硅进行脱氧反应：

$$[Si]+2[FeO] = 2[FeO]+(SiO_2) \tag{3-12}$$

硅在熔池后部的脱氧产物 SiO_2 会有一部分来不及转移到熔渣中去，而形成焊缝金属的非金属夹杂物，从而增加了焊缝金属中的总含氧量。

应当指出，在钛钙型焊条中，采用 Si、Ti 脱氧是不适宜的。因为 Si、Ti 的脱氧产物 SiO_2、TiO_2 是酸性氧化物，而熔渣中含有大量的酸性氧化物，它们之间无法结合形成复合化合物。因此，这类焊条采用 Mn 脱氧是比较理想的。

c. 碳的脱氧反应。熔池中碳进行脱氧的过程为

$$[C]+[FeO] = [Fe]+CO\uparrow \tag{3-13}$$

反应的结果是金属脱氧，而碳自身被氧化。在熔池凝固过程中生成的 CO 极易形成气孔。由

于焊条药皮中含有足够的脱氧剂锰铁,因此,此类焊条具有较强的抗气孔能力。

2) 还原反应。由于熔渣中含有大量的 SiO_2、TiO_2 等酸性氧化物,熔渣的酸性较强,完全具备式(3-5)反应的条件。反应结果生成的硅向焊缝中过渡。

此外,由于焊条药皮中加入了较多的锰铁,也会进行如下的反应:

$$2[Mn]+(SiO_2)===[Si]+2(MnO) \qquad (3-14)$$

上述反应生成的硅转移到焊缝金属中去。

实践表明,钛钙型焊条具有相当强的由熔渣向焊缝中过渡硅的能力,从而保证了焊缝金属所必需的硅。

3) 脱硫反应。使用钛钙型焊条焊接低碳钢时,硫通常以 FeS 和 MnS 的形式存在于焊缝金属中。钛钙型焊条的脱硫,通常是使用与硫亲和力大于铁的合金元素。按照与硫亲和力由强到弱的顺序是 Al、Ca、Mg、Mn、Fe。由于 Al、Ca、Mg 本身极易氧化,所以通常选用 Mn 来脱硫。其反应式为

$$FeS+Mn===Fe+MnS \qquad (3-15)$$

采用 Mn 脱氧时的产物 MnO 也可进行脱硫:

$$FeS+MnO===FeO+MnS \qquad (3-16)$$

反应生成的 MnS 浮入熔渣中。

所以,在焊条药皮配方中加入质量分数为 14% 的中碳锰铁就是为了脱氧、脱硫,而过渡锰合金的作用是次要的。

4) 脱磷反应。钛钙型焊条的脱磷反应从理论上分析通常包括两个步骤。

第一步将磷氧化成 P_2O_3。其反应式为

$$2P+5FeO===P_2O_5+5Fe$$

$$2Fe_2P+5FeO===P_2O_5+9Fe$$

$$2Fe_3P+5FeO===P_2O_5+11Fe$$

第二步将 P_2O_5 变成稳定的复合化合物进入熔渣。其反应式为

$$P_2O_5+3CaO===(CaO)_3 \cdot P_2O_5$$

$$P_2O_5+4CaO===(CaO)_4 \cdot P_2O_5$$

然而,实际上这类焊条药皮的碱度较低,上述反应很难完成。所以控制焊缝金属的含磷量,主要是通过选用含磷量低的药皮原材料及焊芯来实现的。

5) 焊缝金属合金化。钛钙型焊条采用的焊芯是 H08A。该焊芯中锰的质量分数为 0.30%~0.60%。如果在药皮配方中不加中碳锰铁,那么在焊接过程中焊芯所含的锰就要承担起脱氧、脱硫的作用。如果在药皮中加入质量分数为 14% 的中碳锰铁,施焊结果是熔敷金属中锰的质量分数可以达到 1.20%。从而说明加入中碳锰铁的作用主要是为了脱氧、脱硫。

由于 Mo、W、V 等合金元素不易被高温氧化,所以能取得过渡合金元素的明显效果。

6) 气孔敏感性。如果增大钛钙型焊条熔渣的氧化性,在冶金反应中生成的 CO 气体就会增多。反之,如果降低熔渣的氧化性,高温冶金反应中的氢原子就会溶入焊缝金属中。

因此,对于钛钙型焊条应当充分考虑并且调整好熔渣的氧化性,以减少或消除 CO 及 H_2 两类气孔。

7) 焊接烟尘。钛钙型焊条的烟尘的危害,通常是由于铁以 Fe_3O_4($FeO \cdot Fe_2O_3$)形式

和锰以 Mn_3O_4 形式进入人体的呼吸系统，导致损害人体健康。由表 3-9 可知，钛钙型焊条的发尘量比碱性低氢型焊条少。

总之，钛钙型焊条的焊接工艺性能优良，适用于全位置焊接，交、直流两用。焊接过程中生成的气体和熔渣，对液态金属进行气渣联合保护，电弧稳定，焊道美观，飞溅少。此类焊条主要应用于焊接低碳钢和强度级别较低的低合金钢。

2. 低氢型焊条 E5015（J507）

（1）E5015 焊条药皮配方分析 E5015 焊条的典型配方见表 3-6。E5015 焊条熔敷金属及焊芯的化学成分见表 3-13。E5015 焊条熔敷金属的力学性能见表 3-4。

在 E5015 焊条的配方设计上，采用了大量的大理石、萤石作为造气剂和造渣剂，采用硅、锰、钛联合脱氧。该类型焊条的气渣联合保护效果好，因此熔敷金属中的氢、氧、氮、硫、磷等杂质含量较低，力学性能尤其是冲击韧性优良，抗裂性能良好。由表 2-15 中所列的数据可知：低氢型焊条的熔渣碱度 $B_1 = 1.86$，是碱性熔渣，属于 $CaO\text{-}SiO_2\text{-}CaF_2$ 渣系。

E5015 焊条药皮中通常含有质量分数为 30%~48% 的大理石、质量分数为 14%~30% 的萤石、质量分数为 2%~15% 的石英等，以及低度硅铁 3%~6%（质量分数）、中碳锰铁 4%~6%（质量分数）、钛铁 10%~15%（质量分数）等脱氧成分。使用比较多的 E5015、E5016 焊条药皮的几个配方见表 3-15。

表 3-15 E5015 和 E5016 焊条药皮几个配方（质量分数,%）

配方代号	焊条型号	大理石	萤石	石英	钛铁	低度硅铁	中碳锰铁	钛白粉	云母	白土	纯碱	碳酸钾
A	E5015	54	15	9	12	5	5	—	—	—	—	—
B	E5015	44	24	5	12.5	2.5	4	5	2	—	1	—
C	E5016	40	24	2	12	3	5.5	5	3.5	3.5	—	1.5

表 3-15 中的三个配方，其中配方 A 及配方 B 是 E5015 焊条药皮。配方 C 是 E5016 焊条药皮，由于 E5016 是可以交、直流两用的焊条，所以药皮中含有容易电离成分的 K 元素。除此之外，这三个配方是基本相近的。其中，大理石、萤石、石英的含量各不相同；而钛铁、低度硅铁、中碳锰铁的含量都很相近，相差的质量分数分别是 0.5%、2.5%、1% 以内。表 3-6 中的典型配方 E5015 与表 3-15 中的配方 B 的相似程度更接近。其中，大理石、萤石、低度硅铁、中碳锰铁、纯碱五个成分的含量完全相同；其他成分含量的差异在 0.5%~3% 之间。因此，可以认为是非常相似的配方。

总之，E5015 焊条可采用直流反接。由于气渣联合的保护效果良好，使得脱氧、脱氢、脱硫及脱磷的能力强。该类焊条的熔敷金属具有良好的塑性、韧性及抗裂性，适用于重要的低碳钢及低合金钢的结构焊接。并且可进行全位置焊接。该类焊条的药皮类型为低氢钠型。

E5016 焊条通常是以 E5015 配方为基础，加入适量的稳弧剂，使其能够具有交、直流两用的特点。常用的稳弧剂有碳酸钾、云母、白土、长石、钛白粉等。黏结剂宜采用钾钠水玻璃代替钠水玻璃，使该类焊条的药皮类型调整为低氢钾型。

（2）E5015 焊条的焊接冶金反应 从表 2-8 可以知道低氢型焊条焊接时的气相成分（体积分数）：CO 为 79.8%、CO_2 为 16.9%、H_2 为 1.8%、H_2O 为 1.5%。由此可知，焊接时的保护气体主要是 CO 和 CO_2。

运用焊接化学冶金学的理论，对于低氢型焊条 E5015（J507）在焊接过程中的冶金反应

分析如下:

1)脱氧反应。低氢型焊条的熔渣中含有较多的碱性氧化物。如果采用锰脱氧时,所生成的 MnO 也属于碱性氧化物,因此不能与熔渣中的碱性氧化物结合成为复合化合物而进入熔渣。所以,低氢型碱性焊条的脱氧主要依靠硅和钛,其反应式为

$$2CO_2+Si \Longrightarrow SiO_2+2CO\uparrow \tag{3-17}$$
$$CaO+SiO_2 \Longrightarrow CaO \cdot SiO_2 \tag{3-18}$$

又如
$$2CO_2+Ti \Longrightarrow TiO_2+2CO\uparrow \tag{3-19}$$
$$TiO_2+CaO \Longrightarrow CaO \cdot TiO_2 \tag{3-20}$$

2)脱氢反应。在焊接化学冶金学中曾经讨论了控制氢的措施。关于低氢型焊条的脱氢反应有以下几个途径:

① 利用萤石脱氢。在焊条药皮中加入萤石,则焊接冶金过程中有如下反应:

$$CaF_2+2H \Longrightarrow Ca+2HF\uparrow \tag{3-21}$$
$$CaF_2+H_2O \Longrightarrow CaO+2HF\uparrow \tag{3-22}$$

上述反应的产物 HF 是比较稳定的气体。高温时不易发生分解,也不溶于液体金属中。由于 HF 生成之后与焊接烟尘一起挥发了,所以降低了熔池金属中的含氢量。

② 萤石和石英的联合脱氢。采用萤石和石英联合脱氢的化学反应式为

$$2CaF_2+3SiO_2 \Longrightarrow SiF_4+2CaSiO_3 \tag{3-23}$$
$$SiF_4+3H \Longrightarrow SiF+3HF\uparrow \tag{3-24}$$

反应生成的 SiF_4 沸点很低,以气态存在。它与气相中的原子氢和水蒸气发生反应而最终形成 HF 挥发到大气中,所以也起到了脱氢的作用。

③ 萤石与水玻璃作用而脱氢。萤石(CaF_2)与水玻璃中的 K、Na 进行如下反应:

$$Na_2O \cdot nSiO_2+H_2O \Longrightarrow 2NaOH+nSiO_2$$
$$2NaOH+CaF_2 \Longrightarrow Ca(OH)_2+2NaF \tag{3-25}$$
$$2NaF+H_2O+CO_2 \Longrightarrow Na_2CO_3+2HF\uparrow \tag{3-26}$$

研究结果表明,在低氢型焊条的焊接烟尘中,确认有 HF、SiF_4 两种气体混合存在。当药皮配方中的 SiO_2 越多,烟尘中的 SiF_4 含量也相应增高。

3)脱硫反应。低氢型焊条的脱硫作用,主要依靠熔渣中的碱性氧化物,即

$$[FeS]+(CaO) \Longrightarrow (CaS)+(FeO) \tag{3-27}$$

熔渣中的 MnO、MgO 也有脱硫的作用。脱硫反应的生成物 CaS、MnS、MgS 等不溶于液态铁中,而进入熔渣。总之,增加熔渣的碱度可以提高脱硫的能力。在熔渣中增加 CaO、MnO、MgO 的含量,减少 FeO 的含量,有利于脱硫反应的进行。

4)脱磷反应。低氢型焊条的脱磷也是利用 CaO,其反应方式与钛钙型焊条相似。由于低氢型焊条药皮配方中采用了大量的大理石,因而脱磷的效果优于钛钙型焊条。

5)锰、硅元素向焊缝金属中的过渡。低氢型焊条的焊芯材料为 H08A,其中,锰的质量分数为 0.30% ~ 0.60%;硅的质量分数低于 0.07%。而焊缝金属中锰的质量分数 ≤ 1.60%;硅的质量分数 ≤ 0.90%。显然,锰、硅元素向焊缝金属进行了过渡。

根据焊缝金属合金化理论可知:当合金元素的氧化物与熔渣的酸碱性相同时,有利于提高该元素的合金过渡系数。因为 MnO 是碱性氧化物,所以随着焊条药皮碱度的增加,锰的过渡系数增大,致使焊缝金属中含锰量较高。对于低氢型焊条通常要求锰的质量分数应该低

于 1. 60%。

分析碱性焊条药皮组成可知：一般加入硅铁、锰铁进行联合脱氧，其脱氧效果较好。然而，所生成的 SiO_2 熔点高，通常处于固态，而且不易从钢液中分离而造成夹渣。在碱性药皮中含有铝和钛，则可以提高硅、锰的过渡系数，因此要求碱性焊条 E5015 的熔敷金属中硅的质量分数应该低于 0.90%。E5016 焊条的熔敷金属中硅的质量分数应低于 0.75%。

6）焊接烟尘。低氢型焊条的焊接烟尘量高于钛钙型焊条。烟尘中危害最大的成分是 KF、NaF。因此，低氢、低尘、低毒焊条的研制是重要的研究课题。

总之，低氢型焊条的特点是焊缝金属含氢量极低，焊缝金属的塑性、韧性较高，它适用于焊接各种重要的焊接结构和大多数的低合金钢。由于这类焊条的熔渣不具有氧化性，一旦有氢侵入熔池将很难脱出。所以，低氢型焊条对于铁锈、油污、水分很敏感，必须严格控制氢的来源才可保证焊接质量。此外，由第 2 章的分析可知，常用焊条的药皮碱度都不高。因此，碱性熔渣的脱硫、脱磷能力是有限的。碱性熔渣中不允许含有许多的 FeO，否则将使焊缝金属增氧，不利于脱硫反应的进行，甚至会产生气孔。由于碱性熔渣的脱硫、脱磷效果不理想，因此必须严格限制硫、磷的来源。与钛钙型焊条相比，低氢型焊条的工艺性能较差，焊接烟尘量较大。

各种药皮类型结构钢焊条的冶金性能见表 3-16。分析表 3-16 中的数据可以了解各类焊条的冶金性能特点。

3.1.6　焊条设计的要点

1. 设计原则

焊条设计工作的原则是，在技术上必须满足设计任务的要求，达到各项技术指标的规定，在制造工艺上必须切实可行，同时还要考虑到经济效益要好；焊条的卫生指标要先进，以确保焊工的身体健康。

2. 设计依据

1）被焊母材的化学成分与力学性能指标。

2）焊件的工作条件，如工件温度、工作压力以及是否有耐磨性、耐蚀性等特殊要求。

3）施工现场的焊接设备情况（如使用交流焊机还是直流焊机）以及施工条件（如室内、野外、高空、水下等不同的环境）等。

4）考虑焊条制造的生产工艺条件。例如，采用手工制造，或采用螺旋机压涂制造、油压机压涂制造等不同的生产工艺。

3. 设计方法

（1）在传统配方基础上进行改进与创新　这种工作多是对现在生产的焊条品种进行质量改进与提高。

（2）计算化学成分配比　按照设计要求进行计算，确定焊条药皮的组成，并且与焊条工艺性能试验、焊接接头的力学试验相配合，以达到预期设计任务要求的指标。

（3）焊条配方的优化设计法　利用计算机进行优化设计，找出最佳配方。通过人机对话方式，把人的经验、智慧与计算机的高速运算及准确判断结合起来。从而以最少的试验量获得充分的信息，建立高精度的数学模型，借助最优化技术，求出最优的配方。并且能预测出该配方的力学性能指标及焊条的经济性指标等。这是当前焊条设计工作中的先进方法。这

表 3-16　各种药皮类型结构钢焊条的冶金性能

焊条型号	焊条牌号	所属渣系	熔渣碱度 B_1	焊缝金属化学成分(%)						焊缝中气体		熔敷金属力学性能				w_{Mn}/w_S	w_{Mn}/w_{Si}	氧化物-硅酸盐夹杂总含量/(质量分数,%)	抗热裂性	抗气孔性	备注
				w_C	w_{Si}	w_{Mn}	w_S	w_P	w_N(%)	w_O(%)	[H]/(mL/100g)	抗拉强度/MPa	伸长率(%)	断面收缩率(%)	冲击吸收能量/J						
E4313	J421	钛型 TiO₂, SiO₂-CaO-Al₂O₃	0.40~0.50	0.07~0.10	0.15~0.20	0.25~0.35	0.018~0.030	0.02~0.032	0.025~0.03	0.06~0.08	25~30	430~490	20~28	60~65	常温 50~75, 0℃≥47	8~12	1.5~1.8	0.109~0.131	一般	一般;大电流或焊接含 Si、S 高的钢时,对气孔敏感性较强。药皮受潮,对气孔敏感性增强	以 Mn 脱氧为主
E4303	J422	钛钙型 TiO₂-CaO-SiO₂	0.65~0.76	0.07~0.08	0.10~0.15	0.35~0.5	0.015~0.025	0.02~0.030	0.024~0.030	0.06~0.1	25~30	430~490	22~30	60~70	0℃ 70~115, -20℃ ≥47	13~16	2.5~3.0		好	一般;药皮受潮,易出现气孔;脱氧性增强,CO气孔;脱氧,易出现气孔,氢气孔	
E4319	J423	钛铁矿型 TiO₂-FeO-MnO-SiO₂	1.06~1.30	0.07~0.10	<0.10	0.4~0.50	0.016~0.028	0.022~0.035	0.025~0.030	0.08~0.11	24~30	420~480	20~30	60~68	0℃ 60~110	12~18	4~5	0.134~0.203	好	一般;与 J422 差不多	氧化性较强;与氧合金系过渡数较低
E4320	J424	氧化铁型 FeO-MnO-SiO₂	1.02~1.40	0.08~0.10	~0.10	0.52~0.8	0.018~0.025	0.030~0.040	0.02~0.025	0.10~0.12	26~30	430~470	25~30	60~68	常温 60~110	14~28	6~8	~0.10	好	较好;对铁锈、水分不敏感	
E4311	J425	纤维素型 FeO-MnO-SiO₂	1.10~1.34	0.08~0.10	0.06~0.10	0.25~0.40	0.016~0.022	0.025~0.035	0.01~0.020	0.06~0.09	30~40	430~490	20~28	60~65	-30℃ 100~130	8~14	3.5~4.0		一般	一般;白点敏感性强,对铁锈、水分敏感;氢性锈,对铁等不太敏感	属于造气保护
E4316	J426	低氢碱性 CaO-CaF₂-SiO₂	1.60~1.80	0.07~0.10	0.35~0.45	0.70~1.10	0.015~0.025	0.025~0.028	0.01~0.022	0.025~0.035	8~10	470~540	22~30	68~72	-30℃ 80~180	30~38	2~2.5	0.028~0.090	良好	一般;对铁锈、水分很敏感,对铁锈很敏感时,产生铁锈孔;有水分时易出气孔;氢弧焊长焊时易出气孔	直接或交流电源时易出现气孔
E4315	J427	低氢碱性 CaO-CaF₂-SiO₂	1.60~1.80	0.07~0.10	0.35~0.45	0.70~1.1	0.012~0.025	0.020~0.025	0.007~0.020	0.025~0.035	6~8	470~540	24~35	70~75	-20℃ 80~230, -30℃ 80~180	30~38	2~2.5		良好	良好;电弧长焊时易出现气孔	直接时易出现气孔

种方法能够考虑焊条药皮配方设计中多因子间的交互作用和复杂的非线性效应，建立数学模型及求解得出最优化方案。这种设计方法的优点就是不仅可以减少试验次数，而且能够得到理想的配方。

4. 设计步骤

（1）选定焊芯　焊芯材质是根据焊条设计的技术要求确定的。目前，我国大多数焊条品种都是采用 H08A 焊丝作为焊芯的，通过焊条药皮过渡合金元素，以获得各种不同的性能与用途。当然，对于不锈钢、有色金属等材料的焊条，应当选用相应的特殊成分的焊芯。

（2）选定药皮类型、渣系以及药皮配方　具体设计程序如下：

1）根据被焊金属的使用性能要求，初步拟定焊缝金属的合金系统。

2）根据焊件材质的焊接性，修订熔敷金属的合金系统及确定熔敷金属化学成分的要求。

3）在选定焊芯的材质以后，确定熔敷金属合金系统及使用性能的要求以及药皮类型及焊条配方的渣系。

4）估算合金元素的损失，初步确定合金剂的种类及数量；根据焊条的性能要求，选定药皮原材料，确定焊条药皮的初步配方。

5）通过具体试验进行配方调整。按照初步配方制造出焊条，并且进行试焊。试验工作包括：分析熔敷金属的化学成分；熔敷金属的金相分析；熔敷金属的力学性能试验；测氢试验；抗裂性试验；焊条工艺性能的鉴定以及根据要求进行其他特殊性能试验。如果试制的焊条性能不满意或熔敷金属成分不符合要求时，应当调整药皮配方直到满意为止。

这个试验及调整配方的阶段是确定焊条药皮配方的决定性阶段。通常首先调整焊条的工艺性能，在工艺性能比较满意的情况下进一步调整熔敷金属的各项性能使之达到设计要求。此外，还应注意到当焊条直径变化时，其药皮配方也应做适当的调整。

3.1.7　焊条制造的工艺流程

焊条制造的工艺流程如图 3-4 所示。焊条制造就是把按照配方比例要求混合均匀的药皮材料涂敷到规定长度的焊芯上去，其制造工艺过程如下。

1. 焊芯制备

焊芯的原料一般是盘条，需要经过去锈、拉拔至所需要的直径尺寸，再经过校直及按照要求的长度切断。一般非合金钢及细晶粒钢焊条焊芯的长度为 400~450mm。只有经过表面油污清理以后的焊芯，才能送到焊条药皮的压涂工序备用。

2. 焊条药皮材料制备

将焊条药皮材料（不包括水玻璃）制成粉状，对于某些材料应符合规定的粒度（目数）。对于硅铁、锰铁等铁合金应当进行钝化处理。钝化处理就是采用焙烧或用高锰酸钾溶液浸泡等方法，使铁合金颗粒表面产生一薄层氧化膜，这样就可以防止在与水玻璃接触时发生化学反应（俗称发泡或发酵）。也有采用在水玻璃中加入高锰酸钾的方法，以防止焊条药皮的发泡现象。

3. 水玻璃的制备

水玻璃在焊条制造工艺中用来作为黏结剂。它是碱金属硅酸盐，俗称泡花碱，有钾水玻璃、钠水玻璃、钾钠水玻璃等不同种类。焊条工业用的水玻璃是液体状态，其颜色一般为青灰色或无色透明。水玻璃具有稳弧及造渣的作用。

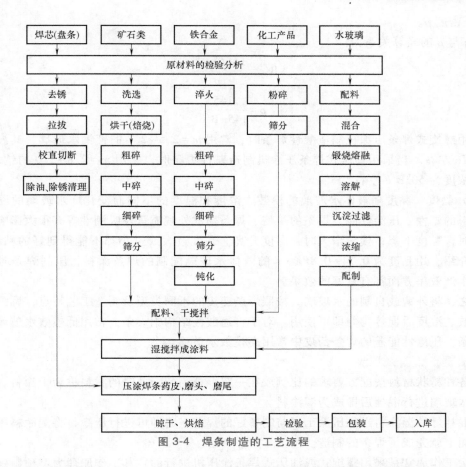

图 3-4　焊条制造的工艺流程

水玻璃的化学式为 $R_2O \cdot nSiO_2$。式中 R_2O 代表碱金属氧化物 Na_2O 和 K_2O，n 值可在较大的范围内变化。

表示水玻璃特性的指标为模数、浓度及黏度。

（1）模数　模数表示水玻璃中 SiO_2 与 R_2O 的质量百分含量的比值，用 m 表示，即

$$m = \frac{w_{SiO_2}}{w_{R_2O}} \times \alpha \tag{3-28}$$

式中　w_{SiO_2}——水玻璃中 SiO_2 的质量百分含量；

w_{R_2O}——水玻璃中 Na_2O 或 K_2O 的质量百分含量；

α——系数。对于钠水玻璃，$\alpha = 1.032$；对于钾水玻璃；$\alpha = 1.562$。

模数表示水玻璃的分子组成，模数越小，碱性越强。一般认为，$m < 3$ 的水玻璃为碱性，$m \geq 3$ 的水玻璃为中性。焊条工业常用钠水玻璃的模数 $m = 2.8 \sim 3.0$，钾钠混合水玻璃的模数 $m = 2.5 \sim 2.7$ 与 $2.8 \sim 3.0$。

（2）浓度　浓度是由加入液体水玻璃中的水量的多少而变化的。加入的水多，则浓度低。当浓度过低时，应采用煮、熬、浓缩的方法使水分蒸发，以提高水玻璃的浓度。

水玻璃的浓度有两种表示方法：

1）波美浓度 $B'e$（又称波美度）。可由"波美"浓度计直接进行测定。

2）密度 ρ。

B′e 与 ρ 的换算关系为

$$B'e = \frac{145(\rho-1)}{\rho} \tag{3-29}$$

$$\rho = \frac{145}{145-B'e} \tag{3-30}$$

采用螺旋式焊条压涂机制造酸性焊条时，常用 $m=2.5\sim2.7$ 的钾钠水玻璃，其波美浓度为 39°B′e 左右。当采用油压式焊条压涂机制造碱性焊条时，常用 $m=2.8\sim3.0$ 的钠水玻璃，其波美浓度为 50°B′e 左右。

（3）黏度　黏度随液体水玻璃的模数、浓度和温度的不同而变化。水玻璃的黏度对于焊条涂料的塑性、压涂性能、焊条的烘焙、焊条药皮外观质量及吸潮性等有很大影响。当温度上升时，黏度下降；模数增大时，黏度升高。黏度过大或过小都不能得到好的粘结性能。据资料介绍，用黏度为 $0.74\sim0.8\text{Pa·s}$ 的液体水玻璃配制的焊条涂料，压制焊条时在焊条外观和生产效率方面都有良好的效果。

总之，将外购或自制的水玻璃，按照焊条药皮的不同类型及制造工艺特点，调配成所需要的模数、浓度后搅拌均匀即可使用。对于普通酸性结构钢焊条，常用低模数水玻璃；对于碱性焊条，压涂性能差的焊条药皮中常用高模数水玻璃。

4. 配料、混拌及压涂

将各种粉状材料按配方要求的比例放在一起混拌均匀，此时的材料称为干涂料。经过加入适量水玻璃进行混拌后即成为湿涂料。

将混拌好的湿涂料送往压涂工序与制备好的焊芯一起即可进行压涂，将湿涂料压涂在焊芯的表面上就完成了焊条的制造。

压涂工作通常是采用螺旋式或油压式焊条涂压机进行的。其工作原理为：预制好的湿涂料在涂压机料缸中以一定的压力被挤压出来，并被涂敷在向前移动的焊芯上。压涂好的焊条还需要进行磨头、磨尾，以便于焊接时使用。

5. 焊条烘焙

为排除焊条药皮中所含的水分应当进行焊条烘焙。其烘焙温度取决于焊条类型。焊条药皮中含有大量有机物质时，其烘焙温度不能过高，否则易造成烧焦变质。例如，高纤维素型焊条不超过 120℃；酸性焊条为 220~300℃；有少量有机物的焊条不超过 250℃；碱性焊条为 350~400℃，有的可达 400~450℃。对烘焙后焊条药皮中的含水量（质量分数）一般要求：酸性焊条≤1%（但高纤维素型例外）；碱性焊条<0.4%。

6. 检验、包装、入库

经过检验，质量合格的焊条产品即可包装、入库、出厂。

关于焊条制造的课程内容可结合焊条厂的参观、实习、实验课以及阅读有关文献进行。

3.1.8　焊条的选用要点

1. 焊条选用的基本原则

确保焊接质量优良、焊接结构产品符合设计文件的技术要求，并且焊接产品达到安全使用的要求。在满足上述要求的条件下，选用焊接工艺性能良好、生产率高、经济性好的焊条。

2. 同种钢材焊接时焊条的选用要点

（1）按照钢材力学性能及化学成分的要求选用

1）对于普通结构钢，应当按照熔敷金属与母材等强度，或稍高于母材抗拉强度选用焊条。

2）对于合金结构钢，主要是按上述等强匹配原则选用焊条，有时还要求焊条的合金成分与母材相同或相近。

3）对于结构刚性较大的焊件，接头的应力较高、易产生裂纹时，应选用比母材强度低一级的焊条施焊。这就是按照低匹配的原则选取。

4）对于母材中碳、硫、磷等元素含量较高时，焊接接头容易产生裂纹，应选用抗裂性好、韧性指标较好的低氢型焊条。

（2）按照工作条件和使用性能要求选用

1）对于承受动载及冲击载荷的焊件，除满足强度要求之外，还应当选用能保证熔敷金属及焊接接头具有较好的塑性及韧性指标的低氢型焊条。

2）对于在腐蚀环境下工作的焊件，应选用不锈钢焊条或其他耐腐蚀焊条。

3）对于在高温、低温、恶劣条件下工作的焊件，应选用相应的耐热钢或低温钢焊条、特殊焊条等。

（3）对于特殊结构或受力状态的焊件

1）对于不能翻转的焊件，应选用全位置焊接的焊条。

2）对于焊接部位难以清理干净的焊件，应选用氧化性强，对于氧化皮、铁锈、油污不敏感的酸性焊条施焊。

3）对于要求必须使用低氢型焊条，但是施工条件又没有直流电源时，应选交、直流两用的低氢型焊条。

4）在施工场地狭小、通风条件差的情况下，应选用酸性焊条或低尘低毒的碱性焊条。

3. 异种钢材焊接时焊条的选用要点

（1）对于强度级别不同的碳钢及低合金钢

1）通常要求熔敷金属及接头的强度应不低于这两种母材金属的最低强度，同时熔敷金属的塑性和冲击韧度应不低于两种母材中的强度高而塑性较差的那个钢材的性能。

2）为了防止焊接裂纹，应当按照焊接性较差的那个钢材制订焊接工艺方案，包括焊接参数、预热温度、层间及道间温度以及焊后处理等。

（2）对于低合金钢和奥氏体不锈钢

1）通常按照对于熔敷金属化学成分限定的数值选用焊条，建议选用铬镍含量高于母材的塑性、抗裂性良好的不锈钢焊条。

2）对于非重要的结构，可选用与该不锈钢成分相应的焊条。

按照上述要点选用的焊条，均应通过相应的工艺评定之后，方可用于施工。

3.2　焊丝

焊丝是焊接时作为填充金属或同时作为导电的金属丝，它是埋弧焊、气体保护焊、自保护焊、电渣焊和气电立焊等各种工艺方法的焊接材料。据资料介绍，2014 年我国气体保护实心焊丝产量为 160 万 t，占我国焊接材料总产量的 36%；药芯焊丝产量为 40 万 t，占我国焊接材料总产量的 9.0%。这与工业发达国家焊丝与焊接材料总量之比 ≥75% 的情况相比，差距甚大。说明我国在焊接机械化、自动化及智能化方面还应当努力工作，早日完成从制造大国向制造强国的转变。随着焊接自动化及智能化的加速，焊丝开发、研究、生产及应用等各个方面，都将出现质和量的快速增长。

本节仅就埋弧焊、气体保护焊及自保护焊工艺，介绍实心焊丝的型号、牌号及化学成分，实心焊丝的制造工艺及技术要求，以及实心焊丝的选用要点等。重点介绍药芯焊丝的种类、焊接特点，药芯焊丝的型号及牌号，药芯焊丝的制造工艺及技术要求，以及药芯焊丝的选用要点等。

3.2.1 焊丝的分类

焊丝的分类方法有许多种，通常有以下几种：

1）按照焊丝的形状及制造方法，可分为实心焊丝及药芯焊丝两大类。

2）按照焊丝所适用的焊接方法，可分为埋弧焊焊丝、CO_2 气体保护焊焊丝、钨极氩弧焊焊丝、熔化极氩弧焊焊丝、电渣焊焊丝、堆焊焊丝、气焊焊丝、自保护焊焊丝等。

3）按照焊丝所适用的被焊金属材料，可分为碳钢焊丝、低合金钢焊丝、不锈钢焊丝、高温合金焊丝、特殊合金焊丝、铸铁焊丝、有色金属（铜、铝、镍、钛）焊丝等。

我国有关焊丝的现行国家标准主要有以下各项：

GB/T 5293—1999　埋弧焊用碳钢焊丝和焊剂

GB/T 12470—2003　埋弧焊用低合金钢焊丝和焊剂

GB/T 8110—2008　气体保护电弧焊用碳钢、合金钢焊丝

GB/T 9460—2008　铜及铜合金焊丝

GB/T 10858—2008　铝及铝合金焊丝

GB/T 15620—2008　镍及镍合金焊丝

GB/T 30562—2014　钛及钛合金焊丝

GB/T 10044—2006　铸铁焊条及焊丝

GB/T 10045—2001　碳钢药芯焊丝

GB/T 17493—2008　低合钢药芯焊丝

3.2.2 实心焊丝

1. 实心钢焊丝的型号、牌号及化学成分

（1）实心钢焊丝的牌号编制方法

1）在钢牌号前加 "H"，表示焊接用钢。在合金钢牌号前加 "H"，表示焊接用合金钢。因此，钢焊丝牌号的字母为 "H"。"H" 的含义是 "焊" 字的汉语拼音首字母。

2）"H" 后的一位（千分数）或两位（万分数）数字表示该钢中碳的质量分数的平均数。

3）碳的质量分数后面的化学元素符号及其后面的数字，表示该元素在该钢中的大约质量分数，当主要合金元素的质量分数 ≤1% 时，可省略数字，只写该元素的符号。

4）在结构钢焊丝牌号尾部标有 "A" 或 "E" 时，"A" 表示为 "高级优质品"，说明该焊丝的硫、磷含量比普通焊丝低；"E" 表示为 "特高级优质品"，其硫、磷含量更低。

例如：

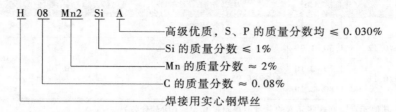

（2）埋弧焊用碳钢焊丝的型号、牌号及成分

1）GB/T 5293—1999《埋弧焊用碳钢焊丝和焊剂》规定了埋弧焊用碳钢焊丝和焊剂的型号分类、技术要求、试验方法及检验规则等内容。

在该标准前言中指出：该标准是根据 ANSI/AWS A5.17—89《碳钢埋弧焊丝及焊剂规程》，对 GB/T 5293—1985 进行修订的，在技术内容上与该规程等效。

2）在 GB/T 5293—1999 "3 型号分类" 中明确规定：

① 型号分类根据焊丝-焊剂组合的熔敷金属力学性能、热处理状态进行划分。

② 焊丝-焊剂组合的型号编制方法如下：

字母 F 表示焊剂；第一位数字表示焊丝-焊剂组合的熔敷金属抗拉强度的最小值；第二位字母表示试件的热处理状态，"A" 表示焊态，"P" 表示焊后热处理状态；第三位数字表示熔敷金属冲击吸收能量不小于 27J 时的最低试验温度；"-" 后面表示焊丝的牌号，焊丝的牌号按 GB/T 14957。

③ 完整的焊丝-焊剂型号示例如下：

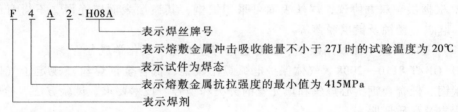

3）焊丝的技术要求。

① 埋弧焊用碳钢焊丝的化学成分应符合表 3-17 的规定。

表 3-17　焊丝化学成分（质量分数,%）

焊丝牌号	C	Mn	Si	Cr	Ni	Cu	S	P
低锰焊丝								
H08A	≤0.10	0.30~0.60	≤0.03	≤0.20	≤0.30	≤0.20	≤0.030	≤0.030
H08E							≤0.020	≤0.020
H08C				≤0.10	≤0.10		≤0.015	≤0.015
H15A	0.11~0.18	0.35~0.65		≤0.20	≤0.30		≤0.030	≤0.030
中锰焊丝								
H08MnA	≤0.10	0.80~1.10	≤0.07	≤0.20	≤0.30	≤0.20	≤0.030	≤0.030
H15Mn	0.11~0.18		≤0.03				≤0.035	≤0.035

（续）

焊丝牌号	C	Mn	Si	Cr	Ni	Cu	S	P
高锰焊丝								
H10Mn2	≤0.12	1.50~1.90	≤0.07	≤0.20	≤0.30	≤0.20	≤0.035	≤0.035
H08Mn2Si	≤0.11	1.70~2.10	0.65~0.95					
H08Mn2SiA		1.80~2.10					≤0.030	≤0.030

注: 1. 如存在其他元素, 则这些元素的总量不得超过 0.5%（质量分数）。

2. 当焊丝表面镀铜时, 铜含量应不大于 0.35%（质量分数）。

3. 根据供需双方协议, 也可生产其他牌号的焊丝。

4. 根据供需双方协议, H08A、H08E、H08C 非沸腾钢允许硅含量不大于 0.10%（质量分数）。

5. H08A、H08E、H08C 焊丝中锰含量按 GB/T 3429。

② 埋弧焊用碳钢焊丝尺寸应符合表 3-18 的规定。

表 3-18　焊丝尺寸　　　　　　　　　　　　　　　　　（单位: mm）

公称直径	极限偏差	公称直径	极限偏差
1.6, 2.0, 2.5	0 -0.10	3.2, 4.0, 5.0, 6.0	0 -0.12

注: 根据供需双方协议, 也可生产其他尺寸的焊丝。

③ 埋弧焊用碳钢焊丝表面质量。

a. 焊丝表面应光滑, 无毛刺、凹陷、裂纹、折痕、氧化皮等缺陷或其他不利于焊接操作以及对焊缝金属性能有不利影响的外来物质。

b. 焊丝表面允许有不超出直径允许偏差之半的划伤及不超出直径偏差的局部缺陷存在。

c. 根据供需双方协议, 焊丝表面可采用镀铜, 其镀层表面应光滑, 不得有肉眼可见的裂纹、麻点、锈蚀及镀层脱落等。

（3）气体保护电弧焊用碳钢、低合金钢焊丝的型号及化学成分

1）GB/T 8110—2008《气体保护电弧焊用碳钢、低合金钢焊丝》规定了气体保护电弧焊用碳钢、低合金钢实心焊丝和填充丝的分类和型号、技术要求、试验方法、检验规则、包装、标志及品质证明书。

该标准适用于熔化极气体保护电弧焊、钨极气体保护电弧焊及等离子弧焊等焊接用碳钢、低合金钢实心焊丝和填充丝（以下简称焊丝）。

在该标准前言中指出: 该标准采用 AWS A5.18M: 2005 和 AWS A5.28M: 2005 时做了某些技术内容修改, 该标准是对 GB/T 8110—1995 的修订。

2）在 GB/T 8110—2008 "3　分类和型号" 中明确规定:

① 焊丝分类。焊丝按化学成分分为碳钢、碳钼钢、铬钼钢、镍钢、锰钼钢和其他低合金钢六类。

② 型号划分。焊丝型号按化学成分和采用熔化极气体保护电弧焊时熔敷金属的力学性能进行划分。

③ 型号编制方法。焊丝型号由三部分组成: 第一部分用字母 "ER" 表示焊丝; 第二部分用两位数字表示焊丝熔敷金属的最低抗拉强度; 第三部分为短划 "-" 后的字母或数字, 表示焊丝化学成分代号。根据供需双方协商, 可在型号后附加扩散氢代号 H×, 其中×为 15、10 或 5, 分别代表熔敷金属扩散氢含量为 15mL/100g、10mL/100g 或 5mL/100g。

该标准的完整焊丝型号示例如下：

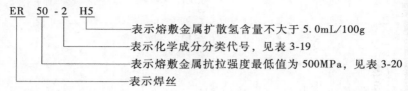

表示熔敷金属扩散氢含量不大于 5.0mL/100g
表示化学成分分类代号，见表 3-19
表示熔敷金属抗拉强度最低值为 500MPa，见表 3-20
表示焊丝

2. 实心焊丝制造工艺及技术要求

由于实心焊丝的材质种类较多，本书仅讨论碳钢及低合金钢实心焊丝的制造工艺及技术要求。

实心焊丝的原材料是钢厂生产的线材，又称为盘条。当线材的合金含量较少时采用转炉冶炼，合金含量较多时由电炉冶炼。然后经热轧制成盘条。盘条的直径一般在 10mm 以下。通常经过热轧的线材直径比所需要的焊丝直径略大一些。

焊丝产品有镀铜焊丝与无镀铜焊丝两种。焊丝镀铜的目的是为了焊丝与导电嘴之间更好地接触，既能很好地导电，又可减少与导电嘴的摩擦，还避免了焊丝存放时的生锈现象。

实心焊丝制造工艺流程是：线材（盘条）→去除氧化皮→初拉拔→酸洗→电镀→精拉拔→检验→称量、包装→入库。

采用盘条加工制造实心焊丝的第一步是去除氧化皮，对于碳钢、低合金钢盘条多采用机械法去除氧化皮，对于不锈钢盘条一般是用酸洗的方法去除。第一次冷拉拔后，应达到接近成品焊丝的直径，为精拉拔留下所需的余量。由于线材经冷拔变形后，会有加工硬化现象，因此在下次拉拔工序之前，必须进行一次退火处理。

电镀工序是为了给焊丝表面镀铜。电镀之前必须对焊丝进行酸洗，达到将拉拔工序时焊丝表面的润滑剂及其他污染物清除干净的目的。镀铜的量通常约为焊丝直径的 0.1%。

精拉拔的技术要求是：对于不镀铜的焊丝表面不应有锈蚀、氧化皮、麻坑，允许有不超过直径偏差之半的划伤或局部缺陷；对于镀铜焊丝表面应光滑，不得有肉眼可见的裂纹、麻点、锈蚀。镀铜层应均匀牢固。

焊丝规格、尺寸及允许偏差应符合相关标准的规定。焊丝缠绕可按相关标准规定及用户要求，绕成焊丝捆、焊丝卷、焊丝盘等形状供货。所绕焊丝不允许有紊乱、弯折和波浪形。每捆、卷、盘内的焊丝应由一根焊丝绕成，并且焊丝末端应明显易找。每捆、卷、盘的尺寸、质量、包装类别由技术标准或用户要求而定。

3. 实心焊丝的选用要点

实心焊丝是目前最常用的焊丝。它是由热轧线材经拉拔加工而制成的，广泛应用于埋弧焊、气体保护电弧焊、电渣焊、堆焊、气焊、等离子弧焊、自保护焊等焊接工艺，还可应用于表面工程技术的施工中。

（1）埋弧焊用实心焊丝

1）低锰焊丝。含 Mn 量为 0.30%~0.65%（质量分数），如 H08A、H08E。配合高锰焊剂应用于低碳钢及强度级别较低的低合金钢焊接。

2）中锰焊丝。含 Mn 量为 0.80%~1.10%（质量分数），如 H08MnA、H10MnSi。主要用于低合金钢焊接，并可配合低锰焊剂用于低碳钢焊接。

3）高锰焊丝。含 Mn 量为 1.50%~2.10%（质量分数），如 H10Mn2、H08Mn2Si。主要用于低合金钢焊接。

表 3-19 焊丝化学成分

（质量分数,%）

焊丝型号	C	Mn	Si	P	S	Ni	Cr	Mo	V	Ti	Zr	Al	Cu①	其他元素总量
碳钢														
ER50-2	0.07	0.90~1.40	0.40~0.70	0.025	0.025					0.05~0.15	0.02~0.12	0.05~0.15		—
ER50-3		0.90~1.40	0.45~0.75	0.025	0.025					—	—	—		
ER50-4	0.06~0.15	1.00~1.50	0.65~0.85	0.025	0.025								0.50	
ER50-6		1.40~1.85	0.80~1.15	0.025	0.025									
ER50-7	0.07~0.15	1.50~2.00②	0.50~0.80	0.030	0.030	0.15	0.15	0.15	0.03					
ER49-1	0.11	1.80~2.10	0.65~0.95	0.030	0.030	0.30	0.20	—	—	—	—	—		
碳钼钢														
ER49-Al	0.12	1.30	0.30~0.70	0.025	0.025	0.20	—	0.40~0.65	—	—	—	—	0.35	0.50
铬钼钢														
ER55-B2	0.07~0.12	0.40~0.70	0.40~0.70	0.025	0.025	0.20	1.20~1.50	0.40~0.65	—					
ER49-B2L	0.05						1.20~1.50	0.40~0.65						
ER55-B2-MnV	0.06~0.10	1.20~1.60	0.60~0.90	0.030			1.00~1.30	0.50~0.70	0.20~0.40					
ER55-B2-Mn	0.06~0.10	1.20~1.70			0.025	0.25	0.90~1.20	0.45~0.65		—				
ER62-B3	0.07~0.12	0.40~0.70	0.40~0.70	0.025		0.20	2.30~2.70	0.90~1.20					0.35	0.50
ER55-B3L	0.05	0.40~0.70					2.30~2.70	0.90~1.20						
ER55-B6	0.10	0.40~0.70	0.50			0.60	4.50~6.00	0.45~0.65						
ER55-B8	0.10		0.50			0.50	4.50~6.00	0.80~1.20		—	—			
ER62-B9③	0.07~0.13	1.20	0.15~0.50	0.010	0.010	0.80	8.00~10.50	0.85~1.20	0.15~0.30			0.04	0.20	0.50

类别	牌号	C	Mn	Si	P	S	Ni	Cr	Mo	V	Ti	Zr	Al	Cu	其他元素总量
镍钢	ER55-Ni1	0.12	1.25	0.40~0.80	0.025	0.025	0.80~1.10	0.15	0.35	0.05	—	—	—	0.35	0.50
	ER55-Ni2	0.12	1.25	0.40~0.80	0.025	0.025	2.00~2.75	—	—	—	—	—	—	0.35	0.50
	ER55-Ni3	0.12	1.25	0.40~0.80	0.025	0.025	3.00~3.75	—	—	—	—	—	—	0.50	0.50
锰钼钢	ER55-D2	0.07~0.12	1.60~2.10	0.50~0.80	0.025	0.025	0.15	—	0.40~0.60	—	—	—	—	0.50	0.50
	ER62-D2	0.12	1.60~2.10	0.50~0.80	0.025	0.025	0.15	—	0.40~0.60	—	—	—	—	0.50	0.50
	ER55-D2-Ti	0.12	1.20~1.90	0.40~0.80	0.025	0.025	—	—	0.20~0.50	—	0.20	—	—	0.50	0.50
其他低合金钢	ER55-1	0.10	1.20~1.60	0.60	0.025	0.020	0.20~0.60	0.30~0.90	0.30	—	—	—	—	0.20~0.50	0.50
	ER69-1	0.08	1.25~1.80	0.20~0.55	0.010	0.010	1.40~2.10	0.30	0.25~0.55	0.05	0.10	0.10	0.10	—	0.50
	ER76-1	0.09	1.40~1.80	0.20~0.55	0.010	0.010	1.90~2.60	0.50	0.25~0.55	0.04	0.10	0.10	0.10	0.25	0.50
	ER83-1	0.10	1.40~1.80	0.25~0.60	0.010	0.010	2.00~2.80	0.60	0.30~0.65	0.03	0.10	0.10	0.10	0.25	0.50
	ERxx-G	供需双方协商确定													

注: 表中单值均为最大值。

① 如果焊丝镀铜，则焊丝中 Cu 含量（质量分数）和镀铜层中 Cu 含量之和不应大于 0.50%（质量分数）。

② Mn 的最大含量可以超过 2.00%（质量分数），但每增加 0.05%（质量分数）的 Mn，最大含 C 量应降低 0.01%（质量分数）。

③ Nb（Cb）：0.02%~0.10%（质量分数）；N：0.03%~0.07%（质量分数）；(Mn+Ni) ≤1.50%（质量分数）。

表 3-20　熔敷金属拉伸试验要求

焊丝型号	保护气体[①]	抗拉强度[②] R_m /MPa	屈服强度[②] $R_{p0.2}$ /MPa	伸长率 A(%)	试样状态
碳钢					
ER50-2	CO$_2$	≥500	≥420	≥22	焊态
ER50-3					
ER50-4					
ER50-6					
ER50-7					
ER49-1		≥490	≥372	≥20	
碳钼钢					
ER49-A1	Ar+(1%~5%)O$_2$	≥515	≥400	≥19	焊后热处理
铬钼钢					
ER55-B2	Ar+(1%~5%)O$_2$	≥550	≥470	≥19	焊后热处理
ER49-B2L		≥515	≥400		
ER55-B2-MnV	Ar+20%CO$_2$	≥550	≥440		
ER55-B2-Mn				≥20	
ER62-B3	Ar+(1%~5%)O$_2$	≥620	≥540	≥17	
ER55-B3L		≥550	≥470		
ER55-B6					
ER55-B8					
ER62-B9	Ar+5%O$_2$	≥620	≥410	≥16	
镍钢					
ER55-Ni1	Ar+(1%~5%)O$_2$	≥550	≥470	≥24	焊态
ER55-Ni2					焊后热处理
ER55-Ni3					
锰钼钢					
ER55-D2	CO$_2$	≥550	≥470	≥17	焊态
ER62-D2	Ar+(1%~5%)O$_2$	≥620	≥540	≥17	
ER55-D2-Ti	CO$_2$	≥550	≥470	≥17	
其他低合金钢					
ER55-1	Ar+20%CO$_2$	≥550	≥450	≥22	焊态
ER69-1	Ar+2%O$_2$	≥690	≥610	≥16	
ER76-1		≥760	≥660	≥15	
ER83-1		≥830	≥730	≥14	
ER××-G	供需双方协商				

① 本表分类时限定的保护气体类型，在实际应用中并不限制采用其他保护气体类型，但力学性能可能会产生变化。

② 对于 ER50-2、ER50-3、ER50-4、ER50-6、ER50-7 型焊丝，当伸长率超过最低值时，每增加 1%，抗拉强度和屈服强度可减少 10MPa，但抗拉强度最低值不得小于 480MPa，屈服强度最低值不得小于 400MPa。

埋弧焊用实心焊丝的直径一般在 1.6~6.0mm 范围以内。

（2）气体保护焊用实心焊丝

1）TIG 焊用焊丝。TIG 焊是指钨极惰性气体保护电弧焊。保护气体多采用氩（Ar）气。通常在焊接薄板时，可不加填充焊丝；焊接较厚的板材时，使用填充焊丝。由于氩气无氧化性，焊丝熔化后基本上没有成分的变化。因此，通常选用与母材成分一致的焊丝。

2）MIG、MAG 焊用焊丝。MIG 焊是指使用熔化电极的惰性气体保护电弧焊。通常采用氩（Ar）气保护。它主要用于焊接不锈钢等高合金钢。

MAG 焊是指利用活性气体（如 CO_2、$Ar+CO_2$、$Ar+CO_2+O_2$ 等）作为保护气体的金属极气体保护电弧焊方法。MAG 焊是为了改善电弧特性，而在氩气中加入适量的 O_2 或 CO_2 气体，成为具有一定氧化性的熔化极气体保护焊。焊接低合金钢时，采用 $Ar+5\%CO_2$ 的混合气体；焊接低碳不锈钢时，采用 $Ar+2\%O_2$ 的混合气体。

MIG、MAG 焊接，原则上都应采用与母材成分一致的焊丝，考虑到 MAG 焊时保护气体的氧化性，使某些合金元素氧化烧损，所以焊丝中的 Si、Mn 等脱氧元素的含量应当高于母材中的含量。

3）CO_2 焊用焊丝。焊接过程中，采用 CO_2 作为保护气体可以有效地防止空气侵入焊接区。由于 CO_2 具有氧化性，使焊丝中的各种元素在焊接过程中被剧烈地氧化。反应式如下：

$$CO_2+Fe \Longrightarrow FeO+CO$$

$$CO_2+Mn \Longrightarrow MnO+CO$$

$$2CO_2+Si \Longrightarrow SiO_2+2CO$$

此外，CO_2 在高温下分解出的原子氧也会使合金元素氧化。

由于合金元素氧化烧损，必然影响焊缝金属的化学成分与力学性能。如果焊丝中 Mn、Si 含量不足，其脱氧作用较差，会导致熔池结晶后期容易产生 CO 气孔。因此，CO_2 焊焊丝必须含有较高的 Mn、Si 等脱氧元素的含量，最常用的焊丝有 ER49-1、ER50-6 等。它们具有良好的焊接工艺性能及力学性能，适宜于焊接低碳钢和屈服强度 ≤500MPa 的低合金钢。当焊接强度级别较高的钢种时，则应选用含 Mo 的焊丝。

为解决 CO_2 焊的飞溅问题，研制了活性焊丝，方法是在焊丝表面或内部添加 K、Cs 等易电离物质的焊丝。易电离物质称为电弧活化剂，加入活化剂的焊丝称为活性焊丝。

由于加入易电离物质，使得电弧弧柱横向尺寸增大，减小了阻碍熔滴脱落的电磁力。由于电弧稳定，电弧活性斑点稳定在电极的端部，使得熔滴温度升高、表面张力减小而易于脱落。从而改善了 CO_2 焊的熔滴过渡特性，以小滴形式从焊丝末端不断脱落，而呈细滴喷射过渡，这样就大大减少了飞溅。

据有关文献介绍，活性焊丝与普通焊丝相比，飞溅率从 10%~12% 降低到 2%~3%，焊接速度提高 0.5~1 倍，并且焊缝熔透良好，表面光滑，脱渣性好，以及焊缝低温冲击韧度及抗气孔能力得到改善。由于具有上述这些优点，所以活性焊丝是 CO_2 焊中很有发展前途的焊丝。

（3）电渣焊焊丝　电渣焊焊丝在焊接过程中主要起填充金属及合金化的作用。低碳钢、低合金钢电渣焊常用焊丝牌号为 H08MnA、H10Mn2、H10MnSi、H08Mn2Si 及

H10Mn2MoVA 等。

3.2.3 药芯焊丝

药芯焊丝是将钢带卷成圆形钢管的同时，在其中填满一定成分的药粉，包括造气剂、造渣剂、金属粉等，经拉拔而成的一种焊丝。此外也有无缝药芯焊丝。

我国 2005—2014 年主要焊接材料的产量发生了很大的变化，药芯焊丝从 2005 年的 7 万 t 增长到 2014 年的 40 万 t，增长率为 471%。药芯焊丝在当年焊接材料总产量的比例，由 2005 年的 2.57% 提高到 2014 年的 8.99%。以上数据反映出我国的焊接机械化及自动化的水平也在不断地提高。

1. 药芯焊丝的特点

（1）药芯焊丝的优点　与实心焊丝相比，药芯焊丝具有以下优点：

1）适用于各种钢材的焊接。调整药芯的成分及比例非常容易、方便，因此可以提供所要求的熔敷金属化学成分及性能指标。

2）焊接工艺性能优良。焊缝成形美观。采用气渣联合保护，接头质量优良。

3）焊接飞溅小。由于药芯焊丝中加入了稳弧剂而使电弧稳定燃烧，熔滴为均匀的喷射状过渡，所以焊接飞溅很少，并且飞溅颗粒也小，减少了清理焊缝的工时。

4）可进行全位置焊接，并可以采用较大的焊接电流。如 ϕ1.2mm 的焊丝，其焊接电流可达 280A。

5）在相同的焊接电流下，药芯焊丝的电流密度大，熔化速度快，生产率比焊条电弧焊高 3~5 倍。熔敷速度高于实心焊丝。

（2）药芯焊丝的缺点：

1）药芯焊丝的制造工艺比较复杂。

2）药芯焊丝的表面容易锈蚀，药芯粉剂容易吸潮。因此，要求对于药芯焊丝的保存及管理更为严格。

3）焊接时，送丝比实心焊丝困难一些。

2. 药芯焊丝的分类

药芯焊丝的分类如图 3-5 所示。

药芯焊丝按其外层结构可分为由冷轧薄钢带制成的有缝药芯焊丝，以及采用无缝钢管压入所需粉剂，再拉拔制成，或焊成钢管形的无缝药芯焊丝。由于无缝药芯焊丝在制造工艺上可以采用表面镀铜技术，因而具有防潮、宜于长期存放等优点，已成为发展趋势。

药芯焊丝按其内部填充的材料可分为有造渣剂等粉剂的造渣型药芯焊丝及无造渣剂的金属粉型药芯焊丝。

药芯焊丝按照渣的碱度可分为钛型（酸性渣）药芯焊丝、钙钛型（中性或碱性渣）药芯焊丝及钙型（碱性渣）药芯焊丝。钛型渣系焊丝的焊道成形美观，焊接工艺性能优良，但是焊缝的抗裂性及韧性稍差；钙型渣系焊丝的焊缝抗裂性及韧性优良，而焊道成形和焊接工艺性能稍差；钙钛型渣系焊丝的性能介于上述两者之间。

金属粉型药芯焊丝的焊接特性类似于实心焊丝，在抗裂性和熔敷效率方面优于造渣型药芯焊丝，目前已应用于钢架结构及车辆制造工业中，正在逐步取代实心焊丝。

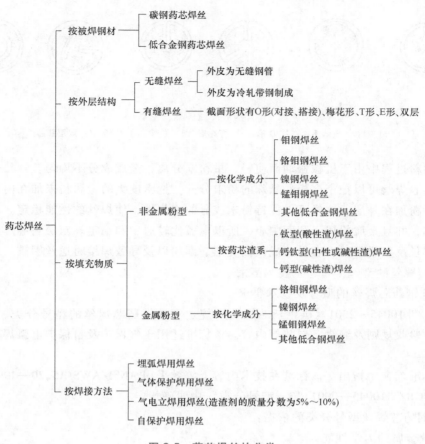

图 3-5　药芯焊丝的分类

3. 药芯焊丝的截面形状

药芯焊丝的截面形状对于焊接工艺性能与冶金性能有很大的影响。据有关文献介绍，药芯焊丝的截面形状已达数十种，其中常用的截面形状如图 3-6 所示。

采用高速摄影方法，研究不同截面形状药芯焊丝的焊接性能发现：实心焊丝的电弧是在焊丝端部整个截面上产生的；O 形截面 $\phi3.2mm$ 药芯焊丝的电弧则是在焊丝端部沿着 O 形钢皮产生的，并且飘移不定，甚至还会沿钢皮形成旋转电弧，造成很大飞溅。药芯往往成块下落，使冶金反应不稳定。T 形截面药芯焊丝的电弧在弧柱面上有一条缺口。然而，E 形和双层截面药芯焊丝的电弧可以稳定地燃烧在焊丝全部端面上，保护效果较好。

总之，药芯焊丝截面形状越复杂、越对称，电弧越稳定，药芯的冶金反应和保护作用越充分，熔敷金属含氮量越少。但是，随着药芯焊丝直径的减小，这些差别逐渐缩小。当直径减小到 1.6mm 时，不同截面形状药芯焊丝的电弧稳定性及冶金性能基本趋于一致。所以，目前 $\phi2.0mm$ 以下的小直径药芯焊丝一般采用简单的 O 形截面；$\phi2.4mm$ 以上的大直径药芯焊丝多采用 E 形或双层等复杂截面。

E 形截面药芯焊丝，由于折叠的钢带偏向截面的一侧，当焊丝与母材之间的角度比较小时，容易发生电弧偏吹现象。在制造工艺上，E 形焊丝是把密度不同的粉末混合在一起，因

a)   b)   c)   d)   e)   f)

图 3-6   药芯焊丝的截面形状

a) 对接 O 形   b) 搭接 O 形   c) 梅花形   d) T 形   e) E 形   f) 双层药芯

而容易在加粉过程中由于机械振动而使轻、重粉末分离，造成成分不均匀。

双层药芯焊丝可以把密度相差悬殊的粉末分开，把密度大的金属粉末加在内层，把密度较小的矿石粉加在外层。这样可以保持粉末成分的均匀性，使焊丝的性能稳定。由于它的截面比较对称，并且金属粉居于截面中心，所以电弧比较居中和稳定。双层药芯焊丝的不足之处是，当焊丝反复烘干时，容易造成截面变形、漏粉以及导致焊接时送丝困难。

4. 药芯焊丝的型号、牌号及技术要求

（1）碳钢药芯焊丝的型号及技术要求

1）GB/T 10045—2001《碳钢药芯焊丝》规定了碳钢药芯焊丝的型号分类、技术要求、试验方法、验收规则及缠绕、包装等内容。该标准适用于气保护及自保护电弧焊用碳钢药芯焊丝。

在该标准前言中指出：该标准在技术内容上等效采用 ANSI/AWS A5.20—1995。

2）在 GB/T 10045—2001 "3   型号分类"中明确规定：

① 碳钢药芯焊丝型号分类的依据：

a. 熔敷金属的力学性能。

b. 焊接位置。

c. 焊丝类别特点，包括保护类型、电流类型、渣系特点等。

② 碳钢药芯焊丝型号的表示方法为 E×××T-×ML，字母 "E" 表示焊丝，字母 "T" 表示药芯焊丝。型号中的符号按排列顺序分别说明如下：

a. 熔敷金属力学性能。字母 "E" 后面的前两个符号 "××" 表示熔敷金属的力学性能，见表 3-21。

b. 焊接位置。字母 "E" 后面的第三个符号 "×" 表示推荐的焊接位置，其中，"0" 表示平焊和横焊位置，"1" 表示全位置。

c. 焊丝类别特点。短划后面的符号 "×" 表示焊丝的类别特点，具体要求与说明见表 3-22 及该标准的附录 B。

d. 字母 "M" 表示保护气体为（75% ~ 80%）$Ar+CO_2$。当无字母 "M" 时，表示保护气体为 CO_2 或为自保护类型。

e. 字母 "L" 表示焊丝熔敷金属的冲击性能在 -40℃ 时，其 V 型缺口冲击吸收能量不小于 27J。当无字母 "L" 时，表示焊丝熔敷金属的冲击性能符合一般要求，见表 3-21。

③ 碳钢药芯焊丝型号举例如下：

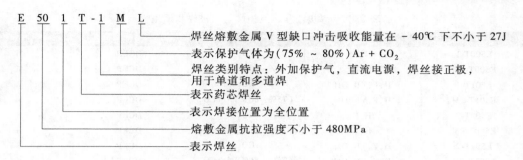

E 50 1 T-1 M L
┌─ 焊丝熔敷金属 V 型缺口冲击吸收能量在 - 40℃ 下不小于 27J
├─ 表示保护气体为(75% ~ 80%)Ar + CO₂
├─ 焊丝类别特点：外加保护气，直流电源，焊丝接正极，
│ 用于单道和多道焊
├─ 表示药芯焊丝
├─ 表示焊接位置为全位置
├─ 熔敷金属抗拉强度不小于 480MPa
└─ 表示焊丝

表 3-21 碳钢药芯焊丝熔敷金属力学性能要求[1]

型号	抗拉强度 R_m /MPa	屈服强度 R_{eL} 或 $R_{p0.2}$ /MPa	伸长率 A_5 (%)	V 型缺口冲击性能	
				试验温度 /℃	冲击吸收能量 /J
E50×T-1,E50×T-1M[2]	480	400	22	−20	27
E50×T-2,E50×T-2M[3]	480	—	—	—	—
E50×T-3[3]	480	—	—	—	—
E50×T-4	480	400	22	—	—
E50×T-5,E50×T-5M[2]	480	400	22	−30	27
E50×T-6[2]	480	400	22	−30	27
E50×T-7	480	400	22	—	—
E50×T-8	480	400	22	−30	27
E50×T-9,E50×T-9M[2]	480	400	22	−30	27
E50×T-10[3]	480	—	—	—	—
E50×T-11	480	400	20	—	—
E50×T-12,E50×T-12M[2]	480 ~ 620	400	22	−30	27
E43×T-13[3]	415	—	—	—	—
E50×T-13[3]	480	—	—	—	—
E50×T-14[3]	480	—	—	—	—
E43×T-G	415	330	22	—	—
E50×-G	480	400	22	—	—
E43×T-GS[3]	415	—	—	—	—
E50×T-GS[3]	480	—	—	—	—

[1] 表中所列单值均为最小值。

[2] 型号带有字母"L"的焊丝，其熔敷金属冲击性能应满足以下要求：

型号	V 型缺口冲击性能要求
E50×T-1L,E50×T-1ML E50×T-5L,E50×T-5ML E50×T-6L E50×T-8L E50×T-9L,E50×T-9ML E50×T-12L,E50×T-12ML	−40℃ ,≥27J

[3] 这些型号主要用于单道焊接而不用于多道焊接。因为只规定了抗拉强度，所以只要求做横向拉伸和纵向辊筒弯曲（缠绕式导向弯曲）试验。

表 3-22 焊接位置、保护类型、极性和适用性要求

型号	焊接位置[1]	外加保护气[2]	极性[3]	适用性[4]
E500T-1	H,F	CO_2	DCEP	M
E500T-1M	H,F	(75%~80%)Ar+CO_2	DCEP	M
E501T-1	H,F,VU,OH	CO_2	DCEP	M
E501T-1M	H,F,VU,OH	(75%~80%)Ar+CO_2	DCEP	M
E500T-2	H,F	CO_2	DCEP	S
E500T-2M	H,F	(75%~80%)Ar+CO_2	DCEP	S
E501T-2	H,F,VU,OH	CO_2	DCEP	S
E501T-2M	H,F,VU,OH	(75%~80%)Ar+CO_2	DCEP	S
E500T-3	H,F	无	DCEP	S
E500T-4	H,F	无	DCEP	M
E500T-5	H,F	CO_2	DCEP	M
E500T-5M	H,F	(75%~80%)Ar+CO_2	DCEP	M
E501T-5	H,F,VU,OH	CO_2	DCEP 或 DCEN[5]	M
E501T-5M	H,F,VU,OH	(75%~80%)Ar+CO_2	DCEP 或 DCEN[5]	M
E500T-6	H,F	无	DCEP	M
E500T-7	H,F	无	DCEN	M
E501T-7	H,F,VU,OH	无	DCEN	M
E500T-8	H,F	无	DCEN	M
E501T-8	H,F,VU,OH	无	DCEN	M
E500T-9	H,F	CO_2	DCEP	M
E500T-9M	H,F	(75%~80%)Ar+CO_2	DCEP	M
E501T-9	H,F,VU,OH	CO_2	DCEP	M
E501T-9M	H,F,VU,OH	(75%~80%)Ar+CO_2	DCEP	M
E500T-10	H,F	无	DCEN	S
E500T-11	H,F	无	DCEN	M
E501T-11	H,F,VU,OH	无	DCEN	M
E500T-12	H,F	CO_2	DCEP	M
E500T-12M	H,F	(75%~80%)Ar+CO_2	DCEP	M
E501T-12	H,F,VU,OH	CO_2	DCEP	M
E501T-12M	H,F,VU,OH	(75%~80%)Ar+CO_2	DCEP	M
E431T-13	H,F,VD,OH	无	DCEN	S
E501T-13	H,F,VD,OH	无	DCEN	S
E501T-14	H,F,VD,OH	无	DCEN	S
E××0T-G	H,F	—	—	M
E××1T-G	H,F,AD 或 VU,OH	—	—	M
E××0T-GS	H,F	—	—	S
E××1T-GS	H,F,VD 或 VU,OH	—	—	S

① H 为横焊，F 为平焊，OH 为仰焊，VD 为立向下焊，VU 为立向上焊。

② 对于使用外加保护气的焊丝（E×××T-1，E×××T-1M，E×××T-2，E×××T-2M，E×××T-5，E×××T-5M，E×××T-9，E×××T-9M 和 E×××T-12，E×××T-12M），其金属的性能随保护气类型不同而变化。用户在未向焊丝制造商咨询前不应使用其他保护气。

③ DCEP 为直流电源，焊丝接正极；DCEN 为直流电源，焊丝接负极。

④ M 为单道和多道焊，S 为单道焊。

⑤ E501T-5 和 E501T-5M 型焊丝可在 DCEN 极性下使用以改善不适当位置的焊接性，推荐的极性请咨询制造商。

3）碳钢药芯焊丝的技术要求。

① 焊丝熔敷金属拉伸试验和 V 型缺口冲击试验结果以及单道焊丝对接接头横向拉伸试验结果应符合表 3-21 规定。

② 单道焊丝对接接头纵向辊筒弯曲（缠绕式导向弯曲）试验，试样弯曲后，在焊缝上

不应有长度超过 3.2mm 的裂纹或其他表面缺陷。

③ 焊丝熔敷金属化学成分应符合表 3-23 规定。

表 3-23　熔敷金属化学成分要求[①]、[②]　　　　　　（质量分数,%）

型号	C	Mn	Si	S	P	Cr[③]	Ni[③]	Mo[③]	V[③]	Al[③]、[④]	Cu[③]
E50×T-1 E50×T-1M E50×T-5 E50×T-5M E50×T-9 E50×T-9M	0.18	1.75	0.90	0.03	0.03	0.20	0.50	0.30	0.08	—	0.35
E50×4 E50×T-6 E50×T-7 E50×T-8 E50×T-11	[⑤]	1.75	0.60	0.03	0.03	0.20	0.50	0.30	0.08	1.8	0.35
E×××T-G[⑥]	[⑤]	1.75	0.90	0.03	0.03	0.20	0.50	0.30	0.08	1.8	0.35
E50×-12 E50×T-12M	0.15	1.60	0.90	0.03	0.03	0.20	0.50	0.30	0.08	—	0.35
E50×T-2 E50×T-2M E50×T-3 E50×T-10 E43×T-13 E50×T-13 E50×T-14 E×××T-GS						无规定					

① 应分析表中列出值的特定元素。

② 单值均为最大值。

③ 这些元素如果是有意添加的,应进行分析并报出数值。

④ 只适用于自保护焊丝。

⑤ 该值不做规定,但应分析其数值并出示报告。

⑥ 该类焊丝添加的所有元素总和不应超过 5% （质量分数）。

④ 焊缝金属射线探伤应符合 GB/T 3323 中Ⅱ级规定。

⑤ 焊丝直径为 0.8mm、1.0mm、1.2mm、1.4mm、1.6mm 时,极限偏差为±0.5mm;焊丝直径为 2.0mm、2.4mm、2.8mm、3.2mm、4.0mm 时,极限偏差为±0.8mm。

⑥ 焊丝的药芯应填充均匀,以使焊接工艺性能和熔敷金属力学性能不受影响。

⑦ 焊丝应适合在自动或半自动焊接设备上均匀、连续地送进。

（2）低合金钢药芯焊丝的型号及技术要求

1）GB/T 17493—2008《低合金钢药芯焊丝》规定了低合金钢药芯焊丝的分类和型号、技术要求、试验方法、检验规则、包装、标志及品质证明书。该标准适用于电弧焊用低合金钢药芯焊丝。

在该标准前言中指出：该标准根据 AWS A5.29M：2005 和 AWS A5.28M：2005 中金属粉芯焊丝部分重新起草。

2）在 GB/T 17493—2008 "3　分类和型号"中明确规定：

① 焊丝分类。

　　a. 焊丝按药芯类型分为非金属粉型药芯焊丝和金属粉型药芯焊丝。

　　b. 非金属粉型药芯焊丝按化学成分分为钼钢、铬钼钢、镍钢、锰钼钢和其他低合金钢五类；金属粉型药芯焊丝按化学成分分为铬钼钢、镍钢、锰钼钢和其他低合金钢四类。

　　② 型号划分。非金属粉型药芯焊丝型号按熔敷金属的抗拉强度和化学成分、焊接位置、药芯类型和保护气体进行划分；金属粉型药芯焊丝型号按熔敷金属的抗拉强度和化学成分进行划分。

　　③ 型号编制方法。

　　a. 非金属粉型药芯焊丝型号为 E×××T×-×× (-J H×)，其中字母"E"表示焊丝，字母"T"表示非金属粉型药芯焊丝，其他符号说明如下：

　　a）熔敷金属抗拉强度以字母"E"后面的前两个符号"××"表示熔敷金属的最低抗拉强度。

　　b）焊接位置以字母"E"后面的第三个符号"×"表示推荐的焊接位置，见表 3-24。

表 3-24　低合金钢药芯焊丝药芯类型、焊接位置、保护气体及电流种类

焊丝	药芯类型	药芯特点	型号	焊接位置	保护气体[①]	电流种类
非金属粉型	1	金红石型,熔滴呈喷射过渡	E××0T1×C	平、横	CO_2	直流反接
			E××0T1×M		Ar+(20%~25%)CO_2	
			E××1T1×C	平、横、仰、立向上	CO_2	
			E××1T1×M		Ar+(20%~25%)CO_2	
	4	强脱硫、自保护型,熔滴呈粗滴过渡	E××0T4-×		—	
	5	氧化钙-氟化物型,熔滴呈粗滴过渡	E××0T5-×C	平、横	CO_2	
			E××0T5-×M		Ar+(20%~25%)CO_2	
			E××1T5-×C	平、横、仰、立向上	CO_2	直流反接或正接[②]
			E××1T5-×M		Ar+(20%~25%)CO_2	
	6	自保护型,熔滴呈喷射过渡	E××0T6-×	平、横		直流正接
	7	强脱硫、自保护型,熔滴呈喷射过渡	E××0T7-×	平、横		直流正接
			E××1T7-×	平、横、仰、立向上	—	
	8	自保护型,熔滴呈喷射过渡	E××0T8-×	平、横		
			E××1T8-×	平、横、仰、立向上		
	11	自保护型,熔滴呈喷射过渡	E××0T11-×	平、横		
			E××1T11-×	平、横、仰、立向下		
	×[②]	③	E××0T×-G	平、横		③
			E××1T×-G	平、横、仰、立向上或向下		
			E××0T×-GC	平、横	CO_2	
			E××1T×-GC	平、横、仰、立向上或向下		
			E××0T×-GM	平、横	Ar+(20%~25%)CO_2	
			E××1T×-GM	平、横、仰、立向上或向下		
	G	不规定	E××0TG-×	平、横	不规定	不规定
			E××1TG-×	平、横、仰、立向上或向下		
			E××0TG-G	平、横		
			E××1TG-G	平、横、仰、立向上或向下		

（续）

焊丝	药芯类型	药芯特点	型号	焊接位置	保护气体①	电流种类
金属粉型		主要为纯金属和合金，熔渣极少，熔滴呈喷射过渡	E××C-B2, -B2L E××C-B3, -B3L E××C-B6, -B8 E××C-Ni1, -Ni2, -Ni3 E××C-D2	不规定	Ar+（1%~5%）O$_2$	不规定
			E××C-B9 E××C-K3, -K4 E××C-W2		Ar+（5%~25%）CO$_2$	
		不规定	E××C-G	不规定		

① 为保证焊缝金属性能，应采用表中规定的保护气体，如供需双方协商也可采用其他保护气体。

② 某些 E××1T5-×C，-×M 焊丝，为改善立焊和仰焊的焊接性能，焊丝制造厂也可能推荐采用直流正接。

③ 可以是上述任一种药芯类型，其药芯特点及电流种类应符合该类药芯焊丝相对应的规定。

c）药芯类型以字母"T"后面的符号"×"表示药芯类型及电流种类，见表 3-24。

d）熔敷金属化学成分以第一个短划"-"后面的符号"×"表示熔敷金属化学成分代号。

e）保护气体以化学成分代号后面的符号"×"表示保护气体类型；"C"表示 CO$_2$ 气体，"M"表示 Ar+（20%~25%）CO$_2$ 混合气体，当该位置没有符号出现时，表示不采用保护气体，为自保护型，见表 3-24。

f）更低温度的冲击性能（可选附加代号）以型号中如果出现第二个短划"-"及字母"J"时，表示焊丝具有更低温度的冲击性能。

g）熔敷金属扩散氢含量（可选附加代号）以型号中如果出现第二个短划"-"及字母"H×"时，表示熔敷金属扩散氢含量，×为扩散氢含量最大值。

b. 金属粉型药芯焊丝型号为 E××C-×（-H×），其中字母"E"表示焊丝，字母"C"表示金属粉型药芯焊丝，其他符号说明如下：

a）熔敷金属抗拉强度以字母"E"后面的两个符号"××"表示熔敷金属的最低抗拉强度。

b）熔敷金属化学成分以第一个短划"-"后面的符号"×"表示熔敷金属化学成分代号。

c）熔敷金属扩散氢含量（可选附加代号）以型号中如果出现第二个短划"-"及字母"H×"时，表示熔敷金属扩散氢含量，×为扩散氢含量最大值。

低合金钢药芯焊丝型号示例如下：

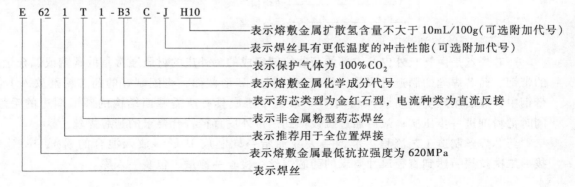

E 62 1 T 1 -B3 C -J H10

- 表示熔敷金属扩散氢含量不大于 10mL/100g（可选附加代号）
- 表示焊丝具有更低温度的冲击性能（可选附加代号）
- 表示保护气体为 100%CO$_2$
- 表示熔敷金属化学成分代号
- 表示药芯类型为金红石型，电流种类为直流反接
- 表示非金属粉型药芯焊丝
- 表示推荐用于全位置焊接
- 表示熔敷金属最低抗拉强度为 620MPa
- 表示焊丝

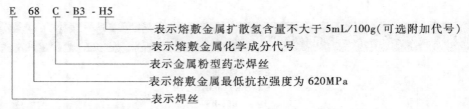

E 68 C - B3 - H5
- 表示熔敷金属扩散氢含量不大于5mL/100g(可选附加代号)
- 表示熔敷金属化学成分代号
- 表示金属粉型药芯焊丝
- 表示熔敷金属最低抗拉强度为620MPa
- 表示焊丝

3）低合金钢药芯焊丝的技术要求。

① 熔敷金属化学成分应符合表3-25的规定。

② 熔敷金属拉伸试验结果及V型缺口冲击试验结果应符合表3-26的规定。

③ 焊缝射线探伤应符合GB/T 3323—2005中附录C的Ⅱ级规定。

④ 焊丝尺寸应符合表3-27的规定。

⑤ 焊丝质量：焊丝表面应光滑，无毛刺、凹坑、划痕、锈蚀、氧化皮和油污等缺陷，也不应有其他不利于焊接操作或对焊缝金属有不良影响的杂质；焊丝的填充粉应分布均匀，以使焊接工艺性能和熔敷金属力学性能不受影响。

⑥ 焊丝送丝性能：缠绕的焊丝应适于在自动和半自动焊机上连续送丝；焊丝接头处应适当加工，以保证均匀连续送丝。

⑦ 熔敷金属扩散氢含量：根据供需双方协商，如在焊丝型号后附加扩散氢代号，熔敷金属扩散氢含量应符合表3-28的规定。

（3）药芯焊丝的牌号　按照《焊接材料产品样本》一书中的规定，药芯焊丝牌号的表示方法如下：

1）牌号的第一个字母"Y"表示药芯焊丝。

2）牌号的第二个字母及随后的三位数字与相应的焊条牌号相同（焊条牌号的编制方法见本章3.1.2节及本书的附录A）。

3）牌号中短划"-"后的数字，表示焊接时的保护方法："1"为气保护，"2"为自保护，"3"为气保护、自保护两用，"4"为其他保护方式。

4）药芯焊丝如有特殊性能和用途时，则在牌号后面加注起主要作用的元素和主要用途的字母，一般不超过两个字母。

例如：

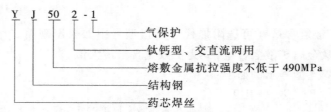

Y J 50 2 - 1
- 气保护
- 钛钙型、交直流两用
- 熔敷金属抗拉强度不低于490MPa
- 结构钢
- 药芯焊丝

5. 药芯焊丝的制造工艺

药芯焊丝是由管状外皮及内部的药芯粉剂组成的。外皮的材质通常是低碳钢或低合金钢的带钢。药芯焊丝的制造过程是：将带钢轧制成U形截面，将配制好的药芯粉剂放入U形带钢中；然后用压实辊将装入粉剂的U形钢带压成具有所需截面结构的圆形周边的毛坯，同时把粉剂进一步压实；最后通过拉拔得到钢带外皮直径符合要求的药芯焊丝。

药芯焊丝制造工艺流程：带钢→去除油脂→轧制成U形→放入混合的粉剂→一次拉拔→二次拉拔→达到直径尺寸要求的药芯焊丝→检验→称量、包装→入库。

表 3-25　部分低合金钢药芯焊丝熔敷金属化学成分

（质量分数，%）

型号	C	Mn	Si	S	P	Ni	Cr	Mo	V	Al	Cu	其他元素总量
钼钢焊丝　非金属粉型												
E49×T5-A1C, -A1M	0.12	1.25	0.80	0.030	0.030	—	—	0.40~0.65	—	—	—	—
E55×T1-A1C, -A1M	0.12	1.25	0.80	0.030	0.030	—	—	0.40~0.65	—	—	—	—
铬钼钢焊丝　非金属粉型												
E55×T1-B1C, -B1M	0.05~0.12	1.25	0.80	0.030	0.030	—	0.40~0.65	0.40~0.65	—	—	—	—
E55×T1-B1LC, -B1LM	0.05	1.25	0.80	0.030	0.030	—	0.40~0.65	0.40~0.65	—	—	—	—
E55×T1-B2C, -B2M	0.05~0.12	1.25	0.80	0.030	0.030	—	1.00~1.50	0.40~0.65	—	—	—	—
E55×T5-B2C, -B2M	0.05~0.12	1.25	0.80	0.030	0.030	—	1.00~1.50	0.40~0.65	—	—	—	—
E55×T1-B2LC, -B2LM	0.05	1.25	0.80	0.030	0.030	—	1.00~1.50	0.40~0.65	—	—	—	—
E55×T5-B2LC, -B2LM	0.05	1.25	0.80	0.030	0.030	—	1.00~1.50	0.40~0.65	—	—	—	—
E55×T1-B2HC, -B2HM	0.10~0.15	1.25	0.80	0.030	0.030	—	1.00~1.50	0.40~0.65	—	—	—	—
E62×T1-B3C, -B3M	0.05~0.12	1.25	0.80	0.030	0.030	—	2.00~2.50	0.90~1.20	—	—	—	—
E62×T5-B3C, -B3M	0.05~0.12	1.25	0.80	0.030	0.030	—	2.00~2.50	0.90~1.20	—	—	—	—
E69×T1-B3C, -B3M	0.05~0.12	1.25	0.80	0.030	0.030	—	2.00~2.50	0.90~1.20	—	—	—	—
E62×T1-B3LC, -B3LM	0.05	1.25	0.80	0.030	0.030	—	2.00~2.50	0.90~1.20	—	—	—	—
E62×T1-B3HC, -B3HM	0.10~0.15	1.25	0.80	0.030	0.030	—	2.00~2.50	0.90~1.20	—	—	—	—
E55×T1-B6C, -B6M	0.05~0.12	1.25	1.00	0.040	0.040	0.40	4.0~6.0	0.45~0.65	—	—	0.50	—
E55×T5-B6C, -B6M	0.05~0.12	1.25	1.00	0.040	0.040	0.40	4.0~6.0	0.45~0.65	—	—	0.50	—
镍钢焊丝　金属粉型												
E55C-Ni1	0.12	1.50	0.90	0.030	0.025	0.80~1.10	—	0.30	0.03	—	0.35	0.50
E49C-Ni2	0.08	1.25	0.90	0.030	0.025	1.75~2.75	—	—	0.03	—	0.35	0.50
E55C-Ni2	0.12	1.50	0.90	0.030	0.025	1.75~2.75	—	—	0.03	—	0.35	0.50
E55C-Ni3	0.12	1.50	0.90	0.030	0.025	2.75~3.75	—	—	0.03	—	0.35	0.50
锰钼钢焊丝　金属粉型												
E62C-D2	0.12	1.00~1.90	0.90	0.030	0.025	—	—	0.40~0.60	0.03	—	0.35	0.50

注：除另有注明外，所列单值均为最大值。

表 3-26　部分低合金钢药芯焊丝熔敷金属的力学性能

型号[①]	试样状态	抗拉强度 R_m /MPa	规定塑性延伸强度 $R_{p0.2}$ /MPa	伸长度 A (%)	冲击性能[②]	
					吸收能量 KV/J	试验温度 /℃
非金属粉型						
E49×T5-A1C, -A1M	焊后热处理	490~620	≥400	≥20	≥27	-30
E55×T1-A1C, -A1M		550~690	≥470	≥19		—
E55×T1-B1C, -B1M, -B1LC, -B1LM						
E55×T1-B2C, -B2M, -B2LC, -B2LM, -B2HC, -B2HM						
E55×T5-B2C, -B2M, -B2LC, -B2LM						
E62×T1-B3C, -B3M, -B3LC, -B3LM, -B3HC, -B3HM		620~760	≥540	≥17		
E62×T5-B3C, -B3M						
E69×T1-B3C, -B3M		690~830	≥610	≥16		
E55×T1-B6C, -B6M, -B6LC, -B6LM		550~690	≥470	≥19		
E55×T5-B6C, -B6M, -B6LC, -B6LM						
E55×T1-B8C, -B8M, -B8LC, -B8LM						
E55×T5-B8C, -B8M, -B8LC, -B8LM						
E62×T1-B9C, -B9M		620~830	≥540	16		
E43×T1-Ni1C, Ni1M	焊态	480~550	≥340	≥22		-30
E49×T1-Ni1C, Ni1M		490~620	≥400	≥20		
E49×T6-Ni1						
E49×T8-Ni1						
E55×T1-Ni1C, Ni1M	焊后热处理	550~690	≥470	≥19	—	-50
E55×T5-Ni1C, Ni1M						
E49×T8-Ni2	焊态	490~620	≥400	≥20		-30
E55×T8-Ni2		550~690	≥470	≥19		-40
E55×T1-Ni2C, Ni2M						
E55×T5-Ni2C, Ni2M	焊后热处理					-60
E62×T1-Ni2C, Ni2M	焊态	620~760	≥540	≥17		-40
E55×T5-Ni3C, Ni3M	焊后热处理	550~690	≥470	≥19		-70
E62×T5-Ni3C, Ni3M		620~760	≥540	≥17		

注：1. 对于 E×××T×-G，-GC，-GM、E×××TG-×和 E×××TG-G 型焊丝，熔敷金属冲击性能由供需双方商定。

2. 对于 E××C-G 型焊丝，除熔敷金属抗拉强度外，其他力学性能由供需双方商定。

① 在实际型号中"×"用相应的符号替代。

② 非金属粉型焊丝型号中带有附加代号"J"时，对于规定的冲击吸收能量，试验温度应降低 10℃。

　　属于 GB/T 10045—2001、GB/T 17493—2008 规定的碳钢药芯焊丝、低合金钢药芯焊丝都应符合国家标准的规定。药芯焊丝通常都应做熔敷金属化学成分分析、熔敷金属力学性能试验（包括拉伸试验、V 型缺口冲击试验）、射线探伤试验、扩散氢试验、对接接头横向拉伸和纵向辊筒弯曲试验、角焊缝试验等。任何一项检验不合格时，该项应加倍复验。加倍复验的结果应全部符合对该项检验的要求。

表 3-27　低合金钢药芯焊丝的尺寸　　　　　　　　　　　（单位：mm）

焊丝直径	极限偏差
0.8,0.9,1.0,1.2,1.4	+0.02 −0.05
1.6,1.8,2.0,2.4,2.8	+0.02 −0.06
3.0,3.2,4.0	+0.02 −0.07

注：根据供需双方协商，可生产其他尺寸的焊丝。

表 3-28　低合金钢药芯焊丝熔敷金属扩散氢含量

扩散氢可选附加代号	扩散氢含量(水银法或色谱法)/(mL/100g)
H15	≤15.0
H10	≤10.0
H5	≤5.0

焊丝表面应光滑，无毛刺、凹坑、划痕、锈皮和油污；应适合在自动或半自动焊设备上均匀、连续地送进；药芯应分布均匀，不应有其他对于焊接工艺性能及熔敷金属性能不良影响的杂质等。

焊丝可绕成盘或卷供货。每一盘（卷）焊丝应由一根长度连续的焊丝绕成，并应由同一批材料制成。缠绕应排列有序，不许紊乱，应避免出现扭转、锐弯或其他影响送丝性能的不规则现象。焊丝始末端应固定，末端（即外端）应有明显标志。

6. 药芯焊丝的选用要点

1）对于承载结构应按等强度的原则选用药芯焊丝，以保证焊接接头强度与母材一致。

2）对于大型刚性结构应按等韧性原则选用药芯焊丝，以防止可能产生的低应力脆性破坏。

3）对于某些高强度合金钢应按低强匹配原则选用药芯焊丝，以改善焊接工艺性能。

4）对于要求焊缝金属与母材同质时，则应注意熔敷金属化学成分与母材基本相近。

5）对于承受动载的、重要的焊接结构，应当选用抗裂性及韧性优良的碱性药芯焊丝。

6）选用药芯焊丝时，应当注意采用的保护方式。通常自保护焊丝在焊接过程中容易使熔敷金属受到大气的污染，焊接质量低于有外加气体保护的焊接。采用 $Ar+CO_2$ 混合气体的焊接，由于改善了焊接工艺性能，其焊接质量又比只用 CO_2 气体保护的更好一些。因此，重要的焊接结构采用 $Ar+CO_2$ 混合气体保护，焊接质量更好。

实心焊丝与药芯焊丝气体保护焊的焊接工艺性能比较见表 3-29。焊接实践表明：药芯焊丝在工艺性能、焊接质量及对于各种金属材料的适应性等方面均优于实心焊丝，因此得到了广泛的应用，并且有逐步取代实心焊丝的趋势。

表 3-29 实心焊丝与药芯焊丝气体保护焊的焊接工艺性能比较

焊接工艺性能			实心焊丝		药芯焊丝,CO_2 焊接	
			CO_2 焊接	(Ar+CO_2) 焊接	熔渣型	金属粉型
焊接操作性	平焊	超薄板($\delta \leqslant 2mm$)	稍差	优	稍差	稍差
		薄板($\delta < 6mm$)	一般	优	优	优
		中板($\delta > 6mm$)	良	良	良	良
		厚板($\delta > 25mm$)	良	良	良	良
	横角焊	单层	一般	良	优	良
		多层	一般	良	优	良
	立焊	向上	良	优	优	稍差
		向下	良	良	优	稍差
焊缝外观		平焊	一般	优	优	良
		横角焊	稍差	良	优	良
		立焊	一般	良	优	一般
		仰焊	稍差	良	优	稍差
电弧稳定性			一般	优	优	优
飞溅			稍差	优	优	优
脱渣性			—	—	优	稍差
咬边			优	优	优	优
熔深			优	优	优	优

注：δ 为板材厚度。

表 3-30 几种药芯焊丝的焊接性能

性能及项目		钛型焊丝	钛钙型焊丝	CaO-CaF_2 型	金属粉型焊丝
焊接工艺性能	电弧稳定性	良	良	良	良
	熔滴过渡形式	细小滴状过渡	滴状过渡	滴状过渡	滴状过渡（低电流时短路过渡）
	飞溅	细小、极少	细小、极少	颗粒大、多	细小、极少
	熔渣敷盖	良	稍差	差	渣极少
	脱渣性	优	优	良	—
	焊接烟尘量	一般	稍多	多	少
	熔敷效率(%)	70~85	70~85	70~85	90~95
焊缝检测及性能	焊道外观	美观	一般	稍差	一般
	焊道形状	平滑	稍凸	稍凸	稍凸
	扩散氢含量/(mL/100g)	2~10	2~6	1~4	1~3
	氧含量($\times 10^{-2}$%)	6~9	5~7	4.5~6.5	6~7
	冲击韧性	一般	良	优	良
	X 射线检测	良	良	良	良
	抗气孔性	稍差	良	良	良
	抗裂性	一般	良	优	优

　　总之，在焊丝的选用方面，应当认真分析实心焊丝与药芯焊丝各自的特点，以及这两类焊丝在焊接过程中，有气体保护和自保护的不同条件下，它们的焊接冶金特性，从而为获得优秀的焊接质量而发挥各自的优势。几种药芯焊丝的焊接性能见表 3-30。

3.3　焊剂

　　焊剂是焊接时能够熔化形成熔渣（有的也产生气体），对熔化金属起保护和冶金作用的一种颗粒状物质。本节仅就埋弧焊用焊剂，讲述焊剂的种类、组成、性能、用途及配用焊丝等，为焊接生产及科研工作打下基础。

　　埋弧焊及电渣焊所使用的焊接材料是焊剂和焊丝（或板极、带极）。焊丝的作用相当于焊条中的焊芯，焊剂的作用相当于焊条中的药皮。在焊接过程中焊剂的作用是：隔离空气、保护焊接区金属使其不受空气的侵害，以及进行冶金处理作用。因此，焊剂与焊丝配合使用是决定焊缝金属化学成分和力学性能的重要因素。

3.3.1　焊剂的分类

　　焊剂有许多分类方法，如按焊剂的用途和制造方法分类，按焊剂的化学成分、化学性质、颗粒结构等进行分类。焊剂的分类如图 3-7 所示。

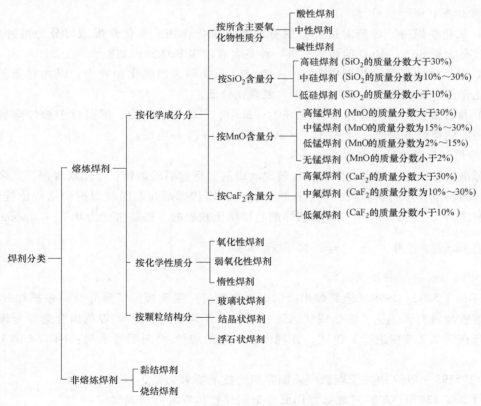

图 3-7　焊剂的分类

1. 按焊剂用途分类

1）根据被焊材料，可分为钢用焊剂和有色金属用焊剂。钢用焊剂又可分为碳钢、合金结构钢及高合金钢用焊剂。

2）根据焊接工艺方法，可分为埋弧焊焊剂和电渣焊焊剂。

2. 按焊剂制造方法分类

（1）熔炼焊剂　将一定比例的各种配料放在炉内熔炼，然后经过水冷粒化、烘干、筛选而制成的焊剂。

（2）非熔炼焊剂　根据焊剂烘焙温度不同又分为黏结焊剂与烧结焊剂。

1）黏结焊剂：将一定比例的各种粉状配料加入适量黏结剂，经混合搅拌、粒化和低温（400℃以下）烘干而制成的焊剂（原称陶质焊剂）。

2）烧结焊剂：将一定比例的各种粉状配料加入适量黏结剂，混合搅拌后经高温（400~1000℃）烧结成块，经过粉碎、筛选而制成的焊剂。

3. 按焊剂化学成分分类

1）根据所含主要氧化物性质，可分为酸性焊剂、中性焊剂和碱性焊剂。

2）根据 SiO_2 含量，可分为高硅焊剂、中性焊剂和低硅焊剂。

3）根据 MnO 含量，可分为高锰焊剂、中锰焊剂、低锰焊剂和无锰焊剂。无锰焊剂中的 MnO 是混入的杂质，其质量分数一般应小于 2%。

4）根据 CaF_2 含量，可分为高氟焊剂、中氟焊剂和低氟焊剂。

4. 按焊剂化学性质分类

（1）氧化性焊剂　焊剂对被焊金属有较强的氧化作用。氧化性焊剂可分为两种类型：一种是含有大量 SiO_2、MnO 的焊剂；另一种是含有较多 FeO 的焊剂。

（2）弱氧化性焊剂　焊剂中含 SiO_2、MnO、FeO 等活性氧化物较少，因此对金属有较弱的氧化作用。这种情况下的焊缝金属含氧量比较低。

（3）惰性焊剂　焊剂中基本不含 SiO_2、MnO、FeO 等氧化物，所以对于被焊金属没有氧化作用。此类焊剂的成分由 Al_2O_3、CaO、MgO、CaF_2 等组成。

5. 按焊剂颗粒结构分类

按焊剂颗粒结构，可以分为三种：玻璃状焊剂，呈透明状颗粒；结晶状焊剂，其颗粒具有结晶体的特点；浮石状焊剂，呈泡沫状颗粒。玻璃状焊剂和结晶状焊剂的结构比较致密，其松装密度为 $1.1~1.8g/cm^3$；浮石状焊剂的结构比较疏松，松装密度为 $0.7~1.0g/cm^3$。

3.3.2　焊剂型号和焊剂牌号、焊剂技术要求

1. 焊剂型号、焊剂技术要求

1）GB/T 5293—1999《埋弧焊用碳钢焊丝和焊剂》明确规定了型号分类根据焊丝-焊剂组合的熔敷金属力学性能、热处理状态进行划分，并且规定了焊丝-焊剂组合的型号编制方法。本章在 3.2.2 节中进行了讲述，并列出了完整的焊丝-焊剂型号示例：F4A2-H08A 及其含义。

GB/T 5293—1999 中关于埋弧焊碳钢焊剂的技术要求见表 3-31。

2）GB/T 12470—2003《埋弧焊用低合金钢焊丝和焊剂》明确规定：

① 型号分类根据焊丝-焊剂组合的熔敷金属力学性能、热处理状态进行划分。

表 3-31　埋弧焊碳钢焊剂技术要求

序号	项目	技 术 要 求
1	颗粒度要求	焊剂为颗粒状,焊剂能自由地通过标准焊接设备的焊剂供给管道、阀门和喷嘴,焊剂的颗粒度应符合表 3-32 的规定,但根据供需双方协议的要求,可以制造其他尺寸的焊剂
2	含水量	焊剂含水量不大于 0.10%(质量分数)
3	机械夹杂物	焊剂中机械夹杂物(碳粒、铁屑、原材料颗粒、铁合金凝珠及其他杂物)的含量不大于 0.30%(质量分数)
4	硫、磷含量	焊剂的硫含量不大于 0.060%(质量分数),磷含量不大于 0.080%(质量分数),根据供需双方协议,也可以制造硫、磷含量更低的焊剂
5	焊道要求	焊剂焊接时焊道应整齐,成形美观,脱渣容易。焊道与焊道之间、焊道与母材之间过渡平滑,不应产生较严重的咬边现象
6	焊缝射线探伤	焊丝-焊剂组合焊缝金属射线探伤应符合 GB/T 3323—2005《金属熔化焊焊接接头射线照相》中 I 级
7	力学性能	熔敷金属拉伸试验结果应符合表 3-33 的规定
8	冲击试验	熔敷金属冲击试验结果应符合表 3-34 的规定

表 3-32　焊剂的颗粒度要求

普通颗粒度		细颗粒度	
<0.450mm(40 目)	≤5.0%	<0.280mm(60 目)	≤5.0%
>2.50mm(8 目)	≤2.0%	>2.00mm(10 目)	≤2.0%

表 3-33　熔敷金属的拉伸试验

焊剂型号	抗拉强度 R_m/MPa	屈服强度 R_{eL}/MPa	伸长率 A_5(%)
F4××-H×××	415~550	≥330	≥22
F5××-H×××	480~650	≥400	≥22

表 3-34　熔敷金属的冲击试验

焊剂型号	冲击吸收能量/J	试验温度/℃
F××0-H×××		0
F××2-H×××		−20
F××3-H×××		−30
F××4-H×××	≥27	−40
F××5-H×××		−50
F××6-H×××		−60

　　② 焊丝-焊剂组合的型号编制方法为 F××××-H×××。其中字母 "F" 表示焊剂; "F" 后面的两位数字表示焊丝-焊剂组合的熔敷金属抗拉强度的最小值;第二位字母表示试件的状态, "A" 表示焊态, "P" 表示焊后热处理状态;第三位数字表示熔敷金属冲击吸收能量不小于 27J 时的最低试验温度; "-" 后面表示焊丝的牌号,焊丝的牌号按 GB/T 14957 和 GB/T 3429。如果需要标注熔敷金属中扩散氢含量时,可用后缀 "H×" 表示。

　　③ 完整的焊丝-焊剂型号示例如下:

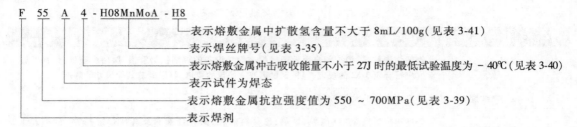

F 55 A 4 - H08MnMoA - H8

- └─ 表示熔敷金属中扩散氢含量不大于 8mL/100g(见表 3-41)
- └─ 表示焊丝牌号(见表 3-35)
- └─ 表示熔敷金属冲击吸收能量不小于 27J 时的最低试验温度为 −40℃(见表 3-40)
- └─ 表示试件为焊态
- └─ 表示熔敷金属抗拉强度值为 550 ~ 700MPa(见表 3-39)
- └─ 表示焊剂

④ 部分埋弧焊用低合金钢焊丝的化学成分应符合表 3-35 的规定。

表 3-35 部分埋弧焊用低合金钢焊丝的化学成分

序号	焊丝牌号	化学成分(质量分数,%)								S	P
		C	Mn	Si	Cr	Ni	Cu	Mo	V、Ti、Zr、Al	≤	
1	H08MnA	≤0.10	0.80~1.10	≤0.07	≤0.20	≤0.30	≤0.20	—	—	0.030	0.030
2	H15Mn	0.11~0.18	0.80~1.10	≤0.03	≤0.20	≤0.30	≤0.20	—	—	0.035	0.035
3	H05SiCrMoA	≤0.05	0.40~0.70	0.40~0.70	1.20~1.50	≤0.20	≤0.20	0.40~0.65	—	0.025	0.025
4	H05SiCr2MoA	≤0.05	0.40~0.70	0.40~0.70	2.30~2.70	≤0.20	≤0.20	0.90~1.20	—	0.025	0.025
5	H05Mn2Ni2MoA	≤0.08	1.25~1.80	0.20~0.50	≤0.30	1.40~2.10	≤0.20	0.25~0.55	V≤0.05 Ti≤0.10 Zr≤0.10 Al≤0.10	0.010	0.010
6	H08Mn2Ni2MoA	≤0.09	1.40~1.80	0.20~0.55	≤0.50	1.90~2.60	≤0.20	0.25~0.55	V≤0.04 Ti≤0.10 Zr≤0.10 Al≤0.10	0.010	0.010
7	H08CrMoA	≤0.10	0.40~0.70	0.15~0.35	0.80~1.10	≤0.30	≤0.20	0.40~0.60	—	0.030	0.030
8	H08MnMoA	≤0.10	1.20~1.60	≤0.25	≤0.20	≤0.30	≤0.20	0.30~0.50	Ti:0.15 (加入量)	0.030	0.030
9	H08CrMoVA	≤0.10	0.40~0.70	0.15~0.35	1.00~1.30	≤0.30	≤0.20	0.50~0.70	V: 0.15~0.35	0.030	0.030

⑤ 埋弧焊用低合金钢焊丝的尺寸应符合表 3-36 的规定。埋弧焊用低合金钢焊丝的不圆度不大于直径公差的 1/2。

表 3-36 埋弧焊用低合金钢焊丝的尺寸　　　　　　　　　　　(单位: mm)

公称直径	极限偏差	
	普通精度	较高精度
1.6,2.0,2.5,3.0	0 −0.10	0 −0.06
3.2,4.0,5.0,6.0,6.4	0 −0.12	0 −0.08

注: 根据供需双方协议, 也可生产使用其他尺寸的焊丝。

⑥ 埋弧焊用低合金钢焊剂的技术要求见表 3-37。

表 3-37　埋弧焊用低合金钢焊剂的技术要求

序号	项目	技术要求
1	颗粒度	焊剂为颗粒剂,焊剂能自由地通过标准焊接设备的焊剂供给管道、阀门和喷嘴。焊剂的颗粒度应符合表 3-38 的规定,但根据供需双方协议,也可以制造其他尺寸的焊剂
2	含水量	焊剂含水量不大于 0.10%(质量分数)
3	机械夹杂物	焊剂中机械夹杂物(碳粒、铁屑、原材料颗粒、铁合金凝珠及其他杂物)不大于 0.30%(质量分数)
4	硫、磷含量	焊剂的硫含量不大于 0.060%(质量分数),磷含量不大于 0.080%(质量分数)。根据供需双方协议,也可制造硫、磷含量更低的焊剂
5	焊道要求	焊剂焊接时焊道应整齐、成形美观,脱渣容易。焊道与焊道之间、焊道与母材之间过渡平滑、不应产生较严重的咬边现象
6	金属射线探伤	焊缝金属射线探伤应符合 GB/T 3323—2005《金属熔化焊焊接接头射线照相》中Ⅰ级
7	熔敷金属力学性能	熔敷金属拉伸试验结果应符合表 3-39 的规定;熔敷金属冲击试验结果应符合表 3-40 的规定
8	熔敷金属扩散氢含量	熔敷金属中扩散氢含量应符合表 3-41 的规定

表 3-38　埋弧焊用低合金钢焊剂的颗粒度要求

普通颗粒度		细颗粒度	
<0.450mm(40 目)	≤5.0%	<0.280mm(60 目)	≤5.0%
>2.50mm(8 目)	≤2.0%	>2.00mm(10 目)	≤2.0%

表 3-39　熔敷金属的拉伸试验

焊剂型号	抗拉强度 R_m/MPa	屈服强度 $R_{p0.2}$ 或 R_{eL}/MPa	伸长率 A_5(%)
F48××-H×××	480~660	400	22
F55××-H×××	550~700	470	20
F65××-H×××	620~760	540	17
F69××-H×××	690~830	610	16
F76××-H×××	760~900	680	15
F83××-H×××	830~970	740	14

注:表中单值均为最小值。

2. 焊剂的牌号

埋弧焊及电渣焊用焊剂的牌号编制方法如下:

(1) 熔炼焊剂

1) 牌号前 "HJ" 表示埋弧焊及电渣焊用熔炼焊剂。

2) 牌号的第一位数字:表示焊剂中氧化锰的含量,见表 3-42。

3) 牌号的第二位数字:表示焊剂中二氧化硅、氟化钙的含量,见表 3-43。

4) 牌号的第三位数字:表示同一类型焊剂的不同牌号,按 0、1、2……9 顺序排列。

对于同一牌号焊剂生产两种颗粒度时，在细颗粒焊剂牌号后面加"×"字母。

表 3-40　熔敷金属的冲击试验

焊剂型号	冲击吸收能量/J	试验温度/℃
F×××0-H×××		0
F×××2-H×××		−20
F×××3-H×××		−30
F×××4-H×××		−40
F×××5-H×××	≥27	−50
F×××6-H×××		−60
F×××7-H×××		−70
F×××10-H×××		−100
F×××Z-H×××	不要求	

表 3-41　熔敷金属中的扩散氢含量

焊剂型号	扩散氢含量/（mL/100g）
F××××-H×××-H16	16.0
F××××-H×××-H8	8.0
F××××-H×××-H4	4.0
F××××-H×××-H2	2.0

注：1. 表中单值均为最大值。
　　2. 此分类代号为可选择的附加性代号。
　　3. 如标注熔敷金属扩散氢含量代号时，应注明采用的测定方法。

表 3-42　焊剂牌号中第一位数字的含义

焊剂牌号	焊剂类型	氧化锰（MnO）含量（质量分数，%）
HJ1××	无锰	<2
HJ2××	低锰	2~15
HJ3××	中锰	15~30
HJ4××	高锰	>30

表 3-43　焊剂牌号中第二位数字的含义

焊剂牌号	焊剂类型	二氧化硅（SiO_2）及氟化钙（CaF_2）含量（质量分数，%）	
		SiO_2	CaF_2
HJ×1×	低硅低氟	<10	<10
HJ×2×	中硅低氟	10~30	<10
HJ×3×	高硅低氟	>30	<10
HJ×4×	低硅中氟	<10	10~30
HJ×5×	中硅中氟	10~30	10~30
HJ×6×	高硅中氟	>30	10~30
HJ×7×	低硅高氟	<10	>30
HJ×8×	中硅高氟	10~30	>30

例如：

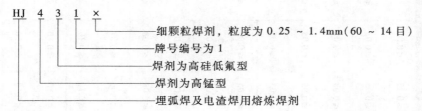

HJ 4 3 1 ×
细颗粒焊剂，粒度为 0.25 ～ 1.4mm(60 ～ 14 目)
牌号编号为 1
焊剂为高硅低氟型
焊剂为高锰型
埋弧焊及电渣焊用熔炼焊剂

（2）烧结焊剂

1）牌号前"SJ"表示埋弧焊用烧结焊剂。

2）牌号中第一位数字：表示焊剂熔渣的渣系，见表 3-44。

表 3-44　烧结焊剂牌号中第一位数字的含义

焊剂牌号	熔渣渣系类型	主要组分范围（质量分数，%）
SJ1××	氟碱型	$CaF_2 \geqslant 15$，$CaO+MgO+MnO+CaF_2 > 50$，$SiO_2 \leqslant 20$
SJ2××	高铝型	$Al_2O_3 \geqslant 20$，$Al_2O_3+CaO+MgO > 45$
SJ3××	硅钙型	$CaO+MgO+SiO_2 > 60$
SJ4××	硅锰型	$MnO+SiO_2 > 50$
SJ5××	铝态型	$Al_2O_3+TiO_2 > 45$
SJ6××	其他型	不规定

3）牌号中第二位、第三位数字：表示同一渣系类型焊剂中的不同牌号焊剂，按 01、02……09 顺序编排。

例如：

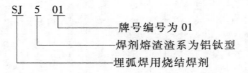

SJ 5 01
牌号编号为 01
焊剂熔渣渣系为铝钛型
埋弧焊用烧结焊剂

3.3.3　焊剂的性能及用途

1. 熔炼焊剂

熔炼焊剂的化学成分见表 3-45。熔炼焊剂可以分为以下三类：

（1）高硅焊剂　高硅焊剂是以硅酸盐为主的焊剂，焊剂中 SiO_2 的质量分数>30%。由于 SiO_2 含量高，焊剂有向焊缝中过渡硅的作用。

根据焊剂含 MnO 量的不同，高硅焊剂又可分为高硅高锰焊剂、高硅中锰焊剂、高硅低锰焊剂和高硅无锰焊剂四种。含 MnO 量较高的焊剂具有向焊缝金属中过渡锰的作用。研究结果表明：当焊剂中 MnO 的质量分数<10%时，焊缝中的含锰量低于焊丝的含锰量。随着 MnO 含量的增加，锰的损耗相应减少。当 MnO 的质量分数>10%时，焊缝中锰的含量是增加的。MnO 的质量分数达到 35%左右时，焊缝金属中的含锰量不再增加。锰的过渡与焊丝含锰量有很大关系。焊丝含锰量越低，通过焊剂过渡锰的效果越好。

表 3-45 熔炼焊剂的化学成分（质量分数，%）

焊剂类型	焊剂牌号	SiO$_2$	Al$_2$O$_3$	MnO	CaO	MgO	TiO$_2$	CaF$_2$	NaF	ZrO$_2$	FeO	S	P	R$_2$O①
无锰高硅低氟	HJ130	35~40	12~16	—	10~18	14~19	7~11	4~7	—	—	2	≤0.05	≤0.05	
无锰高硅低氟	HJ131	34~38	6~9	—	48~55	—	—	2~5	—	—	≤1	≤0.05	≤0.08	≤3
无锰中硅低氟	HJ150	21~23	28~32	—	3~7	9~13	—	25~33	—	—	≤1	≤0.08	≤0.08	≤3
无锰低硅高氟	HJ172	3~6	28~35	1~2	2~5	—	—	45~55	2~3	2~4	≤0.08	≤0.05	≤0.05	≤3
低锰高硅低氟	HJ230	40~46	10~17	5~10	8~14	10~14	—	7~11	—	—	≤1.5	≤0.05	≤0.05	
低锰中硅中氟	HJ250	18~22	18~23	5~8	4~8	12~16	—	23~30	—	—	≤1.5	≤0.05	≤0.05	≤3
低锰中硅中氟	HJ251	18~22	18~23	7~10	3~6	14~17	—	23~30	—	—	≤1.0	≤0.08	≤0.05	
低锰高硅中氟	HJ260	29~34	19~24	2~4	4~7	15~18	—	20~25	—	—	≤10	≤0.07	≤0.07	
中锰高硅低氟	HJ330	44~48	≤4	22~26	≤3	16~20	—	3~6	—	—	≤1.5	≤0.08	≤0.08	≤1
中锰中硅中氟	HJ350	30~35	13~18	14~19	10~18	5~9	—	14~20	—	—		≤0.06	≤0.07	
中锰高硅中氟	HJ360	33~37	11~15	20~26	4~7	5~9	—	10~19	—	—	≤1.5	≤0.10	≤0.10	
高锰高硅低氟	HJ430	38~45	≤5	38~47	≤6	—	—	5~9	—	—	≤1.8	≤0.10	≤0.10	
高锰高硅低氟	HJ431	40~44	≤4	34~38	≤6	5~8	—	3~7	—	—	≤1.8	≤0.10	≤0.10	
高锰高硅低氟	HJ433	42~45	≤3	44~47	≤4	—	—	2~4	—	—	≤1.8	≤0.15	≤0.10	≤0.5

① R$_2$O 是指 K$_2$O 和 Na$_2$O 之和。

使用高硅焊剂焊接，由于通过焊剂向焊缝中过渡硅，因此焊丝中就不必再特意加硅。高硅焊剂应按下列配合方式焊接低碳钢或某些合金钢。

1) 高硅无锰或低锰焊剂应配合高锰焊丝（Mn 的质量分数为 1.5% ~ 1.9%）。

2) 高硅中锰焊剂应配合含锰焊丝（Mn 的质量分数为 0.8% ~ 1.1%）。

3) 高硅高锰焊剂应配合低碳钢焊丝或含锰焊丝。这是国内目前应用最广泛的一种配合方式，多用于焊接低碳钢或某些低合金钢。由于采用高硅高锰焊剂的焊缝金属含氧量及含磷量较高，韧脆转变温度高，不宜用于焊接对于低温韧性要求较高的结构。

（2）中硅焊剂　由于焊剂中含 SiO_2 量较少，碱性氧化物 CaO 或 MgO 的含量较多，所以焊剂的碱度较高。大多数中硅焊剂属于弱氧化性焊剂，焊缝金属含氧量较低，所以焊缝的韧性更高一些。因此，这类焊剂配合适当的焊丝可用于焊接合金结构钢。但是中硅焊剂的焊缝金属含氢量较高，对于提高焊缝金属抗冷裂纹的能力是很不利的。在中硅焊剂中，如加入相当含量的 FeO，由于提高了焊剂的氧化性就能减少焊缝金属的含氢量。这种焊剂属于中硅氧化性焊剂，是焊接高强度钢的一种新型焊剂。

（3）低硅焊剂　这类焊剂是由 CaO、Al_2O_3、MgO、CaF_2 等组成的。焊剂对于金属基本上没有氧化作用。HJ172 属于这种类型的焊剂，配合相应焊丝可用来焊接高合金钢，如不锈钢、热强钢等。

熔炼焊剂的配用焊丝及用途见表 3-46，可供选用埋弧焊焊接材料时参考。

表 3-46　熔炼焊剂的配用焊丝及用途

焊剂牌号	焊剂类型	配用焊丝	焊剂用途
HJ130	无锰高硅低氟	H10Mn2	焊接低碳结构钢及低合金钢，如 Q345 等
HJ131	无锰高硅低氟	配 Ni 基焊丝	焊接镍基合金薄板结构
HJ230	低锰高硅低氟	H08MnA，H10Mn2	焊接低碳结构钢及低合金结构钢
HJ260	低锰高硅中氟	Cr19Ni9 型焊丝	焊接不锈钢及轧辊堆焊
HJ330	中锰高硅低氟	H08MnA，H08Mn2，H08MnSi	焊接重要的低碳钢结构和低合金钢，如 Q235、15g、20g、Q345、15MnVTi 等
HJ430	高锰高硅低氟	H08A，H10Mn2A，H10MnSiA	焊接低碳钢结构及低合金钢
HJ431	高锰高硅低氟	H08A，H08MnA，H10MnSiA	焊接低碳结构钢及低合金钢
HJ433	高锰高硅低氟	H08A	焊接低碳结构钢
HJ150	无锰中硅中氟	配 20Cr13 或 3Cr2W8，配铜焊丝	堆焊轧辊，焊铜
HJ250	低锰中硅中氟	H08MnMoA，H08Mn2MoA	焊接 15MnV、14MnMoV、18MnMoNb 等
HJ350	中锰中硅中氟	配相应焊丝	焊接锰钼、锰硅及含镍低合金高强度钢
HJ172	无锰低硅高氟	配相应焊丝	焊接高铬铁素体热强钢（15Cr11CuNiWV）或其他高合金钢

2. 烧结焊剂

烧结焊剂是继熔炼焊剂之后发展起来的新型焊剂。国外已广泛采用烧结焊剂焊接碳钢、高强度钢和高合金钢。

黏结焊剂与烧结焊剂都属于非熔炼焊剂。黏结焊剂又称为低温烧结焊剂，烧结焊剂又称为高温烧结焊剂。由于黏结焊剂与烧结焊剂并无本质不同，因此可以将它们归为一类。有的资料中统称为低温烧结焊剂。

(1) 烧结焊剂的特点　其主要优点是可以灵活地调整焊剂的合金成分。其特点如下：

1) 可以连续生产，劳动条件较好。成本低，一般为熔炼焊剂的 1/3~1/2。

2) 焊剂碱度可在较大范围内调节。熔炼焊剂的碱度最高为 2.5 左右。烧结焊剂当其碱度高达 3.5 时，仍具有良好的稳弧性及脱渣性，并可交、直流两用，烟尘量也很小。目前各国研究与开发的窄间隙埋弧焊都是采用高碱度烧结焊剂。

3) 由于烧结焊剂碱度高，冶金效果好，因此能获得较好的强度、塑性和韧性的配合。

4) 焊剂中可加入脱氧剂及其他合金成分，具有比熔炼焊剂更好的抗锈能力。

5) 焊剂的松装密度较小，一般为 0.9~1.2g/cm³，焊接时焊剂的消耗量较少。可以采用大的焊接电流（可达 2000A），焊接速度可高达 150m/h，适用于多丝大电流高速自动埋弧焊工艺。

6) 烧结焊剂颗粒圆滑，在管道中输送和回收焊剂时阻力较小。

7) 烧结焊剂的缺点是吸潮性较大，焊缝成分易随焊接参数变化而波动。

(2) 国产烧结焊剂的种类

1) SJ101：是氟碱型烧结焊剂，属于碱性焊剂，为灰色圆形颗粒状。其成分（质量分数）：$(SiO_2 + TiO_2) = 25\%$，$(CaO + MgO) = 30\%$，$(Al_2O_3 + MnO) = 25\%$，$CaF_2 = 20\%$。配合 H08MnA、H08MnMoA、H08Mn2MoA、H10Mn2 等焊丝可焊接多种低合金结构钢。焊接产品为锅炉、压力容器以及管道等重要结构，其焊缝金属具有较高的低温冲击韧度。它可用于多丝埋弧焊，特别适用于大直径容器的双面单道焊。

2) SJ301：是硅钙型烧结焊剂，属于中性焊剂，为黑色圆形颗粒状。其成分（质量分数）：$(SiO_2 + TiO_2) = 40\%$，$(CaO + MgO) = 25\%$，$(Al_2O_3 + MnO) = 25\%$，$CaF_2 = 10\%$。配合 H08MnA、H08MnMoA、H10Mn2 等焊丝可焊接普通结构钢、锅炉钢及管线钢等。这种焊丝可用于多丝快速焊接，特别适用于双面单道焊。由于它属于短渣，因此可以焊接小直径的管线。

3) SJ401：是硅锰型烧结焊剂，属于酸性焊剂，为灰褐色到黑色圆形颗粒状。其成分（质量分数）：$(SiO_2 + TiO_2) = 25\%$，$(CaO + MgO) = 10\%$，$(Al_2O_3 + MnO) = 40\%$。配合 H08A 焊丝可以焊接低碳钢及某些低合金钢，多应用于矿山机械及机车车辆等金属结构的焊接。其焊接工艺性能良好，具有较高的抗气孔性能。

4) SJ501：是铝钛型烧结焊剂，属于酸性焊剂，为深褐色圆形颗粒。其成分（质量分数）：$(SiO_2 + TiO_2) = 30\%$，$(Al_2O_3 + MnO) = 55\%$，$CaF_2 = 5\%$。配合 H08A、H08MnA 等焊丝可焊接低碳钢及 Q345、Q390 等低合金钢，多应用于船舶、锅炉、压力容器的焊接施工中。该焊剂具有较强的抗气孔能力，对少量铁锈及高温氧化膜不敏感。

5) SJ502：是铝钛型烧结焊剂，属于酸性焊剂，为灰褐色圆形颗粒状。其成分（质量分数）：$(MnO + Al_2O_3) = 30\%$，$(TiO_2 + SiO_2) = 45\%$，$(CaO + MgO) = 10\%$，$CaF_2 = 5\%$。配合 H08A 焊丝可以焊接重要的低碳钢及某些低合金钢的重要结构，例如锅炉、压力容器等。当焊接锅炉膜式水冷壁时，焊接速度可达 70m/h 以上，焊接质量良好。

总之，烧结焊剂由于具有松装密度比较小、熔点比较高等特点，适用于大热输入焊接。此外，烧结焊剂较容易向焊缝中过渡合金元素。因此，在焊接特殊钢种时宜选用烧结焊剂。

(3) 熔炼焊剂与烧结焊剂的比较　熔炼焊剂与烧结焊剂的比较见表 3-47，可供选择焊剂时参考。

表 3-47　熔炼焊剂与烧结焊剂的比较

比较项目		熔炼焊剂	烧结焊剂
焊接工艺性能	高速焊接性能	焊道均匀,不易产生气孔和夹渣	焊道无光泽,易产生气孔、夹渣
	大电流焊接性能	焊道凸凹显著,易黏渣	焊道均匀,易脱渣
	吸潮性能	比较小,使用前可不必再烘干	比较大,使用前必须再烘干
	抗锈性能	比较敏感	不敏感
焊缝性能	韧性	受焊丝成分和焊剂碱度影响大	比较容易得到较好的韧性
	成分波动	焊接参数变化时成分波动小、均匀	成分波动大,不容易均匀
	多层焊性能	熔敷金属的成分变动小	熔敷金属成分波动比较大
	合金剂的添加	几乎不可能	容易
	脱氧能力	较差	较好

思 考 题

1. 焊条的工艺性能包括哪些方面？焊条的工艺性能对于焊条及焊接质量有什么意义？

2. 综合分析碱性焊条药皮中 CaF_2 的作用及对焊缝性能的影响。

3. 在酸性焊条药皮中,加入碱金属氧化物和碱土金属氧化物对于熔渣的黏度有何影响？为什么？

4. 配制 $CaO-SiO_2-TiO_2-CaF_2$ 渣系焊条,经初步试验发现药皮套筒过长,电弧不稳。此时应当如何调整该焊条的药皮配方？

5. 试分析低氢型碱性焊条降低发尘量及毒性的主要途径。

6. 试对比分析酸性焊条及碱性焊条的工艺性能、冶金性能和熔敷金属的力学性能。

7. 低氢型焊条为什么对于铁锈、油污、水分很敏感？

8. 如何选用焊条？

9. 药芯焊丝的焊接冶金特点是什么？

10. 举例说明药芯焊丝的型号表示方法。

11. 埋弧焊时如何考虑焊丝与焊剂的匹配？

12. 熔炼焊剂与烧结焊剂各有何特点？

熔池凝固及焊缝固态相变

熔池凝固及固态相变过程对焊缝金属的组织、性能具有重要的影响。焊接过程中，由于熔池中的冶金反应和冷却条件的不同，可能得到组织性能差异很大的接头。在熔池凝固过程中还可能会产生气孔、裂纹、夹杂、偏析等缺欠，这些缺欠会严重影响焊缝金属的性能，以致成为发生失效事故的隐患。在焊接熔池凝固以后的连续冷却过程中，焊缝金属将发生组织转变，转变后的组织性能取决于焊缝的化学成分及冷却条件。因此，应当根据焊接特点和具体的母材成分分析焊缝的固态相变。

4.1 熔池凝固

熔焊过程中，母材在高温热源的作用下发生了局部熔化，并且与熔化了的焊丝金属混合，形成了熔池。在熔滴及熔池形成的过程中，进行了剧烈而复杂的冶金反应。当焊接热源离开以后，熔池金属逐渐冷却，当温度达到母材的固相线时，熔池开始凝固结晶，最终形成了焊缝金属。

由于焊接过程处于非平衡的热力学状态，因此熔池金属在凝固过程中会产生一些晶体缺陷。分析焊接时熔池的凝固过程，应讨论熔池凝固的特点、熔池凝固的一般规律、熔池结晶的线速度、熔池结晶的形态等。

4.1.1 熔池凝固的特点

焊接熔池的凝固与一般铸钢锭的凝固结晶不同，焊接熔池凝固的特点如下：

1. 熔池的体积小、冷却速度快

在电弧焊的条件下，熔池的最大体积约为 $30cm^3$，熔池的质量在单丝埋弧焊时，最大约为 $100g$，而铸钢锭可达数吨以上。由于熔池的体积小，而周围又被冷金属所包围，所以熔池的冷却速度很快，平均为 $4\sim100℃/s$。而铸钢锭的平均冷却速度，根据尺寸、形状的不同，为 $(3\sim150)\times10^{-4}℃/s$。由此可见，熔池的平均冷却速度比铸钢锭的平均冷却速度大 10^4 倍左右。因此，对于含碳量较高、合金元素较多的钢种容易产生淬硬组织，甚至在焊道上产生裂纹。由于冷却速度很快，熔池中心和边缘有较大的温度梯度，致使焊缝中的柱状晶能够迅速成长。所以，通常情况下电弧焊的焊缝中几乎没有等轴晶。

2. 半熔化状态的母材金属晶粒是熔池结晶的"模壁"

铸钢锭的结晶是从铸锭模壁开始形核及长大的。焊接熔池的凝固结晶，是从母材半熔化晶粒开始生长的，它的"模壁"就是温度等于熔点的熔池等温面。

3. 熔池中的液态金属处于过热状态

在电弧焊的条件下，对于低碳钢或低合金钢，熔池的平均温度可达（1770±100）℃，而熔滴的温度更高，为（2300±200）℃。一般铸钢锭的温度很少超过1550℃。因此，熔池中的液态金属处于过热状态。由于熔池液体金属的过热程度较大，合金元素的烧损比较严重，使熔池中非自发晶核的质点大为减少，这也是促使焊缝中柱状晶得到发展的原因之一。

4. 熔池在运动状态下结晶

铸钢锭的结晶是在钢锭模中静态下进行结晶的，而一般熔焊时，熔池凝固是随热源移动而进行的。在熔池中金属的熔化和凝固过程是同时进行的，如图 4-1 所示，在熔池的前半部 abc 进行熔化过程，而熔池的后半部 cda 进行凝固过程。此外，在焊接条件下，气体的吹力、焊条的摆动以及熔池内部的气体外逸，都会产生搅拌作用。这一点对于排除气体和夹杂是有利的，也有利于得到致密而性能良好的焊缝。

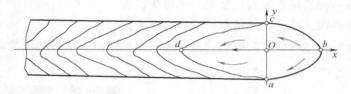

图 4-1　熔池在运动状态下结晶

4.1.2　熔池结晶的一般规律

熔池金属的结晶与一般金属的结晶基本一样，同样也是形核和晶核长大的过程。由于熔池凝固的特点，使得熔池结晶过程有着自身的规律。

1. 熔池中晶核的形成

由金属学理论可知，生成晶核的热力学条件是过冷度而造成的自由能降低，进行结晶过程的动力学条件是自由能降低的程度。这两个条件在焊接过程中都是具备的。

根据结晶理论，晶核有两种：自发晶核和非自发晶核。但在液相中无论形成自发晶核或非自发晶核都需要消耗一定的能量。在液相中形成自发晶核所需的能量 E_K 为

$$E_K = \frac{16\pi\sigma^3}{3\Delta F_v^2} \tag{4-1}$$

式中　σ——新相与液相间的表面张力系数；

ΔF_v——单位体积内液-固两相自由能之差。

研究表明，在焊接熔池结晶中，非自发晶核起了主要作用。在液相金属中有非自发晶核存在时，可以降低形成临界晶核所需的能量，使结晶易于进行。

在液相中形成非自发晶核所需的能量 E'_K 为

$$E'_K = \frac{16\pi\sigma^3}{3\Delta F_v^2}\left(\frac{2-3\cos\theta+\cos^3\theta}{4}\right) \tag{4-2}$$

即

$$E'_K = E_K\left(\frac{2-3\cos\theta+\cos^3\theta}{4}\right) \tag{4-3}$$

式中　θ——非自发晶核的浸润角（见图 4-2）。

由式（4-3）可见，当 $\theta = 0°$ 时，$E_K = 0$，说明液相中有大量的悬浮质点和某些现成表面。当 $\theta = 180°$ 时，$E'_K = E_K$，说明液相中只存在自发晶核，不存在非自发晶核的现成表面。由此可见，当 $\theta = 0° \sim 180°$ 时，$E'_K / E_K = 0 \sim 1$，这就是说在液相中有现成表面存在时，将会降低形成临界晶核所需的能量。

试验研究证明，θ 角的大小（图 4-2）取决于新相晶核与现成表面之间的表面张力。如果新相晶核与液相中原有现成表面固体粒子的晶体结构越相似，也就是点阵类型与晶格常数相似，则两者之间的表面张力越小，θ 角也越小，那么形成非自发晶核的能量也越小。

在焊接条件下，熔池中存在两种现成表面：一种是合金元素或杂质的悬浮质点，通常情况下这种现成表面所起作用不大；另一种是熔合区附近加热到半熔化状态的母材金属的晶粒表面，非自发晶核就依附在这个表面

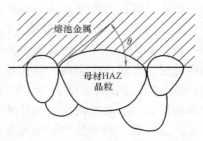

图 4-2　非自发晶核的浸润角

上，并以柱状晶的形态向焊缝中心成长，形成所谓交互结晶，也称为联生结晶，如图 4-3 和图 4-4 所示。

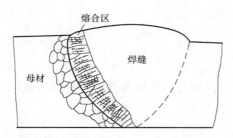

图 4-3　熔合区母材半熔化晶粒上成长的柱状晶

图 4-4　不锈钢自动焊时的交互结晶

为了改善焊缝金属的性能，通过焊接材料加入一定量的合金元素（如钼、钒、钛、铌等）作为熔池中非自发晶核的质点，从而达到细化焊缝金属晶粒的目的。

2. 熔池中晶核的长大

熔池中晶核形成之后，以这些新生的晶核为核心，不断向焊缝中成长。熔池金属结晶开始于熔合区附近母材半熔化晶粒的现成表面。也就是说，熔池金属开始结晶时，是从靠近熔合线处的母材上以联生结晶的形式长大起来的。由于每个晶粒的长大趋势不尽相同，有的柱状晶迅速长大，一直可以成长到焊缝中心；有的晶体却在长大时中途停止，不再继续成长；少数晶粒没有明显长大。

晶粒是由众多晶胞所组成的。在一个晶粒内晶胞具有相同的方位称为位向。不同的晶粒具有不同的位向，称为各向异性。因此，在某一个方向上的晶粒最容易长大。此外，散热的方向对晶粒的长大也有很大的影响。当晶体最容易长大的方向与散热最快的方向（或最大温度梯度方向）一致时，最有利于晶粒长大，这些晶粒优先得到成长，可以一直长大到熔池的中心，形成粗大的柱状晶。有的晶体由于取向不利于成长，与散热最快的方向又不一致，这时晶粒的成长就会停止下来，如图 4-5 所示，这就是焊缝中柱状晶选择长大的结果。应当指出，柱状晶成长的形态与焊接条件有着密切的关系，例如焊接热输入、焊缝的位置、

熔池的搅拌与振动等。

4.1.3 熔池结晶的线速度

焊接实践证明，熔池的结晶方向和结晶速度对焊接质量有很大的影响，特别是对裂纹、气孔、夹杂等缺欠的形成影响更大。

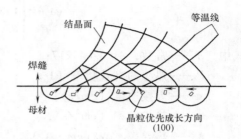

图 4-5 焊缝中柱状晶的选择长大

焊接熔池的外形是半个椭球状的曲面，这个曲面就是结晶的等温面，熔池的散热方向是垂直于结晶等温面的。因此晶粒的成长方向也是垂直于结晶等温面的。由于结晶等温面是曲面，理论上认为，晶粒成长的主轴必然是弯曲的。这种理论上的推断已被大量的试验所证实，如图 4-6 所示，晶粒主轴的成长方向与结晶等温面正交，并且以弯曲的形状向焊缝中心成长。

试验证明，熔池在结晶过程中晶粒成长的方向与晶粒主轴成长的线速度及焊接速度等有密切的关系。

晶粒成长线速度分析图如图 4-7 所示。任一个晶粒主轴，在任一点 A 的成长方向是过 A 点的法线（S—S 线）。此方向与 x 轴之间的夹角为 θ，如果结晶等温面在 $\mathrm{d}t$ 时间内，沿 x 轴移动了 $\mathrm{d}x$，此时结晶等温面从 A 移到 B，同时晶粒主轴由 A 成长到 C。当 $\mathrm{d}x$ 很小时，可把 $\overset{\frown}{AC}$ 看作是 $\overline{AC'}$，同时还可以认为 $\triangle ABC'$ 是直角三角形，如令 $\overline{AC'} = \mathrm{d}s$，则

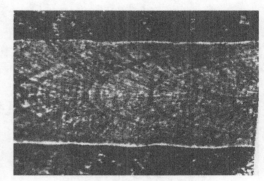

图 4-6 弯曲状成长的晶粒

$$\mathrm{d}s = \mathrm{d}x\cos\theta$$

将上式两端除以 $\mathrm{d}t$，即

$$\frac{\mathrm{d}s}{\mathrm{d}t} = \frac{\mathrm{d}x}{\mathrm{d}t}\cos\theta$$

即

$$v_c = v\cos\theta \tag{4-4}$$

式中　v_c——晶粒成长的平均线速度（cm/s）；

　　　　v——焊接速度（cm/s）；

　　　　θ——v_c 与 v 之间的夹角（°）。

由式（4-4）可见，在一定的焊接速度下，晶粒成长的平均线速度主要取决于 $\cos\theta$ 值，而 $\cos\theta$ 值又取决于焊接参数和被焊金属的热物理性能。利用焊接传热学理论可以推导出它们之间的数学关系。这种计算虽然是定性的，但仍能概要地说明熔池中结晶的规律。

为了深入了解 θ 角的影响因素，可将熔池的形状简化为半个椭球体（见图 4-8），可以推导出以下方程式：

在厚大焊件的表面上快速堆焊时

$$\cos\theta = \left\{1 + A\,\frac{Pv}{a\lambda T_{\mathrm{M}}}\left(\frac{K_y^2 + K_z^2}{1 - K_y^2 - K_z^2}\right)\right\}^{-\frac{1}{2}} \tag{4-5}$$

式中　A——常数，$A = 0.043217$；

　　　P——热源的有效功率（J/s）；

　　　v——焊接速度（cm/s）；

　　　a——热扩散率（cm²/s）；

　　　λ——热导率 [W/(cm·℃)]；

　　T_{M}——被焊金属的熔点（℃）；

$K_y = \dfrac{y}{OB}$（见图 4-8），OB 为熔池椭球的短轴之半；$K_z = \dfrac{z}{OH}$，OH 为熔池椭球的熔深半轴。

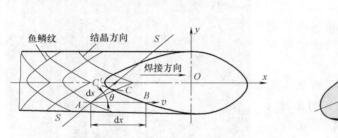

图 4-7　晶粒成长线速度分析图

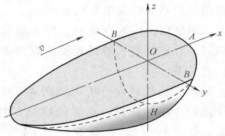

图 4-8　熔池形状

在薄板上自动焊接时

$$\cos\theta = \left[1 + A\left(\frac{P}{\delta\lambda T_{\mathrm{M}}}\right)^2\left(\frac{K_y^2}{1 - K_y^2}\right)\right]^{-\frac{1}{2}} \tag{4-6}$$

式中　δ——薄板的厚度（cm）；

其他符号意义同前。

分析式（4-4）~式（4-6）可知：

1）晶粒成长的平均线速度 v_c 是变化的。在式（4-6）中，当 $y = OB$ 时，$K_y = 1$，$\cos\theta = 0$，$\theta = 90°$，$v_c = 0$，说明在熔合线上晶粒开始成长的瞬时，成长的方向垂直于熔合线，晶粒成长的平均线速度等于零。

当 $y = 0$ 时，$\cos\theta = 1$，$\theta = 0°$，$v_c = v$，说明当晶粒成长到接触 Ox 轴时，晶粒成长的平均线速度等于焊接速度。

由此可见，在晶粒成长过程中，当 y 由 OB 逐渐趋近于 0 时，θ 值由 90° 逐渐趋近于 0°，晶粒成长的平均线速度 v_c 由 0 逐渐增大到 v。这表明晶粒成长的方向是变化的；晶粒成长的平均线速度也是变化的，在熔合线上最小（其值为零），在焊缝中心最大（其值等于焊接速度）。

2）焊接参数对晶粒成长方向及平均线速度的影响。由式（4-5）可见，当焊接速度 v 越小时，θ 角越小，晶粒主轴的成长方向越弯曲（见图 4-9a）。当焊接速度 v 越大时，θ 角越大，也就是晶粒主轴的成长方向越垂直于焊缝的中心线（见图 4-9b）。工业纯铝钨极氩弧焊（TIG）在不同焊接速度条件下的晶粒成长方向如图 4-10 所示。

当晶粒主轴垂直于焊缝中心时，容易形成脆弱的结合面。因此，采用过大的焊接速度时，在焊缝中心常出现纵向裂纹，如图 4-11 所示。焊接奥氏体钢和铝合金时应特别注意不能采用过大的焊接速度。实际上，熔池结晶速度与焊接热源作用的周期性变化、化学成分的不均匀性、合金元素的扩散、结晶潜热的析出等因素都有密切关系。因此，熔池结晶速度的变化规律是很复杂的。

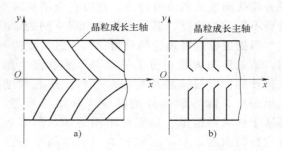

图 4-9　焊接速度对晶粒成长的影响

研究表明，焊缝晶粒成长的线速度围绕

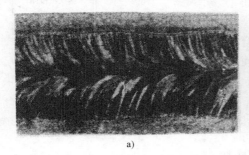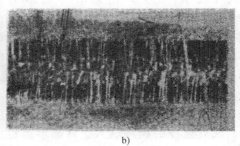

图 4-10　工业纯铝 TIG 在不同焊接速度条件下的晶粒成长方向

a）焊接速度为 25cm/min　b）焊接速度为 150cm/min

着平均线速度做波浪式变化，而且波浪起伏的振幅越来越小，最后趋向平均线速度。应当指出，晶粒（核）长大需要一定的能量，这个能量由两部分组成：一是因为体积长大而使体系自由能下降；二是因长大而产生的新固相表面使体系的自由能增高。晶核长大时所增加的表面能比形成晶核时所增加的表面能要小，晶核长大比形核所需的过冷度要

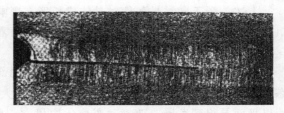

图 4-11　过大焊接速度时焊缝的纵向裂纹

小。因此焊缝金属开始凝固时，优先在母材的基体上进行联生长大。

4.1.4　熔池结晶的形态

对焊缝的断面进行金相分析发现，焊缝中的晶体形态主要是柱状晶和少量等轴晶。在显微镜下进行微观分析时，可以发现在每个柱状晶内有不同的结晶形态，如平面晶、胞晶及树枝状晶等。结晶形态的不同，是由于金属纯度及散热条件不同所引起的。

熔池结晶过程中晶体的形核和长大都必须具有一定的过冷度。由于在纯金属凝固结晶过程中不存在化学成分的变化，因此纯金属的凝固点理论上为恒定的温度。液相中的过冷度取决于实际结晶温度低于凝固点的数值。例如冷却速度越大，实际结晶温度越低，过冷度就越大。

工业上用的金属大多是合金，即使是纯金属，也不是理论上的那么纯。合金的结晶温度与成分有关，先结晶与后结晶的固液相成分也不相同，造成固-液界面一定区域的成分起伏。因此合金凝固时，除了由于实际温度造成的过冷之外（温度过冷），还存在由于固-液界面处

成分起伏而造成的成分过冷。所以合金结晶时不必需要很大的过冷就可出现树枝状晶，而且随着不同的过冷度，晶体成长会出现不同的结晶形态。

根据成分过冷理论的分析，由于过冷度的不同，会使焊缝组织出现不同的形态。试验表明，结晶形态大致可分为平面晶、胞状晶、胞状树枝晶、树枝状晶及等轴晶五种。这五种结晶形态中，除等轴晶外的其他四种结晶形态，都属于柱状晶范围。这五种不同的结晶形态具有内在的因素。大量的试验表明，结晶形态主要取决于合金中溶质的浓度 C_0、结晶速度 R（或晶粒长大速度）和液相中温度梯度 G 的综合作用。C_0、R 和 G 对结晶形态的影响如图 4-12 所示。

当结晶速度 R 和温度梯度 G 不变时，随合金中溶质浓度的提高，成分过冷增加，从而使结晶形态由平面晶变为胞状晶、胞状树枝晶、树枝状晶，最后到等轴晶。

当合金中溶质的浓度 C_0 一定时，结晶速度 R 越大，成分过冷的程度越大，结晶形态也可由平面晶过渡到胞状晶、树枝状晶，最后到等轴晶。

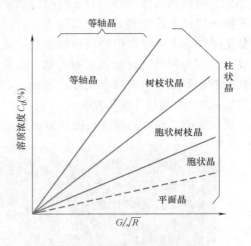

图 4-12　C_0、R 和 G 对结晶形态的影响

当合金中溶质的浓度 C_0 和结晶速度 R 一定时，随液相温度梯度的提高，成分过冷的程度减小，因而结晶形态的演变方向恰好相反，由等轴晶、树枝状晶逐步演变到平面晶。

上述关于不同结晶条件对晶体成长形态影响的一般规律，对于分析焊缝金属的凝固结晶组织、焊缝金属的性能和形成焊接缺欠等都有着重要的指导意义。

1. 实际焊缝的结晶形态

焊接熔池中成分过冷的情况在焊缝的不同部位是不同的，因此会出现不同的焊缝结晶形态。在熔池的熔化边界，由于温度梯度 G 较大，结晶速度 R 又较小，成分过冷接近于零，所以平面晶得到发展。随着远离熔化边界向焊缝中心过渡时，温度梯度 G 逐渐变小，而结晶速度逐渐增大，所以结晶形态将由平面晶向胞状晶、胞状树枝晶，一直到等轴晶的方向发展。图 4-13 所示为焊缝结晶形态的变化过程。在对于焊缝凝固组织的金相观察中，证实了上述结晶形态变化的趋势。

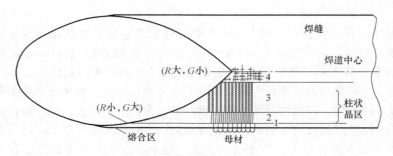

图 4-13　焊缝结晶形态的变化过程

1—平面晶　2—胞状晶　3—树枝柱状晶　4—等轴晶

实际焊缝中，由于母材的化学成分、厚度及接头形式不同，不一定具有上述全部结晶形态。如图 4-14a 所示，纯度为 99.99% 的铝焊缝中，在熔合线附近为平面晶，到焊缝中心为胞状晶；而纯度为 99.6% 的铝焊缝出现胞状树枝晶（见图 4-14b），焊缝中心可出现等轴晶（见图 4-14c）。

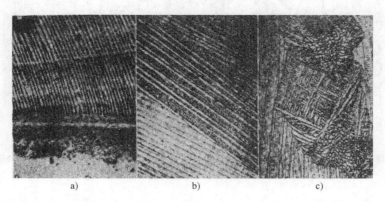

图 4-14　纯铝薄板（厚度为 1mm）TIG 点焊焊缝凝固结晶组织形态

a）平面晶→胞状晶　b）胞状树枝晶　c）等轴晶

2. 焊接参数对熔池结晶形态的影响

（1）焊接电流的影响　当焊接速度一定时，焊接电流对焊缝凝固结晶组织的影响如图 4-15 所示。焊接电流较小时，焊缝得到胞状组织（见图 4-15a）；增加电流时，得到胞状树枝晶（见图 4-15b）；电流继续增大，出现更为粗大的胞状树枝晶（见图 4-15c）。

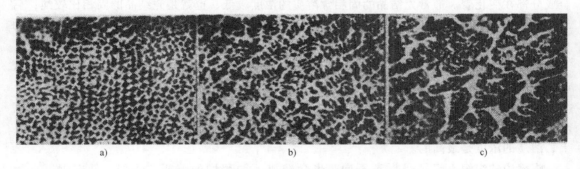

图 4-15　HY80 钢焊接电流对焊缝组织的影响

a）150A　b）300A　c）450A

（2）焊接速度的影响　当焊接速度增大时，熔池中心的温度梯度下降很多。快速焊接时，在焊缝中心往往出现大量的等轴晶（见图 4-16c）；而低速焊接时，在熔合线附近出现胞状树枝晶，在焊缝中心出现较细的胞状树枝晶（见图 4-16a、b）。

4.1.5　焊接接头的化学成分不均匀性

在熔池结晶的过程中，由于冷却速度很快，熔池金属中化学成分来不及扩散，合金元素的分布是不均匀的，熔池金属凝固后会出现偏析现象。在焊缝边界处的熔合区，也会出现明显的化学成分不均匀现象，这个区域成为焊接接头的薄弱地带。

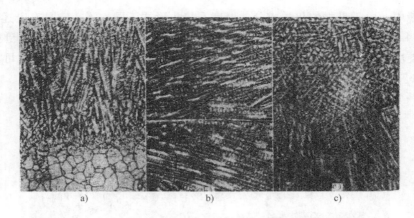

图 4-16　蒙乃尔合金 TIG 焊焊缝结晶形态

a）低速（16cm/min）焊接时熔合区的胞状树枝晶　b）低速（16cm/min）焊接时焊缝中心的胞状树枝晶
c）高速（64cm/min）焊接时焊缝中心的等轴晶

1. 焊缝中的化学成分不均匀性

熔池金属在结晶过程中，由于来不及扩散而表现出化学成分的不均匀性。例如，在低碳钢焊缝的晶界，碳的含量要比焊缝的平均含碳量略高一些，称为晶界偏析，这是一种微观偏析。这种现象将影响焊缝的组织性能，严重时会引起焊接裂纹。根据焊接过程的特点，焊缝中的偏析主要有三种。

（1）显微偏析　根据金属学平衡结晶过程理论可知，钢在凝固过程中，液固两相的合金成分都在变化着。通常先结晶的固相含溶质的浓度较低，也就是先结晶的固相比较纯；后结晶的固相含溶质的浓度较高，并富集了较多的杂质。由于焊接的冷却速度较快，固相内的成分来不及扩散，在相当大的程度上保持着由于结晶的先后所产生的化学成分不均匀性。

当焊缝结晶的固相呈胞状晶长大时，在胞状晶体的中心，含溶质的浓度最低，而在胞状晶相邻的边界上，溶质的浓度最高。

当固相呈树枝状晶长大时，先结晶的树干含溶质的浓度最低，后结晶的树枝含溶质浓度略高，最后结晶的部分，即填充树枝间的残液，也就是树枝状晶和相邻树枝状晶之间的晶界上，溶质的浓度是最高的。

焊缝中的组织由于结晶形态不同，也会造成不同程度的偏析。例如，低碳钢（$w_C = 0.19\%$，$w_{Mn} = 0.50\%$）焊缝中不同结晶形态时，Mn 的偏析见表 4-1。由表 4-1 中的数据可知，树枝状晶的晶界偏析比胞状晶的晶界偏析严重。

此外，细晶粒的焊缝金属，由于晶界的增多，偏析分散，偏析的程度将会减弱。因此，就减小焊缝金属中的偏析而言，希望得到细晶粒的胞状晶。

表 4-1　不同结晶形态的偏析

位置	$w_{Mn}(\%)$
树枝状晶的晶界	0.59
胞状晶的晶界	0.57
胞状晶的中心	0.47

（2）区域偏析　焊接时由于熔池中存在激烈的搅拌作用，同时焊接熔池又不断向前移动，不断有新的液体金属溶入熔池。因此，结晶后的焊缝，从宏观上不会像铸钢锭那样有大体积的区域偏析。但是，在焊缝结晶时，由于柱状晶继续长大和向前推进，会把溶质或杂质"驱赶"向熔池的中心。这时熔池中心的杂质浓度逐渐升高，致使在最后凝固的部位产生较严重的区域偏析。

当焊接速度较大时，成长的柱状晶最后会在焊缝中心附近相遇（见图 4-17），使溶质和杂质都聚集在那里。凝固后在焊缝中心附近出现的区域偏析，在应力作用下很容易产生焊缝的纵向裂纹。

（3）层状偏析　在焊缝断面经过浸蚀的金相试件上，可以明显地看出层状分布图像。这些分层反映出结晶过程的周期性变化，是由于化学成分分布不均匀所造成的。这种化学不均匀性称为层状偏析，如图 4-18 所示。

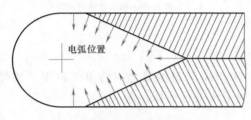

图 4-17　快速焊时柱状晶的成长

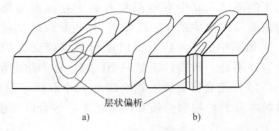

图 4-18　焊缝的层状偏析

a）焊条电弧焊　b）电子束焊

熔池金属结晶时，在结晶前沿的液体金属中溶质浓度较高，同时富集了一些杂质。当冷却速度较慢时，这一层浓度较高的溶质和杂质可以通过扩散而减轻偏析的程度。但冷却速度很快时，在没有来得及"均匀化"就已凝固，从而造成了溶质和杂质较多的结晶层。

由于结晶过程放出结晶潜热及熔滴过渡时热输入的周期性变化，致使凝固界面的液体金属成分也会发生周期性的变化。采用放射性同位素进行焊缝中元素分布规律的研究证明，产生层状偏析的原因是由于热的周期性作用而引起的。

层状偏析集中了一些有害的元素（如 C、S、P 等），因而焊接缺欠也往往出现在偏析层中。图 4-19 所示是由层状偏析所造成的气孔。层状偏析也会使焊缝的力学性能不均匀、耐蚀性下降，以及断裂韧度降低等。

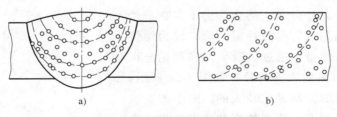

图 4-19　由层状偏析所造成的气孔

2. 熔合区的化学不均匀性

熔合区是焊接接头中的一个薄弱地带，许多焊接结构的失效事故常常是由熔合区的某些焊接缺欠而引起的。例如冷裂纹、再热裂纹和脆性相等常起源于熔合区。因此，对这个区域的一些组织和性能应当给以足够的重视。

（1）熔合区的形成　在焊接条件下，熔化过程是很复杂的，即使焊接参数十分稳定，由于各种因素的影响，也会使热能的传播极不均匀，例如熔滴过渡的周期性、电弧吹力的变化等。此外，在半熔化的基本金属上，晶粒的导热方向彼此不同，有些晶粒的主轴方向有利于热的传导，所以该处受热较快，熔化的较多。因此，对于不同的晶粒，熔化的程度可能有很大的不同。如图 4-20 所示，有阴影的地方是熔化了的晶粒，其中有些晶粒有利于导热而熔化的较多（如图中的 1、3、5），有些晶粒熔化较少（如图中的 2、4）。所以母材与焊缝交界的地方并不是一条线，而是一个区域，称为熔合区。

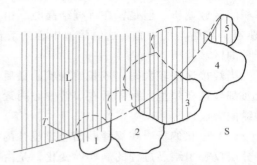

图 4-20　熔合区晶粒熔化的情况

T—温度等于母材熔点的等温面　L—液态
金属（熔池）　S—固态金属（HAZ）

（2）熔合区宽度　熔合区的大小取决于材料的液相线与固相线之间的温度范围、被焊材料本身的热物理性质和组织状态。熔合区宽度可按下式进行估算，即

$$A = \frac{T_L - T_S}{\left(\dfrac{\Delta T}{\Delta y}\right)} \tag{4-7}$$

式中　A——熔合区的宽度（mm）；

　　　T_L——被焊金属的液相线温度（℃）；

　　　T_S——被焊金属的固相线温度（℃）；

　　$(\Delta T / \Delta y)$——温度梯度（℃/mm）。

碳钢、低合金钢熔合区附近的温度梯度为 300～80℃/mm，液、固相线的温度差约为 40℃。因此，一般电弧焊的条件下，熔合区宽度约为

$$A = \frac{40}{300} \sim \frac{40}{80} \text{mm} = 0.13 \sim 0.50 \text{mm} \tag{4-8}$$

对于奥氏体钢的电弧焊，$A = 0.06 \sim 0.12$mm。

（3）熔合区的成分分布　熔合区由于存在着严重的化学成分不均匀性，导致性能下降，成为焊接接头中一个薄弱的地带。通过试验研究和理论分析可知，在固-液界面溶质浓度的分布如图 4-21 所示。界面附近溶质浓度的波动是比较大的，图中的实线表示固液两相共存时溶质浓度的变化，虚线表示凝固后的溶质浓度变化。与界面不同距离处的溶质浓度的理论计算公式为：

当 $y < 0$ 时

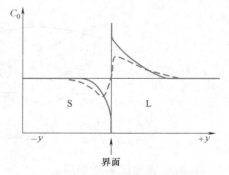

图 4-21　固-液界面溶质浓度的分布

$$C_S(y,t) = C_0 - \frac{C_0 - K_0 C'_0}{K_0\left(\dfrac{D_S+1}{D_L}\right)^{1/2}}\left[1+\phi\left(\frac{y}{2\,(D_S t)^{1/2}}\right)\right] \tag{4-9}$$

当 $y>0$ 时

$$C_L(y,t) = C'_0 - \frac{K_0 C'_0 - C_0}{K_0 + \left(\dfrac{D_L}{D_S}\right)^{1/2}}\left[1-\phi\left(\frac{y}{2\,(D_L t)^{1/2}}\right)\right] \tag{4-10}$$

式中　$C_S(y,\ t)$——距界面为 t、接触时间为 t 时，溶质在固相中的质量百分浓度；

　　　　$C_L(y,\ t)$——距界面为 y、接触时间为 t 时，溶质在液相中的质量百分浓度；

　　　　C_0、C'_0——溶质在固、液相中的质量百分浓度；

　　　　D_S、D_L——该溶质在固液共存时，在固、液相中的扩散系数；

　　$K_0 = C_S/C_L$——溶质在固液相中的分配系数，K_0 值见表 4-2；

　　　　$\phi(A)$——高斯积分函数（又称克兰伯超越函数），可查专用函数表。

由式（4-9）和式（4-10）可见，熔合区固-液界面附近溶质元素的浓度分布取决于该元素在固、液相中的扩散系数和分配系数。

表 4-2　δ-Fe 中各元素的平衡分配系数 K_0

Al	B	C	Cr	Co	Cu	H	Mo	Mn	O	Ni	N	P	Si	S	Ti	W	V	Zr
0.92	0.11	0.20	0.95	0.94	0.90	0.27	0.86	0.90	0.02	0.83	0.25	0.13	0.83	0.02	0.40	0.95	0.96	0.5

焊接条件下，在熔合区元素的扩散转移是激烈的，特别是硫、磷、碳、硼、氧和氮等。采用放射性同位素 S^{35} 研究熔合区中硫的分布如图 4-22 所示。图中排在上面的数据是在热输入 $E=11.76\text{kJ/cm}$ 条件下测得的；排在下面的数据是在热输入 $E=23.94\text{kJ/cm}$ 条件下测得的。由图 4-22 可以看出，硫在熔合区中的分布是跳跃式变化的。

总之，熔合区存在着严重的化学不均匀性及组织性能上的不均匀性，是焊接接头中的薄弱部位。关于熔合区组织性能的研究，越来越引起国内外焊接研究者的重视，特别是异种金属焊接时的接头不均匀性更是学术研究的热点之一。

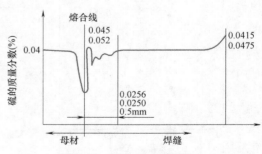

图 4-22　熔合区中硫的分布

4.2　焊缝固态相变

焊接熔池凝固以后，随着连续冷却过程的进行，焊缝金属组织将会发生转变。焊缝金属组织状态，受焊缝的化学成分和冷却条件的影响。焊缝金属固态相变的机理与一般钢铁材料固态相变的机理相同，可根据焊接特点，结合低碳钢、低合金钢的相变特点进行分析。

4.2.1　低碳钢焊缝的固态相变

由于低碳钢的含碳量较低，所以低碳钢焊缝固态相变后的结晶组织主要是铁素体加少量的珠光体。铁素体一般是首先沿原奥氏体边界析出的，这样就勾画出凝固组织的柱状晶轮廓，其晶粒十分粗大，甚至一部分铁素体还具有魏氏组织的形态。魏氏组织的特征是铁素体在奥氏体晶界呈网状析出，也可从奥氏体晶粒内部沿一定方向析出，具有长短不一的粗针状或条片状，直接插入珠光体晶粒之中。魏氏组织主要出现在晶粒粗大的过热的焊缝中（见图 4-23），它的脆性比较大，韧性差，在焊缝中不希望出现这种组织。

图 4-23　低碳钢焊缝的魏氏组织（100×）

　　在多层焊的焊缝及经过热处理的焊缝金属中，由于焊缝受到了重复加热或二次加热，焊缝的性能将会得到改善。这时焊缝的组织是细小的铁素体和少量珠光体，并使柱状晶组织得到改善。一般使钢中柱状晶消失的临界温度约在 A_3 点以上 20~30℃。图 4-24 所示为低碳钢单层焊缝柱状晶消失的临界温度与加热温度及加热时间的关系。由图 4-24 可看出，约在 900℃ 以上短时间加热，即可使柱状组织消失。

　　但是，多层焊时由于受热的温度和时间不同，所以柱状晶消失的程度也不相同。由图 4-25 可见，低碳钢单层焊缝受不同温度的再加热时，柱状晶的细化程度不同，因而具有不同的冲击韧度。在 900℃ 附近的再加热效果最好，超过 1100℃ 时则发生晶粒粗化；在 600℃ 左右加热时，由于焊缝金属中的碳、氮元素发生时效而使冲击韧度下降。

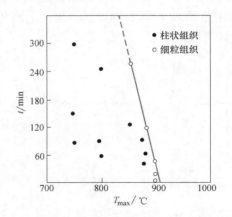

图 4-24　低碳钢单层焊缝柱状
晶消失的临界温度

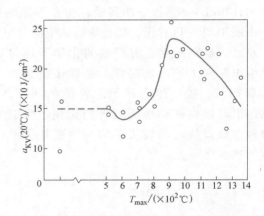

图 4-25　低碳钢单层焊缝再加热时的冲击韧度变化

　　相同化学成分的焊缝金属，由于冷却速度不同，也会使焊缝的组织性能有明显的变化。冷却速度越大，焊缝金属中的珠光体越多，晶粒越细化，硬度增高，见表 4-3。

4.2.2　低合金钢焊缝的固态相变

　　低合金钢焊缝固态相变后的组织比低碳钢焊缝组织要复杂得多，随着焊接材料、熔合比、与母材混合后的化学成分及冷却条件的不同，可出现不同的焊缝组织。除铁素体和珠光体之外，还会出现多种形态的贝氏体和马氏体，它们对焊缝金属的性能有十分重要的影响。应当指出，低合金钢焊缝中的铁素体、珠光体，与低碳钢焊缝中的铁素体、珠光体虽然在组织结构上相同，但在形态上有很大的差别，因此也会表现出不同的性能。此外，焊缝是在非平衡状态下进行凝固和固态相变的，所以相变后的组织也不会像母材那样均匀。由于焊缝是铸态组织，焊缝中的氧含量往往比母材约高 10 倍以上（氧含量可达 10^{-2}% 数量级）。较高的氧含量不仅影响焊缝的性能，同时也影响组织转变，使奥氏体连续冷却转变图向左移动。

表 4-3　低碳钢焊缝冷却速度对组织和硬度的影响

冷却速度 /℃·s^{-1}	焊缝组织（体积分数，%）		焊缝硬度 HV
	铁素体	珠光体	
1	82	18	165
5	79	21	167
10	65	35	185
35	61	39	195
50	40	60	205
110	38	62	228

根据低合金钢焊缝化学成分和冷却条件的不同，可能出现四种固态相变。

1. 铁素体转变

研究表明，低合金钢焊缝中的铁素体形态比较复杂，对于焊缝金属的强韧性有重要的影响。目前虽然对低合金钢焊缝的组织做了许多研究，但对金相组织的分类及本质的认识尚未完全统一，在名词术语上也有一些分歧。根据多数研究者的习惯用法，低合金钢焊缝中的铁素体大体可分为四类。

（1）先共析铁素体（Proeutectoid Ferrite，PF）　焊缝中的先共析铁素体是焊缝冷却到较高温度时，由奥氏体晶界处首先析出（转变温度在 770～680℃），也有人称为粒界铁素体（Grain Boundary Ferrite，GBF）。在奥氏体晶界析出的 PF 数量，与焊接热循环的冷却条件有关。高温停留时间越长，冷却得越慢，PF 数量就越多。PF 在晶界析出的形态是变化的，与合金成分和冷却条件有关，一般情况下，PF 呈细条状分布在奥氏体晶界，有时也呈块状出现，如图 4-26 所示。

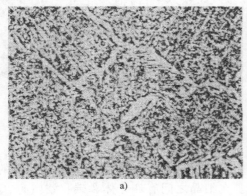
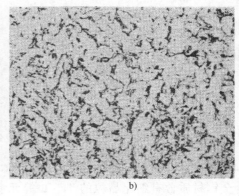

a)　　　　　　　　　　　　　　b)

图 4-26　低合金钢焊缝先共析铁素体 PF 的形态

a) Q345 钢焊缝的粒界条状铁素体（600×）　b) Q420 焊缝的块状铁素体（400×）

（2）侧板条铁素体（Ferrite Side Plate，FSP）　侧板条铁素体的形成温度比先共析铁素体稍低，在 700~550℃，它的转变温度范围较宽。侧板条铁素体是从奥氏体晶界 PF 的侧面以板条状向晶内成长的，从形态上看有如镐牙状（见图 4-27）。它的转变温度偏低，使低合金钢焊缝中的珠光体转变受到抑制。由于扩大了贝氏体的转变领域，也有人把这种组织称为无碳贝氏体（Carbon Free Bainite，CFB）。

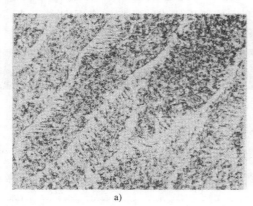
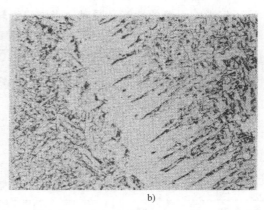

a)　　　　　　　　　　　　　　　　　　　b)

图 4-27　焊缝中侧板条铁素体 FSP

a）Q420 钢焊缝（E5015 型焊条）（160×）　b）Q420 钢焊缝（E5015 型焊条）（400×）

（3）针状铁素体（Acicular Ferrite，AF）　针状铁素体的形成温度此 FSP 更低些，约在 500℃形成。它是在原始奥氏体晶内以针状分布的，常以某些氧化物弥散夹杂质点为核心放射性成长。典型针状铁素体组织如图 4-28 所示，从该图中可以看到在先共析铁素体作为晶界的晶粒内部就是针状铁素体组织。

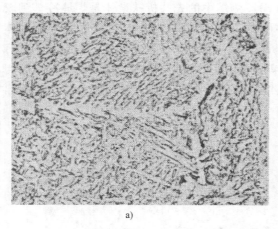
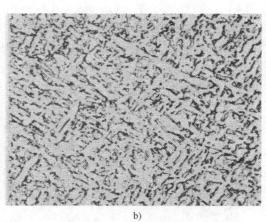

a)　　　　　　　　　　　　　　　　　　　b)

图 4-28　低合金钢焊缝中针状铁素体 AF

a）Q420 钢焊缝晶内 AF（500×）　b）a 图中 AF 的放大（800×）

（4）细晶铁素体（Fine Grain Ferrite，FGF）　细晶铁素体是在奥氏体晶粒内形成的，通常低合金钢材质含有细化晶粒的 Ti、B 等元素。在细晶之间有珠光体和碳化物（Fe_3C）析出。细晶铁素体是介于铁素体与贝氏体之间的转变产物，故又称贝氏铁素体（Bainitic Ferrite，BF）。细晶铁素体的转变温度通常在 500℃以下，如果温度在约 450℃时转变，可以获得上贝氏体（B_u）组织。图 4-29 所示是 Q345 钢采用 E5015 型焊条得到的焊缝组织，其中为多量的细晶铁素体及少量的珠光体组织。

上述四种铁素体类型是低合金钢焊缝中常见的基本组织形态。应当指出，由于焊接条件下影响因素比较复杂，往往会有多种组织同时存在，有时可能会有珠光体、贝氏体，甚至马氏体等组织。上述四种铁素体类型也不只是在低合金钢焊缝中出现，有时在低碳钢焊缝中也会出现，只是所占的比例不同而已。

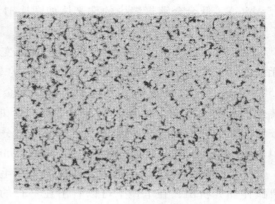

图 4-29　Q345 钢焊缝中的细晶铁素体 FGF（400×）

2. 珠光体转变

由于焊接条件属于非平衡的介稳状态，通常在低合金钢焊缝的固态转变中很少能得到珠光体组织。然而在很缓慢的冷却条件下，例如采取预热、缓冷及后热等技术措施的情况下，有可能获得珠光体组织。

在接近平衡状态下，例如热处理时的连续冷却过程，珠光体转变发生在 $Ar_1 \sim 550℃$ 之间，碳和铁原子的扩散都比较容易进行，属于典型的扩散型相变。然而在焊接条件下，因为合金元素来不及充分扩散，珠光体转变将受到抑制，所以扩大了铁素体和贝氏体转变的领域。当焊缝中含有钛、硼等细化晶粒的元素时，珠光体转变可全部被抑制，如图 4-30 所示。

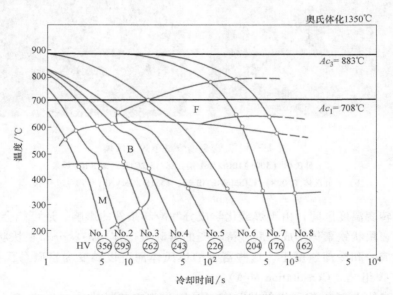

图 4-30　含钛及硼低合金钢焊缝金属的奥氏体连续冷却转变图

（$w_C = 0.09\%$，$w_{Ti} = 0.025\%$，$w_B = 6 \times 10^{-4}\%$，$w_O = 0.034\%$）

珠光体是铁素体和渗碳体的层状混合物，领先相为 Fe_3C。但随转变温度的降低，珠光体的层状结构越来越薄而密，在一般光学显微镜下须放大 1000 倍以上方能观察到细层片的结构。根据细密程度的不同，珠光体又分为层状珠光体（Lamellar Pearite，P_L）；粒状珠光体（Grain Pearite，P_g），又称托氏体（Tyusite）；细珠光体（Fine Pearite，P_f），又称索氏体（Sorbite）。低合金钢焊缝中的珠光体如图4-31所示。

3. 贝氏体转变

贝氏体（Bainite，B）转变属于中温转变，此时合金元素已不能扩散，只有碳还能扩散，它的转变温度在550℃~Ms。在焊接条件下，低合金钢焊缝金属的贝氏体转变机制十分复杂，出现许多非平衡条件下的过渡组织。按贝氏体形成的温度区间及其特性来分，可分为上贝氏体（Upper Bainite，B_u）和下贝氏体（Lower Bainite，B_L）。

上贝氏体的特征：在光学显微镜下呈羽毛状，一般沿奥氏体晶界析出；在电镜下可以看出在平行的条状铁素体间分布有渗碳体。

图4-31 低合金钢焊缝中的珠光体

下贝氏体的特征：在光学显微镜下观察时，有些与回火板条马氏体相似；在电镜下可以看到许多针状铁素体和针状渗碳体机械混合，针与针之间呈一定的角度。由于下贝氏体的转变温度比较低，碳的扩散也较为困难，所以在铁素体内分布有碳化物颗粒。下贝氏体的形成温度区间在450℃~Ms之间。上贝氏体和下贝氏体的形态如图4-32所示。

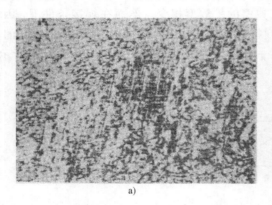
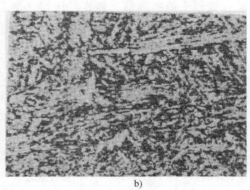

a)   b)

图4-32 低合金钢焊缝中的贝氏体

a）上贝氏体（500×）10Cr2Mo1 钢，E6215-2C1M，即 R407 焊条

b）下贝氏体（300×）12CrMoVSiTiB 钢，E5515-2CMVNb，即 R417 焊条

在贝氏体转变温度区间，由于焊缝化学成分和冷却条件的影响，还可能会出现粒状贝氏体组织。它是在块状铁素体形成之后，待转变的富碳奥氏体呈岛状分布在块状铁素体之中，在一定的合金成分和冷却速度下，这些富碳的奥氏体岛可以转变为富碳马氏体和残留奥氏体，又称为 M-A 组元（Constitution M-A）。

在块状铁素体上 M-A 组元以粒状分布时，即称为粒状贝氏体（Grain Bainite，B_g）；如以条状分布时，称为条状贝氏体（Lath Bainite，B_l）。焊缝中典型的粒状贝氏体的形态如图4-33所示。粒状贝氏体不仅在奥氏体晶界形成，也可在奥氏体晶内形成。

粒状贝氏体对焊缝强度和韧性的影响值得注意。多数研究表明，粒状贝氏体会降低焊缝

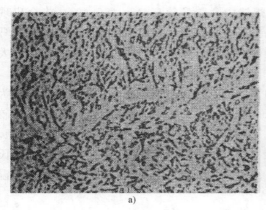 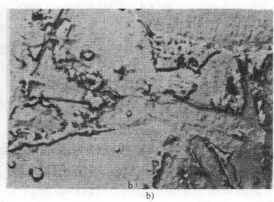

a)　　　　　　　　　　　　b)

图 4-33　焊缝中的粒状贝氏体

a) Q345 钢（440×）　b) Q345 钢（4800×）

的韧性。少数研究认为，粒状贝氏体可提高韧性，这种相反的观点，主要是由于粒状贝氏体的奥氏体岛可有不同的转变或分解。当岛内在冷却过程中部分地转变为马氏体（形成 M-A 组元）时，此时韧性下降；而岛内奥氏体也可能在较缓冷却时部分地分解为铁素体和渗碳体并有残留奥氏体，此时的韧性上升。

4. 马氏体转变

当焊缝金属的含碳量偏高或合金元素较多时，在快速冷却条件下，奥氏体过冷到 Ms 温度以下将发生马氏体转变。根据含碳量的不同，可形成不同形态的马氏体。

（1）板条马氏体（Lath Martensite，LM）　低碳低合金钢焊缝金属在连续冷却条件下，常出现板条马氏体。它的特征是在奥氏体晶粒的内部形成细条状马氏体板条，条与条之间有一定的交角，如图 4-34a 所示。

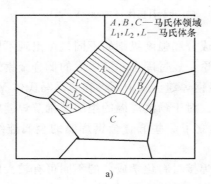 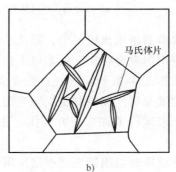

a)　　　　　　　　　　　　b)

图 4-34　马氏体的形态

a) 板条马氏体（位错型）　b) 片状马氏体（孪晶型）

透射电镜观察表明，马氏体板条内存在许多位错，经测量位错密度为 $(3\sim9)\times10^{11}$ 条/cm^2。这种马氏体又称位错马氏体（Dislocation Martensite，M_D）。由于这种马氏体的含碳量低，也称低碳马氏体（Low Carbon Martensite）。研究表明，低碳马氏体不仅具有较高的强度，也具有良好的韧性。一般低碳低合金钢焊缝中出现的马氏体主要是低碳马氏体。

（2）片状马氏体（Plate Martensite，PM） 焊缝中含碳量较高（$w_C \geq 0.4\%$）将会出现片状马氏体，它与板条马氏体在形态上的主要区别是：马氏体片不相互平行，初始形成的马氏体较粗大，往往贯穿整个奥氏体晶粒，使以后形成的马氏体片受到阻碍。片状马氏体的大致形态如图 4-34b 所示。在低合金钢焊缝中，由于含碳量较低，通常不存在这种组织。

透射电镜观察薄膜试样表明，片状马氏体内部的亚结构存在许多细小平行的带纹，称为孪晶带，所以片状马氏体又称孪晶马氏体（Twins Martensite，M_T）。这种马氏体的含碳量较高，又称高碳马氏体。孪晶马氏体的硬度很高，而且很脆，不希望在焊缝中出现这种组织。因此，焊接时应尽可能降低焊缝中的碳含量，某些中、高碳低合金钢焊接时，甚至采用奥氏体焊条，所以焊缝中一般不会出现孪晶马氏体。只有含碳量较高的焊接热影响区，在预热温度不足的情况下才会出现孪晶马氏体组织。

板条马氏体与片状马氏体在电镜下的组织特征如图 4-35 所示。

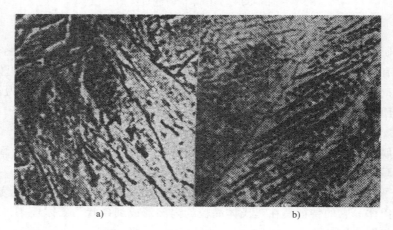

a)   b)

图 4-35　电镜下马氏体的形态

a）板条马氏体（8000×）　b）片状马氏体（20000×）

低合金钢焊缝的组织比较复杂，随化学成分和强度级别的不同，可出现不同的组织，一般情况下是几种组织混合存在。根据以上讨论，经过固态相变以后的低合金钢焊缝金属组织可能出现的形态如图 4-36 所示（注：低合金钢焊缝金属中不存在孪晶马氏体 M_T 组织）。

低合金钢焊缝金属连续冷却组织转变图，对于预测焊缝的组织及调节焊缝的性能具有重要的意义。近年来进行了许多研究工作，建立了一些低合金钢焊缝的金属连续冷却组织转变图。

焊缝金属连续冷却组织转变图根据所用焊接材料化学成分的不同可有较大的差异，这里仅按一般等强匹配的低合金钢焊缝进行讨论。焊缝金属成分：$w_C = 0.11\%$，$w_{Si} = 0.31\%$，$w_{Mn} = 1.44\%$，$w_O = 0.071\%$，焊态的组织根据冷却条件的不同，主要有先共析铁素体（PF）和侧板条铁素体（FSP），并有一定针状铁素体（AF）、贝氏体（B）和少量马氏体（M）等。金属连续冷却组织转变图示例如图 4-37 所示。由图 4-37 可见，缓慢冷却可得到块状的先共析铁素体和珠光体，冷却快时可得到针状铁素体、细晶铁素体和马氏体。

如果焊缝中的合金元素增多或含氧量降低时，将使金属连续冷却组织转变图向右移动，如图 4-38 所示。

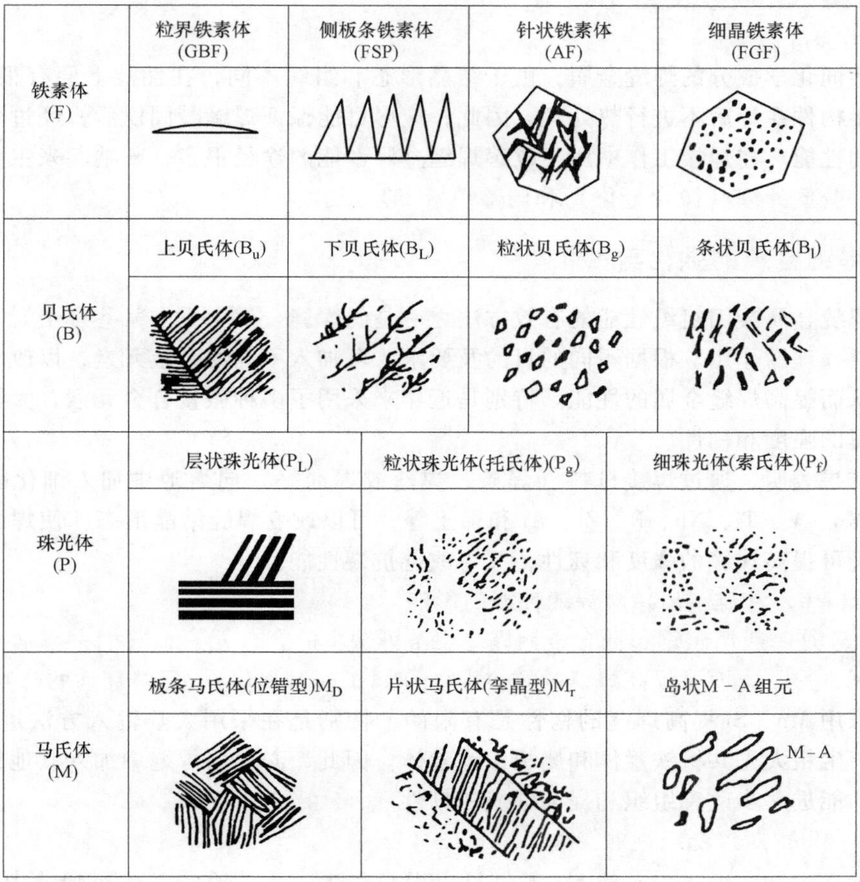

铁素体
(F)
粒界铁素体
(GBF)
侧板条铁素体
(FSP)
针状铁素体
(AF)
细晶铁素体
(FGF)
贝氏体
(B)
上贝氏体(B_u)
下贝氏体(B_L)
粒状贝氏体(B_g)
条状贝氏体(B_l)
珠光体
(P)
层状珠光体(P_L)
粒状珠光体(托氏体)(P_g)
细珠光体(索氏体)(P_f)
马氏体
(M)
板条马氏体(位错型)M_D
片状马氏体(孪晶型)M_r
岛状M－A组元
M－A

图 4-36　低合金钢焊缝的组织形态分类

奥氏体化1350℃
Ac_3= 887℃
Ac_1= 706℃
A
F
AF
B
P
M
温度/℃
900
800
700
600
500
400
300
200
100
0
No.1 No.2 No.3 No.4 No.5 No.6 No.7 No.8 No.9 No.10
HV 326 278 235 213 199 161 140 131 123 121
1 5 10 5 10^2 5 10^3 5 10^4
冷却时间/s

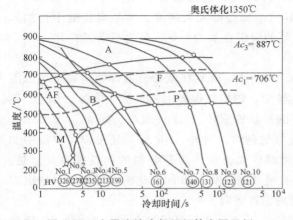

图 4-37　金属连续冷却组织转变图示例

增加合金元素
降低含氧量
增加热输入
GBF
F
FSP
AF
B
温度
冷却时间

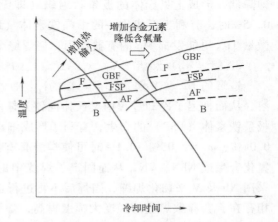

图 4-38　合金元素和含氧量对金属连续冷却组织转变图的影响

4.3 焊缝性能的改善

具有相同化学成分的焊缝金属，由于结晶形态和组织不同，在性能上会有很大的差异。通常，焊接构件在焊后不进行热处理。因此，应尽可能保证焊缝凝固以后，经过固态相变就具有良好的性能。在焊接工作中用于改善焊缝金属性能的途径很多，归纳起来主要是焊缝的固溶强化、变质处理（微合金化）和调整焊接工艺。

4.3.1 焊缝金属的强化与韧化

改善焊缝金属凝固组织性能的有效方法之一是向焊缝金属中添加某些合金元素，起固溶强化和变质处理的作用。根据不同的目的及要求，可加入不同的合金元素，以改变凝固组织的形态，从而提高焊缝金属的性能。特别是近年来采用了多种微量合金元素，大幅度地提高了焊缝金属的强度和韧性。

研究结果表明，通过焊接材料（焊条、焊丝或焊剂等）向熔池中加入细化晶粒的合金元素，如 Mo、V、Ti、Nb、B、Zr、Al 和稀土等，可以改变焊缝结晶形态，使焊缝金属的晶粒细化，既可提高焊缝的强度和韧性，又可改善抗裂性能。

1. 锰（Mn）和硅（Si）对焊缝性能的影响

Mn 和 Si 是一般低碳钢和低合金钢焊缝中不可缺少的合金元素，它们一方面可使焊缝金属充分脱氧，另一方面可提高焊缝的抗拉强度（属于固溶强化），但对韧性的影响不利。

单纯采用 Mn、Si 提高焊缝的韧性是有限的，特别是在采用大热输入方法进行焊接时，难以避免产生粗大先共析铁素体和侧板条铁素体。因此，必须向焊缝中加入其他细化晶粒的合金元素才能进一步改善组织和提高焊缝的韧性。

2. 钼（Mo）对焊缝韧性的影响

低合金钢焊缝中加入少量的 Mo 不仅可以提高强度，也能改善韧性。焊缝中的 Mo 含量少时，形成粗大的先共析铁素体（PF）；当 Mo 含量太高时（$w_{Mo} > 0.5\%$），组织转变温度随即降低，形成上贝氏体的板条状组织（即无碳贝氏体），韧性显著下降。当 $w_{Mo} = 0.20\% \sim 0.35\%$ 时，有利于形成均一的细晶铁素体（FGF），韧性可大大提高。如果向焊缝中再加入微量 Ti，更能发挥 Mo 的有益作用，使焊缝金属的组织更加均一化，韧性显著提高。

3. 铌（Nb）和钒（V）对焊缝韧性的影响

适量的 Nb 和 V 可以提高焊缝的冲击韧性。因为 Nb 和 V 在低合金钢焊缝金属中可以固溶，从而推迟了冷却过程中奥氏体向铁素体的转变，能抑制焊缝中先共析铁素体（PF）、侧板条铁素体（FSP）的产生，有利于形成细小的针状铁素体（AF）组织。如 $w_{Nb} = 0.03\% \sim 0.04\%$、$w_V = 0.05\% \sim 0.1\%$ 时可使焊缝具有良好的韧性。另外，Nb 及 V 还可以与焊缝中的氮化合生成 NbN、VN，从而固定了焊缝中的可溶性氮，使得焊缝金属的韧性提高。但是，采用 Nb 及 V 来韧化焊缝，当焊后不再进行正火处理时，V、Nb 的氮化物以微细的共格沉淀相存在，会导致焊缝的强度大幅度提高，焊缝的韧性下降。

只有经过正火处理的焊缝，才可以通过焊接材料向低合金钢焊缝中加入 Nb 和 V。因为只有通过正火处理才能使 Nb、V 和 N 的析出相脱离与基体的共格关系，从而改善韧性和降低强度。

4. 钛 （Ti）、硼 （B） 对焊缝韧性的影响

低合金钢焊缝中有 Ti、B 存在可以大幅度地提高韧性。但 Ti、B 对焊缝金属组织细化的作用是很复杂的，与氧、氮有密切的关系。

Ti 与氧的亲和力很大，焊缝中的 Ti 以微小颗粒氧化物 TiO 的形式弥散分布于焊缝中，从而促进焊缝金属晶粒细化。此外，这些微小颗粒状的 TiO 还可以作为针状铁素体 （AF） 的形核质点。

Ti 在焊缝中保护 B 不被氧化，因此 B 可作为原子状态偏聚于晶界，由于 B 的原子半径很小，高温下极易向奥氏体晶界扩散。这些聚集在奥氏体晶界的 B 原子降低了晶界能，抑制了先共析铁素体 （PF）、侧板条铁素体 （FSP） 的形核与生长，从而促使针状铁素体形成，改善了焊缝组织的韧性。

5. 镍 （Ni） 对焊缝韧性的影响

Ni 既可以提高钢的强度，又可以使钢的韧性 （特别是低温韧性） 保持很高的水平。当 $w_{Ni}<0.3\%$ 时，其韧脆转变温度可达$-100℃$以下，当 w_{Ni} 增高到 $4\%\sim5\%$ 时，韧脆转变温度可降至$-180℃$。由于镍是奥氏体化形成元素，因此增加一定的含镍量可以提高钢材和焊缝的耐蚀性。高强高韧焊接材料的开发中，增加一定的含镍量可以提高焊缝的低温冲击吸收能量。但是，这种高镍类型的焊接材料在价格上比较贵。

4.3.2 改善焊缝性能的工艺措施

焊接实践表明，通过调整焊接工艺措施可以改善焊缝的性能。所采用的焊接工艺措施有以下几种：

1. 焊后热处理

焊后热处理可以改善焊接接头的组织，可以充分发挥焊接结构的潜在性能。因此，一些重要的焊接结构，一般都要进行焊后热处理，例如珠光体耐热钢的电站设备、电渣焊的厚板结构，以及中碳调质钢的飞机起落架等，焊后都要进行不同的热处理，以改善结构的性能。例如可以采用焊后回火、正火或调质处理。

2. 多层多道焊接

对于相同板厚焊接结构，采用多层多道焊接可以有效地提高焊缝金属的性能。这种方法一方面由于每层焊缝的热输入变小而改善了熔池凝固结晶的条件，以及减少了热影响区性能恶化的程度；另一方面，后一层对前一层焊道具有附加热处理的退火作用，从而改善了焊缝固态相变的组织。

多层多道焊接已发展成为由计算机控制热输入的多丝焊接，丝间的距离、焊接参数和层间厚度均由计算机程序进行控制，从而可以获得理想的焊接质量。

3. 锤击焊道表面

锤击焊道表面既能改善后层焊缝的凝固结晶组织，也能改善前层焊缝的固态相变组织。因为锤击焊道可使前一层焊缝中的晶粒不同程度地破碎，使后层焊缝在凝固时晶粒细化，这样逐层锤击焊道就可以改善整个焊缝的组织性能。此外，锤击可产生塑性变形而降低残余应力，从而提高焊缝的韧性和疲劳性能。对于一般碳钢和低合金钢多采用风铲锤击，锤头圆角以 $1.0\sim1.5mm$ 为宜，锤痕深度为 $0.5\sim1.0mm$，锤击的方向及顺序，应先中央后两侧，依次进行，如图 4-39 所示。

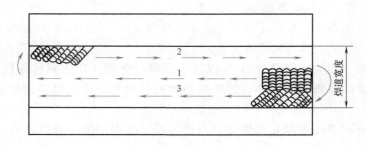

图 4-39　锤击的方向及顺序

4. 跟踪回火处理

跟踪回火处理就是每焊完一道焊缝立即用火焰加热焊道表面，温度控制在 900~1000℃。例如厚度为 9mm 的板采用焊条电弧焊方法焊接三层时，每层焊道的平均厚度约为 3mm，则第三层焊完时进行的跟踪回火，对前两层焊缝有不同程度的热处理作用。最上层焊缝（0~3mm）相当于正火处理，对中层焊缝（3~6mm）承受约 750℃ 的高温回火，对下层焊缝（6~9mm）进行 600℃ 左右的回火处理。所以采用跟踪回火，不仅改善了焊缝的组织，同时也改善了焊接区的性能，因此焊接质量得到了显著的提高。

5. 振动结晶

振动结晶是改善熔池凝固结晶的一种方法。振动结晶就是采用振动的方法来打碎正在成长的柱状晶粒，从而获得细晶组织。根据振动方式的不同，可分为低频机械振动、高频超声振动和电磁振动等。

（1）低频机械振动　振动频率在 1×10^4 Hz 以下的属于低频振动。这种振动一般是采用机械方式实现的，其振动器固定在焊件或焊丝上。振幅一般在 2mm 以下。这种振动所产生的能量足以使熔池中成长的晶粒遭到破碎，同时也可使熔池金属发生强烈的搅拌作用，不仅使成分均匀，也可使气体和夹杂等快速上浮，从而改善熔池金属的凝固状态，提高焊缝金属的质量与性能。

（2）高频超声振动　利用超声波发生器可得到 2×10^4 Hz 以上的振动频率，但振幅只有 10^{-4} mm。超声振动对改善熔池凝固结晶和消除气孔、结晶裂纹及夹杂等比低频振动更为有效。有研究指出，超声振动可使焊接熔池中正在进行结晶的金属承受拉压交变的应力，从而形成一种强大的冲击波，可以有足够的能量打碎正在成长的晶粒，这样就可以增多结晶核心，改变结晶形态，使凝固后的焊缝金属得到晶粒细化。但这种方法需要大功率的超声波发生器，成本较高，所以限制了它在工程上的应用。

（3）电磁振动　这种方法是利用强磁场使熔池中的液态金属发生强烈的搅拌，使成长着的晶粒不断受到冲刷，以至于使晶粒破碎，从而使晶粒细化；并且打乱晶粒的结晶方向，改善了结晶形态。但这种方法实施起来比较麻烦，这也限制了它在生产上的应用。

思　考　题

1. 与一般铸钢锭凝固相比，焊接熔池凝固有何特点？
2. 什么是联生结晶？结合图 4-3 和图 4-4 说明联生结晶的形成过程。

3. 试述熔池晶粒成长平均线速度与焊接速度的关系。

4. 结合图 4-6 和图 4-7 说明熔池结晶的主轴是弯曲状的原因。

5. 焊缝和熔合区的化学不均匀性有哪些？这些不均匀性的形成原因是什么？

6. 试述低碳钢焊缝的固态相变组织。

7. 分析低合金钢焊缝的固态相变组织有哪些？各种组织的特点如何？

8. 试述改善焊缝金属性能的途径。

焊接结构在加工制造过程中，不可避免地总会有一些质量上的不足之处。例如，会产生裂纹、气孔、夹杂等缺欠。对于这些不足之处，泛泛而论时，通常称为"焊接缺欠"。本章重点讨论"焊接缺欠"与"焊接缺陷"的定义、焊接产品用于质量管理的"质量标准"含义与基于合于使用的"质量标准"含义，以及这两个"质量标准"之间的关系。通过本章的学习，使读者建立"焊接缺欠"及"焊接缺陷"的正确概念，并且结合采用熔焊工艺完成的焊接接头所出现的焊接缺欠进行讨论。从而使读者了解焊接缺欠的评级与处理，为读者提供分析焊接缺欠的对策与思路，其目的是提高焊接产品及焊接结构的质量。

本章还要重点讨论焊缝中的气孔、焊缝中的夹杂；分析焊缝中的气孔的分类及分布特征、气孔的形成机理与影响因素，以及气孔的防止措施；并且介绍焊缝中夹杂的种类、危害性及防止措施等。焊接缺欠中的焊接裂纹将在本书第 7 章进行详细论述，因此本章不进行讨论。

5.1　焊接缺欠与焊接缺陷

焊接结构在制造过程中，由于受到设计、工艺、材料、环境等各方面因素的影响，使得生产出来的产品不可能每一件都是完美无缺的。也就是说，焊接产品不可避免地会有焊接缺欠。这样的"美中不足"，即"缺欠的存在"会在不同程度上影响产品的质量及使用的安全性。焊接质量检验的目的之一，就是运用各种检测方法把焊件中产生的各种焊接缺欠检查出来，并且按照有关的技术标准对它进行评定，确定出缺欠的等级，从而确定对缺欠的处理方法。

5.1.1　焊接缺欠与焊接缺陷的定义

由中国机械工程学会焊接分会编、机械工业出版社 2008 年出版的《焊接词典》（第 3 版）中，关于"焊接缺欠"和"焊接缺陷"这两个词条有明确的解释。摘录如下：

"焊接缺欠（Weld Imperfection）——泛指焊接接头中的不连续性、不均匀性以及其他不健全性等的欠缺，称焊接缺欠，原称焊接缺陷。

焊接缺欠的容限标准，按国际焊接学会（IIW）第 V 委员会提出的质量标准如图 5-1 所示。用于质量管理的质量标准为 Q_A。"

"焊接缺陷（Weld Defect）——不符合具体焊接产品使用性能要求的焊接缺欠，不符合图 5-1 中 Q_B 水平要求的缺欠，称为焊接缺陷。焊接缺陷标志着判废或必须返修。

焊接缺陷，对每一结构，甚至每一结构的每一构件都不相同，通常应根据测试、计算所得的判据才能确定。"

GB/T 6417.1—2005《金属熔化焊接头缺欠分类及说明》关于"焊接缺欠"与"焊接缺陷"的定义如下：

"焊接缺欠是指在焊接接头中因焊接产生的金属不连续、不致密或连接不良的现象，简称'缺欠'。

焊接缺陷是指超过规定限值的缺欠。"

总之，"焊接缺欠"的含义包括两个要点：一是广义的含义，即泛指焊接接头中的不连续性、不均匀性等不足之处；二是狭义的含义，即指具体某项指标（例如气孔、夹渣等）处于 Q_A（用于质量管理的质量标准）与 Q_B（基于合于使用的质量标准）之间的水平，这样的水平属于质量一般，不必修补。"焊接缺陷"是超过规定限值的缺欠，是属于不可以接受的"缺欠"。缺陷是不符合焊接产品使用性能要求的焊接缺欠。因此，判别某个具体的缺欠是否为焊接缺陷，就是应当根据相关技术标准中规定的相同类别焊接缺欠的容限。

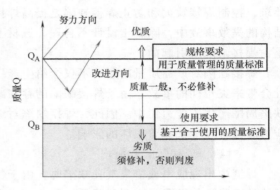

图 5-1　国际焊接学会（IIW）提出的
质量标准示意图

5.1.2　焊接产品的质量标准

对于具体的焊接产品，都应当根据其设计文件、选用材料、制造工艺、检验方法及标准等制定出相应的产品技术质量规范来判定其产品质量的优劣及等级。

国际焊接学会（IIW）第Ⅴ委员会提出的质量标准示意图如图 5-1 所示。从图 5-1 中可以看出：

Q_A——用于质量管理的质量标准。生产厂家应当按照相应的技术措施，执行相关技术标准，以达到产品规格的要求。也就是生产厂家必须要按照 Q_A 进行生产管理。显然，达到 Q_A 标准的产品，就是达到了质量管理要求的质量标准，是优质品，是应该鼓励的方向。这是生产单位努力的目标。这也是用户期望达到的优秀质量标准。

Q_B——基于合于使用的质量标准。它是最低合用的验收标准。

按照"合于使用"的准则，根据具体产品的使用要求，判断该产品所存在的缺欠是否已经构成为危害该产品使用安全性及可靠性的缺陷。合于使用的准则是评价焊接产品质量、使用安全性、工作可靠性以及技术经济性的综合概念。通过对焊接产品具有的某个缺欠的特征、尺寸、性质、分布形式、所在部位及形成原因等进行认真、细致的分析、判断，可以得出是否合于使用要求的结论。

只要产品质量不低于基于合于使用的质量标准（Q_B）的水平，该产品即使有缺欠，也能满足使用要求，不必返修就可以投入使用。如果达不到 Q_B 的质量水平则该产品所存在的缺欠只能经过修补处理后，使它达到 Q_B 的水平，才能使用；否则，只能判为废品，不能使用。

总之，达到质量管理的质量标准（Q_A）的就是优质品；处于 Q_A 和 Q_B 之间的产品是一般质量的产品，虽然有缺欠，但是可以使用，也不必修补；达不到 Q_B 标准的焊接产品，就是有缺陷的产品。有缺陷的产品必须修补，否则判废。

5.1.3　焊接缺欠对焊接接头质量的影响

随着焊接结构的强度、韧性、耐热性和耐蚀性等性能的提高，对焊接质量提出了更高的要求，控制焊接缺欠和防止焊接缺陷是提高焊接产品质量的关键。据统计，世界上各种焊接结构的失效事故中，除属于设计不合理、选材不当和操作上的原因之外，绝大多数焊接事故是由焊接缺陷所引起的。

焊接缺陷对产品质量的影响不仅会给生产厂家带来许多困难，而且可能会给产品用户及社会带来灾难性的事故。由于焊接缺陷的存在减小了结构承载的有效截面积，更重要的是在缺陷周围产生了应力集中。因此，焊接缺陷对结构的承载强度、疲劳强度、脆性断裂以及抗应力腐蚀开裂等都有着很坏的影响。

1. 对结构承载强度的影响

焊缝中出现成串或密集气孔缺陷时，由于气孔的截面较大，同时还可能伴随着焊缝力学性能的下降，使承载强度明显降低。因此，成串气孔要比单个气孔危险性大。夹杂对强度的影响与其形状和尺寸有关。单个的间断小球状夹杂物并不比同样尺寸和形状的气孔危害大。直线排列的、细条状且排列方向垂直于受力方向的连续夹杂物是比较危险的。

焊接缺陷对结构的静载破坏和疲劳强度有不同程度的影响，在一般情况下，材料的破坏形式多属于塑性断裂，这时缺陷所引起的强度降低，大致与它所造成承载截面积的减少成比例。焊接缺陷对疲劳强度的影响要比静载强度大得多。例如，焊缝内部的裂纹由于应力集中系数较大，对疲劳强度的影响较大；当气孔引起的承载截面积减小 10% 时，疲劳强度的下降可达 50%。焊缝内部的球状夹杂物，当其面积较小、数量较少时，对疲劳强度的影响不大，但当夹杂物形成尖锐的边缘时，对疲劳强度的影响十分明显。

咬边对疲劳强度的影响比气孔、夹杂大得多。带咬边接头在 10^6 次循环条件下的疲劳强度大约仅为致密接头的 40%，其影响程度也与负载方向有关。此外，焊缝成形不良，焊趾区及焊根处的未焊透、错边和角变形等外部缺欠都会引起应力集中，易产生疲劳裂纹而造成疲劳破坏。

夹渣或夹杂物，根据其截面积的大小成比例地降低材料的抗拉强度，但对屈服强度的影响较小。几何形状造成的不连续性缺欠，如咬边、焊缝成形不良或焊穿等不仅降低了构件的有效截面积，而且会产生应力集中。当这些缺欠与结构中的残余应力或热影响区脆化晶粒区相重叠时，会引发脆性不稳定扩展裂纹。

未熔合和未焊透比气孔和夹渣更有害。虽然当焊缝有余高或用优于母材的焊条制成焊接接头时，未熔合和未焊透的影响可能不十分明显。事实上许多焊接结构已经工作多年，焊缝内部的未熔合和未焊透并没有造成严重事故。但是这类缺欠在一定条件下可能成为脆性断裂的引发点。

裂纹被认为是危险的焊接缺陷，易造成结构的断裂。裂纹一般产生在拉伸应力较大及热影响区粗晶组织区，在静载非脆性破坏条件下，如果塑性流动发生于裂纹失稳扩展之前，则结构中的残余拉应力将没有很大的影响，而且也不会产生脆性断裂；但是一旦裂纹失稳扩展，对焊接结构的影响就很严重了。因此，在焊接产品及焊接结构中是绝对不允许有裂纹存在的。这在我国的国家标准、行业标准以及国际标准化组织的 ISO 标准中都是这样明确规定的。

2. 应力集中

焊接接头中的裂纹、未熔合和未焊透比气孔和夹渣的危害大，它们不仅降低了结构的有效承载截面积，而且更重要的是产生了应力集中，有诱发脆性断裂的可能。尤其是裂纹，在其尖端存在着缺口效应，容易诱发出现三向应力状态，导致裂纹的失稳和扩展，以致造成整体结构的断裂，所以裂纹（特别是延迟裂纹）是焊接结构中最危险的缺陷。

焊接接头中的裂纹常常呈扁平状，如果加载方向垂直于裂纹的平面，则裂纹两端会引起严重的应力集中。焊缝中的气孔一般呈单个球状或条虫形，因此气孔周围应力集中并不严重。焊缝中的单一夹杂具有不同的形状，其周围的应力集中也不严重。但如果焊缝中存在密集气孔或夹杂时，在负载作用下，如果出现气孔间或夹杂间的连通，则将导致应力区的扩大和应力值的急剧上升。

焊缝的形状不良、角焊缝的凸度过大及错边、角变形等焊接接头的外部缺欠，也都会引起应力集中或产生附加应力。

焊缝余高、错边和角变形等几何不连续缺欠，有些虽然被现行规范所允许，但都会在焊接接头区产生应力集中。由于接头形式的差别也会出现应力集中，在焊接结构常用的接头形式中，对接接头的应力集中程度最小，角接接头、T 形接头和正面搭接接头的应力集中程度相差不多。重要结构中的 T 形接头，如动载下工作的 H 形板梁，可采用开坡口的方法使接头处应力集中程度降低；但搭接接头不能做到这一点，侧面搭接焊缝沿焊缝全部长度上的应力分布很不均匀，而且焊缝越长，不均匀度越严重。因此，一般钢结构设计规范规定侧面搭接焊缝的计算长度不得大于焊脚尺寸的 60 倍。

含裂纹的结构与占同样面积的气孔结构相比，前者的疲劳强度比后者降低 15%。对未焊透来说，随着其面积的增加疲劳强度明显下降。而且，这类平面形缺陷对疲劳强度的影响与负载方向有关。

3. 对结构脆性断裂的影响

脆性断裂是一种低应力下的破坏，而且具有突发性，事先难以发现，因此危害性较大。焊接结构经常会在有缺欠处或结构不连续处引发脆性断裂，造成灾难性的破坏。一般认为，结构中由于焊接缺欠造成的应力集中越严重，脆性断裂的危险性越大。由于裂纹尖端的尖锐度比未焊透、未熔合、咬边和气孔等缺欠要尖锐得多，所以裂纹对脆性断裂的影响最大，其影响程度不仅与裂纹的尺寸、形状有关，而且与其所在的位置有关。如果裂纹位于拉应力高值区就容易引起低应力破坏；若位于结构的应力集中区，则更危险。如果焊缝表面有缺欠，则裂纹很快在缺欠处形核。因此，焊缝的表面成形和粗糙度、焊接结构上的拐角、缺口、缝隙等都对裂纹形成和脆性断裂有很大的影响。

气孔和夹渣等体积类缺欠低于 5% 时，如果结构的工作温度不低于材料的塑性-脆性转变温度，对结构安全影响较小。带裂纹构件的塑性-脆性转变温度要比含夹渣构件高得多。除用塑性-脆性转变温度来衡量各种缺欠对脆性断裂的影响外，许多重要焊接结构都采用断裂力学作为评价的依据。因为用断裂力学可以确定断裂应力和裂纹尺寸与断裂韧度之间的关系。许多焊接结构的脆性断裂是由微裂纹引发的，在一般情况下，由于微裂纹未达到临界尺寸，结构不会在运行后立即发生断裂。但是微裂纹在结构运行期间会逐渐扩展，最后达到临界值，导致发生脆性断裂。

所以在结构使用期间要进行定期检查，及时发现和监测接近临界条件的焊接缺欠，是防止焊接结构脆性断裂的有效措施。当焊接结构承受冲击或局部发生高应变和恶劣环境影响，容易使焊接缺欠引发脆性断裂，交变载荷和应力腐蚀环境都能使裂纹等缺陷变得更尖锐，使裂纹的尺寸增大，加速达到临界值。

4. 应力腐蚀开裂

焊接缺欠的存在也会导致接头出现应力腐蚀疲劳断裂，应力腐蚀开裂通常总是从表面开始的。如果焊缝表面有缺欠，则裂纹很快在缺欠处形核。因此，焊缝的表面粗糙度、焊接结构上的拐角、缺口、缝隙等都对应力腐蚀有很大的影响。这些外部缺欠使浸入的介质局部浓缩，加快了微区电化学过程的进行和阳极的溶解，为应力腐蚀裂纹的扩展成长提供了条件。

应力集中对腐蚀疲劳也有很大的影响。焊接接头应力腐蚀裂纹的扩展和腐蚀疲劳破坏，大都是从焊趾处开始的，然后扩展穿透整个截面导致结构的破坏。因此，改善焊趾处的应力集中也能大大提高接头的抗腐蚀疲劳的能力。错边和角变形等焊接缺欠也能引起附加的弯曲应力，对结构的脆性破坏也有影响，并且角变形越大，破坏应力越低。

综上所述，焊接结构中存在焊接缺欠会明显降低结构的承载能力。焊接缺欠的存在，减小了焊接接头的有效承载面积，造成了局部应力集中。非裂纹类的应力集中源在焊接产品的工作过程中也极有可能演变成裂纹源，导致裂纹的萌生。焊接缺欠的存在其至还会降低焊接结构的耐蚀性和疲劳寿命。所以，焊接产品的制造过程中应采取措施，防止产生焊接缺欠，在焊接产品的使用过程中应进行定期检验，以便及时发现缺欠，采取修补措施，避免事故的发生。

5.2 焊接缺欠的分类

5.2.1 焊接缺欠的分类方法

焊接缺欠的种类比较多，因此有不同的分类方法。

1）按存在位置分，有表面缺欠及内部缺欠。

2）按分布区域分，有焊缝缺欠、熔合区缺欠、热影响区缺欠及母材缺欠等。

3）按成形及性能分，有成形缺欠、连接缺欠及性能缺欠等，如图 5-2 所示。

4）按产生原因分，有构造缺欠、工艺缺欠及冶金缺欠等，如图 5-3 所示。

5）按影响断裂的机制分，有平面缺欠（如裂纹、未熔合、线状夹渣等）及非平面缺欠（如气孔、圆形夹渣等）。

5.2.2 熔焊接头的缺欠分类

GB/T 6417.1—2005《金属熔化焊接头缺欠分类及说明》对于熔焊接头的焊接缺欠按其性质、特征进行了分类，分为裂纹、孔穴、固体夹杂、未熔合及未焊透、形状和尺寸不良、其他缺欠，共 6 个种类（大类）。

1. 裂纹

裂纹是一种在固态下由局部断裂产生的缺欠，它可能源于冷却或应力效果。

在显微镜下才能观察到的裂纹称为微裂纹。裂纹缺欠有以下几种：

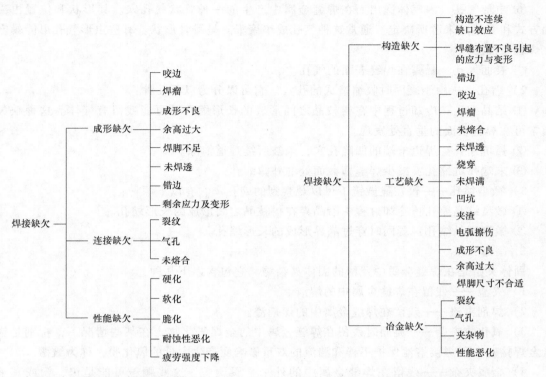

图 5-2　缺欠按成形及性能的分类　　　　　图 5-3　缺欠按产生原因的分类

1）纵向裂纹——基本与焊缝轴线相平行的裂纹。它可能位于焊缝金属、熔合线、热影响区及母材。

2）横向裂纹——基本与焊缝轴线相垂直的裂纹。它可能位于焊缝金属、热影响区及母材。

3）放射状裂纹——具有某一公共点的放射状裂纹。它可能位于焊缝金属、热影响区及母材。这种类型的小裂纹称为星形裂纹。

4）弧坑裂纹——在焊缝弧坑处的裂纹。它可能是纵向的、横向的或放射状的（星形裂纹）。

5）间断裂纹群——一群在任意方向间断分布的裂纹。它可能位于焊缝金属、热影响区及母材。

6）枝状裂纹——源于同一裂纹并且连在一起的裂纹群。它和间断裂纹群及放射状裂纹明显不同。它可能位于焊缝金属、热影响区及母材。

2. 孔穴

孔穴缺欠包括气孔、缩孔、微型缩孔等。

1）气孔——残留气体形成的孔穴，有以下几种：

① 球形气孔：近似球形的孔穴。

② 均布气孔：均匀分布在整个焊缝金属中的一些气孔。

③ 局部密集气孔：呈任意几何分布的一群气孔。

④ 链状气孔：与焊缝轴线平行的一串气孔。

⑤ 条状气孔：长度方向与焊缝轴线平行的非球形长气孔。

⑥ 虫形气孔：因气体逸出而在焊缝金属中产生的一种管状气孔穴。其形状和位置由凝固方式和气体的来源所决定。通常这种气孔成串聚集并呈鲱骨形状。有些虫形气孔可能暴露在焊缝表面上。

⑦ 表面气孔：暴露在焊缝表面的气孔。

2）缩孔——由于凝固时收缩造成的孔穴。它可以分为以下几种：

① 结晶缩孔：冷却过程中在树枝晶之间形成的长形缩孔，可能残留有气体。这种缺欠通常可在焊缝表面的垂直处发现。

② 弧坑缩孔：焊道末端的凹陷孔穴，未被后续焊道消除。

③ 末端弧坑缩孔：减少焊缝横截面处的外露缩孔。

3）微型缩孔——仅在显微镜下可以观察到的缩孔。它有以下两种：

① 微型结晶缩孔：冷却过程中沿晶界在树枝晶之间形成的长形缩孔。

② 微型穿晶缩孔：凝固时穿过晶界形成的长形缩孔。

3. 固体夹杂

固体夹杂是在焊缝金属中残留的固体夹杂物。它包含以下几种：

1）夹渣——残留在焊缝金属中的熔渣。

2）焊剂夹渣——残留在焊缝金属中的焊剂渣。

3）氧化物夹杂——凝固时残留在焊缝金属中的金属氧化物。在某些情况下，特别是铝合金焊接时，因焊接熔池保护不善和湍流的双重影响而产生大量的氧化膜，称为皱褶。

4）金属夹杂——残留在焊缝金属中的外来金属颗粒。这些颗粒可能是钨、铜或其他金属。

夹渣、焊剂夹渣、氧化物夹杂等可能是线状的、孤立的或成簇的。

4. 未熔合及未焊透

1）未熔合——焊缝金属和母材或焊缝金属各焊层之间未结合的部分。它可以分为侧壁未熔合、焊道间未熔合及根部未熔合等几种形式。

2）未焊透——实际熔深与公称熔深之间的差异。在焊缝根部的一个或两个熔合面未熔化就是根部未焊透。

5. 形状和尺寸不良

焊缝的外表面形状或接头的几何形状不良，包括以下各项，以及焊缝超高、角度偏差、焊脚不对称、焊缝宽度不齐、根部收缩、根部气孔、变形过大等各种缺欠。

1）咬边——母材（或前一道熔敷金属）在焊趾处因焊接而产生的不规则缺口。它可分为连续咬边、间断咬边、缩沟、焊道间咬边、局部交错咬边。

2）凸度过大——角焊缝表面上焊缝金属过高。

3）下塌——过多的焊缝金属伸出到了焊缝的根部。下塌可能是局部下塌、连续下塌及熔穿。

4）焊缝形面不良——母材金属表面与靠近焊趾处焊缝表面的切面之间的夹角过小。

5）焊瘤——覆盖在母材金属表面，但未与其熔合的过多焊缝金属。它可能是焊趾焊瘤及根部焊瘤等。

6）错边——两个焊件表面应平行对齐时，未达到规定的平行对齐要求而产生的偏差，它可能是板材的错边及管材的错边等。

7）下垂——由于重力而导致焊缝金属塌落。

8）烧穿——焊接熔池塌落导致焊缝内的孔洞。

9）未焊满——因焊接填充金属堆敷不充分，在焊缝表面产生纵向连续或间断的沟槽。

10）表面不规则——焊缝表面粗糙过度。

11）焊缝接头不良——焊缝再引弧处局部表面不规则。它可能发生在盖面焊道及打底焊道。

12）焊缝尺寸不正确——与预先规定的焊缝尺寸产生偏差。它包括焊缝厚度过大、焊缝宽度过大、焊缝有效厚度不足或过大。

6. 其他缺欠

其他缺欠是指以上第 1~第 5 类未包含的所有其他缺欠。例如，电弧擦伤、飞溅（包括钨飞溅）、表面撕裂、磨痕、凿痕、打磨过量、定位焊缺欠（例如焊道破裂或未熔合，定位未达到要求就施焊等）、双面焊道错开、回火色（在不锈钢焊接区产生的轻微氧化表面）、表面鳞片（焊接区严重的氧化表面）、焊剂残留物、残渣、角焊缝的根部间隙不良以及由于凝固阶段保温时间加长使轻金属接头发热而造成的膨胀缺欠等。

5.3　焊接缺欠的评级与处理

焊接产品在制造过程中，不可避免地会出现不同类型的缺欠。分析焊接缺欠的产生原因，是为了防止缺欠的产生，从而有针对性地采取相应的技术措施，减少或消除焊接缺欠，以提高焊接产品的质量水平。同时，还要对已经出现的缺欠进行分析、研究解决办法及补救的措施。并且应该明确指出：缺欠达到什么程度时，就应当判定为"缺陷"。也就是要通过理论分析与计算确定该类缺欠的"容限"。结合具体的焊接产品确定 Q_A、Q_B 的质量标准，这是非常重要的工作。

5.3.1　焊接缺欠的形成原因

焊接缺欠的具体形成原因在焊接裂纹、气孔、夹杂等相关章节中都有专门的论述。本节是从产生缺欠的总体上进行分析与论述，产生焊接缺欠的主要因素有以下几个方面：

（1）结构因素　包括焊接接头形式、焊缝布置情况、板厚、坡口形状及尺寸等。例如，焊接接头及结构的承载能力、拘束度、强度及刚度、应力及变形等。这些内容与产品的设计有关，也与产品的制造工艺有关。

（2）材料因素　包括母材金属的化学成分及性能、所含杂质的成分与含量等。例如，母材的碳含量、w_{Mn}/w_S 比值、淬硬倾向、脆化倾向等，以及焊条、焊丝、焊剂等焊接材料的化学成分与性能，如 C、S、P 含量，[H] 含量，脱氧，脱硫能力，熔渣的熔点及黏度等物化性能。

（3）工艺因素　包括选用的焊接方法、电源种类与极性、保护气体的种类与流量，预热、后热的温度、时间及范围，定位焊的质量，以及装配焊接顺序等。例如热输入、电弧长度、电弧偏吹、熔池形状及尺寸、熔宽与熔深的比值、焊缝余高尺寸、焊条的角度与摆动，焊丝、坡口及焊件表面油污的清理，焊接夹具的夹紧力以及与焊接工艺有关的技术措施等。

5.3.2 焊接缺欠的评级

1. 确定焊接缺欠级别的因素

焊接缺欠应该按照产品的设计资料或验收规程进行评定，并且将产品上的实际焊缝状况换算成相应的级别。如果讨论的焊接产品没有设计资料或验收规程等技术标准文件，应结合表 5-1 中所列的确定焊接缺欠级别的主要因素进行深入细致的研究，制定出结合具体产品使用的缺欠评级标准。

对于技术要求较高，而且又无法进行无损检测的产品，必须对焊接操作及工艺实施过程的适应性进行实际的模拟试件考核，并且认真执行焊接工艺实施全过程的监督制度及责任记录制度。

表 5-1 确定焊接缺欠级别的主要因素

主要因素	应当考虑的内容
载荷性质	刚度设计、强度设计、静载荷、动载荷
选用材料	相对于产品要求，具有良好的强度及韧性裕度；强度裕度不大但韧性裕度充足；高强度低韧性；强度及韧性裕度均不大；焊接材料的匹配性
制造条件	焊接工艺方法；产品设计中的焊接可行性；工艺评定及焊接工艺规程的执行情况
产品的工作环境	温度、湿度、工作介质、腐蚀及磨损情况
产品失效后的影响	造成产品损伤，但仍可运行；造成产品损伤，由于停机造成重大经济损失；能引起爆炸或因泄漏而引起严重人身伤亡，造成产品报废

2. 熔焊接头的缺欠评级

钢熔焊接头的缺欠评级标准见表 5-2。从表 5-2 中可以看出，缺欠共分 4 级。不同级别的缺欠分别对应着各自焊缝的级别。显然，Ⅰ级缺欠的要求最严格，而Ⅳ级缺欠的要求最低。它们分别对应着Ⅰ级焊缝（优质的焊缝）及Ⅳ级焊缝（最低级的焊缝）。

从表 5-2 中还可以看出，裂纹、焊瘤这两种缺欠，对于 4 个级别的焊缝都是不允许的。在表 5-2 中所列出的全部缺欠条目中，Ⅰ级缺欠标准中有 12 条均明确写出是"不允许"的，只有这样才能严格地保证焊接质量。

5.3.3 超标缺欠的返修

1）在焊接接头或焊接产品中出现的缺欠，如果不能满足"合于使用"的最低验收标准 Q_B，就应当考虑返修；否则，就判定为废品。

2）对于影响焊接接头使用安全性的缺欠，必须进行认真的、细致的返修工作；对于符合产品安全使用要求的产品缺欠，可以不必返修。在做关于缺欠是否应当进行返修的决策时，必须认真地进行技术论证，并经总工程师批准。

3）焊接缺欠应当区分为表层缺欠与内部缺欠。表层缺欠应当根据缺欠的形状、尺寸及范围，可采用机械加工方法，有时还应配合焊接方法或表面工程技术进行返修。内部缺欠的返修，在机械加工等方式将缺欠清除干净后，主要由焊接方法修复。

4）返修前应当认真制订返修工艺方案，经过返修焊接工艺评定试验及技术论证后，由该工程项目的总工程师批准。返修的原则是要确保产品质量、便于施工、注意节约能源及材料。

5）在返修工作开始时，清除缺欠必须彻底、干净，不留隐患。清除的范围应当比缺欠的部位大出 20~30mm。

6）返修工作中的焊接施工，应当由有经验的高级技工或技师进行认真操作。

7）返修次数不宜超过两次。

8）经过返修的部位，原则上应当采用该产品焊接工艺规程中规定的无损检测方法进行复检。

表 5-2　钢熔焊接头的几种缺欠容限分级

缺欠	GB/T 6417.1—2005 代号	缺欠等级			
		I	II	III	IV
裂纹	100	不允许			
弧坑裂纹	104	不允许			个别长度≤5mm 的弧坑裂纹允许存在
表面气孔	2017	不允许		每 50mm 焊缝长度内允许直径≤0.3δ，且≤2mm 的气孔两个，孔间距≥6 倍孔径	每 50mm 焊缝长度内允许直径 ≤0.4δ，且≤3mm 的气孔两个，孔间距≥6 倍孔径
表面夹渣	300	不允许		深≤0.1δ，长≤0.3δ，且≤10mm	深≤0.2δ，长≤0.5δ，且≤20mm
未焊透（以设计焊缝厚度为准）	402	不允许		不加垫单面焊允许值≤0.15δ，且≤1.5mm，每 100mm 焊缝长度内缺欠总长≤25mm	≤0.1δ，且≤2.0mm，每 100mm 焊缝长度内缺欠总长≤25mm
咬边	5011 5012	不允许①		≤0.05δ，且≤0.5mm，连续长度≤100mm，且焊缝两侧咬边总长≤10% 的焊缝总长	≤0.1δ，且≤1mm，长度不限
焊瘤	506	不允许			
未焊满	511	不允许		≤0.2mm+0.02δ，且≤1mm，每 100mm 焊缝长度内缺欠总长≤25mm	≤0.2mm+0.04δ，且≤2mm，每 100mm 焊缝长度内缺欠总长≤25mm
角焊缝焊脚不对称②	512	差值≤1mm+0.1a		差值≤2mm+0.15a	差值≤2mm+0.2a
根部收缩	515 5013	不允许	≤0.2mm+0.02δ，且≤0.5mm	≤0.2mm+0.02δ，且≤1mm	≤0.2mm+0.04δ，且≤2mm
焊缝接头不良	517	不允许		缺口深度≤0.05δ，且≤0.5mm，每米焊缝长度内不得超过一处	缺口深度≤0.1δ，且≤1mm，每米焊缝长度内不得超过一处
焊缝外形尺寸	—	按选用坡口由焊接工艺确定只需符合产品相关规定要求，不做分级规定			
角焊缝厚度不足（按设计焊缝厚度计）	—	不允许		≤0.3mm+0.05δ，且≤1mm，每 100mm 焊缝长度内缺欠总长≤25mm	≤0.3mm+0.05δ，且≤2mm，每 100mm 焊缝长度内缺欠总长≤25mm

（续）

缺欠	GB/T 6417.1 —2005 代号	缺欠等级			
		I	II	III	IV
电弧擦伤	601	不允许			个别电弧擦伤允许存在
飞溅	602	清除干净			
内部缺欠	—	GB/T 3323 —2005 I 级	GB/T 3323 —2005 II 级	GB/T 3323 —2005 III 级	不要求

注：除表明角焊缝缺欠外，其余均为对接焊缝、角接焊缝通用。表中 δ 为板厚，a 为设计焊缝有效宽度。

① 咬边如经修磨并平滑过渡，则只按焊缝最小允许厚度值评定。

② 特定条件下要求平缓过渡时不受本规定限制（如搭接或不等厚板对接焊缝和角接组合焊缝）。

5.4 焊缝中的气孔

焊缝中的气孔是焊接生产中经常见到的一种缺欠，它不仅破坏了金属结构的连续性、致密性，削弱了焊缝的有效截面积，同时还会造成应力集中；显著降低了焊接接头的强度和韧性，特别是对动载强度和疲劳强度更有不利的影响。情况严重时，气孔还会引起裂纹。因此，在焊接生产中对气孔缺欠都十分重视。

焊接时熔池中的气体在金属凝固以前，未能逸出而残留下来所形成的空穴，叫作气孔。碳钢、合金钢及有色金属等各种材料中都有产生气孔的可能性。例如，被焊金属和焊丝表面有锈、油污或其他杂质；焊条、焊剂烘干不充分；焊接工艺不稳定时，如电弧电压偏高、焊速太快或电流太小等；以及焊接区保护不良等原因都会造成气孔缺欠。电渣焊低碳钢时，由于脱氧不足在焊缝内部出现的气孔如图 5-4 所示。焊条电弧焊时因为焊件表面的铁锈、油污等引起的表面气孔如图 5-5 所示。

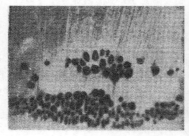

图 5-4　电渣焊焊缝的内部气孔

5.4.1 气孔的类型及分布特征

气孔的类型很多，按产生气孔的气体可以分为氢气孔、一氧化碳气孔及氮气孔等；从分布状态可以分为单个气孔、密集的多个气孔以及沿焊缝纵向呈链状分布的气孔；从气孔所在的位置看，有的在表面、有的在焊缝内部或焊缝根部。内部气孔不易被发现，往

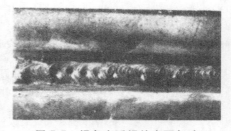

图 5-5　焊条电弧焊的表面气孔

往带来很大的危害。

焊缝中产生气孔的根本原因是由于高温时金属溶解了较多的气体，例如氢气、氮气等；此外，在进行冶金反应时还产生了相当多的气体，如 CO、H_2O 等。这些气体在焊缝凝固过程中如果来不及逸出时就会产生气孔。研究表明，能够形成气孔的气体共有两类：

①高温时某些气体溶解于熔池金属中，当凝固和相变时，气体的溶解度突然下降而来不及逸出残留在焊缝内部的气体，如氢气和氮气。

②由于冶金反应产生的不溶于金属的气体，如 CO 和 H_2O 等。

由于产生气孔的气体不同，因而气孔的形态和特征也有所不同。

1. 氢气孔

对于低碳钢和低合金钢的焊接，在大多数情况下，氢气孔出现在焊缝的表面上，气孔的断面形状如同螺钉状，从焊缝的表面上看呈喇叭口形，而气孔的四周有光滑的内壁。这类气孔在个别的情况下也会出现在焊缝的内部。如焊条药皮中含有较多的结晶水，使焊缝中的含氢量过高。因而在凝固时来不及上浮而残存在焊缝内部，对于铝、镁合金的氢气孔也常出现在焊缝内部。

氢气孔形成的原因是，在高温时氢在熔池和熔滴金属中的溶解度很高，溶解了大量的氢气；当熔池冷却时，氢在金属中的溶解度急剧下降，特别是从液态转为固态的 δ-Fe 时，氢的溶解度从 32mL/100g 迅速降至 10mL/100g。由于焊接熔池冷却很快，氢来不及逸出时，就会在焊缝中产生气孔。

由此可知，氢气孔是在结晶过程中形成的。在相邻树枝晶的凹陷处是氢气泡的聚集场所，使得气泡的浮出就更加困难。由于氢具有较大的扩散能力，极力挣脱现成表面，上浮逸出，两者综合作用的结果，最后形成了具有喇叭口形的表面气孔。

关于氮气引起的气孔，其机理一般认为与氢气孔相似，气孔的类型也多为表面气孔，但多数情况下气孔是成堆出现的，与蜂窝相似。产生氮气孔的主要原因是对焊接区域保护不好，有较多的空气侵入熔池所致。在焊接生产中由氮引起的气孔较少见，其原因是在焊接过程中对焊接区域加强了保护，防止了空气的侵入，杜绝了氮气的来源。

2. CO 气孔

这类气孔主要是在焊接碳钢时，由于冶金反应产生了大量的 CO，在结晶过程中来不及逸出而残留在焊缝内部形成气孔。气孔沿结晶方向分布，有些像条虫状卧在焊缝内部。产生 CO 气孔的原因是，因为各种结构钢总是含有一定的碳量，由于焊接冶金反应而产生了大量的 CO，例如：

$$[C] + [O] \Longrightarrow CO$$
$$[FeO] + [C] \Longrightarrow CO + Fe$$
$$[MnO] + [C] \Longrightarrow CO + Mn$$
$$[SiO_2] + [2C] \Longrightarrow 2CO + Si$$

这些反应可以发生在熔滴过渡的过程中，也可以发生在熔池里熔渣与金属相互作用的过程中。由于 CO 不溶于金属，所以在高温时冶金反应所产生的 CO 就会以气泡的形式从熔池中高速逸出，并不会形成气孔。

但是，当热源离开以后，熔池开始凝固时，由于铁碳合金溶质浓度偏析的结果（即先结晶的较纯，后结晶的溶质浓度偏高，杂质较多），可使熔池中的氧化铁和碳的浓度在某些局部地区偏高，有利于进行以下反应：

$$[FeO]+[C] \longrightarrow CO+Fe$$

由于凝固结晶时，熔池金属的黏度不断增大，此时产生的 CO 就不容易逸出，很容易被围困在晶粒之间，特别是在树枝晶凹陷最低处产生的 CO 更不容易逸出。此外，这种反应是吸热过程，会促使凝固加快，此时形成的 CO 气泡来不及逸出便产生了气孔。由于 CO 形成的气泡是在结晶过程中产生的，因此形成了沿结晶方向的条虫形内部气孔。

在某些特殊情况下也会出现反常现象。例如，CO_2 气体保护焊时，当焊丝的脱氧能力不足时，CO 气孔可能由内部转至焊缝表面。因此，在判断气孔的类型时，不应只看气孔存在的一般特征，还应当从形成气孔的具体条件进行分析。

5.4.2　焊缝中气孔形成的机理

试验研究表明，产生气孔的过程由三个相互联系的阶段所组成，即气泡的生核、气泡长大和气泡上浮。它们各自都有本身所遵循的规律，下面分别进行讨论。

1. 气泡的生核

气泡的生核至少应具备以下两个条件：

1）液态金属中有过饱和的气体。

2）生核要有能量消耗。当有现成表面存在时，可以大大降低能量消耗。

液态金属中存在过饱和气体是形成气孔的重要条件，而焊接时熔池金属可以获得大量的氢、氮、CO 等气体，所以第一个条件较易满足。

关于气泡生核所需的能量，根据金属物理方面的研究表明，形成气泡核的数目可由式（5-1）计算，即

$$n = C e^{\frac{4\pi r^2 \sigma}{3kT}} \tag{5-1}$$

式中　n——单位时间内形成气泡核的数目；

　　　C——常数；

　　　r——气泡核的临界半径（cm）；

　　　σ——气泡与液态金属间的表面张力（10^{-3}N/m）；

　　　k——玻耳兹曼常数（$k=1.38\times10^{-23}$ J/K）；

　　　T——热力学温度（K）。

计算表明，在正常条件下纯金属的 n 值非常小，$n \approx 10^{-16.2 \times 10^{22}}$。

所以在极纯的液态金属中形成气泡核的可能性极小。然而在焊接熔池中存在大量的现成表面，例如分布不均匀的溶质质点，熔渣与液态金属的接触表面，特别是熔池底部成长的树枝晶，这些现成表面就使气泡核的产生比较容易。

在焊接熔池中具有现成表面存在的条件下，形成气泡核所需的能量可由式（5-2）计算，即

$$E_p = -(p_h - p_L)V + \sigma A\left[1 - \frac{A_a}{A}(1-\cos\theta)\right] \tag{5-2}$$

式中　E_p——形成气泡核所需的能量（J）；

　　　p_h——气泡内的气体压力（101kPa）；

p_L——液体压力（101kPa）；

V——气泡核的体积（cm^3）；

σ——相间张力（N/cm）；

A——气泡核的表面积（cm^2）；

A_a——吸附力的作用面积（cm^2）；

θ——气泡核与现成表面的浸润角（°）。

由式（5-2）可以看出，气泡依附在现成表面时，由于降低 σ 和提高 A_a/A 的比值，即可使能量 E_p 减小。可以认为：A_a/A 的比值最大的地方就是最有可能产生气泡的地方；树枝晶相邻的凹陷处和母材金属半熔化晶粒的界面上 A_a/A 的比值最大，因此，恰恰在这些部位最容易产生气泡核。

此外，当 A_a/A 的比值一定时，θ 角越大，形成气泡核所需的能量越小。

2. 气泡长大

气泡核形成之后，就要继续长大，气泡长大应满足下列条件：

$$p_h > p_o$$

式中　p_h——气泡内部的压力；

p_o——阻碍气泡长大的外界压力。

$$p_h = p_{H_2} + p_{N_2} + p_{CO} + p_{H_2O} + p_{H_2S} + p_{SO_2} + \cdots \tag{5-3}$$

气泡内部压力是各种气体分压的总和。事实上，在具体条件下只有其中某一气体起主要作用，而其他气体只是起辅助作用。

阻碍气泡的外界压力（p_o）是由大气压（p_a）、气泡上部的金属和熔渣的压力（$p_M + p_s$），以及表面张力所构成的附加压力（p_c）所组成的，即

$$p_o = p_a + p_M + p_s + p_c \tag{5-4}$$

一般情况下，p_M 和 p_s 的数值相对很小，故可忽略不计，所以气泡长大的条件可以简化为

$$p_h > p_a + p_c = 1 + \frac{2\sigma}{r} \tag{5-5}$$

式中　σ——金属与气体间的表面张力（J/cm^2）；

r——气泡半径（cm）。

由于气泡开始形成时体积很小（即 r 很小），所以附加压力很大。有人做过计算，当 $r = 10^{-4}cm$，$\sigma = 10^{-3}J/cm^2$ 时，则 $p_c \approx 2.1MPa$。在这样大的附加压力下，气泡很难长大。但在焊接熔池内有许多现成表面，促使气泡不是圆形，而是椭圆形。因此，可以有较大的曲率半径 r，从而降低了附加压力 p_c。这样，气泡长大的条件还是具备的。

3. 气泡上浮

气泡核形成之后，在熔池金属中经过一个短暂的长大过程，便从液态金属中向外逸出。气泡成长到一定大小脱离现成表面的能力主要取决于液态金属、气相和现成表面之间的表面张力，即

$$\cos\theta = \frac{\sigma_{1 \cdot g} - \sigma_{1 \cdot 2}}{\sigma_{2 \cdot g}} \tag{5-6}$$

式中　θ——气泡与现成表面的浸润角（°）；

$\sigma_{1 \cdot g}$——现成表面与气泡间的表面张力（N/m）；

$\sigma_{1 \cdot 2}$——现成表面与熔池金属间的表面张力（N/m）；

$\sigma_{2 \cdot g}$——熔池金属与气泡间的表面张力（N/m）。

气泡与现成表面的浸润形态和脱离现成表面的过程如图5-6所示。

由图5-6可以看出，当气泡与现成表面成锐角接触时（$\theta<90°$），则气泡尚未成长到很大尺寸，便完全脱离现成表面（见图5-6a）。当气泡与现成表面成钝角接触时（$\theta>90°$），气泡长大过程中有细颈出现。当气泡长大到脱离现成表面时，仍会残留一个不大的透镜状的气泡核，可以作为新的气泡核心（见图5-6b）。

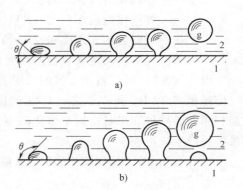

图5-6　气泡脱离现成表面示意图
a）$\theta<90°$　b）$\theta>90°$
1—现成表面　2—熔池金属　g—气泡

根据上面的分析，当$\theta<90°$时，有利于气泡的逸出；而当$\theta>90°$时，由于形成细颈需要时间，在结晶速度较大的情况下，气泡来不及逸出而形成气孔。由此可见，凡是能减小$\sigma_{2 \cdot g}$和$\sigma_{1 \cdot 2}$，以及增大$\sigma_{1 \cdot g}$的因素都有利于气泡快速逸出，因为此时可以减小θ值。

此外，还应考虑熔池的结晶速度，当结晶速度较小时，如图5-7a所示，气泡可以有充分的时间逸出，容易得到无气孔的焊缝；当结晶速度较大时，气泡有可能来不及逸出而形成气孔，如图5-7b所示。

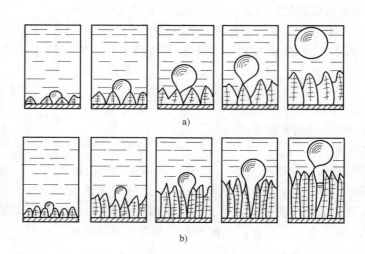

图5-7　不同结晶速度对形成气孔的影响
a）结晶速度较小　b）结晶速度较大

结晶速度越大，越易引起气孔。实际上气泡逸出的速度对产生气孔也有很大的影响，如果在结晶过程中，即使是结晶速度很大，而气泡的逸出速度更大，那么焊缝中也不会产生气孔。

气泡浮出的速度可由式（5-7）进行估算。即

$$v = \frac{2(\rho_1 - \rho_2)gr^2}{9 \mu} \tag{5-7}$$

式中　v——气泡浮出的速度（cm/s）；

ρ_1——液体金属的密度（g/cm^3）；

ρ_2——气体的密度（g/cm^3）；

g——重力加速度（980cm/s^2）；

r——气泡的半径（cm）；

μ——液体金属的黏度（Pa·s）。

由式（5-7）可以看出，气泡的半径越大，熔池中液体金属的密度越大，黏度越小时，则气泡的上浮速度也就越大，焊缝中就不易产生气孔。

综上所述，气孔形成的过程与结晶过程有些类似，也由生核、核长大所组成，当气泡长大到一定的程度便开始上浮，当气泡的浮出速度小于结晶速度时，就有可能残留在焊缝中而形成气孔。

5.4.3　形成气孔的影响因素及防止措施

1. 冶金因素的影响

（1）熔渣氧化性的影响　熔渣的氧化性对焊缝气孔的敏感性有很大的影响。当熔渣的氧化性增大时，由 CO 引起的气孔倾向是增加的；相反，当熔渣的还原性增大时，则氢气孔的倾向增加。因此，适当调整熔渣的氧化性，可以有效地防止焊缝中这两种类型的气孔。不同类型焊条的试验结果见表 5-3。由表 5-3 中的数据可以看出，无论是酸性焊条还是碱性焊条焊缝中，产生气孔的倾向都随熔渣氧化性的增加而出现 CO 气孔；并随氧化性的减小（或还原性增加），CO 气孔也减少，当达到一定程度时，又出现了由氢引起的气孔。

通常采用焊缝中 $w_{[C]} \times w_{[O]}$ 来表示 CO 气孔的产生倾向。表 5-3 中，在酸性焊条形成的焊缝中，当 $w_{[C]} \times w_{[O]} = 31.36 \times 10^{-4}\%$ 时还未出现气孔，而碱性焊条焊缝中 $w_{[C]} \times w_{[O]}$ 只有 $27.30 \times 10^{-4}\%$ 时就出现了更多的气孔。这是由于在不同渣系中 FeO 的活度不同所引起的，酸性渣中 FeO 的活度较小，需要更大的 FeO 浓度才能起到产生气孔的作用，而碱性渣中 FeO 的活度较大，即便浓度较小也能起到产生气孔的作用。

（2）焊条药皮和焊剂的影响　焊条药皮和焊剂的成分比较复杂，因此对产生气孔的影响也是复杂的。一般碱性焊条药皮中均含有一定量的萤石（CaF$_2$），焊接时它直接与氢发生作用进行下列反应：

表 5-3　不同类型焊条的氧化性对气孔倾向的影响

焊条类型	焊缝中含量			氧化性	气孔倾向
	$w_{[O]}$（%）	$w_{[C]} \times w_{[O]}$（$\times 10^{-4}$%）	$S_{[H]}$/mL·(100g)$^{-1}$		
E4320-1	0.0046	4.37	8.80		较多气孔（氢）
E4320-2	—	—	6.82		个别气孔（氢）
E4320-3	0.0271	23.03	5.24	↓ 增 加	无气孔
E4320-4	0.0448	31.36	4.53		无气孔
E4320-5	0.0743	46.07	3.47		较多气孔（CO）
E4320-6	0.1113	57.88	2.70		更多气孔（CO）

（续）

焊条类型	焊缝中含量			氧化性	气孔倾向
	$w_{[O]}$(%)	$w_{[C]} \times w_{[O]}$ $(10^{-4}\%)$	$S_{[H]}$/mL·$(100g)^{-1}$		
E5015-1	0.0035	3.32	3.90		个别气孔（氢）
E5015-2	0.0024	2.16	3.17		无气孔
E5015-3	0.0047	4.04	2.80	↓ 增加	无气孔
E5015-4	0.0160	12.16	2.61		无气孔
E5015-5	0.0390	27.30	1.99		更多气孔（CO）
E5015-6	0.1680	94.08	0.80		密集大量气孔（CO）

$$CaF_2 + H_2O = CaO + 2HF$$
$$CaF_2 + H = CaF + HF$$
$$CaF_2 + 2H = Ca + 2HF$$

在低碳钢的自动埋弧焊焊剂中（如 HJ431）也含有一定量的萤石和较多的 SiO_2，它们在焊接时将发生下列反应：

$$2CaF_2 + 3SiO_2 = SiF_4 + 2CaSiO_3$$
$$SiF_4 + 2H_2O = 4HF + SiO_2$$
$$SiF_4 + 3H = 3HF + SiF$$
$$SiF_4 + 4H + O = 4HF + SiO$$

上述冶金反应中都会产生大量的 HF，这是一种稳定的气体化合物，即使高温也不易分解，当温度高达 6000K 时，HF 只分解 30%。由于大量的氢被氟占据，因此可以有效地降低氢气孔的倾向。

试验证明，当熔渣中 SiO_2 和 CaF_2 同时存在时，对于消除氢气孔最为有效。由图 5-8 可以看出，SiO_2 和 CaF_2 的含量对于消除气孔具有相互补充的作用。当 SiO_2 少而 CaF_2 较多时，可以消除气孔。相反，当 SiO_2 多而 CaF_2 少时，也可以消除气孔。

CaF_2 对消除气孔是十分有效的。但是，焊条药皮中含有较多的 CaF_2 时，将会影响电弧的稳定性，也会在焊接过程中产生可溶性氟，例如 KF 和 NaF 的气氛，影响焊工的身体健康，这是采用 CaF_2 消除气孔的不利方面。

在焊条药皮和焊剂中，适当增加氧化性组成物，如 SiO_2、MnO、FeO 等，对于消除氢气孔也是很有效的。因为这些氧化物在高温时能与氢化合生成稳定性仅次于 HF 的 OH，所进行的冶金反应如下：

$$FeO + H = Fe + OH$$
$$MnO + H = Mn + OH$$
$$SiO_2 + H = SiO + OH$$

生成的 OH 也不溶于液体金属，可以占据大量的氢而消除气孔。常见几种氧化物形成 OH 的自由能随温度的变化如图 5-9 所示。

酸性焊条药皮中，如 E4303（J422）、E4319（J423）、E4320（J424）等，都不含 CaF_2 的成分。它们控制氢的技术措施，主要是依靠药皮中含有较强氧化性的组成物，以防止产生氢气孔。

碱性焊条药皮中，如 E5016（J506）、E5015（J507）等，除含 CaF$_2$外，常含有一定量的碳酸盐 CaCO$_3$、MgCO$_3$等，焊接过程中加热后分解出 CO$_2$，它具有氧化性的气氛，在高温时可与氢形成 OH 和 H$_2$O，同样具有防止氢气孔的作用。但 CO$_2$的氧化性较强，加入量过多时，有可能产生 CO 气孔。

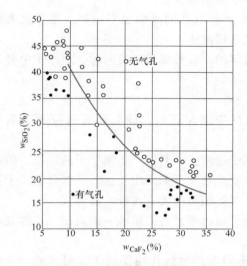

图 5-8　CaF$_2$和 SiO$_2$对焊缝生成气孔的影响

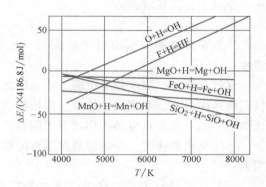

图 5-9　氧化物形成 OH 反应
自由能 ΔE 与温度 T 的关系

（3）铁锈及水分的影响　在焊接生产中由于焊件或焊接材料表面的铁锈、油污和水分而使焊缝出现气孔的现象十分普遍。铁锈是钢铁腐蚀以后的产物，它的成分为 mFe$_2$O$_3$·nH$_2$O（其中，$w_{Fe_2O_3} \approx 83.28\%$，$w_{FeO} \approx 5.7\%$，$w_{H_2O} \approx 10.70\%$）。铁锈中含量较多的是 Fe$_2O_3$（铁的高价氧化物）和结晶水，对熔池金属一方面有氧化作用，另一方面又析出大量的氢。加热时，铁锈将进行下列反应：

$$3Fe_2O_3 = 2Fe_3O_4 + O$$
$$2Fe_3O_4 + H_2O = 3Fe_2O_3 + H_2$$
$$Fe + H_2O = FeO + H_2$$

由于增加氧化作用，在结晶时就会促使生成 CO 气孔。铁锈中的结晶水（H$_2$O）在高温时分解出氢气，从而会增加生成氢气孔的可能性。由此可见，铁锈是一种极其有害的杂质，对于两类气孔均有敏感性。此外，钢板表面上的氧化铁皮主要成分是 Fe$_3$O$_4$，以及少量的 Fe$_2$O$_3$。它虽无结晶水，但对产生 CO 气孔还是有较大的影响。所以，在生产中应尽可能清除钢板上的铁锈、氧化铁皮等杂质。

至于焊条受潮或烘干不足而残存的水分，以及由于空气潮湿，同样起增加气孔倾向的作用。所以对焊条的烘干也应给予重视，一般碱性焊条的烘干温度为 350~450℃，酸性焊条为 200℃左右。

2. 工艺因素的影响

（1）焊接参数　通常希望在正常的焊接参数下施焊，电流增大虽能增加熔池存在时间和有利于气体逸出，但会使熔滴变细，比表面积增大，熔滴吸收的气体较多，反而增加了气孔倾向。对于一般不锈钢焊条，当焊接电流增大时，焊芯的电阻热增大，会使药皮中的某些组成物（如碳酸盐）提前分解，因而也增加了气孔倾向。

焊条电弧焊时，如电弧电压过高，会使空气中的氮侵入熔池，因而出现氮气孔。焊接速度过大，往往会增加结晶速度，使气体残留在焊缝中而出现气孔。

（2）电流种类和极性　电流种类和极性不同对产生气孔的影响也不一样。通常交流焊时比直流焊时气孔倾向较大，直流反接比正接时气孔倾向小。

试验表明，氢是以质子的形式向液态金属中溶解的，在形成质子的同时，由原子中释放出一个电子，其反应式为：

$$H \longrightarrow [H^+] + e_0$$

当液态金属的表面上电子过剩时，可使上述反应向左进行，即阻碍氢向液态金属中溶解。

直流反接时，因焊件是负极，熔池表面上的电子过剩，不利于产生氢质子的反应，因而气孔的倾向最小。当直流正接时，在熔池表面容易发生氢质子的反应，这时一部分氢质子溶入熔池，另一部分在电场的作用下飞向负极，所以气孔的倾向比直流反接时要大。

当用交流焊接时，在电流通过零点的瞬时，质子可以顺利溶入熔池，因而使气孔的倾向增大。

（3）工艺操作方面　在生产中由于工艺操作不当而产生气孔的实例还是很多的，应引起足够的注意。主要应注意以下几方面：

1）焊前仔细清除焊件、焊丝上的油污、铁锈等。

2）焊条、焊剂要严格烘干，并且烘干后不得放置时间过长，最好存放在保温筒或保温箱内，随用随取。

3）焊接时焊接参数要保持稳定，对于低氢型焊条应尽量采用短弧焊，并适当配合摆动，以利于气体逸出。

5.5　焊缝中的夹杂

当焊缝或母材中有夹杂存在时，不仅会降低焊缝金属的韧性，增加低温脆性，同时也增加了热裂纹和层状撕裂的倾向。

1. 焊缝中夹杂的种类及其危害性

焊缝中常见的夹杂主要有以下三种：

（1）氧化物夹杂　焊接金属材料时，氧化物夹杂是普遍存在的，在焊条电弧焊和自动埋弧焊低碳钢时，氧化物夹杂主要是 SiO_2，其次是 MnO、TiO_2 和 Al_2O_3 等，一般多以硅酸盐的形式存在。这种夹杂物如果密集地以块状或片状分布时，在焊缝中会引起热裂纹，在母材中也易引起层状撕裂。

焊接过程中熔池的脱氧越完全，焊缝中氧化物夹杂越少。实践证明，这些氧化物夹杂主要是在熔池进行冶金反应时产生的，如 SiO_2、MnO 等，只有少量夹杂物是由于操作不当而混入焊缝中的。

（2）硫化物夹杂　硫化物夹杂主要来源于焊条药皮或焊剂，是经冶金反应转入熔池的。

但有时也是由于母材或焊丝中含硫量偏高而形成硫化物夹杂的。硫在铁中的溶解度随温度而有较大的变化。高温时，硫在 δ-Fe 中的溶解度为 0.18%，而在 γ-Fe 中的溶解度只有 0.05%，所以在冷却过程中，硫便从过饱和固溶体中析出而成为硫化物夹杂。

焊缝中的硫化物夹杂主要有两种，即 MnS 和 FeS。MnS 的影响较小，而 FeS 的影响较大。因为 FeS 是沿晶界析出的，并与 Fe 或 FeO 形成低熔点共晶（988℃），它是引起热裂纹的主要的原因之一。

（3）氮化物夹杂　焊接低碳钢和低合金钢时，氮化物夹杂主要是 Fe_4N。Fe_4N 是焊缝在时效过程中由过饱和固溶体中析出的，并以针状分布在晶粒上或贯穿晶界。Fe_4N 是一种脆硬的化合物，会使焊缝的硬度增高，塑性、韧性急剧下降。一般焊接条件下焊缝很少存在氮化物夹杂，只有在保护不好时才有可能发生。

由于氮化物具有强化作用，所以在冶金时把氮作为合金元素加入钢中。当钢中含有 Mo、V、Nb、Ti 和 Al 等合金元素时，能与氮形成弥散状的氮化物，从而在不过多损失韧性的条件下，大幅度地提高强度。经过正火处理后，可使钢具有良好的力学性能，如 Q420 钢、06AlNbCuN 钢等。

2. 焊缝中夹杂物的防止措施

防止焊缝中产生夹杂的最重要方面就是正确选择焊条、焊剂，使之更好地脱氧、脱硫等；其次是注意工艺操作。例如：

1）选用合适的焊接参数，以利于熔渣的浮出。

2）操作时要注意保护熔池，防止空气侵入。

3）焊条要适当地摆动，以便熔渣浮出。

4）多层焊时，应注意清除前层焊道的渣壳。

思 考 题

1. 解释"焊接缺欠"及"焊接缺陷"的定义，并说明这两者的区别。

2. 结合图 5-1 说明 Q_A、Q_B 的含义。处于 Q_A、Q_B 之间的产品是合格品吗？需要进行返修吗？

3. 焊接产品中，为什么都不允许有"裂纹"？

4. 超标缺欠如何返修？

5. 试述氢气孔、CO 气孔的形成原因。

6. 气孔形成过程是由哪三个相互关联的阶段组成的？

7. 生成气孔的影响因素有哪些？

8. 试述焊缝中夹杂的种类、危害性及防止措施。

9. 某单位采用 E5015 焊条焊接时，在引弧及弧坑处产生了气孔，试分析其原因。应当如何解决？

10. 某工程采用 H08A 焊丝配合 HJ431 焊剂进行自动埋弧焊沸腾钢施工，虽经认真除锈，仍经常出现气孔。试分析产生气孔的原因，并提出解决方法。

焊接热影响区

焊接过程中母材因受焊接热的影响（但未熔化），而发生金相组织和力学性能变化的区域称为热影响区（Heat Affected Zone，HAZ）。焊缝、热影响区和母材构成焊接接头。图 6-1 所示为焊接接头的宏观组织和热影响区示意图。由于距焊缝远近不同的各部位所经历的焊接热过程不同，其组织性能差异就较大。焊接热影响区是焊接接头的薄弱环节。

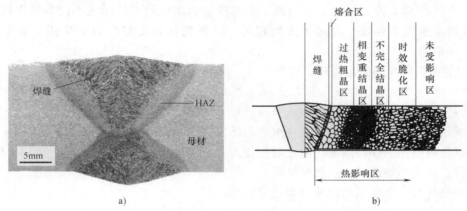

图 6-1　焊接接头的宏观组织和热影响区示意图

a）宏观组织　b）HAZ 示意图

随着科学技术的发展和生产规模的日益扩大，对高参数、大容量成套设备的需求不断增多。各种高温、耐压、耐蚀、低温的容器，深水潜艇，宇航装备，以及核电站锅炉、管道，大型桥梁等也在不断建造。为了适应这些工程的需求，开发了具有优良性能的各种钢铁材料。管线钢是为了建造输油、输气管道需要而开发的，20 世纪 60～70 年代，美国开发了微合金控轧钢 X56、X60、X65 等管线钢。这类钢突破了传统炼钢的观念，在钢中加入质量分数不超过 0.2% 的 Nb、V、Ti 等合金元素，并通过控轧工艺使钢的综合力学性能得到显著改善。随后又相继开发了 X70、X80、X100 管线钢，真正出现了现代意义上的多元微合金化控轧控冷钢材。管线钢焊接热影响区（HAZ）的脆化往往是造成管线发生断裂、诱发灾难性事故的根源。因此，如何避免 HAZ 的脆化，保证该区域的韧性是确保管线安全运行的关键问题之一。从 20 世纪末开始，世界各国开发了具有超细晶粒、超洁净度、高均匀性特征的新一代钢铁材料，其强度和寿命比原同类钢种提高了一倍，性价比更加合理。通过新工艺、新技术的综合应用，可使钢的强韧性得到大幅度提高。由于该类钢晶粒极度细小，焊接时 HAZ 的晶粒有严重长大倾向，晶粒长大不仅会造成 HAZ 的脆化，而且还会导致 HAZ 的软化。除了钢铁材料，某些特殊金属及其合金也由于其自身的特点而被广泛应用，如铝合金、钛合金广泛应用于航空航天、汽车工业等领域，以适应结构轻量化、节能的需求。种类繁多的复合材料以其性能和成本优势被应用于许多行业。这些高性能新材料的焊接质量不仅取决于焊缝，同时也取决于焊接热影响区，有时热影响区存在的难题比焊缝更为复杂。因此，国内外都对焊接热影响区的研究课题给予极大的重视。

本章主要针对低合金高强钢焊接过程中，由于不均匀加热和冷却所引起的热影响区组织性能的变化，进行详细地讨论。

6.1 焊接热循环

焊接热循环是在焊接热源的作用下，焊件上某点的温度 T 随时间 t 变化的过程。这是一个升温，然后降温的过程。焊接热循环曲线如图 6-2 所示的 T-t 曲线，可用函数 $T = f(t)$ 表示。焊接热循环与热处理的热过程相比，具有加热速度快、加热的峰值温度高、在某一温度的保温时间又非常短的重要特征。焊接热循环是表征焊接热源对母材金属的热作用和焊接热影响区组织性能的重要数据。

6.1.1 焊接热循环的主要参数

根据焊接热循环对组织性能的影响，一般主要考虑以下四个参数，如图 6-2 所示。

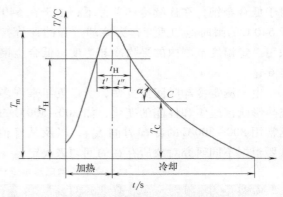

图 6-2 焊接热循环曲线示意图及参数

1. 加热速度（ω_H）

焊接时的加热速度比热处理条件下快得多，它直接影响奥氏体的均质化和碳化物的溶解过程。因此，也会影响冷却时的组织转变和性能。

加热速度的影响因素主要有焊接方法、焊接热输入，以及母材的板厚、几何尺寸、热物理性质等。低合金钢几种常用焊接方法的加热速度有关数据参见表 6-1。表 6-1 中所列的加热速度是 900℃时的加热速度，这是由于实际焊接过程中，随着电弧的移动及热量向焊件内的传导，每瞬时的加热速度并不完全相同，一般比较关注的是接近和高于相变点的加热速度。

2. 加热的最高温度（T_m）

加热的最高温度又称峰值温度，是热循环的重要参数之一。加热的最高温度对于焊接热影响区金属的晶粒长大、相变组织以及碳氮化合物溶解等有很大影响，同时也决定着焊件产生内应力的大小和接头中塑性变形区的范围。焊接时焊缝两侧热影响区加热的最高温度不同，冷却速度不同，就会有不同的组织和性能。例如在熔合区附近的过热段，由于温度高，晶粒发生严重的长大，从而使韧性下降。低碳钢和低合金钢熔合区的温度可达 1300～1350℃。

3. 高温停留时间（t_H）

高温停留时间对于扩散均质化及晶粒的长大、相的溶解或析出影响很大，对于某些活泼金属，高温停留时间还将影响焊接接头对周围气体介质的吸收或相互作用的程度。对于低合金高强钢，高温停留时间越长，越有利于奥氏体的均质化过程，但温度太高时（如1100℃以上），即使停留时间不长，也会引起奥氏体晶粒的严重长大。

为了便于分析研究，常把高温停留时间 t_H 分为加热过程的停留时间 t' 和冷却过程的停留时间 t''，即 $t_H = t' + t''$（参见图6-2）。

4. 冷却速度（ω_c）和冷却时间（$t_{8/5}$、$t_{8/3}$、t_{100}）

冷却速度是决定热影响区组织性能的主要参数。应当指出，焊接的冷却过程在不同阶段的冷却速度是不同的，某一温度下的瞬时冷却速度可用热循环曲线上该点切线的斜率表示。对于低合金钢，在连续冷却条件下，由于在540℃左右组织转变最快，因此，常用熔合线附近540℃的瞬时冷却速度作为冷却过程的评价指标（见图6-2中的 C 点）。为了方便，也可采用一定温度范围内的平均冷却速度。低合金钢几种常用焊接方法冷却速度的有关数据参见表6-1。

由于测定冷却时间更方便，所以近年来许多国家常采用某一温度范围内的冷却时间来研究热影响区组织和性能的变化，如800~500℃的冷却时间 $t_{8/5}$ 常用于不易淬火钢，而易淬火钢常用800~300℃的冷却时间 $t_{8/3}$，以及从峰值温度（T_m）冷至100℃的冷却时间 t_{100} 等，这要根据不同研究对象所存在的问题来决定。

表 6-1 单层电弧焊和电渣焊低合金钢时近缝区的热循环参数

板厚/mm	焊接方法	焊接热输入/(J/cm)	900℃时的加热速度/(℃/s)	900℃以上的停留时间/s		冷却速度/(℃/s)		备注
				加热时 t'	冷却时 t''	900℃	540℃	
1	钨极氩弧焊	840	1700	0.4	1.2	240	60	I 形坡口对接
2	钨极氩弧焊	1680	1200	0.6	1.8	120	30	I 形坡口对接
3	埋弧焊	3780	700	2.0	5.5	54	12	I 形坡口对接，有焊剂垫
5	埋弧焊	7140	400	2.5	7	40	9	I 形坡口对接，有焊剂垫
10	埋弧焊	19320	200	4.0	13	22	5	V 形坡口对接，有焊剂垫
15	埋弧焊	42000	100	9.0	22	9	2	V 形坡口对接，有焊剂垫
25	埋弧焊	105000	60	25.0	75	5	1	V 形坡口对接，有焊剂垫
50	电渣焊	504000	4	162.0	335	1.0	0.3	双丝
100	电渣焊	672000	7	36.0	168	2.3	0.7	三丝
100	电渣焊	1176000	3.5	125.0	312	0.83	0.28	板极
220	电渣焊	966000	3.0	144	395	0.8	0.25	双丝

焊接热影响区不同点的热循环是不同的，如图6-3所示，距离焊缝越近的点，加热的最高温度越高。焊接方法不同，焊接热输入的大小和分布不同，其热循环曲线的形状也会发生较大的变化，如图6-4所示。由此可见，焊接热循环是焊接接头经受的特殊热处理过程，也是焊件经受热作用的清晰描述。已知焊接热循环，可预测热影响区的组织、性能和裂纹倾

向；反之，根据对热影响区组织和性能的要求，可合理地选择热循环参数，正确地制订焊接工艺。因此，掌握焊接热循环的规律，对于改善焊接 HAZ 的组织和性能，提高焊接质量具有重要的意义。

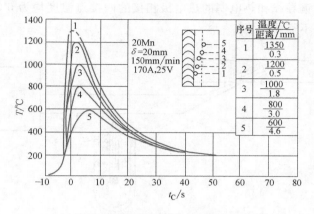

序号	温度/℃ 距离/mm
1	$\dfrac{1350}{0.3}$
2	$\dfrac{1200}{0.5}$
3	$\dfrac{1000}{1.8}$
4	$\dfrac{800}{3.0}$
5	$\dfrac{600}{4.6}$

图 6-3　距焊缝不同距离各点的焊接热循环曲线

6.1.2　焊接热循环主要参数的测试与计算

焊接热循环的测试是焊接研究和施工中获取数据的重要手段，尽管这种直接测定存在误差，但它仍是校核计算公式是否准确的基础。

20 世纪 80 年代，热像法已用于焊接温度场的测定。热像法测定温度场，是根据物体受热而辐射出红外线的原理提出来的。物体受热越强烈，其温度越会急剧升高，辐射的强度也迅速增加。因此，温度与红外辐射量之间存在一定的联系。利用摄像机拍摄焊件上的温度场，则可获得温度场的红外热图像信息，这些信息经光电转换成电信号，然后经过放大输入计算机进行处理，再在彩色屏幕上显示出来，当然也可由打印机输出信息或由绘图机绘出图像。

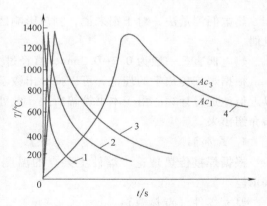

图 6-4　不同焊接方法的热循环曲线

1—CO_2 气体保护焊（板厚 1.5mm）　2—埋弧焊（板厚 8mm）　3—埋弧焊（板厚 15mm）　4—电渣焊（板厚 100mm）

热像法的技术关键有二：一是如何将所获得的图像进行温度定标；二是将计算机输出的图像进行伪着色处理，使得每种颜色代表一个温度区间。采用该方法可以获得直观、清晰的温度场彩色图像，它不仅可以定性分析各种焊接条件下温度场的不同模式，而且还可以定量地获得各点温度值及其热循环。

热像法测定焊接热循环是很有前途的测温方法。但由于所需测量设备比较昂贵，在处理温度场速度等方面还存在一些问题，目前大量使用的仍是热电偶测量法。

利用热电偶测定焊接热循环，常采用的测量回路如图 6-5 所示。将热电偶的一根热电极参考端插在冰点容器中的玻璃试管的底部，并与底部有少量清洁水的水银相接触，水银上面应存放少量蒸馏水（或变压器油），最好用石蜡封结，以防止水银蒸气逸出，影响人体健康。插入水银的参考端由铜导线引出接往 x-y 记录仪（或其他温度记录仪）。温度记录仪可看作是铜导线，而且铜导线和热电偶的热电极相接的两接点温度均为 0℃。采用这样的测试系统测得的温度曲线不需要修正。

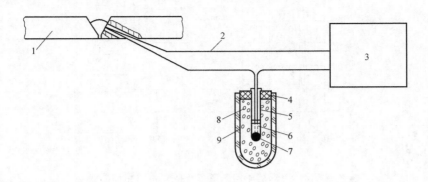

图 6-5　焊接热循环曲线测量回路示意图
1—焊接试件　2—热电偶　3—温度记录仪　4—盖　5—试管　6—水　7—水银
8—冰水混合体　9—0℃ 补偿器

热电偶测量法，对于钢来说，测热影响区热循环一般用铂铑-铂热电偶，或镍铬-镍铝热电偶。

热电偶直径一般为 0.2~0.3mm，直径过大将使测量误差增大。

根据焊接传热学的理论，可以推导出数学模型来表达焊接热循环的几个主要参数，并可以近似地进行计算。由于本书篇幅所限，此处不做传热学的数学推导，仅将已建立的数学模型介绍出来。

1. 最高温度 T_m（峰值温度）的计算

根据焊接传热理论，焊件上某点的温度 T 随时间 t 的变化可用式（6-1）和式（6-2）表示。

厚大焊件（点热源）：

$$T = T_0 + \frac{E}{2\pi\lambda t}e^{-\frac{r_0^2}{4at}} \tag{6-1}$$

薄板（线热源）：

$$T = T_0 + \frac{E/\delta}{2\left(\pi\lambda c\rho t\right)^{1/2}}e^{-\frac{r_0}{4at}-bt} \tag{6-2}$$

当 $\dfrac{\partial T}{\partial t} = 0$ 时，即可求得最高温度 T_m：

点热源：
$$T_m = T_0 + \frac{2E}{\pi e c\rho r_0^2} \tag{6-3}$$

线热源：
$$T_m = T_0 + \frac{E/\delta}{\sqrt{2\pi e}\,c\rho y_0}\left(1 - \frac{by_0^2}{2a}\right) \tag{6-4}$$

由式（6-3）和式（6-4）可以看出，焊接热输入 E 越大，加热的最高温度越高；计算点离热源运行轴线的距离越远，加热的最高温度越低；焊接厚板时，加热的最高温度与板厚无关，而焊接薄板时，加热的最高温度与板厚成反比。

以上是根据传热学理论，结合焊接条件推导出的焊接热循环曲线最高温度 T_m 的数学式。由于焊接传热理论的一些假设条件与焊接的实际情况有较大的差异，故在准确性方面还有不足之处。如果考虑金属的熔点，根据焊接传热理论的推导，可建立如下经验公式：

厚板：
$$\frac{1}{\sqrt{T_m - T_0}} = r_0 \sqrt{\frac{\pi e c \rho}{E}} + \frac{1}{\sqrt{T_M - T_0}} \tag{6-5}$$

薄板：
$$\frac{1}{T_m - T_0} = \frac{\sqrt{2\pi e}\, c\rho\delta y_0}{E} + \frac{1}{T_M - T_0} \tag{6-6}$$

式（6-1）~式（6-6）中各符号的含义如下：

E——焊接热输入（J/cm）；

λ——热导率［W/(cm·℃)］；

c——比热容［J/(g·℃)］；

ρ——密度（g/cm³）；

a——热扩散率（cm²/s），$a = \frac{\lambda}{c\rho}$；

δ——板厚（cm）；

b——薄板的表面散温系数（1/s），$b = \frac{2\beta}{c\rho\delta}$；

β——表面散热系数［J/(cm²·s·℃)］；

r_0——厚焊件上某点距热源运行轴线的垂直距离（cm），$r_0 = \sqrt{y_0^2 + z_0^2}$；

y_0——薄板上某点距热源运行轴线的垂直距离（cm）；

t——热源到达所求点所在截面后的传热时间（s）；

T_0——钢板的初始温度（℃）；

T_M——钢板的熔点温度（℃）。

以上最高温度计算公式不适用于焊缝以内，只适用于邻近的热影响区。最高温度计算公式可有如下几种应用：①确定热影响区特定部位的峰值温度；②估计热影响区的宽度；③计算出预热对热影响区宽度的影响。

2. 高温停留时间 t_H 的计算

t_H 是个复杂的函数，计算十分繁琐。因此，常采用计算与查表相结合的方法求解。

厚大焊件：
$$t_H = f_3 \frac{E}{\lambda(T_m - T_0)} \tag{6-7}$$

薄板：
$$t_H = f_2 \frac{(E/\delta)^2}{\lambda c\rho(T_m - T_0)^2} \tag{6-8}$$

式中　f_3、f_2——分别为厚大焊件和薄板的修正系数，是温度无因次系数 $\theta = \frac{T - T_0}{T_m - T_0}$ 的函数，可在图 6-6 中查出；

T_0——预热温度（℃）；

T——停留温度（℃）；

T_m——热循环的最高温度（℃）。

由式（6-7）和式（6-8）可以看出，t_H 主要与焊接热输入、预热温度和母材的热物理常数有关。对于厚大焊件，t_H 与板厚无关；而对于薄板，t_H 对板厚、热输入和预热温度的变化比厚板敏感得多。因此，焊接薄板比焊接厚板更容易过热。

3. 瞬时冷却速度 ω_c 的计算

焊缝或热影响区的某点达到最高温度后，随后的冷却速度对金属组织、性能等都有很大影响，尤其是对于热处理钢更为重要。由于熔合区是焊接接头的薄弱部位，因此，此处着重研究熔合区的冷却速度。

试验证明，焊缝和熔合区的冷却速度几乎相同，最大差 5%~10%。因此，为方便起见，可用焊缝的冷却速度代替熔合区的冷却速度。

根据式（6-1）及式（6-2），令 $r_0=0$，$y_0=0$，并由 $\omega_c=\dfrac{\partial T}{\partial t}$ 确定出焊缝及熔合区冷至某一温度 T_c 时的瞬时冷却速度。

厚大焊件（点热源）：

$$\omega_c = -2\pi\lambda \frac{(T_c-T_0)^2}{E} \qquad (6\text{-}9)$$

薄板（线热源）：

$$\omega_c = -2\pi\lambda c\rho \frac{(T_c-T_0)^3}{(E/\delta)^2} \qquad (6\text{-}10)$$

式中　T_c——所求冷却速度的瞬时温度（℃）；

T_0——焊件的初始温度（或预热温度）（℃）。

对于厚大焊件和薄板的区别要做些解释。当传热方向为垂直焊缝所在平面，向下的传热方向（即 z 向）和水平方向（即 x、y 方向）三维传播时，使用厚大焊件公式。任何一种单道全熔透焊接（或热切割），可采用薄板公式。公式的选用主要根据热的传播方式确定，不能单靠板厚确定，如 300mm 厚的钢板采用电渣焊时，采用薄板公式计算冷却速度较为合理，因为这种工艺是单道全熔透。

除了一些特殊的焊接工艺（如电渣焊、气电立焊等），一般情况下，可以通过临界厚度 δ_{cr} 确定采用的计算公式。临界厚度是对冷却速度没有影响的最小厚度，δ_{cr} 的表达式为：

$$\delta_{cr} = \sqrt{\frac{E}{c\rho(T_c-T_0)}} \qquad (6\text{-}11)$$

当 $\delta \geqslant \delta_{cr}$ 时，采用厚大焊件公式；当 $\delta < \delta_{cr}$ 时，采用薄板计算公式。

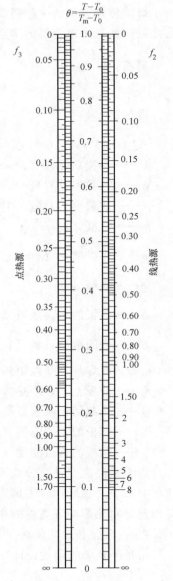

图 6-6　θ 与 f_3 和 f_2 的关系

对于低碳钢和低合金钢，在焊条电弧焊条件下，根据经验，厚度为 25mm 以上的属于厚大焊件，厚度小于 8mm 的则属于薄板。如焊件厚度在 8~25mm 之间，求某点的冷却速度时，应将式（6-9）乘以修正系数 K 后得到中厚板的瞬时冷却速度。

中厚板：
$$\omega_c = -K \frac{2\pi\lambda\ (T_c-T_0)^2}{E} \tag{6-12}$$

K 是无因次系数 ε 的函数，即 $K=f(\varepsilon)$。

$$\varepsilon = \frac{2E}{\pi c\rho\delta^2(T_c-T_0)} \tag{6-13}$$

根据 ε 的计算值，可在图 6-7 中查得 K 值，然后再用式（6-12）求出中厚板上焊缝或熔合区的瞬时冷却速度。

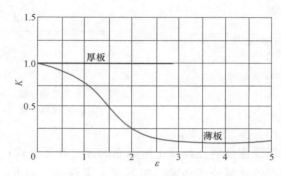

图 6-7　K 与 ε 的关系

由式（6-9）~式（6-13）可以看出，冷却速度 ω_c 主要与焊接热输入、预热温度、板厚及母材的热物理参数有关。提高焊接热输入 E 和预热温度 T_0，可以降低冷却速度 ω_c。因此，对于冷裂倾向较大的钢种，为了降低淬硬倾向，防止冷裂纹的产生，往往采用提高预热温度，适当增加热输入的工艺方法。但是，提高热输入和预热温度，又会使 t_H 增大，促使晶粒长大，增加焊接接头的脆化倾向。因此，在调节 E 和 T_0 时，应兼顾各方面的影响。

冷却速度公式可用于确定焊接条件下的临界冷却速度以及计算预热温度。

前面讨论的是对厚大焊件上的表面堆焊及薄板对接焊而言，对于其他接头形式或有坡口的对接，则应对板厚 δ 和热输入 E 进行修正，板厚 δ 和热输入 E 的修正系数见表 6-2。

表 6-2　板厚 δ 和热输入 E 的修正系数

接头形式 修正系数	平板上 堆焊	60°坡口 对接焊	搭接接头	T 形接头	十字接头
板厚 δ 的修正系数 K_1	1	3/2	1	1	1
热输入 E 的修正系数 K_2	1	3/2	2/3	2/3	1/2

计算时，应用 $K_1\delta$ 和 K_2E 分别代替冷却速度计算公式中的 δ 和 E 求解 ω_c。

对于一般低合金钢，主要研究熔合区附近 540℃ 的瞬时冷却速度；对于某些淬硬倾向较大的钢种，多考虑 300℃ 时的瞬时冷却速度。

图 6-8 和图 6-9 所示为低合金钢板厚和接头形式对冷却速度的影响。

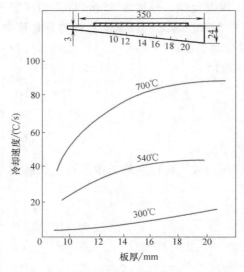

图 6-8　熔合区冷却速度与板厚的关系

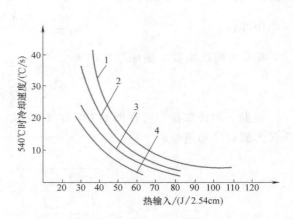

图 6-9　对接和角接时熔合区 540℃ 的冷却速度
1—角接第一层　2—角接最后一层
3—对接第一层　4—对接最后一层

　　以上讨论的是根据焊接传热学经典理论所建立的理论计算公式。由于经典理论假设条件的局限性，所以推导出来的计算公式必定与实际有一定误差。因此，根据不同的被焊材料、不同的焊接结构等提出了许多经验公式。式（6-14）是焊接碳钢和低合金钢时瞬时冷却速度的经验计算公式，即

$$\omega_c = 0.35P^{0.8} \tag{6-14}$$

式中，P 为冷却速度计算参数。

对接时
$$P = \left[\frac{25.4(T_c - T_0)}{I/v}\right]^{1.7}\left[1 + \frac{2}{\pi}\cot\left(\frac{\delta - \delta_0}{\alpha}\right)\right] \tag{6-15}$$

角接时
$$P = \left[\frac{25.4(T - T_0)}{0.8I/v}\right]^{1.7}\left[1 + \frac{2}{\pi}\cot\left(\frac{\delta - \delta_0}{\alpha}\right)\right] \tag{6-16}$$

式中　T_c——熔合区处所计算冷却速度的瞬时温度值（℃）；

　　　　T_0——被焊金属的初始温度（℃）；

　　　　v——焊接速度（mm/min）；

　　　　I——焊接电流（A）；

　　　　δ——板厚（mm）；

　δ_0、α——与温度 T 相对应的常数值：

　　$T_c = 700℃$，$\delta_0 = 12$，$\alpha = 1$；

　　$T_c = 540℃$，$\delta_0 = 14$，$\alpha = 4$；

　　$T_c = 300℃$，$\delta_0 = 20$，$\alpha = 10$。

　　式（6-14）的使用条件：板厚为 6~30mm 的碳钢和低合金钢单层对接接头和角接接头，焊条电弧焊，焊缝长度在 60mm 以上，焊道中段熔合区瞬时冷却速度的计算。

4. 冷却时间的计算

在试验研究工作中，测定某温度时的瞬时冷却速度会带来较大的误差。因此，目前多采用一定温度范围内的冷却时间来代替冷却速度，并以此作为研究焊接热影响区组织、性能和抗裂性的重要参数。

对于低合金钢，由于在 Ac_3 到 $500℃$ 的温度范围内组织转变最快，因此在这一温度内的冷却速度或冷却时间对热影响区组织性能影响最大。钢材的成分不同，其 Ac_3 也有差异，为了统一起见，常用 $800 \sim 500℃$ 温度范围内的冷却时间（$t_{8/5}$）代替 $Ac_3 \sim 500℃$ 的冷却时间以研究热影响区的组织性能。对于冷裂倾向较大的钢种，也可以采用 $800 \sim 300℃$ 的冷却时间（$t_{8/3}$）或由加热的最高温度冷至 $100℃$ 的冷却时间（t_{100}）。

与其他热循环参数一样，冷却时间（$t_{8/5}$、$t_{8/3}$、t_{100} 等）可通过实测得到，也可利用计算方法求出。为了使焊接热影响区获得优良的组织性能，并提高其抗裂能力，常利用冷却时间 $t_{8/5}$、$t_{8/3}$ 等控制最佳焊接参数。下面介绍冷却时间的计算。

（1）理论公式　根据焊接传热学理论的推导，$t_{8/5}$ 的计算公式如下：

对于三维传热（厚板）：

$$t_{8/5} = \frac{\eta E}{2\pi\lambda}\left(\frac{1}{500-T_0} - \frac{1}{800-T_0}\right) \tag{6-17}$$

对于二维传热（薄板）：

$$t_{8/5} = \frac{(\eta E/\delta)^2}{4\pi\lambda c\rho}\left[\left(\frac{1}{500-T_0}\right)^2 - \left(\frac{1}{800-T_0}\right)^2\right] \tag{6-18}$$

式中　　η ——焊接热效率；

E ——焊接热输入（J/cm），$E = \dfrac{\eta UI}{v}$；

U ——电弧电压（V）；

I ——焊接电流（A）；

v ——焊接速度（cm/s）；

δ ——板厚（cm）；

T_0 ——预热温度或初始环境温度（℃）；

λ ——热导率 [W/(cm·℃)]；

$c\rho$ ——体积比热容 [J/(cm³·℃)]。

应当指出，在利用式（6-17）和式（6-18）计算 $t_{8/5}$ 时，首先应确定传热方式。传热方式除了与板厚有关外，还与热输入、钢板的预热温度及其热物理性能参数等因素有关。因此引入"临界板厚 δ_{cr}"的概念，δ_{cr} 是对 $t_{8/5}$ 不发生影响的板厚，利用式（6-17）和式（6-18）相等可求出 δ_{cr} 的数学表达式，即

$$\delta_{cr} = \sqrt{\frac{\eta E}{2c\rho}\left(\frac{1}{500-T_0} + \frac{1}{800-T_0}\right)} \tag{6-19}$$

在实际条件下，只要实际板厚 $\delta \geq \delta_{cr}$，则应属于三维热传导，当 $\delta < \delta_{cr}$ 时，应属于二维热传导。

但实践证明，当 $\delta > 0.9\delta_{cr}$ 时，按式（6-17）计算的结果比较准确；而当 $\delta < 0.6\delta_{cr}$ 时，按式（6-18）计算的结果比较准确。当 $\delta = (0.6 \sim 0.9)\delta_{cr}$ 时，按式（6-17）计算的结果偏高，

按式（6-18）计算的结果偏低。为解决这一矛盾，可取 $\delta = 0.75\delta_{cr}$ 作为判据，当 $\delta \geqslant 0.75\delta_{cr}$ 时，按三维传热（厚板）处理；当 $\delta < 0.75\delta_{cr}$ 时，按二维传热（薄板）处理，经这样处理的计算结果，其最大误差不超过 15%。

最后应该指出，λ、$c\rho$ 等热物理参数都是温度的函数，在焊接条件下如何取值是一个较大的难题。根据对结构钢的试验，取 $\lambda = 0.29$ W/(cm·℃)、$c\rho = 6.7$ J/(cm³·℃)，$t_{8/5}$ 的计算结果比较接近实测值。

（2）理论修正公式 德国钢铁学会 1976 年把乌威（D·Vwer）提出的 $t_{8/5}$ 计算公式纳入学会的钢铁材料技术指导文件，并在工程上应用。此公式的主要特点在于，把诸多的热物理参数（λ、$c\rho$ 等）在大量试验的基础上用数值表示，其次是考虑了热源的效率和焊件的接头形式，从而使计算的结果与实际接近。

对于三维传热（厚板）：

$$t_{8/5} = (0.67 - 5 \times 10^{-4} T_0) \eta' E \left(\frac{1}{500 - T_0} - \frac{1}{800 - T_0} \right) F_3 \qquad (6\text{-}20)$$

对于二维传热（薄板）：

$$t_{8/5} = (0.043 - 4.3 \times 10^{-5} T_0) \left(\frac{\eta' E}{\delta} \right)^2 \left[\left(\frac{1}{500 - T_0} \right)^2 - \left(\frac{1}{800 - T_0} \right)^2 \right] F_2 \qquad (6\text{-}21)$$

式中　η'——相对热效率（见表 6-3）；

F_3、F_2——三维和二维传热时的焊接接头系数（见表 6-4）。

表 6-3　不同焊接方法的相对热效率

焊接方法	相对热效率 η'	焊接方法	相对热效率 η'
埋弧焊	1.0	CO_2 气体保护电弧焊	0.85
钛型焊条电弧焊	0.9	熔化极氩弧焊	0.70
碱型焊条电弧焊	0.8	钨极氩弧焊	0.65

表 6-4　影响冷却时间的焊接接头系数

焊接接头形式	系数	
	F_3（三维热传导）	F_2（三维热传导）
堆焊	1.0	1.0
T 形或十字接头的第一及第二层焊道	0.67	0.45~0.67
十字接头中的第三及第四层焊道	0.67	0.30~0.67
角焊缝处的贴角焊缝	0.67	0.67~0.9
搭接接头的贴角焊缝	0.67	0.7
V 形坡口处的焊根焊道(60°坡口,间隙 3mm)	1.0~1.2	约 1.0
X 形坡口处的焊根焊道(60°坡口,间隙 3mm)	0.7	约 1.0
V 形及 X 坡口处的中间焊道	0.80~1.0	约 1.0
V 形及 X 坡口处的盖面焊道	0.90~1.0	1.0
I 形对接单面焊双面成形	0.90~1.0	1.0

令式（6-20）等于式（6-21）即可求出临界板厚 δ_{cr}：

$$\delta_{cr} = \sqrt{\frac{0.043 - 4.3 \times 10^{-5} T_0}{0.67 - 5 \times 10^{-4} T_0} \eta' E \left(\frac{1}{500 - T_0} + \frac{1}{800 - T_0} \right) \frac{F_2}{F_3}} \qquad (6-22)$$

当实际板厚 $\delta \geqslant \delta_{cr}$ 时，按式（6-20）求 $t_{8/5}$；当 $\delta < \delta_{cr}$ 时，按式（6-21）求 $t_{8/5}$。

（3）经验公式　日本稻垣道夫等人在焊接传热学理论和大量的试验基础上，建立了不同焊接方法 $t_{8/5}$、$t_{8/3}$ 的计算公式，其表达式为

$$t = \frac{KE^n}{\beta (T - T_0)^2 \left[1 + \frac{2}{\pi} \arctan \left(\frac{\delta - \delta_0}{\alpha} \right) \right]} \qquad (6-23)$$

式中　t——冷却时间 $t_{8/5}$ 或 $t_{8/3}$（s）；

E——焊接热输入（J/cm），$E = 60UI/v$；

U——电弧电压（V）；

I——焊接电流（A）；

v——焊接速度（cm/min）；

K——焊接热输入系数；

n——焊接热输入指数；

T——在冷却温度区间内平均冷却速度对应的温度（℃）；

T_0——被焊试件的初始温度（℃）；

δ——板厚（mm）；

δ_0——板厚补偿项；

β——接头系数；

α——板厚修正系数。

式（6-23）中的有关常数值见表 6-5。

表 6-5　不同焊接方法计算冷却时间的各系数数值

焊接方法	焊接热输入 E 的指数 n	800~500℃的冷却时间 $t_{8/5}$/s					800~300℃的冷却时间 $t_{8/3}$/s				
		K	δ_0	α	T/℃	β	K	δ_0	α	T/℃	β
焊条电弧焊	1.5	1.35	14.6	6	600	平焊 1 角焊 3	2	14.6	4.5	400	平焊 1 角焊 3
CO_2 气体保护焊	1.7	1/2.9	13	3.5	600	—	0.4	14	5	400	—
埋弧焊	$\delta < 32mm$ 时 2.5 ~ 0.05δ	$\frac{9.5}{10^{5-0.22\delta}}$	12	3	600		$\frac{7.3}{10^{5-0.22\delta}}$	20	7	400	
	$\delta > 32mm$ 时 0.95	950					730				

上述三套计算冷却时间的公式（理论公式、理论修正公式和经验公式）是目前国内外应用较多的公式，均有较大的实用价值，但计算精度不尽相同。天津大学对低碳钢和低合金钢的 $t_{8/5}$ 进行了试验测试，表 6-6 为实测值和计算值的比较情况。

由表 6-6 可以看出，经验公式的计算值与实测值相比普遍偏低。当预热温度高于 280℃

以后，修正式的计算精度显著降低，这说明该式仅适用于预热温度较低的焊接工艺条件；而理论式适用的预热温度范围则较宽，且计算精度也比较高。

表 6-6　$t_{8/5}$ 实测值与计算值的对比

试件号	板厚/mm	预热温度/℃	热输入/（kJ/cm）	$t_{8/5}/s$（实测）	$t_{8/5}/s$（理论）	$t_{8/5}/s$（修正）	$t_{8/5}/s$（经验）
1	18	40	20.0	10.2	7.54	9.77	9.17
2	18	40	13.4	7.1	5.05	5.98	5.03
3	18	20	18.0	6.3	6.34	7.62	7.3
4	30	20	15.0	5.3	5.28	6.35	4.18
5	30	20	11.0	3.5	3.87	4.65	2.62
6	15	20	15.0	7.76	5.28	7.27	7.07
7	30	20	16.0	6	5.63	6.77	4.6
8	16	20	16.0	7	5.63	7.27	7.09
9	20	20	16.0	7.5	5.63	6.77	5.54
10	30	20	21.0	7.8	7.39	8.88	6.92
11	30	20	16.0	5	5.63	6.77	4.6
12	30	150	15.0	7.8	8.69	9.42	6.94
13	30	200	15.0	9.25	10.98	11.4	8.79
14	30	100	15.0	6.8	7.06	7.97	5.62
15	30	50	15.0	6.25	5.86	6.88	4.65
16	30	18	15.5	5.25	5.42	6.52	4.36
17	30	150	15.5	8	8.98	9.73	7.29
18	30	250	15.5	12.5	14.86	14.74	12.06
19	30	280	15.5	16	17.85	17.23	14.42
20	30	350	15.5	32	30.26	27.28	23.63
21	30	380	15.5	40	40.53	35.43	30.52

近年来在研究高强度钢焊接冷裂纹时发现，从最高温度冷至 100℃ 的冷却时间 t_{100} 对冷裂纹有重要影响，因此常采用 t_{100} 作为评价冷裂纹的重要参数之一。图 6-10 给出了 t_{100} 与热输入、板厚和预热温度间的关系。t_{100} 也可用以下经验公式计算，即

$$t_T = 1.35 \times 10^2 (V/A)(LW)^{0.25} \left[\frac{1}{(T-T_C)^{0.34}} - \frac{1}{(T_L-T_C)^{0.34}} \right] \qquad (6-24)$$

式中　t_T——电弧通过后冷却到任意温度 T 的冷却时间（min），这里主要考虑 $T=100℃$ 的冷却时间，即 $t_T = t_{100}$；

　V/A——试板单位面积所占有的体积（cm^3/cm^2）；

　LW——试板的长宽面积（cm^2）；

　T_C——周围环境温度（℃）；

　T——电弧通过后（由峰值温度）冷却到所求的温度（℃），这里为 100℃；

T_L——试板的热容温度（℃），$T_L = \dfrac{\eta El}{mc} + T_0$；

η——焊接电弧热效率，一般焊条电弧焊 $\eta = 0.8$，埋弧焊 $\eta = 0.9$，MIG 焊 $\eta = 0.8$，TIG 焊 $\eta = 0.6$；

E——焊接热输入（J/cm）；

l——试板上的焊道长度（cm）；

m——试板的质量（g）；

c——试板材料的平均比热容 [J/（g·℃）]；

T_0——试板的初始温度（℃）。

综上所述，通过对 $t_{8/5}$、$t_{8/3}$、t_{100} 的测试与计算，并配合不同钢种焊接条件下的连续冷却组织转变图，可以比较准确地判断热影响区的组织、性能和抗裂性。这对于正确地选择焊接参数、提高焊接质量具有重要意义。

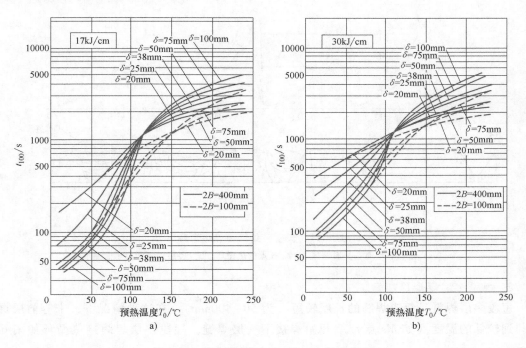

图 6-10　冷却时间 t_{100} 与 E、δ、T_0 的关系

a）$E = 17\text{kJ/cm}$　b）$E = 30\text{kJ/cm}$

B—预热宽度

6.1.3　多层焊热循环

在实际焊接生产中，很少采用单层焊，而是采用多层多道焊。焊接结构的壁厚越大，施焊的层数越多。因此，研究多层焊接热循环具有更为普遍的意义。

多层焊热循环是许多单层焊热循环的综合作用，后层焊道对前层焊道会产生热处理作用，使前层焊道的组织和性能得到改善，并加速氢的逸出。因此，从提高焊接质量来看，多层焊比单层焊更优越。

在实际生产中，根据要求不同，多层焊可分为长段多层焊和短段多层焊。

1. 长段多层焊焊接热循环

长段多层焊就是每道焊缝的长度较长（一般在1m以上），这样在焊完第一层再焊第二层时，第一层已基本上冷却到较低的温度（一般多在100~200℃以下），其焊接热循环如图6-11所示。

由图6-11可以看出，长段多层焊热循环的特点是，每层焊道高温停留时间短，晶粒不容易长大。因此，适宜焊接易过热的钢种。但由于冷却速度大，层间温度低，不适于焊接淬硬倾向较大的钢种。因为这类钢在焊完第一层以后，焊接第二层以前，焊缝及热影响区有可能由于淬硬而产生冷裂纹。在这种情况下，应注意配合采取焊前预热、控制层间温度，以及焊后热处理或缓冷等措施。

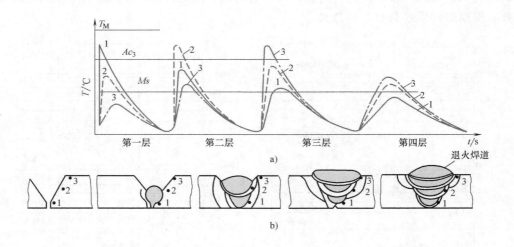

图 6-11　长段多层焊焊接热循环

a）焊接各层时，热影响区1、2、3点的热循环　b）各层焊缝断面示意图

2. 短段多层焊焊接热循环

短段多层焊就是每道焊缝的长度较短（为50~400mm），在这种情况下，未等前层焊缝冷却到较低的温度（如 Ms 点）就开始焊接下一层焊缝。短段多层焊焊接热循环如图6-12所示。

由图6-12可以看出，短段多层焊焊接热循环的特点是，高温停留时间短，避免了晶粒长大；前层焊道对后层焊道有预热作用，后层焊道对前层焊道有缓冷作用，延长了在 Ms 点以上的停留时间，从而降低了淬硬倾向，避免了冷裂纹的产生。为了防止最后一层产生淬硬组织，可多加一层退火焊道，以便延长奥氏体的分解时间（由 t_B 增至 t_B'）。

由此可见，短段多层焊对焊缝和热影响区组织都有一定的改善作用，适于焊接易过热又易淬硬的钢材。当采用短段多层焊时，关键是控制好焊道长度。焊道过短易产生过热，使奥氏体晶粒长大。焊道过长，又会失去短段多层焊的特点。因此，只要控制好焊道长度，就能达到改善焊缝和热影响区质量的目的。

但是，短段多层焊的操作工艺十分繁琐，生产率低，只有在特殊情况下才采用。

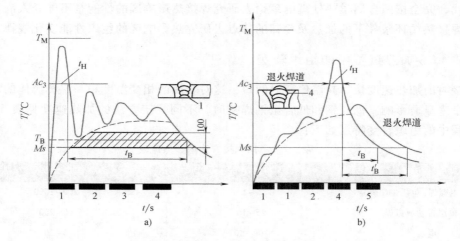

图 6-12　短段多层焊焊接热循环

a）1 点的热循环　b）4 点的热循环

t_B—由 Ac_3 冷至 Ms 的冷却时间

6.2　焊接热循环条件下的金属组织转变特点

在焊接热循环的作用下，热影响区的组织性能将发生变化。其相变的规律与热处理相似，由形核和晶核长大两个过程完成，符合经典的结晶理论。焊接热影响区相变的条件同样取决于系统的热力学条件，即新相与母相间的自由能之差。但由于焊接热过程的特点与热处理相比具有较大的差异，因此，焊接时的相变及组织变化也与热处理不同，这就使焊接时的组织转变具有一些特殊性。与热处理相比，焊接热过程主要有以下五个特点：

（1）加热温度高　在热处理条件下，加热最高温度一般为 950~1050℃（Ac_3 以上 100~200℃），而焊接时熔合线附近的加热温度通常接近于金属的熔点。焊接低碳钢和低合金钢时，一般都在 1350℃ 左右。所以，焊接与热处理的加热温度相差很多。

（2）加热速度快　热处理时为了保证加热均匀和减少热应力，对加热速度做了较严格的限制，一般为 0.1~1℃/s。由于焊接采用的热源强烈集中，故加热速度比热处理要快得多，往往超过几十倍甚至几百倍。

（3）高温停留时间短　热处理时的保温时间可以根据需要确定，而焊接时由于热循环的特点，在 Ac_3 以上的停留时间很短，一般焊条电弧焊为 4~20s，埋弧焊为 30~100s。

（4）自然条件下连续冷却　热处理时可以根据需要来控制冷却速度或在冷却过程的不同阶段进行保温。而焊接时，一般都是在自然条件下连续冷却，冷却速度较快，个别情况下才进行焊后保温或焊后热处理。

（5）局部加热　热处理时工件是在炉中整体加热，而焊接属于局部集中加热，温度分布不均匀，且随热源移动，局部加热区域也在不断地向前移动，这势必在焊接区造成一个复杂的应力应变场，而焊接热影响区就是在这样一个复杂的应力应变状态下进行着不均匀的组织转变。

综上所述，由于焊接热过程的上述特点，使热影响区的组织转变与热处理有着不同的规律。因此，完全按照金属学热处理的理论去研究焊接热影响区的性能是不能令人满意的，必须根据焊接热循环条件下的加热及冷却的特点去研究热影响区的组织性能变化规律。

6.2.1　焊接加热过程中的组织转变

焊接时的加热速度快、高温停留时间短，这对金属的相变温度和高温奥氏体的均质化过程必然带来显著影响。低碳钢和低合金钢焊接时，不同焊接方法的加热速度见表 6-7。焊接加热过程中的组织转变特点如下：

表 6-7　不同焊接方法的加热速度

焊接方法	板厚/mm	加热速度 ω_H/(℃/s)
焊条电弧焊（包括 TIG 焊）	5~1	200~1000
单层自动埋弧焊	25~10	60~200
电渣焊	200~50	3~20

1. 相变温度提高

大量的试验结果表明，加热速度越快，母材相变点 Ac_1 和 Ac_3 的温度越高，而且 Ac_1 和 Ac_3 之间的温差越大，如图 6-13 和表 6-8 所示，这种现象可由金属学原理得到解释。加热时珠光体向奥氏体的转变和铁素体向奥氏体的溶解过程均属于扩散性转变，转变时形成晶核需要孕育期。在焊接快速加热的条件下，还没达到扩散过程所需的孕育期，温度就已经提高了。因此，Ac_1 和 Ac_3 都推向了更高的温度，在这种条件下，转变过热度大，形核率高，转变速度更快。

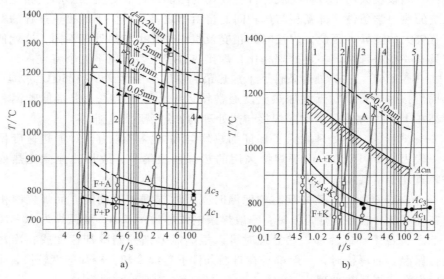

图 6-13　焊接加热速度对 Ac_1、Ac_3 和晶粒长大的影响

a）45 钢（ω_H: 1—1400℃/s，2—270℃/s，3—35℃/s，4—7.5℃/s）

b）40Cr 钢（ω_H: 1—1600℃/s，2—300℃/s，3—150℃/s，4—42℃/s，5—7.2℃/s）

d—晶粒的平均直径　A—奥氏体　P—珠光体　F—铁素体　K—碳化物

由表 6-8 可以看出，钢种含有较多的碳化物形成元素时，随着加热速度的提高，相变点

Ac_1 和 Ac_3 有更显著的提高（如 18Cr2WV）。这是由于该类钢的碳化物形成元素（Cr、W、Mo、Ti、V、Nb 等）本身的扩散速度更小（为碳的 $1/10^3 \sim 1/10^4$），同时它们阻碍碳的扩散，因而大大减慢了奥氏体的转变过程。

随着加热速度的提高，Ac_1 和 Ac_3 的温差加大，则是由于珠光体向奥氏体的转变是在铁素体和渗碳体的界面上形核，由于相界面积大，碳的扩散距离短，形核所需的孕育期较短，故 Ac_1 提高得较少。而铁素体转变为奥氏体，需要碳原子和铁原子做较长距离的扩散，孕育期较长，因而 Ac_3 推向了更高的温度，结果使 Ac_1 和 Ac_3 的温差加大。

表 6-8　加热速度对相变点和 Ac_1 与 Ac_3 温差的影响

钢种	相变点	平衡温度/℃	加热速度 ω_H/(℃/s)				Ac_1 与 Ac_3 的温差/℃		
			6~8	40~50	250~300	1400~1700	40~50	250~300	1400~1700
45 钢	Ac_1	730	770	775	790	840	45	60	110
	Ac_3	770	820	835	860	950	65	90	180
40Cr	Ac_1	740	735	750	770	840	15	35	105
	Ac_3	780	775	800	850	940	25	75	165
23Mn	Ac_1	735	750	770	785	830	35	50	95
	Ac_3	830	810	850	890	940	40	80	130
30CrMnSi	Ac_1	740	740	775	825	920	35	85	180
	Ac_3	820	790	835	890	980	45	100	190
18Cr2WV	Ac_1	710	800	860	930	1000	60	130	200
	Ac_3	810	860	930	1020	1120	70	160	260

2. 奥氏体的均质化程度低

刚刚转变完了形成的奥氏体，其成分是不均匀的，原来为渗碳体的区域含碳量高，而原来为铁素体的区域含碳量低，甚至还有残留的碳化物质点。如在 Ac_3 以上的停留时间长，则成分扩散均匀化，使奥氏体的成分趋于一致。

焊接的加热速度快，在 Ac_3 以上的停留时间短，合金元素来不及完成扩散均匀化，所以奥氏体的均质化程度低，甚至残留碳化物，这对冷却时的相变有明显的影响。特别是钢中含有碳化物形成元素时，影响更为显著。

3. 焊接热影响区奥氏体晶粒的长大

焊接热影响区晶粒的粗大对韧性极为不利。奥氏体晶粒的长大实质上是大晶粒吞并小晶粒的晶格改建过程，是自动进行的。进行这一过程需要原子的扩散，温度越高，原子的扩散能力越强，奥氏体晶粒的长大速度越快。

恒温加热时的晶粒长大与加热温度、保温时间有关，可由下式给出：

$$D^\alpha - D_0^\alpha = K_0 t \exp\left(-\frac{E}{RT}\right) \tag{6-25}$$

式中　D——加热后长大了的晶粒直径（mm）；

D_0——加热前的晶粒直径（mm）；

t——保温时间（s）；

T——加热温度（K）；

α——常数；

K_0——与温度无关的常数；

E——激活能（J/mol）；

R——气体常数。

计算焊接热循环条件下的晶粒长大时，则把热循环曲线在时间域上离散化，可认为在每个时间段的加热温度是不变的，即将热循环曲线分为若干个加热温度不同的恒温加热过程，于是热循环过程就分为许多恒温过程，式（6-25）适用于每个加热阶段，然后用叠加方法便可得出热循环过程的晶粒直径计算公式，即

$$D_j^\alpha - D_0^\alpha = K_0 \sum_{i=1}^{j} \left[t_i \exp\left(-\frac{E}{RT_i}\right) \right] \tag{6-26}$$

式中　　D_j——第 j 个加热时间段终了的晶粒直径（mm）；

t_i——第 i 个加热时间段的加热时间（s）；

T_i——第 i 个加热时间段的加热温度（K）。

图 6-14 所示为 S35C 钢（日本钢号，与我国 35 钢相当）在热循环过程中的加热温度与晶粒直径之间的关系，计算值为式（6-26）的计算结果，可见计算值与实测值是一致的，故可用式（6-26）来计算奥氏体的晶粒直径。

Q195 低碳钢焊接时热影响区不同部位奥氏体晶粒的长大过程如图 6-15 所示。研究表明，在 1100℃（1373K）以上，随着温度的上升奥氏体晶粒急剧长大，并且其长大主要集中在最高温度附近。在冷却过程中，奥氏体晶粒尺寸还会进一步长大，与加热过程相比，其长大量减小。由最高温度少许降温，奥氏体晶粒的长大过程就基本上完成了。

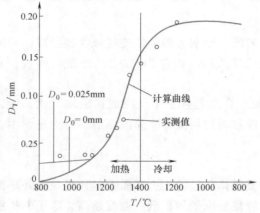

图 6-14　S35C 钢在焊接热循环中加
热温度与奥氏体晶粒直径 D_γ 的关系

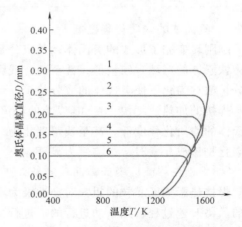

图 6-15　Q195 低碳钢焊接时热影响区
不同部位奥氏体晶粒的长大过程
（板厚 6mm，GMAW 焊接，I=240A，
U=25V，v=430mm/min，d=1.2mm）
距离熔合区：1—0mm　2—0.1mm
3—0.2mm　4—0.3mm　5—0.4mm　6—0.5mm

焊接热影响区的晶粒长大与焊接热输入、焊接热循环参数、钢材的化学成分及原始组织

状态有关。

（1）焊接热输入的影响　焊接热输入对热影响区晶粒长大有显著影响，它不仅影响奥氏体晶粒的大小，而且影响晶粒的分布。焊接热输入与焊接热影响区奥氏体晶粒直径的关系为

$$\lg(D^4 - D_0^4) = -92.64 + 2\lg\eta'E' + \frac{1.291\times10^{-1}}{y'/(\eta'E') + 1.587\times10^{-3}} \qquad (6\text{-}27)$$

式中　D——晶粒直径（mm）；

$\qquad$ D_0——$t = 0$ 时的晶粒直径（mm）；

$\qquad$ E'——单位板厚的焊接热输入（J/cm^2）；

$\qquad$ y'——至熔合区的距离（mm）；

$\qquad$ η'——换算系数，是以晶粒尺寸为基准的经验数据，通过调节其值使高温加热范围的晶粒尺寸的计算值与实际情况接近，如对 HT80 钢，TIG 焊时取 0.65，埋弧焊时取 0.85。

图 6-16 所示为焊接热输入对 HT80 钢热影响区奥氏体晶粒分布的影响。可见，随着焊接热输入的提高，不仅熔合区奥氏体晶粒直径增大，而且奥氏体长大的范围也增大。因此，可通过调节焊接热输入限制焊接热影响区晶粒的长大。

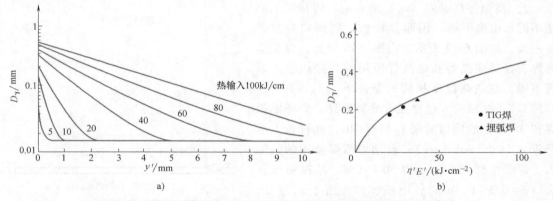

图 6-16　焊接热输入对 HT80 钢焊接热影响区奥氏体晶粒尺寸的影响

a）奥氏体晶粒分布　　b）熔合区奥氏体晶粒尺寸

（2）焊接热循环的影响

1）加热最高温度（T_m）的影响。T_m 越高，原子的扩散速度越快，晶粒长大越剧烈。钢中的碳化物形成元素对晶粒长大有比较大的影响。如图 6-17 所示，在加热时间一定的情况下，对于 45 钢，T_m 超过 1100℃ 以后，随着加热最高温度的提高，奥氏体晶粒迅速长大；而对于含有碳化物形成元素的 18Cr2WV 钢，只有当 T_m 高于 1200℃ 以后，奥氏体晶粒才随 T_m 的提高而迅速增大。

热影响区内各点至焊缝中心的距离不同，其加热的最高温度也各不相同，因此，各点晶粒长大的程度差别较大。远离熔合线的点，晶粒粗化程度较弱；而靠近焊缝区域的 T_m 较高（大于 1100℃），即使高温停留时间不长，晶粒也显著长大，如图 6-18 所示。这说明加热的最高温度是影响晶粒长大的重要因素。由图 6-18 还可以看出，晶粒尺寸最大的部位并不在

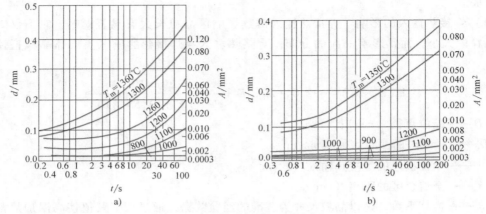

图 6-17　T_m 对晶粒长大的影响

a) 45 钢　b) 18Cr2WV 钢

A—平均晶粒面积　d—平均晶粒直径

半熔化区，而是在近缝区。这是由于半熔化区晶界局部熔化限制了晶粒的长大。

2) 高温停留时间（t_H）的影响。焊接工艺方法不同，t_H 也不同，因而晶粒长大的倾向有显著的差异，如图 6-19 所示。由图 6-19 可见，焊条电弧焊、自动埋弧焊和电渣焊所用的焊接热输入显著不同，在最高温度相同的条件下（$T_m = 1300 \sim 1350℃$），晶粒长大也存在着显著差异。焊条电弧焊在 Ac_3 以上的停留时间 t_H 只有 20s，晶粒长大不严重（$d = 0.1 \sim 0.3mm$）；自动埋弧焊使用的热输入比焊条电弧焊大，t_H 为 $30 \sim 100s$，晶粒明显长大（$d = 0.3 \sim 0.4mm$）；电渣焊时，由于 t_H 过长，达到 $600 \sim 2000s$，所以晶粒严重长大（$d = 0.4 \sim 0.6mm$）。

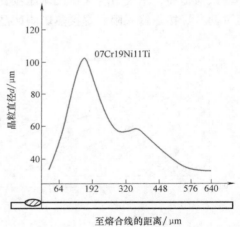

图 6-18　焊接热影响区中的晶粒分布

由此可见，由于电渣焊时晶粒严重长大，焊后必须通过正火处理才能改善焊接接头的性能，否则将引起冲击韧性的显著下降。

3) 加热速度和冷却速度的影响。在保证焊接热输入不变的条件下，如采用大的焊接电流和快的焊接速度，则加热速度提高，相变点 Ac_3 和晶粒显著长大的温度也提高，加热过程的高温停留时间 t' 减小，有利于降低晶粒的粗化倾向，如图 6-20a 所示。

在高温冷却过程中，晶粒在继续长大。如高温冷却速度比较快，则冷

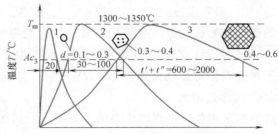

图 6-19　不同焊接方法对晶粒长大的影响

1—焊条电弧焊（板厚在 10mm 以下）　2—自动埋弧焊（板厚为 15~25mm）　3—电渣焊（板厚为 100~300mm）

却过程中的高温停留时间 t'' 减小，也有利于抑制晶粒长大，如图 6-20b 所示。

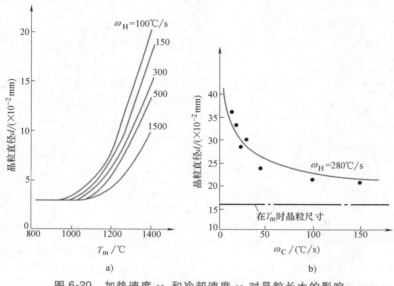

图 6-20 加热速度 ω_H 和冷却速度 ω_c 对晶粒长大的影响

a) ω_H 的影响 b) ω_c 的影响

4) 化学成分的影响。化学成分对焊接热影响区的晶粒长大有明显影响，如钢中含有碳化物或氮化物形成元素（Mo、V、Ti、Nb、W、Zr、Al、B 等）和阻碍碳扩散的元素（如 Ni）都可降低晶粒长大的倾向。在微合金钢中，碳化物和氮化物的存在通过对晶粒边界的沉淀钉扎作用，妨碍晶界迁移，阻止晶粒长大，如图 6-21 所示。钢中的碳化物和氮化物在焊接热循环的作用下将发生溶解，对晶粒长大的抑制作用减弱或消失，如图 6-22 所示。

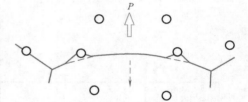

图 6-21 迁移晶粒边界的沉淀钉扎机制

图 6-23 所示为奥氏体中不同碳化物和氮化物完全溶解时温度与时间的关系（图中只有 Ti 的氮化物溶解 26%）。由图 6-23 可见，Nb 的碳氮化物比 Nb 的碳化物有着更低的溶解度。Ti 的氮化物 TiN 呈现出了最高的溶解温度。实际上，即使温度达到熔化温度，TiN 仍不能完全溶解，这与试验观察的结果相一致。基于 TiN 沉淀弥散的含 Ti 微合金钢即是上述结果的应用实例。

图 6-24a 所示为不同成分的微合金钢在不同最高温度下保温 30min 以后奥氏体晶粒尺寸的热模拟试验结果，六种钢 C、Si、Mn 的含量处于当今结构钢的典型水平，其质量分数范围分别为 0.09% ~ 0.11%、0.29% ~ 0.38%、1.21% ~ 1.39%，Ti 钢含 Ti0.009%（质量分数），TiNb 钢含 Ti0.008%（质量分数）和 Nb0.022%（质量分数），TiV 钢含 Ti0.01%（质量分数）和 V0.05%（质量分数），TiNbV 钢含 Ti0.009%（质量分数）、V0.054%（质量分数）和 Nb0.024%（质量分数），LC-TiNb 钢含 Ti0.006%（质量分数）和 Nb0.029%（质量分数）。可见，含 Ti 微合金钢的平均奥氏体晶粒尺寸是 CMn 钢的 1/15 ~ 1/6（1350℃，保温 30min）；普通含 Ti 钢一直到 1300℃ 时都有极好的奥氏体晶粒长大抗力。V 和（或）Nb 的存在会削弱晶粒粗化抑制能力，但这些钢仍优于 CMn 钢。TiNb 钢呈现出稍好一些的晶粒粗化

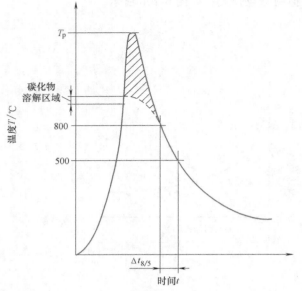

图 6-22　焊接热循环示意图（阴影部分
表示热循环在该部分时晶粒可无拘束长大）

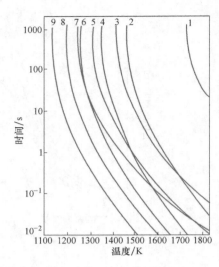

图 6-23　奥氏体中不同碳化物和氮化物
完全溶解时温度与时间的关系

1—Ti 的氮化物（26%溶解）　2—Nb 的碳氮化物
3—Al 的氮化物　4—Nb 的碳化物　5—V 的氮化物
6—Mo 的碳化物　7—Ti 的碳化物　8—V 的碳化物
9—Cr 的碳化物

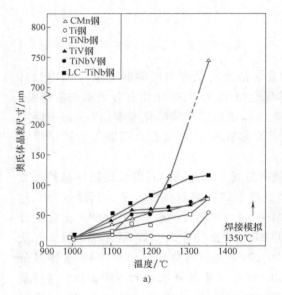

a)

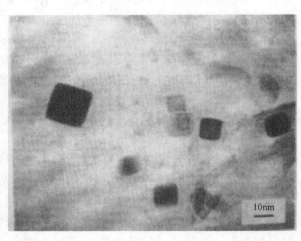

b)

图 6-24　钢的成分和最高温度对奥氏体晶粒尺寸的影响及沉淀相形貌
a）成分和温度对奥氏体晶粒尺寸的影响　b）Ti 钢从 1350℃急冷后沉淀相的微观照片

抗力，这说明其沉淀物可能比 TiV 钢更稳定一些。由图 6-24 还可以看出，CMn 钢在达到
1000℃时，晶粒尺寸就迅速长大，由于缺乏 TiN 沉淀，在 1000~1250℃之间奥氏体的晶粒尺
寸会增加 7 倍，当少量的 Ti 加入钢中时，晶粒长大抗力将增加。钢中 TiN 对于抑制奥氏体
晶粒长大效果明显，因此在开发适宜大热输入焊接的钢材时，需要加入适量的碳化物或氮化
物形成元素，特别是加入 Ti 形成 TiN。碳化物或氮化物形成元素能在钢中形成稳定的碳化物
或氮化物，以弥散的质点分布在晶界上，加热时这些难熔质点机械地阻碍晶界的移动，因而
能降低晶粒粗化的程度，提高晶粒急剧长大的温度。只有加热温度很高或高温停留时间较
长，难溶质点全部溶入奥氏体之后，晶粒才会明显地长大。图 6-24b 所示为 Ti 钢热模拟试
样从 1350℃急冷后沉淀相的微观照片。

综上所述，焊接时热影响区的晶粒度取决于母材成分、焊接方法和所用的焊接参数。焊
接热影响区的奥氏体晶粒度不仅决定了冷却后的实际晶粒度，而且还影响过冷奥氏体的稳定
性，进而影响冷却后的转变产物，因此，对热影响区的组织性能有较大的影响。

6.2.2　焊接冷却过程中的组织转变

焊接加热过程中热影响区形成的奥氏体，在冷却过程中将发生分解转变，转变的结果将
最终决定热影响区的组织和性能。因此，
研究焊接条件下冷却过程的组织转变规律，
对于正确判断热影响区的组织与性能，合
理地制订焊接工艺，保证焊接质量具有重
要意义。

由于熔合区附近是焊接接头的薄弱地
带，因此应当把该区冷却时的相变特点作
为主要的研究对象。

为了与热处理条件下的奥氏体转变特
点做比较，现以 45 钢和 40Cr 钢为例，说
明在这两种热过程作用下组织转变的差异。
两种材料的焊接和热处理时的热过程如图
6-25 所示。可见，在两种热过程中，加热

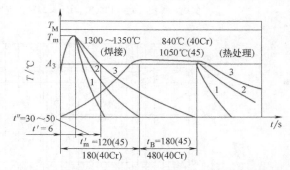

图 6-25　焊接和热处理时加热及冷却过程的示意图
T_M—金属熔点　　T_m—加热的最高温度
t_H ($t'+t''$) —加热时间　t'_m—热处理加热时间
t_B—热处理保温时间

速度、加热的最高温度和高温停留时间彼此不同，但两种情况下的冷却曲线 1、2、3······彼
此具有各自相同的冷却速度。

根据上述试验条件，采用焊接热模拟试验机和快速相变测定仪，得到了两种钢在焊接和
热处理条件下的连续冷却转变图，如图 6-26 和图 6-27 所示。表 6-9 是两种钢在焊接和热处
理时同样冷却速度条件下的组织百分比。

由图 6-26、图 6-27 和表 6-9 可以看出，45 钢在焊接条件下比热处理条件下的连续冷却
转变图稍向右移（主要考虑 Ms 点附近）。这说明在相同的冷却速度条件下，焊接比热处理
时的淬硬倾向大。如冷却速度为 30℃/s，焊接时可得到体积分数为 92% 的马氏体，而热处
理仅得到体积分数为 69% 的马氏体。

相反，40Cr 钢焊接条件下的连续冷却转变图向左移动，也就是在同样冷却速度下焊接
比热处理时的淬硬倾向小。例如，焊接条件下当冷却速度为 36℃/s 时，可得到体积分数为

100%的马氏体，而热处理条件下冷却速度只要 22℃/s 即可得到体积分数为 100%的马氏体。

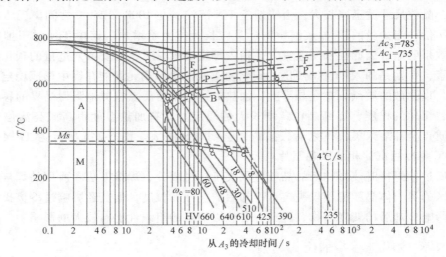

图 6-26　45 钢连续冷却转变图

F—铁素体　P—珠光体　B—贝氏体　A—奥氏体　M—马氏体　Ms—马氏体开始转变点

实线—焊接（$T_m = 1350℃$，$t' = 4.5s$）　　虚线—热处理（$T_m = 1050℃$，$t_B = 3min$）

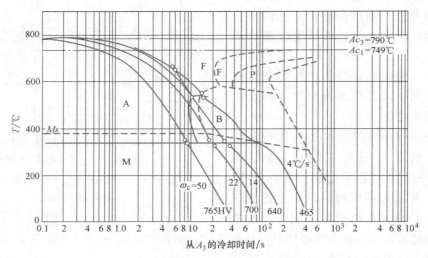

图 6-27　40Cr 钢连续冷却转变图

实线—焊接（$T_m = 1350℃$，$t' = 4.5s$）　　虚线—热处理（$T_m = 840℃$，$t_B = 8min$）

　　两种热过程组织转变的差异与焊接和热处理的不同特点及母材的化学成分有关。

　　对于 40Cr 钢，由于含有碳化物形成元素 Cr，因此在焊接加热速度快、高温停留时间短的条件下，残留着一些碳化物颗粒，机械地阻碍奥氏体晶粒的长大，降低了奥氏体的均质化程度。在冷却过程中，这些碳化物颗粒又可以作为非自发核心加速奥氏体的转变，因而降低了奥氏体的稳定性，从而使焊接条件下的连续冷却转变图比热处理条件下的向左移了（见图 6-27）。

　　对于 45 钢，由于不含有碳化物形成元素，在高温下奥氏体晶粒容易长大，均质化程度也比较高。因此，在冷却时奥氏体的稳定性比较强，表现在图 6-26 上，就是焊接条件下的连续冷却转变图比热处理条件下向右移了。

应当指出，增加钢中的合金元素（Co 除外），无论是在焊接条件下，还是在热处理条件下，都会增加钢的淬硬倾向。不要误认为钢中的碳化物形成元素越多，焊接时的淬硬倾向越小。实际上，在同样的焊接条件下，40Cr 钢的淬硬倾向比 45 钢大。

综上所述，焊接条件下的连续冷却转变图与热处理时的不同，不能用热处理条件下的连续冷却转变图研究焊接热影响区的组织转变，必须根据焊接热循环的特点建立焊接条件下的连续冷却转变图。

表 6-9　焊接和热处理条件下的组织百分比

钢种	冷却速度 /(℃/s)	组织(体积分数,%)		
		铁素体	马氏体	珠光体及贝氏体
45 钢	4	5(10)	0(0)	95(90)
	18	1(3)	90(27)	9(70)
	30	1(1)	92(69)	7(30)
	60	0(0)	98(98)	2(2)
40Cr	4	1(0)	75(95)	24(5)
	14	0(0)	90(98)	10(2)
	22	0(0)	95(100)	5(0)
	36	0(0)	100(100)	0(0)

注：有（ ）者为热处理的组织百分比。

6.2.3　焊接条件下的连续冷却转变图及其应用

焊接条件下的连续冷却转变图是采用焊接热模拟技术测定的，因此称为模拟焊接热影响区连续冷却转变图，利用该图可以方便地预测焊接热影响区（一般为熔合区附近）的组织和性能。影响焊接条件下模拟焊接热影响区连续冷却转变图的因素主要有钢材的化学成分、最高温度、晶粒度、加热和冷却速度以及应力应变等。不同的钢材具有不同的化学成分，焊接热影响区不同部位的最高温度、晶粒度、加热和冷却速度、高温停留时间等存在差异，而这些因素都对组织转变有重要影响。因此，不同的钢材、热影响区的不同部位，其模拟焊接热影响区连续冷却转变图也有很大差异。由于热影响区的熔合区是焊接接头的最薄弱部位，因此人们在研究模拟焊接热影响区连续冷却转变图时主要是针对熔合区附近区域的。

图 6-28 所示为 Q345 钢的模拟焊接热影响区连续冷却转变图，冷却时间与组织、硬度的关系，以及不同冷却条件下的典型金相组织。由图 6-28 可见，只要知道在焊接条件下熔合区附近（$T_m = 1300 \sim 1350℃$）的冷却时间 $t_{8/5}$，就可以在此图上查出相应的组织和硬度。这样就可以预测这种焊接条件下的焊接接头性能，也可以预测此钢种的淬硬倾向及产生冷裂纹的可能性。同时也可以作为调节焊接参数和改进工艺（预热、后热及焊后热处理等）的依据。不同焊接条件下的 $t_{8/5}$ 可以通过计算（见第 6.1 节）或实测的方法获得。因此，建立焊接条件下的模拟焊接热影响区连续冷却转变图和 $t_{8/5}$ 与组织硬度的分布图对于焊接性分析和提高焊接接头的质量具有十分重要的意义。

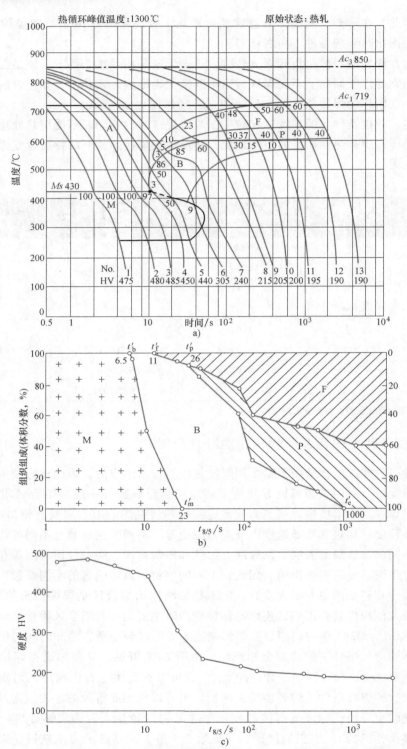

图 6-28　Q345 钢的模拟焊接热影响区连续冷却转变图，冷却时间与组织、硬度的关系，
以及不同冷却条件下的典型金相组织
a) Q345 钢的模拟焊接热影响区连续冷却转变图　b) $t_{8/5}$ 与组织的关系　c) $t_{8/5}$ 与硬度的关系
（$w_C = 0.16\%$，$w_{Si} = 0.36\%$，$w_{Mn} = 1.53\%$，$w_S = 0.015\%$，$w_P = 0.014\%$）

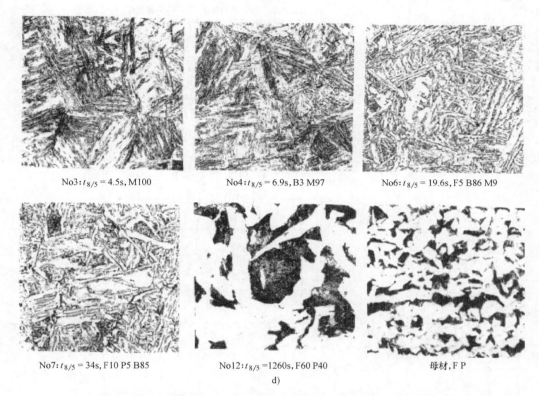

No3：$t_{8/5}$ = 4.5s，M100　　　　No4：$t_{8/5}$ = 6.9s，B3 M97　　　　No6：$t_{8/5}$ = 19.6s，F5 B86 M9

No7：$t_{8/5}$ = 34s，F10 P5 B85　　　No12：$t_{8/5}$ =1260s，F60 P40　　　　母材，F P

d）

图 6-28　Q345 钢的模拟焊接热影响区连续冷却转变图，冷却时间与组织、
硬度的关系，以及不同冷却条件下的典型金相组织（续）

d）不同冷却条件下的典型金相组织

（w_C = 0.16%，w_{Si} = 0.36%，w_{Mn} = 1.53%，w_S = 0.015%，w_P = 0.014%）

图 6-29 所示是抗拉强度为 800MPa 级调质高强度钢 14MnMoNbB 的模拟焊接热影响区连续
冷却转变图，冷却时间与组织、硬度的关系，以及不同冷却条件下的典型金相组织。由图 6-29
可见，当 $t_{8/5}$ 小于 55s 时，获得体积分数为 100% 的马氏体组织；当 $t_{8/5}$ 大于 200s 时，获得体积
分数为 100% 的贝氏体组织；而 $t_{8/5}$ 在 55~200s 之间时，获得马氏体和贝氏体的混合组织。这与
Q345 钢有明显的不同（见 Q345 钢的模拟焊接热影响区连续冷却转变图）。说明 14MnMoNbB
钢虽具有一定的淬硬性，但对冷却时间的要求并不严格，在很宽的冷却时间范围内其组织变化
并不明显，只要焊接工艺合适（热输入、预热等），就可以获得组织性能比较均匀、综合力学
性能比较良好的焊接接头。这一点也证明了焊接条件下连续冷却转变图的指导意义。

在焊接生产中，热影响区出现的许多问题，如淬硬、冷裂纹、局部脆化以及再热裂纹
等，几乎都与焊接热影响区的组织转变有关。因此，模拟焊接热影响区连续冷却转变图在焊
接生产和焊接研究中有着广泛的用途。它是分析焊接热影响区组织性能进而评价钢材焊接性
的重要工具，也是合理制订焊接工艺的重要依据。目前许多国家常常在新钢种大量投产前，
就建立该钢的模拟焊接热影响区连续冷却转变图。模拟焊接热影响区连续冷却转变图主要应
用于三个方面：预先推断焊接热影响区的组织性能；评价热影响区的冷裂倾向；合理地制订
焊接工艺。

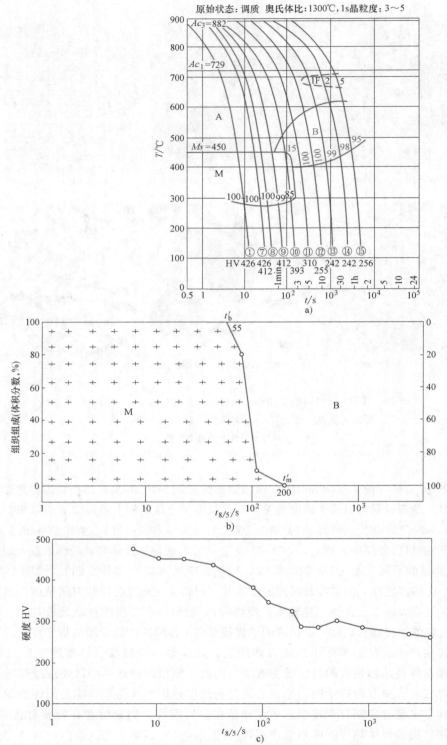

图 6-29 14MnMoNbB 调质钢的模拟焊接热影响区连续冷却转变图，冷却时
间与组织、硬度的关系，以及不同冷却条件下的典型金相组织
a) 14MnMoNbB 钢的模拟焊接热影响区连续冷却转变图 b) $t_{8/5}$ 与组织的关系 c) $t_{8/5}$ 与硬度的关系
（$w_C = 0.15\%$，$w_{Si} = 0.26\%$，$w_{Mn} = 1.52\%$，$w_S = 0.07\%$，$w_P = 0.013\%$，$w_{Mo} = 0.54\%$，$w_{Nb} = 0.01\%$）

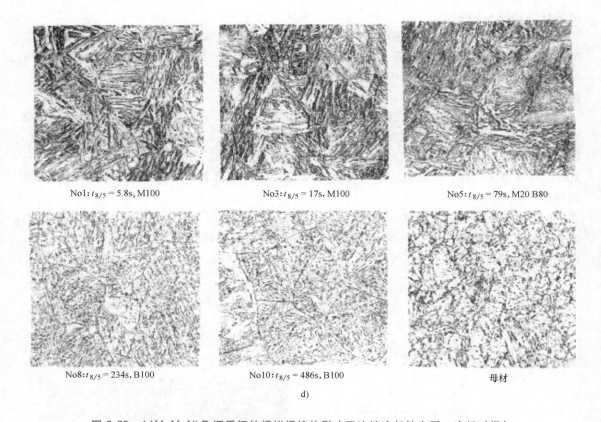

No1:$t_{8/5}=5.8s$,M100　　　　No3:$t_{8/5}=17s$,M100　　　　No5:$t_{8/5}=79s$,M20 B80

No8:$t_{8/5}=234s$,B100　　　　No10:$t_{8/5}=486s$,B100　　　　母材

d)

图 6-29　14MnMoNbB 调质钢的模拟焊接热影响区连续冷却转变图，冷却时间与

组织、硬度的关系，以及不同冷却条件下的典型金相组织（续）

d）不同冷却条件下的典型金相组织

（$w_C=0.15\%$，$w_{Si}=0.26\%$，$w_{Mn}=1.52\%$，$w_S=0.07\%$，$w_P=0.013\%$，$w_{Mo}=0.54\%$，$w_{Nb}=0.01\%$）

6.3　焊接热影响区的组织和性能

由于焊接热影响区距焊缝不同距离的点所经历的焊接热循环不同，各点所发生的组织转
变也不相同，从而造成热影响区组织转变的不均匀性，在局部位置还可能产生硬化、软化和
脆化等现象。这些现象的发生，往往使热影响区的性能低于母材，以致成为焊接接头的薄弱
环节。

焊接热影响区的组织性能不仅取决于所经历的热循环，而且还取决于母材的成分和原始
状态。本节将以低碳钢和低合金结构钢为例讨论焊接热影响区的组织与性能。

6.3.1　焊接热影响区的组织分布

1. 不易淬火钢的组织分布

不易淬火钢是指在焊后空冷条件下不易形成马氏体的钢种，如低碳钢、Q345、Q390
等。对于这类钢，按照热影响区中不同部位加热的最高温度及组织特征的不同，可划分为四个区域，如图 6-30 所示。

（1）熔合区　紧邻焊缝的母材部位，又叫半熔化区（加热温度在液相线和固相线之间）。此区范围很窄，一般只有几个晶粒宽。由于该区化学成分和组织性能存在严重的不均匀性，对接头的强度、韧性有很大的影响，在许多情况下是产生裂纹和脆性破坏的发源地。因此，引起了人们的普遍重视。

（2）过热区　加热温度在固相线以下到晶粒开始急剧长大的温度（一般指 1100℃）范围内的区域。由于该区加热温度高，奥氏体晶粒严重长大，冷却后会得到粗大的过热组织，因此又叫粗晶区。该区焊后晶粒度一般为 1~2 级，韧性很低，通常冲击韧性要降低 20%~30%。与熔合区一样，该区也容易产生脆化和裂纹。过热区和熔合区都是焊接接头的薄弱部位。

过热区的大小与焊接方法、焊接热输入和母材的板厚等有关。气焊和电渣焊时过热区比较宽，并常出现粗大的魏氏组织（见图 6-31），焊条电弧焊和埋弧焊时较窄，而电子束焊、激光焊时过热区几乎不存在。

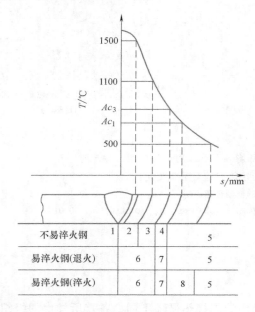

图 6-30　焊接热影响区的分布特征

1—熔合区　2—过热区　3—正火区　4—不完全重结晶区
5—母材　6—完全淬火区　7—不完全淬火区　8—回火区

图 6-31　焊接低碳钢时的魏氏组织

（3）相变重结晶区（正火区）　该区的加热温度范围是 Ac_3 至晶粒开始急剧长大的温度（一般指 1100℃）。在该温度范围内，铁素体和珠光体全部转变为奥氏体，因加热温度较低（一般低于 1100℃），奥氏体晶粒未显著长大，因此在空气中冷却以后会得到均匀而细小的铁素体和珠光体，相当于热处理时的正火组织，所以该区又叫正火区。此区的综合力学性能一般比母材还好，是热影响区中组织性能最好的区域。

（4）不完全重结晶区　该区的加热温度处于 $Ac_1 \sim Ac_3$ 之间，因此在加热过程中，原来的珠光体全部转变为细小的奥氏体，而铁素体仅部分溶入奥氏体，剩余部分继续长大，成为粗大的铁素体。冷却时奥氏体变为细小的铁素体和珠光体，粗大的铁素体被保留下来。所以，此区的特点是晶粒大小不一，组织不均匀，力学性能也不均匀。

以上这四个区是低碳钢、低合金钢焊接热影响区的主要组织特征。对于时效应变敏感性强的钢，如果母材焊前经过冷加工变形或由于焊接应力而产生应变，则在 Ac_1 以下将发生再结晶和应变时效现象，尽管其金相组织没有明显变化，但处于 $Ac_1 \sim 300℃$ 的热影响区将发生脆化现象，表现出较强的缺口敏感性。

对于低碳钢，按照热影响区各点经历的热循环，对照铁-渗碳体相图，各区段的划分如图 6-32 所示，各区的组织特征及性能特点见表 6-10。

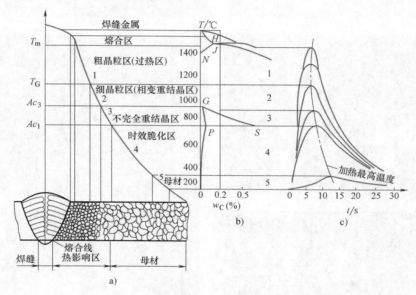

图 6-32 低碳钢焊接热影响区各区段的划分与相图的关系

a) 热影响区各区段的划分及组织分布 b) 铁-渗碳体相图 c) 焊接热循环

T_m—加热的最高温度 T_G—晶粒显著长大的温度

表 6-10 低碳钢热影响区的组织分布特征及性能特点

部位	加热温度范围 /℃	组织特征及性能特点	在图 6-32 上的位置
焊缝	>1500	铸造组织柱状树枝晶	—
熔合区及过热区	1400~1250	晶粒粗大，可能出现魏氏组织，硬化后易产生裂纹，塑性不好	1
	1250~1100	粗晶与细晶交替混合，塑性差	
相变重结晶区	1100~900	细小的铁素体和珠光体，力学性能较好	2
不完全重结晶区	900~730	粗大铁素体和细小的珠光体、铁素体，力学性能不均匀，在急冷的条件下可能出现高碳马氏体	3
时效脆化区	730~300	由于热应力及脆化物析出，经时效而产生脆化现象，在显微镜下观察不到组织上的变化	4
母材	300~室温	没有受到热影响的母材部分	5

采用 J507 焊条、焊条电弧焊 Q345 钢时热影响区各区段的组织特征如图 6-33 所示。图

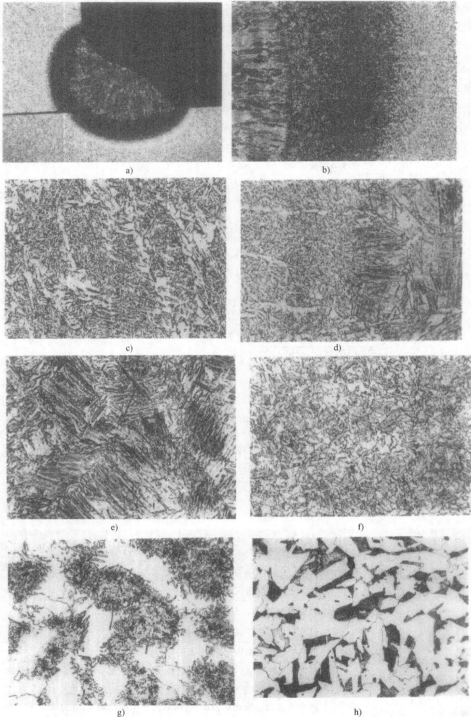

图 6-33　Q345 钢焊条电弧焊角焊缝热影响区各区段的组织特征（J507 焊条）

a）低倍组织（5×）　b）接头组织（20×）　c）焊缝组织（500×）

d）熔合区组织（500×）　e）过热区组织（500×）　f）正火区组织（500×）

g）不完全重结晶区组织（500×）　h）母材组织（500×）

6-33a 所示为焊接接头的低倍组织，可见焊缝组织极细，焊缝周围黑色环为母材热影响区；图 6-33b 所示为接头组织，左边柱状晶为焊缝金属，中间黑色区为母材热影响区，右边为原始母材；图 6-33c 所示为焊缝组织，先共析铁素体分布于柱状晶界上，少量无碳贝氏体从晶界伸向晶内，晶内为针状铁素体与珠光体，个别部位有粒状贝氏体；图 6-33d 所示为熔合区组织，左侧为焊缝，右侧为母材过热区；图 6-33e 所示为过热区组织，可见少量由晶界向晶内生长的无碳贝氏体（图中下部位），右边是呈羽毛状的上贝氏体，晶内为板条马氏体；图 6-33f 所示为正火区组织，由块状铁素体与珠光体组成；图 6-33g 所示为不完全重结晶区组织，由铁素体与呈絮聚集的珠光体组成；图 6-33h 所示为母材组织，由大块状铁素体与珠光体组成。对于 Q345 钢，只有在快速冷却的条件下（如厚板的焊条电弧焊）才可能出现马氏体组织。

　　热影响区的大小受多种因素的影响，如焊接方法、板厚、热输入以及焊接施工工艺等。不同焊接方法焊接低碳钢时热影响区的平均尺寸见表 6-11。

表 6-11　不同焊接方法焊接低碳钢时热影响区的平均尺寸

焊接方法	各区的平均尺寸/mm			总宽 /mm
	过热区	相变重结晶区	不完全重结晶区	
焊条电弧焊	2.2~3.0	1.5~2.5	2.2~3.0	6.0~8.5
自动埋弧焊	0.8~1.2	0.8~1.7	0.7~1.0	2.3~4.0
电渣焊	18~20	5.0~7.0	2.0~3.0	25~30
氧乙炔焊	21	4.0	2.0	27.0
真空电子束焊	—	—	—	0.05~0.75

2. 易淬火钢的组织分布

　　易淬火钢是指在焊接空冷条件下容易淬火形成马氏体的钢种，如中碳钢（如 45 钢）、低碳调质钢（如 18MnMoNb）和中碳调质高强度钢（如 30CrMnSi）等。这类钢焊接热影响区的组织分布特征与母材焊前的热处理状态有关。

　　如图 6-30 所示，如母材焊前是正火或退火状态，焊接热影响区根据其组织特征可分为完全淬火区和不完全淬火区。如果母材焊前为调质状态，焊接热影响区除上述完全淬火区和不完全淬火区外，还存在一个回火软化区。

　　（1）完全淬火区　该区的加热温度处于固相线到 Ac_3 之间。由于这类钢淬硬倾向大，冷却时将淬火形成马氏体。在焊缝附近的区域（相当于低碳钢过热区的部位），由于晶粒严重长大，会得到粗大的马氏体组织，而相当于正火区的部位则得到细小的马氏体组织。这个区域的组织只是粗细不同，均属于同一组织类型（马氏体），因此统称为完全淬火区。

　　（2）不完全淬火区　该区的加热温度在 $Ac_3 \sim Ac_1$ 之间。在快速加热条件下，珠光体（或贝氏体、索氏体）转变为奥氏体，铁素体很少溶入奥氏体，未溶入奥氏体的铁素体将得到进一步长大。因此，冷却时奥氏体会转变为马氏体，粗大的铁素体被保留下来，并有不同程度的长大，从而形成了马氏体和铁素体的混合组织，故称为不完全淬火区。当母材含碳量和合金元素含量不高或冷却速度较慢时，也可能出现贝氏体、索氏体或珠光体。

　　（3）回火软化区　出现于调质状态母材的热影响区，回火软化区内的组织性能发生变化的程度取决于焊前调质状态的回火温度。例如，母材在焊前调质时的回火温度为 T_t，焊

接时加热温度在 $Ac_1 \sim T_t$ 的部位，加热温度高于回火温度 T_t，其组织性能将发生变化，出现软化现象；加热温度低于 T_t 的部位，组织性能将不发生变化。

由此可知，焊接热影响区的组织性能不仅与母材的化学成分有关，而且还与焊接工艺条件和母材焊前的热处理状态有关。

为了更好地研究熔合区的微观组织形态，美国学者 W. F. Savage 等提出了焊接热影响区的划分方法，具体划分方法如图 6-34 所示，各部分的名称及其所包括的范围见表 6-12。但这种划分方法对于有些钢不能清楚地看到"不完全混合区"，只有与 HY-80 钢成分相近的钢种（如 14MnMoVCu 钢等）采用双侵蚀法才能较为清楚地看到分界线，因此到目前为止尚未被广泛采用。另外，根据采用的焊接

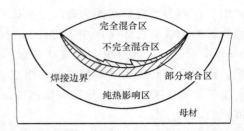

图 6-34　焊接热影响区划分方法示意图

工艺、被焊金属的种类等，均根据所研究对象的特殊性提出了一些新的热影响区划分方法，这些对于深入研究焊接接头的微观组织和性能具有重要意义。

表 6-12　焊缝及热影响区的划分及建议

部位（名称）	所包括的范围（定义）	现在通用的划分
完全混合区	填充金属与母材金属完全均匀混合形成化学成分均一的焊缝金属	焊缝金属
不完全混合区	焊缝金属的外侧部分，母材金属与填充金属不完全混合的地方	
焊接边界	明显的完全熔化边界	熔合区
部分熔合区	焊缝边界的外侧母材部分，晶粒边界有不同程度的熔化（0% ~ 100%）	
纯热影响区	固相母材发生组织变化的区域	热影响区

3. 焊接热影响区组织的分析

在焊接快速加热和连续冷却的条件下，热影响区的转变属于非平衡转变，往往会得到多种混合组织，给金相组织的鉴别造成了困难。在一定条件下，热影响区组织主要与母材的化学成分和焊接工艺条件有关，在鉴别热影响区组织时应该注意如下几点：

（1）母材的化学成分及原始状态　母材的化学成分是决定热影响区组织的主要因素。对于含碳或合金元素较低的低碳钢及低合金钢（如 Q345 等），淬硬倾向较小，其热影响区主要为铁素体、珠光体和魏氏组织，并可能有少量的贝氏体或马氏体。对于淬硬倾向较大的钢种，其热影响区主要为马氏体，并依冷却速度的不同可能出现贝氏体、索氏体等组织。

对于不含碳化物形成元素的钢，其奥氏体的稳定性（即淬硬倾向）主要取决于奥氏体晶粒长大的倾向。奥氏体晶粒越粗大，越容易产生淬硬组织。

对于含碳化物形成元素的钢（如 18MnMoNb、40Cr 等），只有当碳化物溶解于高温奥氏体时，才增加淬硬倾向；否则，会降低淬硬倾向。

对于易淬硬钢，其马氏体类型主要取决于含碳量。当含碳量较低时，会得到低碳马氏体；否则，会得到高碳马氏体。

钢中存在较严重的偏析时，往往会出现反常情况。当在正常成分范围内出现一些预料不到的硬化和裂纹时，偏析常是造成这种情况的原因之一。例如含锰钢的偏析倾向是比较大的，在焊接快速加热和冷却的条件下，热影响区奥氏体的成分极不均匀，在含碳量比较高的

部位，就有可能形成脆硬的马氏体而致裂。

应当指出，母材的原始组织状态是分析热影响区组织的重要依据。清楚地了解母材的原始组织，对认识热影响区经焊接热循环作用之后的组织性能变化有重要帮助。尤其对于不完全重结晶区更是如此。

（2）焊接工艺条件 焊接工艺条件主要指焊接方法、焊接热输入和预热温度等。它们主要影响焊接的加热速度、高温停留时间和冷却速度，从而在一定成分条件下就决定了奥氏体晶粒的长大倾向、均质化程度和冷却时的组织转变。因此，对于一定的钢种，高温停留时间越长、冷却速度越快，得到的淬硬组织所占的比例越大。

在快速加热和冷却的条件下，即使对于低碳钢，加热温度在 $Ac_1 \sim Ac_3$ 的不完全重结晶区，也可能出现高碳马氏体。这是因为在快速加热条件下，原珠光体的部位转变为高碳奥氏体（$w_C = 0.8\%$），并且来不及扩散均匀化，当冷却速度很快时，这部分高碳奥氏体就转变为高碳马氏体。而铁素体在这种急热急冷的过程中始终未发生变化，最后得到马氏体和铁素体的混合组织。这一过程可用图 6-35 表示。

（3）结合模拟焊接热影响区连续冷却转变图确定热影响区的组织 模拟焊接热影响区连续冷却转变图把焊接工艺条件与焊后的组织性能联系起来，是判定热影响区组织的重要依据。只要根据焊接工艺条件获得 $t_{8/5}$ 后，便可通过相应的模拟焊接热影响区连续冷却转变图求出该条件下热影响区（主要指熔合区）各组织的类型及其所占的比例。

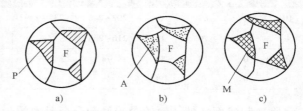

图 6-35 快速加热及冷却时的 M-F 组织

a）加热前 b）加热后 c）淬火后

P—珠光体 F—铁素体 A—奥氏体 M—马氏体

（4）借助于其他分析方法 对于同一类组织，尚可分为多种组织类型。如铁素体按形态不同可分为先共析铁素体、侧板条铁素体、针状铁素体和粒状铁素体等。对于不同形态的组织，还应辅以显微硬度测试、电镜分析以及按组织所处的位置及分布状态等加以确认。

正确分析焊接热影响区的组织，对制订焊接工艺、改善焊接接头质量具有重要的指导意义。

6.3.2 焊接热影响区的性能

焊接热影响区的组织分布是不均匀的，从而导致热影响区性能也不均匀。焊接热影响区与焊缝不同，焊缝可以通过化学成分的调整再配合适当的焊接工艺来保证性能的要求，而热影响区性能不可能进行成分上的调整，它是由焊接热循环作用引起的不均匀性问题。对于一般焊接结构，焊接热影响区的性能主要考虑硬化、脆化、韧化、软化，以及综合的力学性能、耐蚀性和疲劳性能等，这要根据焊接结构的具体使用要求来决定。

一般常规焊接接头力学性能的试验结果，反映的是整个接头的平均水平，而不能反映热影响区中某个区段（如过热区、相变重结晶区等）的实际性能。近年来，焊接热模拟技术的发展为研究热影响区不同部位的组织性能创造了良好的条件。

1. 焊接热影响区的硬化

研究表明，焊接热影响区的硬度与其力学性能密切相关。一般而言，随着硬度的增大，强度升高，塑性和韧性下降，冷裂纹倾向增大。因此，通过测定焊接热影响区的硬度分布便可间接地估计热影响区的力学性能及抗裂性等。焊接热影响区的硬度主要与被焊钢材的化学成分和冷却条件有关，因硬度试验比较方便，因此常用热影响区（一般在熔合区和过热区）的最高硬度 H_{max} 来间接判断热影响区的性能。

焊接热影响区中的硬度分布实际上反映了各部位的组织变化情况，一般来说，得到的淬硬组织（如 M）越多，硬度越高。表 6-13 给出了一般低合金钢不同比例混合组织的宏观维氏硬度和相应金相组织的显微硬度。由表 6-13 可以看出，同一组织的硬度也不相同，这主要与钢的含碳量和合金元素的含量有关。如高碳马氏体的硬度可达 600HV，而低碳马氏体只有 350HV，这说明马氏体数量增多，并不意味着硬度一定高，马氏体的硬度随着含碳量的增加而增大。

表 6-13　不同混合组织和金相组织的硬度

金相组织百分比（体积分数，%）				显微硬度　HV				最高宏观硬度　HV
F	P	B	M	F	P	B	M	
10	7	83	0	202~246	232~249	240~285	—	212
1	0	70	29	216~258	—	273~336	245~383	298
0	0	19	81	—	—	293~323	446~470	384
0	0	0	100	—	—	—	454~508	393

除冷却速度之外，钢的含碳量和合金元素的含量是影响焊接热影响区硬度的重要因素。人们常采用碳当量来表述钢中合金元素含量对热影响区硬化的影响，并通过大量焊接工艺试验和数学工具建立了焊接热影响区硬度的计算模型。

（1）碳当量　碳当量用符号 C_{eq} 或 CE 表示，反映了钢中化学成分对热影响区硬化程度的影响，它是把钢中合金元素（包括碳）的含量，按其作用折算成碳的相当含量（以碳的作用系数为 1），作为粗略地评价钢材焊接性的一种参考指标。

由于世界各国钢种的合金体系和所采用的试验方法不同，所以都建立了相适应的碳当量公式。

20 世纪 40~50 年代的钢材以 C-Mn 强化为主，为了评定这类钢的焊接性，先后建立了许多碳当量公式，其中以国际焊接学会推荐的 $CE_{(IIW)}$ 和日本焊接协会的 $C_{eq(WES)}$ 公式应用较广，这两个公式[⊖]是

$$CE_{(IIW)} = C + \frac{Mn}{6} + \frac{Cu+Ni}{15} + \frac{Cr+Mo+V}{5} \qquad (6-28)$$

$$C_{eq(WES)} = C + \frac{Mn}{6} + \frac{Si}{24} + \frac{Ni}{40} + \frac{Cr}{5} + \frac{Mo}{4} + \frac{V}{14} \qquad (6-29)$$

式（6-28）主要适用于中等强度的非调质低合金钢（$R_m = 400~700MPa$），式（6-29）主要适用于强度级别较高的低合金高强度钢（$R_m = 500~1000MPa$），且调质和非调质的钢均可应用。以上两个公式只适用于含碳量为 0.18%（质量分数）以上的钢种，不能用于含碳量为 0.17%（质量分数）以下的钢种，这是根据试验条件和统计的精度而确定的。

⊖ 公式中的元素符号均表示该元素的质量分数（下同）。

20 世纪 60 年代以后，为了改进钢的焊接性，世界各国大力发展了低碳微量多合金元素的低合金高强度钢。在这种情况下，式（6-28）和式（6-29）已不适用。为此，日本的伊藤等人采用 Y 形坡口对接裂纹试验对 200 多个低合金钢进行研究，建立了 P_{cm} 公式：

$$P_{cm} = C + \frac{Si}{30} + \frac{Mn+Cu+Cr}{20} + \frac{Ni}{60} + \frac{Mo}{15} + \frac{V}{10} + 5B \tag{6-30}$$

式（6-30）主要适用于 $w_C \leqslant 0.17\%$，$R_m = 400 \sim 900MPa$ 的低合金高强度钢。P_{cm} 与 $CE_{(IIW)}$ 之间有如下的关系：

$$P_{cm} = \left(\frac{2C+CE_{(IIW)}}{3} \right) + 0.005 \tag{6-31}$$

为了适应工程上的需要，日本的铃木和百合冈等人通过大量试验，把钢的含碳量范围扩大到 0.034% ~ 0.254%（质量分数），提出了如下的碳当量公式：

$$CEN = C + A(C)\left(\frac{Si}{24} + \frac{Mn}{16} + \frac{Cu}{15} + \frac{Ni}{20} + \frac{Cr+Mo+V+Nb}{5} + 5B \right) \tag{6-32}$$

式中　A（C）——碳的适应系数。

$$A(C) = 0.75 + 0.25\tanh\left[20(C-0.12) \right] \tag{6-33}$$

式中　tanh——双曲正切函数。

为方便计算，表 6-14 中给出了 A（C）与钢中 w_C 的关系。

表 6-14　A（C）与钢中 w_C 的关系

w_C（%）	0	0.08	0.12	0.16	0.20	0.26
A（C）	0.500	0.584	0.754	0.916	0.980	0.998

分析表明，当钢中 $w_C \geqslant 0.18\%$，CEN 近似于 $CE_{(IIW)}$；而当 $w_C \leqslant 0.17\%$ 时，CEN 则近似于 P_{cm}，它们之间有如下的关系

$$CEN = C + A(C)\left[CE_{(IIW)} - C + 0.012 \right] \tag{6-34}$$
$$CEN = C + A(C)\left[3P_{cm} - 3C - 0.003 \right] \tag{6-35}$$

综上所述，CEN 无论是应用范围，还是评定淬硬倾向的精度，都比 $CE_{(IIW)}$ 和 $C_{eq(WES)}$ 更为优越。

应当指出，世界各国根据具体情况建立的碳当量公式对于解决本国的工程实际问题起到了良好的作用。由于篇幅所限，这里不能详细介绍，仅把常用的碳当量公式列于表 6-15。

表 6-15　常用的碳当量公式

碳当量	C	Si	Mn	Cu	Ni	Cr	Mo	Nb	V	B	相关系数 R（%）
$CE_{(IIW)}$	1	—	—	1/6	1/15	1/15	1/5	—	1/5	—	78.1
P_{cm}	1	1/30	1/30	1/20	1/20	1/60	1/15	—	1/10	5	84.9
$C_{eq(WES)}$	1	1/24	1/24	1/6	—	1/40	1/4	—	1/14	—	77.2
CEN（NSC）	1	1/24[①]	1/6[①]	1/15[①]	1/20[①]	1/5[①]	1/5[①]	1/5[①]	1/5[①]	5[①]	91.1

① 乘以 A（C）。

近年来随着钢铁冶炼技术水平的提高，研制出许多新的适合于焊接的低合金高强度钢，如 CF 钢、细晶粒钢、TMCP 控轧钢和管线钢等，大大提高了这些钢的焊接性。

对于评定这些低碳微合金化（Mo、V、Ti、Nb、B 等）的控轧钢和细晶粒钢的淬硬程

度，必须考虑某些微合金元素的有效含量。因此，伊滕等对 P_{cm} 又进行了若干改进，提出新的碳当量公式：

$$P'_{cm} = C + \frac{Si}{30} + \frac{Mn}{20} + \frac{Cu}{20} + \frac{Ni}{60} + \frac{Cr}{20} + \frac{Mo}{5} + \frac{V}{10} + 23B^* \qquad (6-36)$$

式中　B^*——硼的有效含量（%）。

$$B^* = B(总量) - \frac{10.8}{14.1}\left[N(总量) - \frac{Ti}{3.4}\right] \qquad (6-37)$$

当 $N \leqslant Ti/3.14$ 时，$B^* = B$（总量）。

Nb 在微合金钢中的应用日益广泛，它在合适范围内，既能提高钢的强度，又能改善钢的韧性。一般钢中含 0.04% 质量分数以下的 Nb 时，对淬硬倾向无多大影响，因此在 P_{cm} 中没有考虑。当钢中含 Nb 的质量分数>0.04%时，随含 Nb 的质量分数的增加，淬硬性也随之增加，所以考虑 Nb 的影响的 P_{cm} 新表达式如下：

$$P''_{cm} = C + \frac{Si}{30} + \frac{Mn+Cu+Cr}{20} + \frac{Ni}{60} + \frac{Mo}{15} + \frac{V}{3} + \frac{Nb}{2} + 5B \qquad (6-38)$$

综上所述，随着钢铁冶炼技术的不断发展，钢的性能也在不断改进，所以相应的碳当量公式（CE、C_{eq}、CEN、P_{cm}、P'_{cm} 等）也将不断地完善。

（2）碳当量及冷却时间 $t_{8/5}$ 与热影响区最高硬度 H_{max} 的关系　一般低合金钢焊接热影响区的最高硬度 H_{max} 与碳当量的关系如图 6-36 和图 6-37 所示。可见，随钢种碳当量（P_{cm}、$CE_{(IIW)}$）的增加，硬度也随之增加，即淬硬倾向增加。经过对所测数据进行回归分析可得如下关系式：

$$H_{max} = 1274P_{cm} + 45 \qquad (6-39)$$

$$H_{max} = 559CE_{(IIW)} + 100 \qquad (6-40)$$

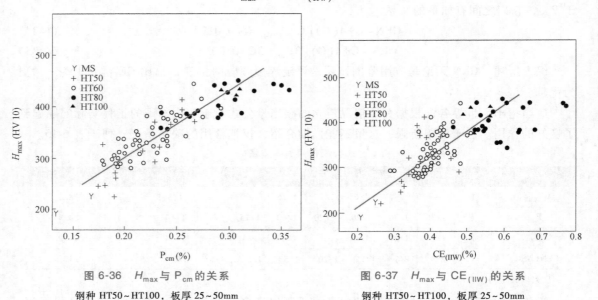

图 6-36　H_{max} 与 P_{cm} 的关系　　　　　　图 6-37　H_{max} 与 $CE_{(IIW)}$ 的关系

钢种 HT50~HT100，板厚 25~50mm　　　　　钢种 HT50~HT100，板厚 25~50mm

$E = 17kJ/cm$，$t_{8/5} = 6.5s$　　　　　　　　$E = 17kJ/cm$，$t_{8/5} = 6.5s$

国产低合金高强度钢焊条电弧焊条件下建立的冷却时间 $t_{8/5}$ 及 P_{cm} 与热影响区最高硬度 H_{max} 的关系如图 6-38 所示。图 6-39 是低合金高强钢在不同焊接方法试验得到的 H_{max} 与 $t_{8/5}$ 的关系。

图 6-40 所示是 HT52 钢（相当于 20Mn 钢）单道焊接时热影响区的硬度分布。可见，在焊接热影响区的熔合区附近硬度值最高，远离熔合区，硬度降低，并逐渐接近于母材的硬度水平。

焊接热影响区的硬度是反映钢材焊接性的重要指标之一，比碳当量更为准确。为此，日本焊接协会制定了参考性的标准（WES-135），规定了不同强度级别低合金高强度钢的最大允许硬度 H_{max}，见表 6-16。由表 6-16 可见，强度级别越高的钢种，相应的最大允许硬度 H_{max} 也越高。

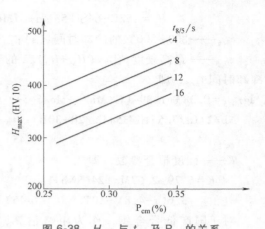

图 6-38　H_{max} 与 $t_{8/5}$ 及 P_{cm} 的关系

（钢材：18MnMoNb、14MnMoNbB、10WMoVNb、12CrNi3MoV，板厚：16~36mm）

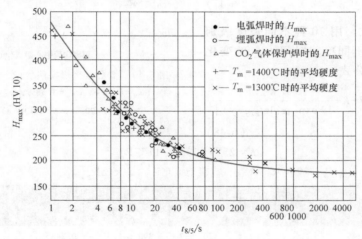

图 6-39　H_{max} 与 $t_{8/5}$ 的关系

（板厚 20mm，成分：$w_C = 0.12\%$，$w_{Mn} = 1.4\%$，$w_{Si} = 0.48\%$，$w_{Cu} = 0.15\%$）

（3）焊接热影响区最高硬度的计算公式　关于钢材化学成分和冷却条件与硬度的关系，国内外都做过许多研究，并且相继建立了许多数学模型。

1）国产低合金钢焊接热影响区硬度计算公式。采用屈服强度为 350~700MPa 的国产低合金高强度钢进行了大量的热影响区最高硬度测试，建立了如下计算公式：

$$H_{max} = \frac{H_M + H_0}{2} + \frac{H_M - H_0}{2}\left\{\frac{1 - \exp\left[K\left(\lg t_{8/5}/\lg \tau_{0.5} - 1\right)\right]}{1 + \exp\left[K\left(\lg t_{8/5}/\lg \tau_{0.5} - 1\right)\right]}\right\} \tag{6-41}$$

式中　H_M——组织为 100%M（马氏体）时的硬度，与热处理状态和钢中的含碳量有关，即

$$H_M = 1198C + 280 （调质钢） \tag{6-42}$$

$$H_M = 845C + 304 （非调质钢） \tag{6-43}$$

H_0——无马氏体时的硬度，主要取决于化学成分，即

$$H_0 = 252C + 64Si + 53Mn + 67Mo + 9.6Ni + 66Cu + 120V + 14059B + 93 \qquad (6\text{-}44)$$

$t_{8/5}$——800~500℃ 的冷却时间（s）；

$\tau_{0.5}$——最高硬度值为 $(H_M + H_0)/2$ 的冷却时间 $t_{8/5}$，即

$$\lg\tau_{0.5} = 0.383 + 1.894(C + Mn/8 + Mo/5.5 + Nb/2 + Cr/7.5 + Ni/35 + Cu/20 + 30B) \qquad (6\text{-}45)$$

K——硬度拟合参数，即

$$K = 6.79 + 2.67Mo + 24.6Nb + 3.6Cr - 4.8V - 10Ti \qquad (6\text{-}46)$$

对于国产低合金钢，作为粗略估算，可采用下面的公式：

$$H_{max}(HV10) = 140 + 1089P_{cm} - 8.2t_{8/5} \qquad (6\text{-}47)$$

2）铃木公式。用 70 种不同强度级别的钢种，研究了不同冷却时间 H_{max} 的变化后，建立了以下公式：

$$H_{max} = 884C + 287 - K + \frac{K}{1 + \exp[\alpha(\lg t_{8/5} - y)]} \qquad (6\text{-}48)$$

式中

$$K = 237 + 1533C - 1157P_{cm} \qquad (6\text{-}49)$$

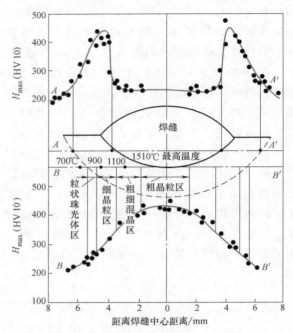

图 6-40 低合金钢焊接热影响区硬度的分布

（$w_C = 0.20\%$，$w_{Mn} = 1.38\%$，$w_{Si} = 0.23\%$，
$\delta = 20mm$，$E = 15kJ/cm$）

表 6-16 不同强度级别钢允许的最大硬度 H_{max}

钢种	相当于国产钢	屈服强度/ /MPa	抗拉强度/ /MPa	H_{max}(HV10)		P_{cm}		$CE_{(IIW)}$	
				非调质	调质	非调质	调质	非调质	调质
HW36	Q345	353	520~637	390		0.2485		0.4150	
HW40	Q390	392	559~676	400		0.2413		0.3993	
HW45	Q420	441	588~706	410	380（正火）	0.3091		0.4943	
HW50	14MnMoV	490	608~725	420	390（正火）	0.285		0.5117	
HW56	18MnMoNb	549	668~804		420（正火）	0.3356		0.5782	
HW63	12Ni3CrMoV	617	706~843	435			0.2787		0.6693
HW70	14MnMoNbB	686	784~931	450			0.2658		0.4593
HW80	14Ni2CrMoMnVCuB	784	862~1030	470			0.3346		0.6794
HW90	14Ni2CrMoMnVCuN	882	961~1127	480			0.3246		0.6794

注：$CE_{(IIW)}$、P_{cm} 见式（6-28）和式（6-30）。

$$\alpha = \frac{266+5532C-2280P_{cm}}{K} \tag{6-50}$$

$$y = -0.030-6.00C+7.72P_{cm} \tag{6-51}$$

$$P_{cm} = C+\frac{Si}{30}+\frac{Mn+Cr+Cu}{20}+\frac{Ni}{60}+\frac{Mo}{15}+\frac{V}{10}+5B \tag{6-52}$$

3）Düren 公式。当热影响区马氏体（M）含量在 0~100% 之间时，可得如下计算公式：

$$H_{max} = 2019[C(1-0.5Y)+0.3(CE_B-C)]+66(1-0.8Y) \tag{6-53}$$

式中

$$CE_B = C+\frac{Si}{11}+\frac{Mn}{8}+\frac{Cu}{9}+\frac{Ni}{17}+\frac{Cr}{5}+\frac{Mo}{6}+\frac{V}{5} \tag{6-54}$$

$Y=\lg t_{8/5}$，$t_{8/5}$ 为 800~500℃ 的冷却时间（s）。

2. **焊接热影响区的脆化**

随着锅炉、压力容器向大型化和高参数化（高温、高压或低温）方向的发展，防止热影响区发生脆性破坏便成为一个非常重要的问题。为了保证焊接结构安全运行的可靠性，必须防止焊接热影响区的脆化。因此，提高热影响区的韧性是一个极为重要的问题。

许多材料的缺口韧性和温度的关系密切，所以可用温度指标评价材料的缺口韧性，即由韧性断裂变为脆性断裂的转变温度评价。许多试验方法（例如静弯试验、冲击试验、落锤试验等）都能确定韧脆转变温度 T_{rs}，但应当说明，对于一种材料用不同方法得到的转变温度特性并不相同，即使是同一试验方法但试件形式不同（如缺口形状和尺寸不一），其结果也不相同。因此，不同的试验方法、不同的评价标准可以得到不同的韧脆转变温度 T_{rs}。如通过冲击试验，根据断口标准确定的韧脆转变温度 T_{rs} 是指断口形貌中延性断口或脆性断口各占 50% 的温度。由于热影响区各区段所经历的热作用不同，组织性能各异，因而各区段的韧性也不相同。如果用韧脆转变温度（T_{rs}）作为判据，则碳锰钢热影响区不同部位 T_{rs} 的变化如图 6-41 所示。可以看出，从焊缝到热影响区，韧脆转变温度有两个峰值：一是过热区，二是 Ac_1 以下的时效脆化区（400~600℃）。而在 900℃ 附近的细晶区具有最低的 T_{rs}，说明这个部位的韧性高，抗脆化的能力强。

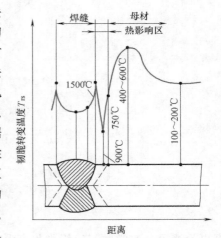

图 6-41　碳锰钢热影响区韧脆转变温度的分布

热影响区的脆化有多种类型，如粗晶脆化、淬硬脆化、析出相脆化、M-A 组元脆化、组织遗传脆化、热应变时效脆化等。

（1）粗晶脆化　粗晶脆化主要出现在过热区，是由于奥氏体晶粒严重长大造成的。一般晶粒越粗，韧脆转变温度越高，如图 6-42 所示。晶粒长大受多种因素的影响，其中钢的化学成分、组织状态和加热温度及时间的影响最大。

晶粒长大是相互吞并、晶界迁移的过程。如果钢中含有氮、碳化物形成元素（Ti、Nb、Mo、V、W、Cr 等）就会阻碍晶界迁移，防止晶粒长大。例如 18Cr2WV 钢，由于含有 Cr、W、V 等碳化物形成元素，晶粒长大受到抑制，晶粒显著长大温度 T_E 可达 1140℃，而不含碳化物形成元素的钢 23Mn 和 45 钢，加热温度超过 1000℃时晶粒就显著长大。

焊接热输入对热影响区的晶粒粗化有较大的影响，焊接热影响区晶粒尺寸与焊接热输入的关系见式（6-27）。可见，焊接热输入越大，距熔合区越近（即 y' 越小），则晶粒尺寸越大。

埋弧焊时晶粒尺寸与峰值温度 T_m、焊接热输入 E 和 $t_{8/5}$ 的关系如图 6-43 所示。

热影响区的粗晶脆化与一般单纯晶粒长大造成的脆化不同，它是在化学成分、组织状态不均匀的非平衡状态下形成的，因此脆化的程

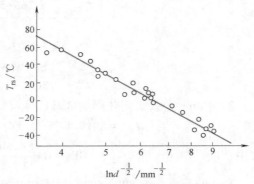

图 6-42　晶粒直径 d 对 T_{rs} 的影响

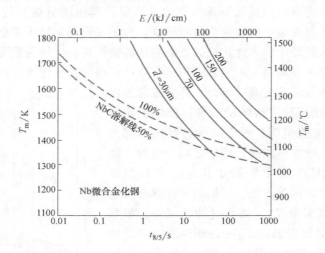

图 6-43　含 Nb 钢热影响区晶粒尺寸与 T_m、E 与 $t_{8/5}$ 的关系

（埋弧焊，$T_0 = 20℃$）

度更为严重。它常常与组织脆化交混在一起，是两种脆化的叠加。但对不同的钢种，粗晶脆化的机制有所侧重。对于易淬火钢，主要是由于产生脆性组织所造成的，如孪晶马氏体、非平衡的粒状贝氏体以及组织遗传等；对于淬硬倾向较小的钢，粗晶脆化主要是晶粒长大，甚至形成魏氏组织造成的，如低碳钢和含碳量较低（$w_C < 0.18\%$）的低合金钢。焊接这类钢时，应采用比较小的热输入，防止晶粒长大，这种情况下，即使发生淬火，也会形成低碳的马氏体和下贝氏体组织，它们具有良好的韧性。

（2）淬硬脆化　淬硬脆化一般出现于碳和合金元素含量较多的易淬火钢（如 45 钢、30CrMnSiA 等）的焊接热影响区，其脆化主要是热影响区形成硬脆的孪晶马氏体造成的。

焊接这类钢时，宜采用较大的热输入，必要时还需配合预热、后热等措施，以降低冷却速度，避免出现脆硬的马氏体。对于淬硬脆化倾向更大的钢种，往往需要进行焊后高温回火或调质处理来改善热影响区的韧性。

（3）析出相脆化　对于某些金属或合金，在焊接冷却、焊后回火或者时效过程中，从过饱和固溶体中析出氮化物、碳化物或金属间化合物时，引起金属或合金脆性增大的现象，

称为析出相脆化。

焊接含有碳化物或氮化物形成元素的钢时，过热区母材原有的第二相（碳化物或氮化物）均可大部分溶解。在冷却过程中，由于溶解度的降低，这些碳化物、氮化物将再次发生沉淀。但由于焊接时高温停留时间短、奥氏体均质化程度低，因此，再次沉淀的碳化物、氮化物将以块状形式不均匀析出。例如，Ti（C，N）在晶内析出，AlN 在晶界析出，都呈块状形式。这种形态的第二相会严重阻碍位错的运动，从而导致过热区的脆化。若 Fe_3C 沿晶界呈薄膜状析出，或形成粗大碳化物，也会导致脆化。

在快速冷却条件下，若碳化物、氮化物来不及析出，则在焊后回火或时效过程中也可能产生脆化（如回火脆性）。

若析出物以细小弥散的质点均匀地分布在晶内和晶界时，不但不发生脆化，还将有利于改善韧性。

应当指出，杂质元素（如 S、P、Sn、Sb 等）在晶界偏析也会严重地损害韧性。钢中杂质元素越多，脆性越严重。因为这些杂质元素均降低金属的结合能。例如 1/2Cr1Mo 钢的回火脆性主要与这些杂质有关。

（4）M-A 组元脆化　研究发现，高强度钢在加热到熔点后缓冷，或承受最高温度位于铁素体和奥氏体两相区的热循环后，其组织中含有岛状的马氏体。该组织最初被认为是局部形成的高碳马氏体，后来经电镜和衍射分析表明，该组织一般情况下含有残留奥氏体。因此目前一般将其称为马氏体-奥氏体组元，简称 M-A 组元。

M-A 组元是在上贝氏体转变温度区间形成的。在上贝氏体形成过程中，由于铁素体含碳量低，随着铁素体的长大，大部分碳富集到被铁素体包围的岛状奥氏体中去（其碳的质量分数可达 0.5%~0.8%）。中、高碳的岛状奥氏体，在中等冷却速度下（见图 6-44）会形成孪晶马氏体和部分残留奥氏体的混合物，即 M-A 组元。奥氏体合金化程度越高，其稳定性越强，越容易形成 M-A 组元。

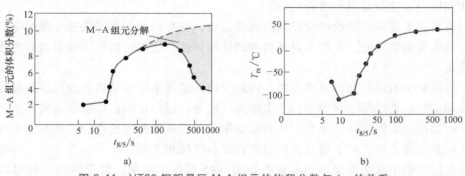

图 6-44　HT80 钢粗晶区 M-A 组元的体积分数与 $t_{8/5}$ 的关系和 $t_{8/5}$ 与韧脆转变温度的关系

由图 6-44 可见，对于 HT80 钢的粗晶区，当冷却速度大时（$t_{8/5}<20s$），主要形成马氏体和下贝氏体；当冷却速度小时（$t_{8/5}>50s$），M-A 组元将发生分解形成铁素体和碳化物；只有当冷却速度中等时（$t_{8/5}=20~50s$），M-A 组元才最易形成（见图 6-44a）。一般焊接热影响区中 M-A 组元的最大体积分数为 10%~20%。

M-A 组元属于脆性相，随着 M-A 组元数量的增多，韧脆转变温度将显著升高（见

图 6-44b）。

除过热区易形成 M-A 组元外，加热温度处于 $Ac_1 \sim Ac_3$ 的不完全重结晶区也可能出现 M-A 组元。在该温度区间，珠光体转变成了富碳的奥氏体（$w_C = 0.8\%$），而铁素体未发生溶解。在快速加热和冷却条件下，奥氏体来不及均匀化，在珠光体中原来为渗碳体的地方，形成的奥氏体含碳量更高，稳定性更强，因此急冷后即可形成 M-A 组元。在急冷急热的条件下，即便是低碳钢，也可能在不完全重结晶区形成 M-A 组元，并导致该区脆化。

近年来，在研究焊接热影响区的脆化机理时，人们不仅着眼于 M-A 组元的体积分数，而且也注重考察了 M-A 组元的形状。M-A 组元的体积分数和形状均影响焊接热影区的韧性。

1993 年日本田川等人在研究抗拉强度为 $500 \sim 600\text{MPa}$ 级低碳高强度钢多层焊焊接热影响区的韧性时发现，先焊焊道形成的粗晶区在后续焊道施焊过程中，又承受 $Ac_1 \sim Ac_3$ 之间加热的区域，产生严重的脆化。随成分和热循环的变化，M-A 组元的形状也将发生如下变化：

1）当 M-A 组元的体积分数在 $0.4\% \sim 12\%$ 区间逐渐增加时，其平均尺寸由 $1.0\ \mu\text{m}$ 增加到 $1.3\ \mu\text{m}$，无明显变化。而最大 M-A 组元的尺寸和体积分数密切相关，由 $2\ \mu\text{m}$ 增加到 $6\ \mu\text{m}$。

2）在双重热循环作用下，M-A 组元的细长比减小，容易形成近似于正方形或圆形的 M-A组元。

有的研究结果也表明，M-A 组元的体积分数对脆化影响不大，细长 M-A 组元的体积分数则对脆化有重要影响，即随着细长 M-A 组元体积分数的增大，脆化也变得更加严重；M-A组元的间隔大，韧性就低。说明即使细长 M-A 组元含有量相同，但呈邻近分布，韧性劣化程度则会降低。也有的研究结果指出，球状的 M-A 组元不会导致韧性降低。

（5）组织遗传脆化　调质钢淬火所形成的马氏体和贝氏体等是从奥氏体中按有序方式生成非平衡组织。这些非平衡组织再次在快速加热条件下，又会按有序转变方式生成新的奥氏体。新生成的奥氏体将与原非平衡组织有一定的位相关系，继承了原奥氏体晶粒的大小、形状和取向，这就是组织遗传现象。

组织遗传主要发生在淬硬倾向较大的调质钢中，并在快速加热和快速冷却的非平衡组织中产生。发生组织遗传时，会严重降低钢的塑性和韧性。这种由组织遗传引起的脆化称为组织遗传脆化。

由于焊接热影响区的加热速度很快，因此，调质结构钢厚板结构在进行多层焊时，当焊接第二层焊道时，处于第二层焊道相变重结晶区的第一层焊道的热影响区的粗晶区，按一般的规律，粗晶区的组织将得到细化，从而改善第一层焊道粗晶区的性能。但对于某些钢种实际上并未得到改善，仍保留了粗晶区的组织和结晶学位相关系。

不同原始组织出现组织遗传的示意图如图 6-45 所示。可见，对于原始平衡组织加热到 Ac_3 以上不高的温度，冷却后可得到正火的细晶组织，只有加热到更高的温度才能使奥氏体粗化（见图 6-45a）。对于原始非平衡组织，快速加热到 Ac'_3 以上时，并没有发生通常的重结晶细化过程，如果要使晶粒细化，则必须加热到比 Ac'_3 更高的温度 T_r 后才能得到细晶组织（见图 6-45b）。T_r 称为奥氏体自发再结晶温度。研究结果表明，当非平衡组织（如马氏体或贝氏体）加热温度位于 $Ac'_3 \sim T_r$ 范围时，除了在原始晶粒周界或亚晶界上出现不连续的等轴细晶之外，过热粗晶区组织基本上保留了加热前的大小和形貌，这就是典型的组织遗传现象。

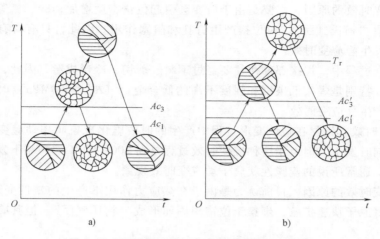

图 6-45　不同原始组织出现组织遗传的示意图

a）原始平衡组织（不出现组织遗传）　　b）原始平衡组织（出现组织遗传）

在晶粒周界或亚晶界上出现成串非连续等轴晶的现象称为晶粒边界效应。图 6-46 所示是 40CrNi2Mo 钢粗晶区再经 915℃ 二次热循环后的显微组织（热模拟方法）。可见，粗晶粒并未细化，而在晶粒边界出现了许多等轴细晶（晶粒边界效应），即出现了组织遗传。

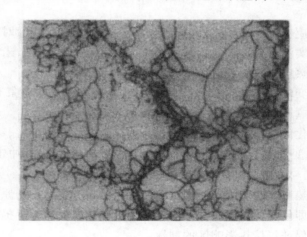

图 6-46　40CrNi2Mo 钢焊接热影响区的组织遗传（×400）

（原粗晶区再加热 $T_m = 915℃$，$Ac_3' = 866℃$）

应该指出的是，焊接热影响区发生的组织遗传脆化很可能是粗晶脆化、M-A 组元脆化、析出相脆化等多种因素综合造成的。组织遗传脆化机理还有待于深入研究。

（6）热应变时效脆化　钢材因经受塑性变形产生时效过程，而发生脆化的现象叫应变时效脆化。根据近年来的研究，焊接接头中发生的应变时效脆化主要有静应变时效和动应变时效两大类。

1）静应变时效。一般把室温或低温下受到预应变后产生的时效脆化现象叫作静应变时效。其特点是伴随时效的发生，强度、硬度升高，而塑性、韧性下降。

产生静应变时效的原因，主要是由于应变会引起位错密度增加，碳、氮等原子将向位错处聚集形成所谓"柯氏气团"，对位错产生钉扎和阻塞作用。因此，只有含有碳、氮等间隙原子的钢种才发生静应变时效。

在焊接生产过程中，焊接部件往往要经过下料、剪切、冷弯成形，因此，这种低温预应变总是存在的。特别是焊接低碳钢和强度不高的低合金钢（$R_m \leqslant 500MPa$）时，因自由氮原子较多，容易产生静应变时效。

2）动应变时效。钢材在塑性变形过程中产生的时效脆化现象叫作动应变时效。其特点是应变和时效同时发生，但由于这种应变时效过程是在 200~400℃ 的高温下发生的，所以又叫热应变时效。通常所说的蓝脆性就属于动应变时效现象。

产生动应变时效的原因，目前认为是由于在热应力作用下产生的塑性变形使位错增殖，同时诱发碳、氮原子快速扩散，聚集于位错周围而形成"柯氏气团"。但其确切机理尚待进一步研究。

实践证明，焊接低碳钢和 C-Mn 钢时，其熔合区和加热温度在 200~600℃ 的亚热影响区容易产生热应变时效脆化现象。但在金相组织上看不出明显的变化。

一般情况下，管道焊时热应变脆化容易发生在亚热影响区。但在对接焊时，根据实测发现，亚热影响区产生的热应变一般不超过 1%，因此，动应变时效脆化并不突出。焊前加工成形的预应变一般可达 5%，因此，焊接接头亚热影响区的应变脆化，往往是以静应变为主、动应变为辅的。

由于多层焊的热应变比单层焊的大，因此多层焊容易产生热应变时效脆化，特别是在有缺口效应的部位。在实际焊接接头中，由于熔合区最容易产生咬边、未焊透等缺口效应，因此熔合区最容易发生热应变脆化现象。

由于以上两种应变时效脆化现象均与碳、氮元素向位错处的聚集有关，因此含有碳化物、氮化物形成元素（Ti、Cr、Al 等）的钢应变脆化程度较低。

影响应变时效脆化的因素还有焊接热输入、预热温度、层间温度、焊后消除应力处理温度和时间，以及预应变温度和程度等。评价方法主要有时效缺口冲击试验、韧脆转变温度等。

综上所述，影响热影响区脆化的因素很多，不同材料产生脆化的原因也不相同。当热影响区的脆化严重时，即使母材和焊缝韧性再好也是没有意义的。为了提高焊接结构安全运行的可靠性，必须设法保证焊接热影响区的韧性。

3. 焊接热影响区的韧化

针对热影响区产生脆化的原因，热影响区的韧化措施主要有以下两方面：

（1）控制母材的成分和组织　对于低合金高强度钢，采用低碳多种微量元素（如 Ti、Nb、Al、稀土元素等）合金化，并严格控制杂质（如 S、P、O 等）含量，在提高强度的同时，可使韧性得到改善。在焊接的冷却条件下，使热影响区获得低碳马氏体、下贝氏体和针状铁素体等韧性较好的组织，从而可避免或降低热影响区的脆化程度。

另外，控制钢中硫化物、磷化物以及硅酸盐夹杂的数量、大小及分布形态也可改善热影响区的韧性。如 MnS 常分布在晶界，轧制时呈层状分布，因而在韧性上表现出各向异性，有时在热影响区还会增大液化裂纹的倾向。当钢中夹杂物数量比较少，且呈细小颗粒均匀分布时，对热影响区的韧性影响较小。

（2）采用合适的焊接工艺

1）确定最佳的 $t_{8/5}$ 范围。$t_{8/5}$ 的大小将最终决定热影响区的组织和性能。图 6-47 所示是不同强度级别的钢（HT50～HT100），其热影响区韧脆转变温度 T_{rs} 与 $t_{8/5}$ 和热输入的关系。可见，强度级别越高的钢，其 T_{rs} 随 $t_{8/5}$ 的变化越显著，只有超低碳的 HT60 钢对 $t_{8/5}$ 的变化不敏感，而且每种钢所适宜的最佳 $t_{8/5}$ 是不同的。强度级别越高的钢种，合适的 $t_{8/5}$（或 E）越大。最佳韧性对应的 $t_{8/5}$，刚好对应于马氏体+下贝氏体组织。$t_{8/5}$ 小于或大于该值时韧性都会下降。$t_{8/5}$ 小时，得到 100% 的马氏体，且来不及进行自回火，即便是低碳马氏体，其韧性也并非最佳。$t_{8/5}$ 大时，除了因奥氏体晶粒长大引起的脆化，还可能出现上贝氏体和 M-A 组元引起脆化。实践证明，最佳韧性对应的组织为马氏体+（10%～30%）下贝氏体。

对于热轧及正火钢，其热输入（或 $t_{8/5}$）也有最佳值。

由上述可知，为了使热影响区获得最佳韧性，应利用相应的模拟热影响区连续冷却转变图或通过试验方法确定出最佳的 $t_{8/5}$ 值的上、下限，然后再利用第 6.1 节中焊接传热计算方法确定出最佳热输入。

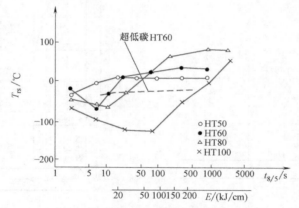

图 6-47　热输入 E 对韧脆转变温度 T_{rs} 的影响

（热模拟，$T_m = 1350℃$）

2）采用多层多道焊。单道焊时，热影响区仅经受一次热循环。但在多层多道焊时，后续焊道对前层焊道的热影响区有正火或高温回火作用，从而使组织性能得到改善。对于表面焊道的热影响区，最好采用附加"回火焊道"（如 TIG 重熔焊道）的方法，改善其韧性。

3）采用焊后热处理。为了改善焊接热影响区的韧性，采用焊后调质或正火处理自然是有益的，但这在工程上不易实现，而且还会提高工艺成本。实际上，只有要求消除焊接残余应力的结构，焊后才进行回火处理（或称消除应力热处理）。焊后高温回火对消除淬硬脆化和 M-A 组元引起的脆化无疑是有利的。但对于有回火脆性和再热裂纹倾向的钢种，回火时应避开对回火脆性和再热裂纹敏感的温度区间，否则，不仅韧性不能改善，反而会使脆性加剧，甚至产生再热裂纹等缺陷。

4. 焊接热影响区的软化

对于焊前经冷作硬化或热处理强化的金属或合金，焊后在热影响区总要发生软化或失强现象。最典型的就是调质高强度钢的过回火软化和沉淀强化合金（如硬铝）的过时效软化。这种软化现象的发生会降低焊接接头的承载能力，对于重要的焊接结构，还必须经过焊后强化处理才能满足要求。

调质钢焊接热影响区的硬度分布如图 6-48 所示。由图 6-48 可见，热影响区软化的程度与母材焊前的热处理状态有关。若母材焊前为退火状态，焊后无软化问题；若母材焊前为淬火+高温回火，则软化程度较低；若母材焊前为淬火+低温回火，则软化程度最大。这是因为焊前调质时回火温度 T_t 越低，析出的碳化物颗粒越弥散细小。焊接时加热温度在 $Ac_1 \sim T_t$ 范围内的碳化物聚集长大越明显，因此过回火软化现象越严重。

研究表明，加热最高温度在 Ac_1 附近的部位软化或失强最为严重，如图 6-49 所示。由图 6-49 可以看出，除加热温度在 $Ac_1 \sim T_t$ 温度范围内的过回火软化以外，加热温度在 $Ac_1 \sim Ac_3$ 的部位软化也比较严重。这与该区的不完全淬火过程有关。由于在该区内铁素体和碳化物并未完全溶解，形成的奥氏体未达到饱和浓度，因此冷却后得到粗大铁素体、粗大碳化物和低碳奥氏体的分解产物，这种组织抗塑性变形的能力很小，因而强度、硬度很低。

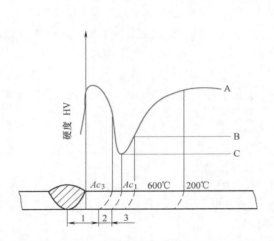

图 6-48　调质钢焊接热影响区的硬度分布
A—焊前淬火+低温回火　B—焊前淬火+
高温回火　C—焊前退火
1—淬火区　2—部分淬火区　3—回火区

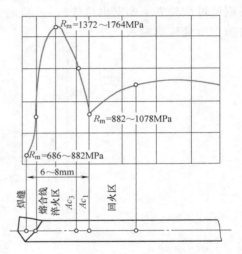

图 6-49　30CrMnSi 钢热影响区的强度分布
$Ac_3 = 830℃$，$Ac_1 = 760℃$，
$Ar_3 = 705℃$，$Ar_1 = 670℃$，$Ms = 295℃$

焊接调质钢时软化区是不可避免的，焊接方法和焊接热输入也只能影响软化区的宽度，如图 6-50 所示，只有经焊后调质处理才能从根本上消除软化区。一般来讲，焊接电弧的能量越集中，采用的热输入越小，软化区越窄。

在焊接接头中，软化区仅是很窄的一层，并处于强体之间（即硬夹软），它的塑性变形受到相邻强体的拘束，受力时将产生应变强化的效果。软夹层越窄，约束强化越显著，失强率越低。因此，焊接时只要设法减小软化区的宽度，即可将软化区的危害降到最低限度。

5. 焊接热影响区的力学性能

在焊接热循环的作用下，焊接热影响区的组织和性能是不均匀的。一般来讲，对热影响区力学性能的研究主要从两方面进行：一方面是专门研究熔合区附近（$T_m = 1300 \sim 1400℃$）的力学性能，因为熔合区是存在问题较多的部位；另一方面是研究热影响区不同部位（如过热区、重结晶区、不完全重结晶区等）的力学性能。上述两方面的研究均可以采用热模拟技术进行。

采用焊接热模拟技术，对一定尺寸的试件模拟焊接热影响区不同部位的热循环和应力应变循环，然后通过力学性能试验，就可以得到热影响区对应部位的力学性能。

图 6-51 所示是淬硬倾向不大的钢种（相当于 Q345 钢）热影响区的常温力学性能。由图 6-51 可以看出，当加热最高温度超过 900℃ 以后，随着加热最高温度的升高，强度、硬度升高，而塑性（伸长率 A 和断面收缩率 Z）下降；当 T_m 值达到 1300℃ 附近时，强度达到最高值（相当于过热粗晶区）；在 T_m 超过 1300℃ 的部位，在塑性继续下降

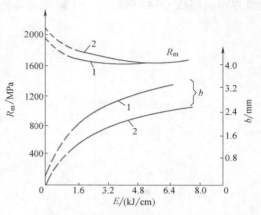

图 6-50　焊接方法和焊接热输入对软化区宽度 b 和
接头抗拉强度 R_m 的影响（42Cr2MnSiNiMo 钢）
1—TIG 焊　2—电子束焊

的同时，强度也有所下降。这可能是由于晶粒过于粗大和晶界疏松造成的。对于加热温度在 $Ac_1 \sim Ac_3$ 的不完全重结晶区，由于晶粒大小不均匀，屈服强度反而降低。

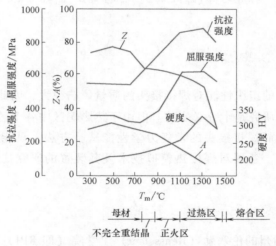

图 6-51　淬硬倾向不大的钢种热影响区各部位的力学性能
（$w_C = 0.17\%$，$w_{Mn} = 1.28\%$，$w_{Si} = 0.40\%$）

综上所述，热影响区硬度最高、塑性最差的部位是过热区，属于焊接接头的薄弱环节，因此，在采用热模拟技术研究热影响区性能时，应着重研究过热区力学性能随热循环参数的变化规律。

图 6-52 所示是采用热模拟技术获得的 540℃ 冷却速度对低碳钢和 Q345 钢过热区力学性能的影响。从图 6-52 中可以看出，随着冷却速度的增加，强度和硬度增高，而伸长率 A 和断面收缩率 Z 下降。对比图 6-52a、b 可以看出，由于 Q345 钢加入了一定量的合金元素，淬硬倾向比低碳钢大，因此随着冷却速度的增加，过热区的塑性明显下降。因此，在采用焊条

电弧焊焊接厚板 Q345 钢时，为了降低冷却速度，应适当进行预热。

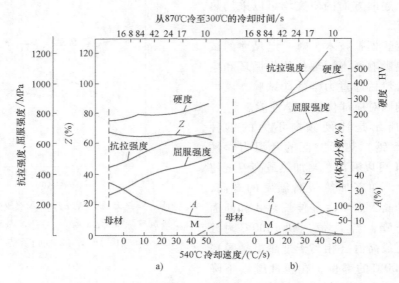

图 6-52　模拟冷却速度对过热区力学性能的影响

a）低碳钢（$w_C = 0.15\%$，$w_{Mn} = 0.95\%$，$w_{Si} = 0.08\%$）

b）Q345 钢（$w_C = 0.18\%$，$w_{Mn} = 1.40\%$，$w_{Si} = 0.47\%$）

6.4　焊接热、力模拟技术

由于焊接热影响区的组织性能对焊接接头的质量影响很大，因此，对焊接热影响区中各个区段的组织性能进行研究是十分必要的。但由于热影响区中各个区段十分狭窄，很难取出相应的试件进行研究。而焊接接头的常规力学性能试验方法，只能反映热影响区的整体性能。为了解决上述问题，各国对焊接热模拟技术及其装置的研究比较重视，并取得了很大进展。

6.4.1　焊接模拟技术的发展过程及其现状

1946 年，美国纽约州的伦塞勒（Rensselaer）工学院（即 RPI）的 Nippes 教授和 Savage 博士根据第二次世界大战中美国制造舰艇的需要，为了研究熔焊工艺对舰船用钢板热影响区缺口韧性的影响，将闪光电阻焊机的电气控制线路进行改装，把"却贝"试件夹持在夹头上，利用电阻加热法，成功再现了所要求的焊接热循环，温度精度可控制在 ±20℃ 以内，这是世界上第一台利用电阻加热的热模拟装置。之后他们完善了抗干扰系统并提高测温与控制精度，研制出第一台较为满意的 Gleeble-500 型热模拟试验机，不仅可以进行焊接热、力模拟，而且也可用于轧制、锻造、热处理、铸造、挤压、凝固及相变过程的模拟研究。1979 年以后，随着计算机控制技术的应用以及测量系统的完善和机械装置的改进，又开发了不同功能的 Gleeble 热、力模拟试验装置（如 Gleeble-1000、Gleeble-1500、Gleeble-2000、Gleeble-3200、Gleeble-3500、Gleeble-3800 等），模拟精度和模拟技术的应用水平得到了迅速提高，目前已广泛应用于国内外的钢铁冶金行业、焊接研究单位等。图 6-53 所示为 Gleeble-1500 热、力模拟试验装置的外貌；图 6-54 所示为 Gleeble-3500 热、力模拟试验装置的外貌。

图 6-53　Gleeble-1500 热、力模拟试验装置的外貌（不带真空室）

图 6-54　Gleeble-3500 热、力模拟试验装置的外貌

　　苏联、日本也从 20 世纪 50 年代开始研究焊接热模拟技术。苏联同美国一样采用电阻加热技术。日本与美国、苏联不同，日本研制的热模拟试验装置采用高频感应加热方式，即在试样周围套感应圈，利用试件中产生的感应电流（涡流）的热效应加热。日本热模拟试验机比较先进的典型代表是 Thermorestor－W 焊接热应力应变模拟装置。感应加热与电阻式加热各有其优缺点，感应加热均温区较宽，对于某些热处理试验及扭转模拟更为适应，同时感应加热还更便于进行异种材料的扩散焊或钎焊，以及采用带缺口及变截面试样。感应加热的缺点是由于集肤效应（感应涡流值从试样表层到心部呈指数状降低），使得试样径向温度分布（表面及心部温区）不均匀，从而影响模拟精度。另外加热及冷却速度由于受到径向温度不均匀以及加热方式的限制，不如电阻加热方式的调节范围宽，因此电阻加热的应用范围比高频加热模拟装置更为广泛，特别是各种焊接方法及不同热输入情况下的焊接模拟。

焊接冶金学——基本原理

我国从 20 世纪 60 年代初开始研究热模拟试验装置，70 年代末和 80 年代中期也相继推出了 HRM-1 型（哈尔滨焊接研究所）、HRJ-2 型（冶金部钢铁研究总院）和 DM-100 型（洛阳船舶材料研究所）等焊接热模拟试验机。东北大学于 2003 年推出了性能接近 Gleeble 的热、力模拟试验机，满足了钢铁行业、焊接领域的需要。

6.4.2 焊接热模拟试验机的原理及应用

焊接热模拟试验方法是利用特定的装置在试样上造成与实际焊接时相同的或近似的热循环，一般通过控制加热速度（ω_H）或加热时间（t'）、最高温度（T_m）、高温停留时间（t_H）、冷却速度（ω_c）或冷却时间（如 $t_{8/5}$）实现，使得试样的金相组织与所需研究的热影响区特定部位的组织相同或近似，但这一组织区域大小比实际焊接接头热影响区要放大很多倍。也就是说，在模拟试样上有一个相当大的范围获得这一特定部位的均匀组织，从而可以制备足够尺寸的试样，对其进行各种性能的定量测试。先进的焊接热模拟试验方法除了在试样上施加焊接热循环以外，还可在试样上模拟焊接时的应力或应变，研究热影响区中某一特定部位的各种性能。图 6-55 所示为 Gleeble-1500 热、力模拟试验机原理框图，由加热系统、加力系统以及计算机控制系统三大部分组成。Gleeble-1500 的主要性能指标见表 6-17。

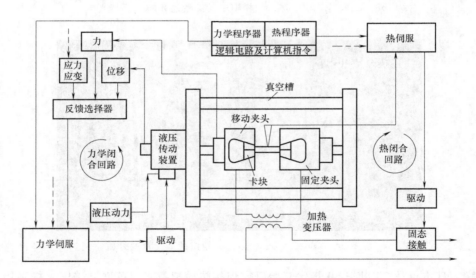

图 6-55 Gleeble-1500 热、力模拟试验机原理框图

Gleeble-1500 试样的夹持和装配示意于图 6-56。热模拟后试样的冷却一是靠试样与夹具的接触传导冷却，二是使用喷水（或喷气）急冷装置冷却。与加热一样，接触传导时的冷却速度取决于试样的材质、试样的尺寸、夹持试样的卡头材料以及夹持试样的自由跨度。热量由试样中心向卡头方向轴向传导，通常，使用几倍于试样直径宽度的水冷铜卡头夹持试样，可以获得较大的冷却速度。而极快的冷却速度需要采用喷水急冷装置。

采用热模拟试验机可以开展下述研究工作：

1）金属材料在特定热循环条件下相变行为的研究，特别是模拟焊接热影响区连续冷却转变图的分析。

2）焊接热影响不同区段（特别是过热区）组织性能的模拟。

3）定量地研究冷裂纹、热裂纹、再热裂纹和层状撕裂的形成条件及机理。

表 6-17　Gleeble-1500 的主要性能指标

加热变压器容量	75kV・A
加热速度	最大：10000℃/s（ϕ6mm×10mm 碳钢试样，自由跨度 15mm） 最小：保持温度恒定
冷却速度	最大：140℃/s（ϕ6mm×15mm 碳钢试样，在 1000℃条件下） 78℃/s（ϕ6mm×15mm 碳钢试样，在 800~500℃自由冷却条件下） 330℃/s（ϕ6mm×6mm 碳钢试样，在 1000℃条件下） 200℃/s（ϕ6mm×6mm 碳钢试样，在 800~500℃自由冷却条件下） 急冷速度：10000℃/s（1mm 厚碳钢试样，在 550℃条件下）
最大载荷	拉或压（单道次）：80066N 疲劳试验：53374N
加载速度	最大：2000kN/s；最小：0.01N/min
位移速度（活塞冲程移动速度）	最大：1200mm/s；最小：0.01mm/10min
试样位移量及跨度	最大位移：101mm（在真空槽内） 最大跨度：167mm（在真空槽内） 583mm（不用真空槽）
试样截面最大尺寸	试样卡头空间尺寸：高 50mm，厚 25mm，直径 25mm

注：由于加热变压器容量已定，试样截面最大尺寸的设计应根据材质、试样自由跨度以及所要求的加热参数决定。
　　一般情况下，铝材试样截面不超过 200mm²，铜材不超过 100mm²，钢材不超过 500mm²。

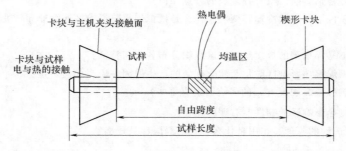

图 6-56　Gleeble-1500 试样的夹持和装配示意图

4）模拟应力应变对组织转变及裂纹形成的影响规律。

通过上述研究，可为焊接工作者选择最佳的焊接工艺方法及焊接参数，以及为保证焊接热影响区的质量提供可靠的技术数据。

6.4.3　焊接模拟试验方法的局限性

由于焊接热影响区是温度梯度变化急剧的一个狭窄区域，在该区内，各点的组织性能连续变化而又彼此相互制约。而模拟试样是加热温度、组织变化均匀的隔离体，因此，模拟试样在加热和冷却过程中的动态行为和组织性能必然与实际热影响区存在如下差异：

1）经过对比研究发现，在热循环完全一致的条件下，模拟热影响区的奥氏体晶粒比实际热影响区的要大。造成这一现象的原因，除模拟最高温度的测定和控制误差以外，主要是由于实际热影响区的温度分布不均匀造成的。热影响区中某一点奥氏体晶粒的长大，是朝低温区和高温区扩展。向低温区长大受到能量限制，向高温区长大又受到高温区晶粒长大的阻止，因此，实际热影响区某点奥氏体晶粒的长大受到温度梯度和组织梯度的阻碍。而模拟试样中奥氏体是在均温区长大的，不存在上述阻碍，所以其奥氏体晶粒度比实际热影响区中相应点的奥氏体晶粒度大。这说明，若使模拟组织与热影响区中的实际组织一致，则模拟最高温度应略低于热影响区中的实际最高温度。

2）由于热影响区中（特别是熔合区附近）的动态应力应变过程十分复杂，难以实测，因此，应力应变的模拟为一假定曲线。事实证明，焊接热影响区的应力应变行为对组织转变及裂纹的形成都有重要影响。因此，如何模拟出实际的应力-应变曲线，仍为模拟工作者的研究目标之一。

由上述可知，目前焊接热模拟技术还存在一定的局限性，尚需改进提高。但不可否认，焊接热模拟技术已成为金属焊接性研究的重要测试手段之一，特别是在测定新钢种模拟焊接热影响区连续冷却转变图方面，在研究焊接冷裂纹倾向、脆化倾向以及焊接接头力学性能方面，具有十分重要的作用。

思 考 题

1. 何谓焊接热循环？它有哪些特点？它的主要参数及其意义是什么？

2. 焊接热循环条件下的金属组织转变特点有哪些？

3. 分别叙述焊接加热及冷却过程中组织转变的特点。

4. 焊接热影响区包括哪些区段？各区段的特点如何？

5. 什么是焊接条件下的连续冷却转变图？什么是模拟焊接热影响区连续冷却转变图？它们各有什么用途？

6. 易淬火钢及不易淬火钢的焊接热影响区组织分布各有何特征？

7. 试述低合金钢焊接热影响区脆化及软化现象的产生原因。应当如何防止？

8. 对焊接热影响区最高硬度 H_{max} 的影响因素有哪些？

9. 如何提高焊接热影响区的韧性？有哪些途径？

10. 焊接热模拟试验的原理、作用是什么？它的局限性是什么？

焊接裂纹是在焊接应力及其他致脆因素的共同作用下，材料的原子结合遭到破坏，形成新界面而产生的缝隙。焊接裂纹具有尖锐的缺口和长宽比大的特征。近年来随着机械、能源、交通、石油化工等工业部门的发展，各种焊接结构也日趋大型化、高参数化，有的焊接结构还需要在高温、深冷以及强腐蚀介质等恶劣环境下工作。各种低合金高强度钢，以及低温、耐热、耐蚀、抗氢等专用钢得到广泛应用。焊接裂纹正是这些焊接结构生产中经常遇到的一种危害最严重的焊接缺欠，常发生于焊缝和热影响区。焊接裂纹直接影响焊接部件及焊接结构的质量与安全性，甚至能造成灾难性事故。因此，控制焊接裂纹就成了焊接技术中急需解决的首要课题。

7.1　焊接裂纹的危害及分类

7.1.1　焊接裂纹的危害

焊接裂纹不仅直接降低了焊接接头的有效承载面积，而且在裂纹尖端还存在较大的应力集中，使裂纹尖端的局部应力远远大于焊接接头的平均应力。因此，带有焊接裂纹的焊接接头容易造成脆性破坏。

焊接裂纹可能出现在焊缝和热影响区的表面，也可能出现在其内部。焊接裂纹一般比较细微，难以用肉眼发现，使用无损检测手段也常漏检。焊接裂纹的隐蔽性增加了焊接结构在服役过程中的潜在危险。

焊接裂纹的种类繁多，产生的机理和敏感条件各不相同。有些焊接裂纹在焊后可以立即产生，有些则可能在焊后延续一段时间才产生，也有些是在使用过程中，在一定外界条件的诱发下产生的。焊接裂纹的复杂性使得它比其他焊接缺欠的预防更加困难。

正是由于上述原因，历史上曾发生过大量的焊接裂纹事故。早在1938年，就发生过比利时哈塞尔特桥的突然坍塌事故。在第二次世界大战期间，美国制造的4694艘舰船中，发现在970艘船上共有1442处裂纹。这些裂纹多出现在万吨级的自由轮上，其中24艘船的甲板全部横断，1艘船的船底发生完全断裂，8艘从中腰断为两半，其中4艘沉没。

由于焊接裂纹造成压力容器恶性破坏的事故更是屡见不鲜。日本神奈川县1978年调查，1958—1978年共生产各种球罐210台，经检查有152台发生裂纹，占破坏总数的73%。1979年12月18日我国吉林煤气公司液化气站的球罐破裂事故造成几十人伤亡，直接经济损失627万元。事故的直接原因就是由于一台400m³的Q420钢制液化石油气的球罐开裂泄漏引起的，该球罐的破裂属于低应力的脆性断裂，主断裂源在上环焊缝的内壁焊趾处，长约 65mm。

1999 年 1 月，重庆綦江县彩虹桥特大垮塌事故造成直接经济损失 631 万元。该桥主拱钢管在加工中，对接焊缝普遍存在裂纹、未焊透、未熔合、气孔、夹渣等严重缺欠。

7.1.2　焊接裂纹的分类

根据焊接裂纹产生的部位、形态及其产生机理，焊接裂纹有如下两种分类方法。

1. 按裂纹产生的部位和宏观形态分类

在实际焊接生产中，人们对焊接裂纹的认识首先是它们的直观形态和分布特征。识别它们的形态和特征可以帮助了解产生裂纹的原因，找到防止裂纹的合理工艺方案。根据焊接裂纹的产生部位和宏观形态，焊接裂纹可分为焊缝中的纵向裂纹和横向裂纹、熔合线裂纹、焊缝和热影响区根部裂纹、焊趾裂纹、焊道下裂纹、层状撕裂、弧坑纵向裂纹、弧坑横向裂纹和弧坑星形裂纹等。不同焊接接头产生的裂纹，其宏观形态和分布如图 7-1 所示。

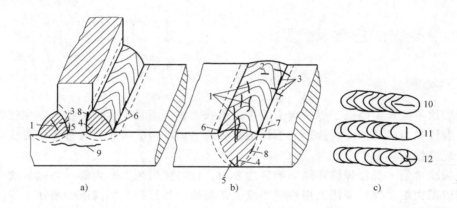

图 7-1　焊接裂纹的宏观形态和分布
a）T 形接头的焊接裂纹　b）对接接头的焊接裂纹　c）焊缝收弧的弧坑裂纹
1—焊缝中的纵向裂纹　2—焊缝中横向裂纹　3—熔合线裂纹　4—焊缝根部裂纹
5—热影响区根部裂纹　6、7—焊趾裂纹　8—焊道下裂纹　9—层状撕裂
10—弧坑纵向裂纹　11—弧坑横向裂纹　12—弧坑星形裂纹

2. 按裂纹产生的机理分类

按照裂纹产生的机理分类更能反映裂纹的本质。一般习惯按裂纹产生的温度区间将裂纹分为热裂纹和冷裂纹。热裂纹包括结晶裂纹、多边化裂纹和液化裂纹。冷裂纹包括延迟裂纹、淬硬脆化裂纹、低塑性脆化裂纹。还有，在焊接厚板结构时，由于钢材内部所含夹杂物引起的层状撕裂。除此之外还有应力腐蚀裂纹，它是在腐蚀性介质环境中，特定工作条件下形成的裂纹。以上各种裂纹的基本特征、敏感的温度区间、容易产生裂纹的材质、裂纹产生的位置和走向等，见表 7-1。

表 7-1　各种裂纹的分类

裂纹分类		基本特征	敏感的温度区间	母材	位置	裂纹走向
热裂纹	结晶裂纹	在结晶后期,由于低熔点共晶形成的液态薄膜削弱了晶粒间的联结,在拉应力作用下发生开裂	在固相线以上稍高的温度(固液状态)	杂质较多的碳素钢、低、中合金钢、奥氏体钢、镍基合金及铝合金	焊缝上,少量在热影响区	沿奥氏体晶界
	多边化裂纹	已凝固的结晶前沿,在高温和应力作用下,晶格缺陷发生移动和聚集,形成二次边界,它在高温处于低塑性状态,在应力作用下产生的裂纹	固相线以下再结晶温度	纯金属及单相奥氏体合金	焊缝上,少量在热影响区	沿奥氏体晶界
	液化裂纹	在焊接热循环最高温度作用下,在热影响区和多层焊的层间发生重熔,在应力作用下产生的裂纹	固相线以下稍低温度	含 S、P、C 较多的镍铬高强度钢、奥氏体钢、镍基合金	热影响区及多层焊的层间	沿晶界开裂
冷裂纹	延迟裂纹	在淬硬组织、氢和拘束应力的共同作用下而产生的具有延迟特征的裂纹	在 Ms 点以下	中、高碳钢,低、中合金钢,钛合金等	热影响区,少量在焊缝	沿晶或穿晶
	淬硬脆化裂纹	主要是由淬硬组织,在焊接应力作用下产生的裂纹	在 Ms 点附近	NiCrMo 钢、马氏体不锈钢、工具钢	热影响区,少量在焊缝	沿晶及穿晶
	低塑性脆化裂纹	在较低温度下,由于母材的收缩应变超过了材料本身的塑性储备而产生的裂纹	在 400℃ 以下	铸铁、堆焊硬质合金	热影响区及焊缝	沿晶及穿晶
再热裂纹 (SR 裂纹)		厚板焊接结构消除应力过程中,在热影响区的粗晶区存在不同程度的应力集中时,由于应力松弛所产生附加变形大于该部位的蠕变塑性,则发生再热裂纹	600 ~ 700℃ 回火处理	含有沉淀强化元素的高强度钢、珠光体钢、奥氏体钢、镍基合金等	热影响区的粗晶区	沿晶界开裂
层状撕裂 (Lamellar Tear)		主要是由于钢板的内部存在有分层的夹杂物(沿轧制方向),在焊接时产生的垂直于轧制方向的应力,致使在热影响区或稍远的地方产生"台阶"式层状开裂	约 400℃ 以下	含有杂质的低合金高强钢厚板结构	热影响区附近	穿晶或沿晶
应力腐蚀裂纹 (SCC)		某些焊接结构(如容器和管道等),在腐蚀介质和应力的共同作用下产生的延迟裂纹	任何工作温度	碳素钢、低合金钢、不锈钢、铝合金等	焊缝和热影响区	沿晶或穿晶开裂

7.2 焊接热裂纹

7.2.1 焊接热裂纹的一般条件

焊接热裂纹（Hot Crack）具有高温沿晶断裂的特征。由金属断裂理论可知，发生高温沿晶断裂的条件是，在高温阶段晶间延性或塑性变形能力不足以承受当时所发生的应变量。

焊接冷却凝固过程中，在接头中总是存在着不均匀的应变场。焊缝结晶过程中，焊接接头的延性也随着温度的下降而发生变化。图 7-2 所示为温度对延性影响的示意图，可见存在延性最低的温度区间，这个温度区间即为易于促使产生焊接热裂纹的所谓"脆性温度区间"。由图 7-2 可见，有两个延性较低的温度区间，与此相对应，可以见到两类焊接热裂纹：一类是与液态薄膜有关的热裂纹，对应图 7-2 中的 I 区，位于固相线 T_S 附近；第二类是与液态薄膜无关的热裂纹，对应图 7-2 中的 II 区，位于奥氏体再结晶温度 T_R 附近。

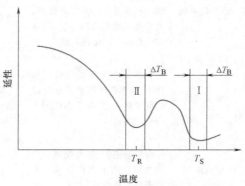

图 7-2　形成焊接热裂纹的"脆性温度区间"示意图

焊缝金属在凝固结晶末期，在固相线 T_S 附近，因为晶间残存液态薄膜所造成的热裂纹，称为凝固裂纹。而近缝区在过热条件下，晶间也可出现液化现象，因而也出现由于晶间液态薄膜分离而致开裂的现象，这种热裂纹则称为高温液化裂纹。凝固裂纹和高温液化裂纹从微观上看均具有沿晶液态薄膜分离的断口特征。

与液态薄膜无关的热裂纹，可能与再结晶相联系而致晶间延性陡降，造成沿晶开裂，称为高温失延开裂。也可能由于位错运动而形成多边化边界（亚晶界）以致开裂，这称为多边化裂纹。但是，与液态薄膜无关的热裂纹并不多见，偶尔可在单相奥氏体钢焊缝或热影响区中看到。

焊接热裂纹可以出现在焊缝，也可以出现在近缝区，包括多层焊焊道间。凝固裂纹只存在于焊缝中，特别容易出现在弧坑之中，所以称之为弧坑裂纹。

宏观可见的焊接热裂纹，由于其形成于高温，因此其裂纹断面都具有明显的氧化色彩，这可以作为初步判断是否属于热裂纹的判据。实践表明，存在宏观裂纹时，其中必有微观裂纹；而存在微观裂纹时，外表不一定显现宏观裂纹。近缝区产生的热裂纹，一般都是微观裂纹，而且在外观上也常常很难发现。

（1）结晶裂纹　产生在焊缝中，是在结晶过程中形成的。结晶裂纹主要产生在单相奥氏体钢、镍基合金、铝合金，以及含杂质较多的碳钢和低合金钢中。图 7-3 所示为埋弧焊焊缝中的结晶裂纹。

（2）高温液化裂纹　产生在近缝区或多层焊的层间，是由于母材含有较多的低熔点共晶，在焊接热源的高温作用下晶间被重新熔化，在拉应力作用下沿奥氏体晶界发生的开裂现象。图 7-4 所示为因科镍合金大刚度拘束试板根部产生的高温液化裂纹。

液化裂纹的尺寸很小，一般都在 0.5mm 以下，个别的可达 1mm。因此，一般只有在金相磨片上做显微观察时才能发现。

尽管液化裂纹的尺寸很小，但常成为冷裂纹、再热裂纹、脆性破坏和疲劳断裂的发源地，所以应当给予足够的重视。

防止液化裂纹的途径与结晶裂纹基本上是一致的，也是从冶金和工艺两方面入手。特别是在冶金方面，尽可能降低母材金属中

图 7-3　埋弧焊焊缝中的结晶裂纹（×10）

硫、磷、硅、硼等低熔点共晶组成元素的含量是十分有效的。近年来，由于冶炼技术的发展，冶炼出的高质量金属材料基本上可消除液化裂纹。

（3）多边化裂纹　产生在焊缝或热影响区，是当温度降到固相线稍下的高温区形成的。它是由于在较高的温度和一定的应力条件下，晶格缺陷（位错和空位）迁移和聚集，形成二次边界，即所谓"多边化边界"。因为边界上堆积了大量的晶格缺陷，所以强度和塑性很低，在拉应力的作用下容易沿多边化边界开裂。多边化裂纹多发生在纯金属或单相奥氏体合金中。图 7-5 所示为在奥氏体焊缝中的多边化裂纹。

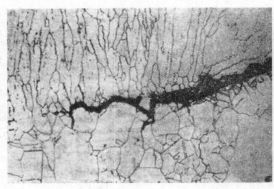

图 7-4　因科镍合金氩弧焊焊接
接头的高温液化裂纹（×500）

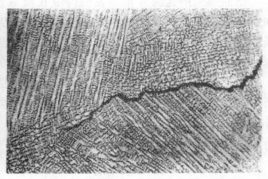

图 7-5　多边化裂纹（×340）
（母材：15MnVCu，焊缝：Cr18Ni12MnTi）

以上三种热裂纹产生的温度区间接近，产生的机理均与高温下晶界的行为有关。在实际生产中最常见的是结晶裂纹，故本节仅以结晶裂纹为例进行讨论。

7.2.2　结晶裂纹的主要特征

结晶裂纹只产生在焊缝中，大多数呈纵向分布在焊缝中心，也有一些呈弧形分布在焊缝中心线的两侧，并与焊波呈垂直分布。纵向裂纹一般较长、较深，而弧形裂纹较短、较浅。弧坑裂纹一般也属于结晶裂纹，它产生在焊缝的收尾处。这几种裂纹在焊缝上的位置和形态如图 7-6 所示。

多数情况下在结晶裂纹的断口上可以看到氧化色彩。在扫描电镜下观察结晶裂纹的断口为典型的沿晶开裂特征。断口晶粒表面圆滑，这是由于晶粒的棱角在高温下局部熔融所致，这与冷裂纹断口有明显的区别。

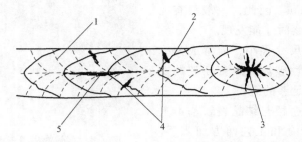

图7-6　结晶裂纹的位置、走向与焊缝结晶方向的关系示意图

1—金相腐蚀后显示出的柱状晶界　2—焊缝表面的焊波　3—星形弧坑裂纹

4—焊缝中心线两侧的弧坑结晶裂纹　5—沿焊缝中心线的纵向结晶裂纹

7.2.3　结晶裂纹的形成机理

1. 结晶裂纹产生的原因

在生产和试验研究中发现，结晶裂纹都是沿焊缝中的树枝状晶的交界处发生和发展的，如图7-7所示。

结晶裂纹的这种分布，说明焊缝在结晶过程中晶界是薄弱地带。由金属学结晶理论可知，先结晶的金属比较纯，后结晶的金属含杂质比较多，并富集在晶界。一般来讲，这些杂质所形成的共晶都具有较低的熔点。例如，当碳钢或低合金钢的焊缝含硫量偏高时，能形成FeS，并与铁发生作用而形成熔点仅有988℃的低熔点共晶。

在焊缝金属凝固结晶的后期，低熔点共晶被排挤在柱状晶体交遇的中心部位，形成一种所谓"液态薄膜"，液态薄膜割断了某些晶粒之间的联系。焊缝凝固时，由于温度不均匀、外部拘束以及相变会使液态薄膜承受拉应力，结果就在这些部位形成了结晶裂纹，如图7-8所示。因此，液态薄膜是产生结晶裂纹的内因，而拉应力是产生结晶裂纹的必要条件。

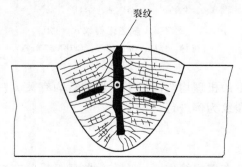

图7-7　焊缝中结晶裂纹的分布

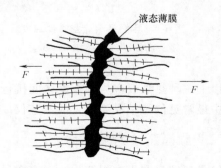

图7-8　液态薄膜与结晶裂纹的关系

2. 结晶过程中金属塑性的变化

通过分析焊接熔池结晶过程中的金属力学性能变化，可以进一步了解结晶裂纹产生的原

因和条件。以低碳钢的焊接为例，可把熔池的结晶分为以下三个阶段。

（1）液固阶段　如图 7-9 所示，在熔池结晶的初始阶段，液相中开始出现晶核，并逐渐长大为晶粒，这时由于晶粒尚小、晶粒游离于液相之中，互不联系。此时液相的流动性很好，如果有一外力试图拉开缝隙，自由流动的液体会立即填满这个拉开的空隙。因此，液固阶段不会产生裂纹。

（2）固液阶段　随着结晶的继续进行，固相增多且逐渐长大，以至晶粒之间彼此接触。这时，尚未凝固的液体已经很少，呈薄膜状分布在晶粒之间，其本身既不能承受拉应力，又难以自由流动填补由拉应力所造成的晶粒之间的空隙，所以金属的塑性很小。如图 7-9 所示，通常将处于固液阶段的温度区间 T_B 称为脆性温度区间，T_B 的上限为固液阶段的开始温度 T_b，它在液相线 T_L 和固相线 T_S 之间；T_B 的下限为固液阶段的结束温度 T_a，它略低于固相线 T_S。在此温度区间内，稍有拉应力就可能出现裂纹。

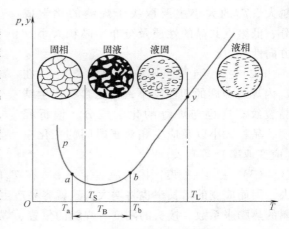

图 7-9　熔池结晶阶段及脆性温度区

p—塑性　y—流动性　T_B—脆性温度区

T_L—液相线　T_S—固相线

（3）完全凝固阶段　此时金属已完全凝固，塑性已迅速回升，如果受到拉应力时就会表现较好的强度和塑性，很难发生裂纹。但是对于某些金属，在焊缝完全凝固以后，仍然有一段温度内的塑性很低，甚至会产生裂纹，这就是高温低塑性裂纹——多边化裂纹。

综上所述，当温度较高或较低时，焊缝都有较大的抗结晶裂纹的能力，只有在脆性温度区间最容易产生结晶裂纹。

3. 结晶裂纹的形成条件

图 7-10 中，$e=f(T)$ 表示在拉应力作用下焊缝的应变，它是温度的函数，随温度的下降而增大，应变相对于温度的变化率即为应变增长率；p 表示在脆性温度区间 T_B 内焊缝金属的塑性，它也是温度的函数，$p=\Phi(T)$。在固相线 T_S 附近，焊缝的塑性最小，为 p_{min}。

根据焊缝金属应变曲线 $e=f(T)$ 和塑性曲线 $p=\Phi(T)$ 的相对关系，可以有如下三种情况：

（1）应变按曲线 1 变化　在固相线 T_S 附近的应变为 Δe，此时焊缝尚有 Δe_S 的塑性储备，即 $p_{min}=\Delta e-\Delta e_S$，$\Delta e_S \geqslant 0$，此时不会产生结晶裂纹。

（2）应变按曲线 2 变化　在固相线 T_S 附近，焊缝的应变 Δe 恰好与焊缝金属的最低塑性值 p_{min} 相等，即 $\Delta e_S=0$，此时处于临界状态。

（3）应变按曲线 3 变化　在固相线 T_S 附近，焊缝的应变 Δe 已超过焊缝金属的最低塑性值 p_{min}，此时 $\Delta e_S<0$，必然产生裂纹。

综合以上分析可知，是否产生结晶裂纹取决于焊缝金属的脆性温度区间 T_B 的大小、脆性温度区间内的最小塑性值 p_{min}，以及脆性温度区间内的应变增长率。这三方面既相互联系、相互影响，又相对独立。

具体来讲，焊缝是否产生结晶裂纹主要取决于以下三个方面：

（1）脆性温度区 T_B 的大小　　T_B 越大，焊缝收缩产生拉应力的作用时间越长，产生的应变量越大，故产生结晶裂纹的倾向也就越大。T_B 的大小主要取决于焊缝的化学成分、低熔点共晶的性质及分布、晶粒大小及方向性等。

（2）在脆性温度区内金属的塑性　　在 T_B 内焊缝金属的塑性越小，就越容易产生结晶裂纹。这也与焊缝的化学成分、偏析程度、晶粒大小以及应变相对于时间的变化率（应变速率）等有关。

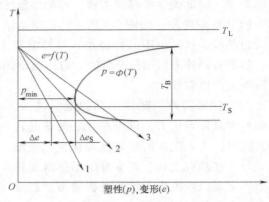

图 7-10　焊接时产生结晶裂纹的条件
T_L—液相线温度　T_S—固相线温度

（3）在脆性温度区内的应变增长率　　在 T_B 内，随着温度的下降，收缩产生的拉应力增大，因而应变的增长率也将增大，这就容易产生结晶裂纹。应变增长率的大小主要取决于金属的热膨胀系数、接头的刚度、焊缝的位置、焊接热输入的大小以及温度场的分布等。

7.2.4　影响结晶裂纹的因素及防止措施

1. 冶金因素对产生结晶裂纹的影响

（1）杂质和合金元素的影响　　硫和磷在钢中能形成多种低熔点共晶（见表 7-2），在结晶过程中极易形成液态共晶薄膜，使脆性温度区间的塑性大大下降；硫和磷非常容易偏析，大大增加了脆性温度区间的范围。图 7-11 所示为各合金元素对铁结晶温度区间的影响，可见硫和磷是钢中最有害的元素。

表 7-2　铁二元和镍二元共晶成分与共晶温度

	合金系	共晶成分（质量分数，%）	共晶温度/℃
铁二元共晶	Fe-S	Fe，FeS（S31）	988
	Fe-P	Fe，Fe_3P（P10.5）	1050
		Fe_3P，FeP（P27）	1260
	Fe-Si	Fe_3Si，FeSi（Si20.5）	1200
	Fe-Sn	Fe，FeSn（Fe_2Sn_2，FeSn）（Sn48.9）	1120
	Fe-Ti	Fe，$TiFe_2$（Ti16）	1340
镍二元共晶	Ni-S	Ni，Ni_3S_2（S21.5）	645
	Ni-P	Ni，Ni_3P（P11）	880
		Ni_3P，Ni_2P（P20）	1106
	Ni-B	Ni，Ni_2B（B4）	1140
		Ni_3B_2，NiB（B12）	990
	Ni-Al	γNi，Ni_3Al（Ni89）	1385
	Ni-Zr	Zr，Zr_2Ni（Ni17）	961
	Ni-Mg	Ni，Ni_2Mg（Ni11）	1095

碳在钢中是影响结晶裂纹的主要元素，并且它还能加剧其他元素的有害作用（如 S、P 等）。

锰是防止结晶裂纹的有益元素，因为锰可以和硫反应生成 MnS，达到脱硫的目的，同时还能改善硫化物的分布形态，使薄膜状分布的 FeS 变为球状分布，提高焊缝的抗裂性能。

严格限制焊缝中的 C、S、P 含量是防止产生结晶裂纹的根本措施，适当提高锰含量则可抵消部分 C、S、P 等杂质的不利影响。为此应控制母材和焊接材料的化学

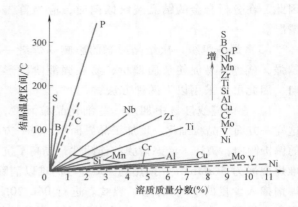

图 7-11　合金元素对铁结晶温度区间的影响

成分，严把进料关。各类焊接结构用钢的 S、P 含量最高不应超过 0.05%（质量分数），含碳量一般也不应超过 0.20%（质量分数）。不同钢材的 C、S、P 含量应按有关技术标准严格控制。优质焊条熔敷金属的含硫量一般不超过 0.035%（质量分数），含磷量一般应不超过 0.04%（质量分数）。值得指出的是，为防止热裂纹和冷裂纹，以及提高钢材的其他综合性能，现代优质钢材的 C、S、P 含量指标越来越低。为了防止热裂纹，钢材中的含碳量与 Mn、S 的含量比有关，如图 7-12 所示，可以看出：

$w_C \geqslant 0.1\%$ 时，$w_{Mn}/w_S \geqslant 22$；

$w_C = 0.11\% \sim 0.125\%$ 时，$w_{Mn}/w_S \geqslant 30$；

$w_C = 0.126\% \sim 0.155\%$ 时，$w_{Mn}/w_S \geqslant 59$。

当碳的质量分数超过 0.16%（即相图中包晶点）后，磷的不利作用超过了硫，这时再增加 w_{Mn}/w_S 已无作用，而应当严格控制磷的含量，如 $w_C = 0.4\%$ 的中碳钢，S、P 的质量分数均应小于 0.017%，而 S、P 的总质量分数要小于 0.025%。

在母材及焊缝中，Mn、C、S 经常是同时存在的。它们在低碳钢焊缝中，对于产生结晶裂纹的共同影响如图 7-12 所示。由图 7-12 可知，当含碳量一定时，随着含硫量的增加，裂纹倾向增大；随着含锰量的增加，裂纹倾向下降；并且随着含碳量的增加，硫的有害作用加剧。

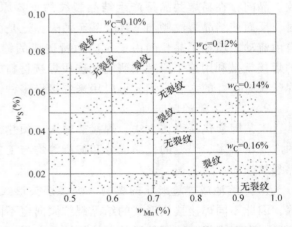

图 7-12　Mn、C、S 同时存在时对结晶裂纹的影响

在工程中由于材料杂质含量偏多，甚至超标而产生结晶裂纹的实例也较多，应引起足够的重视。因为碱性焊条、焊剂具有较强的脱硫、脱磷能力，所以焊接结晶裂纹倾向较大的钢种时应尽量选用碱性焊条和焊剂。

（2）合金相图及结晶区温度间的影响　试验研究表明，结晶裂纹倾向是随合金相图及结晶温度区间的增大而增大的。并且，随着合金元素含量的增加结晶温度区间也随着加大。

因此，在分析合金的结晶裂纹倾向时，应当首先了解该材质的合金相图及结晶区温度间的情况。

（3）焊缝组织一次结晶形态的影响　焊缝一次结晶组织的晶粒度越大，结晶的方向性越强，就越容易促使杂质偏析，易在固液阶段形成连续的液态共晶薄膜，增加结晶裂纹倾向。因此可以采用以下两种方法：

1）在焊缝或母材中加入一些细化晶粒元素，如 Mo、V、Ti、Nb、Zr、Al、RE 等元素。这样一方面使晶粒细化，增加了晶界面积，另一方面又打乱了柱状晶的结晶方间，减小了杂质的偏析倾向，破坏了液态薄膜的连续性，提高了抗裂性。例如，在用埋弧焊堆焊大型锻模时，堆焊金属为 5CrMnMo，预热到 400℃时仍难以消除结晶裂纹。在同样的条件下，只通过烧结焊剂掺入少量的 Ti 就消除了裂纹。进行 06Cr20Ni25Mo3Cu3Si2 单相奥氏体钢的抗裂性试验研究中发现，在焊缝中加入少量的稀土元素后使焊缝金属表面裂纹率降低了 50%～60%。

在焊接 18-8 型不锈钢时，通过调整母材和焊接材料的成分，使焊缝中存在体积分数约为 5% 的 δ 相，形成 γ+δ 双相组织，细化晶粒和打乱柱状晶的方向性，如图 7-13 所示。实际上，市售的 18-8 钢类型焊条，如 E308-16（A102）、E308-15（A107）和 E347-16（A132）中都含体积分数约为 5% 的 δ 相，因此抗结晶裂纹性能良好。

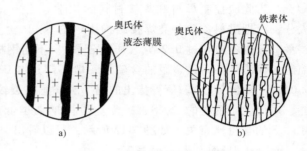

图 7-13　δ 相在奥氏体基底上的分布
a）单相奥氏体　b）γ+δ

2）利用"愈合"作用防止结晶裂纹。晶间存在易熔共晶是产生结晶裂纹的重要原因，但当易熔共晶的数量增多到一定程度时，反而使结晶裂纹倾向下降，甚至消失。这是由于较多的低熔点共晶可在已凝固的晶粒间自由流动，填补了晶粒间由于拉应力所造成的缝隙，这就是所谓的"愈合"作用。铝合金的焊接就是利用这个原理来研制和选用焊接材料的。通用的含 Si 的质量分数为 5% 的 SAlSi-1 焊丝就有很好的愈合作用，可以用来焊接许多种铝合金。

2. 工艺因素的影响

工艺因素包括焊接方法、焊接热输入、预热或环境温度、焊接顺序等。焊接接头冷却时的应变增长率、焊缝的化学成分和偏析等均与工艺因素有关，这些因素都直接影响焊缝的结晶裂纹倾向。

（1）熔池或焊缝形状的影响　焊接接头形式影响其受力状态、结晶条件和热量的分布等，因此不同焊接接头形式的结晶裂纹倾向也不同，在设计和施工时应特别注意。如图 7-14 所示，表面堆焊和熔深较浅的对接焊缝，杂质倾向于聚集在靠近焊缝表层，与焊缝的收缩拉应力成一定角度，所以结晶裂纹倾向较小（见图 7-14a、b），而熔深较大的对接和各种角接、搭接、T 形接头，因焊缝的收缩拉应力正好与杂质聚集的结晶面垂直，所以结晶裂纹的倾向较大（见图 7-14c、d、e、f）。

焊缝表面宽度 B 与焊缝的熔深 H 之比一般称为焊缝成形系数，用 ϕ 表示，即 $\phi=B/H$。一般来说，提高形状系数可以提高焊缝的抗裂性。图 7-15 所示为碳钢焊缝结晶裂纹与成形系数的关系，可以看出，焊缝含碳量提高，为防止裂纹，成形系数也应相应提高，但 $\phi>7$

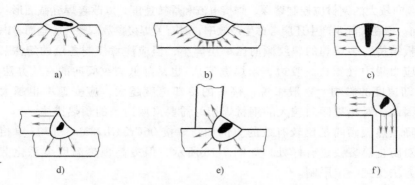

图 7-14　接头形式对裂纹倾向的影响

a) 表面堆焊　b) 熔深较浅的对接接头　c) 熔深较大的对接接头

d) 搭接接头　e) 角接接头　f) 外角接接头

时（这主要是带状电极堆焊情况），由于焊缝截面过于薄弱，抗裂性反而会降低。总之，应尽可能避免 $\phi<1$，即焊缝实际厚度不要超过焊缝宽度，这对防止结晶裂纹有一定益处。对于埋弧焊等熔深较大的焊接方法，控制焊缝的成形系数是防止结晶裂纹的重要措施之一。

为了控制焊缝成形系数，必须合理地调整焊接参数。平焊的焊缝成形系数随焊接电流的增大而减小，随电弧电压的增大而增大。

提高焊接速度，不仅会使焊缝的成形系数减小，而且会使焊接熔池由椭圆形过渡到水滴形（见图 7-16），焊缝的柱状晶呈直线状，从熔池边缘向熔池的中心线相对生长，结果在焊缝的中心线形成明显的偏析层，因此焊接速度对结晶裂纹倾向影响显著。图 7-17 所示为焊接速度和焊接热输入对 HT80 钢焊接结晶裂纹的影响。

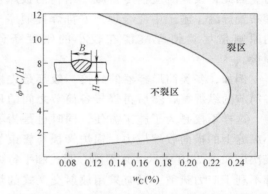

图 7-15　碳钢焊缝结晶裂纹与成形系数的关系

（$w_{Mn}/w_S>18$，$w_S=0.02\%\sim0.35\%$）

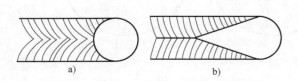

图 7-16　熔池形状与焊接速度的关系

a) 低速焊接　b) 高速焊接

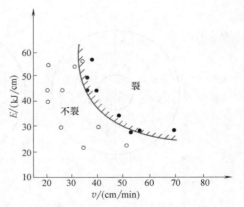

图 7-17　焊接速度 v 与焊接热输入 E 对焊缝结晶裂纹的影响（HT80 钢）

对热裂倾向较大的钢材应控制熔深、焊接电流和焊接速度，以改善焊缝截面形状和熔池形状，降低裂纹倾向。但在实际生产中还应考虑生产效率，对有关焊接参数调整时应全面考虑各种因素。

对于厚板结构，多层焊的裂纹倾向比单层焊小，但应注意控制各层的熔深。另外，在接头处应避免应力集中（错边、咬边、未焊透等），也是降低裂纹倾向的有效办法。

（2）冷却速度的影响　一般来说，接头的冷却速度越大，应变速率也越大，越易于产生热裂纹。因此，对热裂倾向较大的钢材焊接时需要采取适当的预热措施。

预热对降低热裂倾向是比较有效的。例如，焊接 06Cr23Ni28Mo3Cu3Ti 单相奥氏体不锈钢时，预热对防止热裂纹也有好处，如图 7-18 所示，但提高预热温度会恶化劳动条件，所以采用这种方法受到一定限制。

应当指出，不能通过增加焊接热输入、降低冷却速度的方法减少热裂倾向。这一点可以从图 7-18 中看出，增大焊接热输入使结晶裂纹倾向增大。因为虽然焊接热输入的提高可以降低冷却速度，但是它又使晶粒粗大，增加偏析倾向，所以总的来说仍然是不利的。

（3）接头刚度和焊接顺序的影响　应当尽量减小接头的刚度，以减小结晶过程中的收缩应力。因此，设计时应当尽量减小结构的板厚、合理布置焊缝，施工中应合理地安排焊接顺序，总的原则是尽量使焊缝能在较小的刚度条件下焊接。

例如，各类筒形容器的焊接一般都是先拼接各筒节的纵焊缝，然后再焊接各筒节之间的环焊缝，这样不仅是为了施工方便，同时也是为了减小纵缝上的横向收缩应力。锅炉管板与管束的焊接次序如图 7-19 所示，采用同心圆式和平行线式都不利于应力疏散，只有采用放射交叉式的焊接次序才能分散应力。一般情况下，尽可能采用对称施焊，以分散应力，减小裂纹倾向，一些对称焊法如图 7-20 所示。

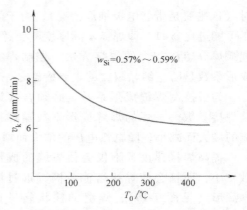

$w_{Si}=0.57\%\sim0.59\%$

图 7-18　预热温度（T_0）对产生结晶裂纹的临界变形速度（v_k）的影响

（母材：06Cr23Ni28Mo3Cu3Ti 奥氏体不锈钢）

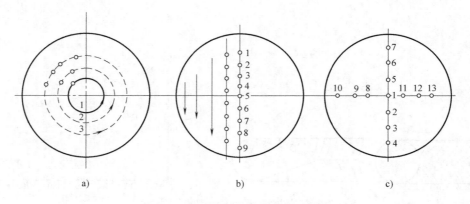

a)　　　　　　　　b)　　　　　　　　c)

图 7-19　锅炉管板与管束的焊接次序

a）同心圆式（不好）　b）平行线式（不好）　c）放射交叉式（好）

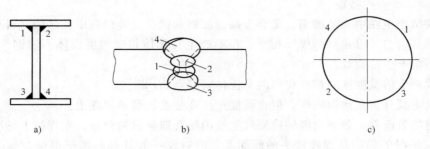

图 7-20　对称焊法举例

a）工字梁　　b）厚板对接多层焊　　c）容器环缝

（4）采用适当的运条手法防止结晶裂纹　采用适当的运条手法可以减少焊缝中杂质的偏析，改善焊缝成形，有利于减小结晶裂纹倾向。收弧时不要过于突然，以免造成凹陷的弧坑和弧坑裂纹，应当在收弧处稍作停留，并轻微摆动，填满弧坑，而后将电弧拉向前方，提起灭弧。

7.3　焊接冷裂纹

冷裂纹（Cold Crack）是焊接接头冷却到较低温度下（对钢来说，在 Ms 温度以下）产生的焊接裂纹，可以分为延迟裂纹、淬硬脆化裂纹、低塑性脆化裂纹三种。绝大部分冷裂纹均属于延迟裂纹，本节主要论述延迟裂纹。

7.3.1　冷裂纹的危害、特征与分类

1. 冷裂纹的危害

由于焊接结构不断地向高参数、大容量方向发展，所使用的钢材强度级别不断提高，这些钢种的冷裂倾向比较大，因此冷裂纹与热裂纹相比，无论是从发生的数量，还是造成的后果都更为严重。冷裂纹的延迟特征也使其在焊后的无损检测中难以发现，其产生时间的不确定性往往造成灾难性事故。

例如，据日本钢结构协会（JSSC）对桥梁和建筑行业中焊接裂纹事故的统计分析，在65 例事故中，焊接冷裂纹占 85%。

日本某厂在 1959—1969 年间共制造了 144 台球形容器（HT60～HT80 钢），其中 45 台发生了不同程度的裂纹，而在这 45 台球形容器中共检测出 1471 条裂纹，其中属于冷裂纹的有1248 条。

1965 年美国制造一台大型合成氨塔，内径为 1.7m，壁厚为 150mm，长为 18.3m，质量为 167t，工作压力为 35.28MPa，钢材为 Mn-Cr-Mo-V 低合金钢，进行水压试验时发生了破坏事故，有 4 块 1～2t 的碎片飞出 46m 之远，经检验失效分析，认为是由于施焊时预热温度不足，在热影响区产生冷裂纹而造成的。

从国内焊接结构的生产情况看，近年来的大部分裂纹事故也和冷裂纹有关。1979 年我国某市煤气公司的球罐恶性爆炸事故就是典型的一例。事后的分析表明，破坏的原因是多方面的，在首先开裂的 104 号球罐环缝上的冷裂纹是该事故的重要原因。

2. 冷裂纹的一般特征

冷裂纹常产生在中、高碳钢，低合金高强度钢和钛合金等材料中。这些材料有一个共同的特点，就是它们可以发生马氏体相变。在不产生马氏体相变的奥氏体不锈钢、镍基合金、铝合金中不会产生冷裂纹。

冷裂纹产生的温度区间都在材料的马氏体转变点 Ms 以下。

冷裂纹主要分布在热影响区，但也可能产生在强度较高的焊缝上。

从焊缝的表面看，热影响区的冷裂纹主要沿熔合线呈纵向分布，在焊缝上的冷裂纹则呈横向分布（见图 7-1）。从焊接接头的断面看，冷裂纹一般总是起源于焊根、焊趾等应力集中的部位，然后沿有利于裂纹扩展的途径向热影响区和焊缝的内部发展，如图 7-21 所示。当钢材的淬硬倾向很大时，有时也产生在单道焊缝下的热影响区，或在多层焊的焊缝内部（见图 7-1）。

因为冷裂纹产生的温度较低，裂纹断口没有氧化色彩，呈闪亮的金属光泽，这一点与热裂纹的断口明显不同。通过扫描电镜对断口的进一步分析可以发现：冷裂纹的断口不像热裂纹那样呈单一的沿晶断口，而是既有沿晶又有穿晶断裂的复杂断口。一般在冷裂纹的启裂点呈沿晶断裂形式，该沿晶断口（IG）呈冰糖或岩石状，棱角分明，如图 7-22 所示。冷裂纹的扩展区一般为氢致准解理断口（QC_{HE}），如图 7-23 所示。最后断裂区则为典型的韧窝断口（DR），如图 7-24 所示。

图 7-21　焊接性试件断面上的延迟裂纹

［母材：14MnMoVN，焊接方法：

焊条电弧焊，焊条：E5015（J507）］

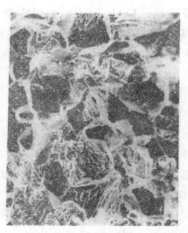

图 7-22　冰糖状的沿晶断口

（18MnMoNb 钢插销试件断口启裂点，×320）

冷裂纹的最主要特征是其延迟特性。一般它要在焊后延迟一段时间，即经过一段潜伏期后才会出现。潜伏期可能很短，甚至几乎在焊后立刻出现裂纹，也可能要经过几分钟、几小时，甚至几天或更长的时间。这样就增加了及时发现裂纹，采取适当补救措施的难度。国内曾发生过下述事故，某直径为 1400mm、壁厚为 90mm 的高强度钢化肥设备，出厂检验合格，可当设备运抵现场后，却发现数处长达 60~80mm 的裂纹。冷裂纹的这种延迟特征更增加了焊接结构的隐患。

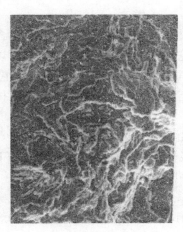

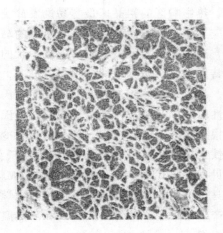

图 7-23 氢致准解理断口   图 7-24 韧窝断口

（14MnMoNbB 钢插销试件断口裂纹扩展区，×640）   （14MnMoNbB 钢插销试件断口裂纹拉断区，×640）

3. 冷裂纹的分类

根据冷裂纹在焊接接头中的位置和形态，大体上可将其分为以下四类（见图 7-1）。

（1）焊趾裂纹　该裂纹位于焊缝和母材交界的焊趾处。从表面看，它与熔合线平行，呈纵向分布；从断面看，它由焊趾表面开始向热影响区的内部延伸。

（2）焊根裂纹　常见于单道焊或多层焊的打底焊道。起源于焊缝根部的应力集中处，可能向热影响区的粗晶区发展，也可能向焊缝中发展。从焊根表面观察，裂纹与熔合线平行。

（3）焊道下裂纹　是一种内部裂纹，往往深埋在焊道下距熔合线 $0.1\sim0.2\text{mm}$ 的热影响区的粗晶区，裂纹与熔合线平行。这种裂纹一般只有当钢材的淬硬倾向较大，含氢量很高时才会发生。有时在多层焊的最后一层焊缝下，也会出现焊道下裂纹。

（4）横向裂纹　它一般起源于熔合线，可能向热影响区延伸一段，但主要向焊缝中发展。这种裂纹容易在强度级别较高钢材的焊缝上发生。

7.3.2　冷裂纹的形成机理

大量的生产实践和理论研究证明：钢种的淬硬倾向、焊接接头的氢含量及其分布、焊接接头的应力状态是影响冷裂纹的三大因素。这三大因素之间相互影响，当三者的作用达到一定程度时，在焊接接头上就形成了冷裂纹。下面对这三大因素分别进行讨论。

1. 钢种的淬硬倾向

钢种的淬硬倾向越大，焊接时越容易产生冷裂纹，这可以从以下两个方面解释。

（1）形成脆硬的马氏体组织　马氏体是碳原子在 $\alpha\text{-Fe}$ 中的过饱和固溶体，碳原子以间隙原子的形式存在于晶格中，使铁原子偏离了它在晶格中的平衡位置，使晶格发生畸变，从而增加了变形抗力。在宏观上马氏体组织表现出很高的硬度和很低的塑性，所以在外力的作用下容易产生脆性断裂。显然，在这样的组织中裂纹容易启裂和扩展。

在焊接条件下，热影响区的熔合线附近温度接近熔点，奥氏体晶粒易过热长大。粗大的奥氏体组织稳定性增大，更容易转变为粗大的马氏体组织，而粗大的马氏体组织性能更差。

因此，热影响区的粗晶区最容易诱发冷裂纹。

应当指出，不同化学成分和形态的马氏体组织，其冷裂纹敏感性不同。当钢中的含碳量较高，冷却速度很大时，容易形成片状的孪晶马氏体，它的硬度很高，韧性很差，所以对冷裂纹特别敏感；当钢中的含碳量较低时，则形成板条状马氏体（又称位错马氏体），它的 M_s 较高，发生马氏体相变后，已生成的马氏体还来得及进行一次自回火，所以这种马氏体组织的韧性较好，其抗裂性大大优于孪晶马氏体。

根据大量的研究证明，各种组织对冷裂纹的敏感性由小到大可排列成如下顺序：

铁素体（F）→珠光体（P）→下贝氏体（B_L）→低碳马氏体（M_D）→上贝氏体（B_u）→粒状贝氏体（B_g）→高碳孪晶马氏体（M_T）。

马氏体的含量、性能除与钢种的化学成分有直接关系外，还和冷却条件有关。在实际焊接生产中常采用调整焊接热输入和预热温度的方法，控制冷却速度，改善热影响区和焊缝的金相组织。

（2）淬硬能形成更多的晶格缺陷　淬硬是快速冷却条件下的相变，这种热力学不平衡条件，使晶格缺陷（空位和位错）大大增加。研究表明，随着热影响区热应变量的增加，位错密度也随之增加。对于 HT80 钢，应变量每增加 1%，位错密度就增加 $5×10^9/cm^2$。在应力的作用下，空位和位错会发生移动和聚集，当它们汇集到一定尺寸时，就会形成裂纹源，并进一步扩展成为宏观裂纹。

为了评定钢材的淬硬程度，常以硬度作为评价指标。在焊接方面常用热影响区的最高硬度 H_{max} 评定某些高强度钢的淬硬倾向。它既反映了马氏体含量和形态的影响，也反映了位错密度的影响。表 7-3 为不同钢种产生根部裂纹的临界硬度值。

表 7-3　不同钢种产生根部裂纹的临界硬度值　　　　　　（单位：HV）

部位	热轧或正火		淬火及回火		
	HT50	HT60	HT60	HT70	HT80
热影响区	290～365	300～380	290～380	320～410	360～420
焊缝	—	—	215～290	—	275～330

2. 焊接接头的氢含量及其分布

氢对产生冷裂纹具有特殊的作用，它不仅是形成冷裂纹的三大因素之一，而且由于它的扩散和聚集造成了独特的"延迟"现象。所以又把由氢造成的冷裂纹称为氢致裂纹或氢致延迟裂纹。

（1）氢对冷裂倾向的影响　大量的生产实践已经证实，对于冷裂纹敏感性大的高强度钢等材料，焊缝中的扩散氢含量越高，越容易产生冷裂纹。图 7-25 所示为产生根部裂纹的临界应力 σ_{cr} 与扩散氢含量 $S_{[H]}$ 的关系，临界应力 σ_{cr} 是在其他条件不变的情况下，产生冷裂纹的最小拘束应力。可以看出，随着扩散氢含量的增加，临界应力 σ_{cr} 直线下降；当预热温度 T_0 提高时，临界应力 σ_{cr} 下降的程度大为减缓。若扩散氢含量为 0 时，无论预热与否，临界应力 σ_{cr} 都一样，接近钢材的屈服强度，这时的断裂已是一种纯撕裂，与冷裂无关。这说明，只有在氢的作用下才会产生冷裂纹。

不同钢对氢的敏感性不同。碳当量 P_{cm}、C_{eq} 表示钢材成分，即淬硬倾向对冷裂纹敏感性的影响。由图 7-26 可以看出，随着钢的 P_{cm}、C_{eq} 值的增加，产生冷裂纹的局部临界含氢

量 $S_{[H]_{cr}}$ 相应减小。临界含氢量 $S_{[H]_{cr}}$ 为其他条件不变时，产生冷裂纹的最小氢浓度。

冷裂纹的延迟开裂现象早已被人们注意到。早在 20 世纪 50 年代，人们就通过充氢钢的拉伸试验对冷裂纹进行了研究。图 7-27 所示为延迟断裂时间与所加应力的关系。可以看出，对充氢的试件加载时有一个上临界应力 σ_{UC}，超过此应力值时，试件很快断裂，没有延迟破坏现象；还存在一个下临界应力 σ_{LC}，低于此应力值时，不管加载多长时间，试件都不会被拉断。当应力在 σ_{UC} 和 σ_{LC} 之间时，则要延迟一段时间，也即要经过一段时间的"潜伏期"才会出现裂纹，再经过一段裂纹的扩展期，试件才会最后断裂。

（2）氢的动态行为　冷裂纹之所以表现出上述一系列特征，实质上与焊接接头中氢的动态行为有关。

1）氢在焊缝中的溶解。在焊接电弧的高温作用下，焊接材料中的水分，焊件坡口上的油污、铁锈以及空气中的水分，都会分解出氢原子或氢离子

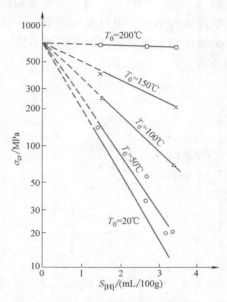

图 7-25　产生根部裂纹的临界应力 σ_{cr} 与扩散氢含量 $S_{[H]}$ 的关系（HT80 钢，板厚 20mm，斜 Y 形坡口，TRC 试验）

（即质子），并大量溶入焊接熔池中。氢在铁中的溶解度变化很大，在焊缝金属的熔点附近发生突变。由于熔池体积小、冷却快，很快由液态凝固，多余的氢来不及逸出，结果就以饱和状态存在于焊缝中。

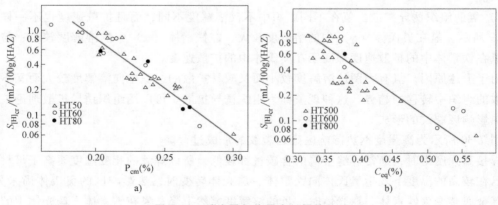

图 7-26　碳当量与临界含氢量的关系

a）P_{cm} 与 $S_{[H]_{cr}}$　　b）C_{eq} 与 $S_{[H]_{cr}}$

2）氢在焊接区的浓度扩散。焊缝中过饱和状态的氢处于不稳定的状态，在浓度差的作用下，会自发地向周围的热影响区和大气中扩散。这种在浓度差作用下的扩散称为浓度扩散，浓度扩散的速度随温度的上升而提高。温度很高时，氢很快从焊接接头扩散出去；温度太低时，氢的活动受到抑制。因此，温度太高、太低均不会产生冷裂纹，只有在一定的温度

区间（-100~100℃），氢对产生冷裂纹的作用才显著。图 7-28 所示为 HT80 高强度钢焊道下裂纹的试验结果，可以看出该钢的冷裂纹敏感温度区间为 -70~50℃，在这个温度区间冷裂纹的潜伏期也随着温度的不同而不同，在某一温度时潜伏期最短，温度提高或降低，潜伏期均会增大。

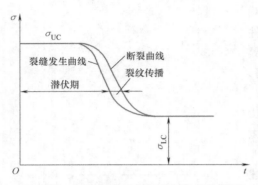

图 7-27　延迟断裂时间与所加应力的关系

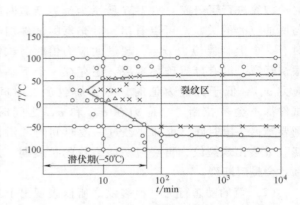

图 7-28　HT80 钢焊道下裂纹的敏感温度区间和潜伏期
（焊条：相当于 GB/T 5117—2012 中的 E4319，板厚 4mm，
$I=160A$，$v=100mm/min$，$S_{[H]}=22mL/100g$）
○—不裂　△—微裂　×—裂

焊接采取预热措施时，使焊缝在冷裂纹敏感温度区间之上停留的时间（一般以最高温度到 100℃ 的冷却时间 t_{100} 表示）延长，大部分氢已在高温下从焊接区逸出，降至较低温度时，残留的扩散氢已不足以引起冷裂纹。这就是采用适当的预热可以有效地防止冷裂纹的原因之一。

3）氢的组织诱导扩散。氢在不同组织中不仅溶解度不同，而且扩散速度也不一样。如图 7-29 所示，氢在奥氏体（γ）中的溶解度较大，在铁素体（α）中的溶解度较小；与此相反，氢在铁素体中的扩散速度却高于在奥氏体中的扩散速度。

由于上述原因，氢有力图从溶解度较小而又较易扩散的组织中向溶解度较大而又不大容易扩散的组织中转移的趋势，这种现象称为组织诱导扩散。可以用组织诱导扩散理论较好地解释热影响区裂纹的形成。

图 7-30 所示为高强度钢热影响区延迟裂纹的形成过程。

焊接高强度钢时，通常焊缝金属的含碳量都较低，所以焊缝的相变温度要高于母材。当焊缝已在较高的温度下发生奥氏体向铁素体、珠光体转变时，热影响区的奥氏体尚未分解。当焊缝金属转变为铁素体、珠光体时，氢的溶解度突然下降，氢在铁素体、珠光体中的扩散速度又较大，所以氢迅速地从焊缝穿过熔合线 ab，向尚未分解的热影响区中的奥氏体扩散；然而氢在奥氏体中的扩散速度较小，来不及向距熔合线较远的母材方面扩散，因此氢就大量聚集在熔合线附近。当滞后相变的热影响区发生奥氏体向马氏体转变时（由图 7-30 可以看出，焊缝相界面 T_{AF} 导前于热影响区相界面 T_{AM}），氢便以过饱和状态残存在热影响区的马氏体组织中。当氢的浓度不断增高和温度下降时，热影响区中的这些氢原子结合成氢分子，造成很大的内压力，在拘束应力的进一步作用下，就在这里形成了冷裂纹。如果氢的浓度很高，在焊道下即可形成冷裂纹；如果氢的浓度有限，则仅可能在焊趾、焊根等应力集中处形成冷裂纹。

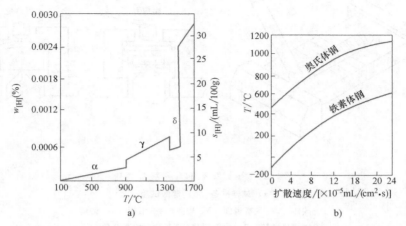

图 7-29　氢在铁中的溶解度及在不同组织的钢中的扩散速度

4）氢的应力诱导扩散。氢在金属中的扩散还受到应力状态的影响，它有向三向拉应力区扩散的趋势，图 7-31 所示为所采用的一种试验装置。在夹紧装置中焊接试验焊道，然后立即将其冷却到 −40℃，将试件分离，并在低温下打磨、抛光、腐蚀。在试件观察表面涂上蓖麻油，放在加载装置中进行弯曲加载，同时用显微镜观察氢气泡的逸出过程。结果发现，随着加载应力的增加，氢气泡的逸出加快，反之则减慢，甚至将停止逸出。仔细观察还可以发现，氢气泡的逸出不是在整个焊缝截面上均匀进行的。它特别

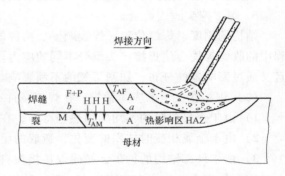

图 7-30　高强度钢热影响区延迟裂纹的形成过程

倾向于在试件的缺口部位、夹杂物附近以及晶界等微观缺陷处逸出。因为这些部位的应力集中，形成了局部的三向应力区，促使氢向这里扩散、聚集。由于这些部位的局部扩散氢含量和局部应力都较大，因此延迟裂纹也将在这里产生。同理，实际焊接接头中的各种缺欠也都容易诱发冷裂纹。

（3）氢致裂纹延迟开裂机理　焊缝中的扩散氢通过浓度扩散、组织诱导扩散、应力诱导扩散，使氢向热影响区的熔合线附近，特别是其中的应力集中部位扩散、聚集。进一步的研究表明，只有当这些部位的氢浓度达到一定的临界浓度值时，才有可能诱发冷裂纹。然而，氢的扩散是有一定速度的，聚集到一定的浓度也需要一定的时间。因此，这就在宏观上表现为从焊后到产生冷裂纹要有一定的潜伏期，即冷裂纹具有延迟开裂的特征。

在上述讨论中虽然明确了氢在延迟裂纹的启裂和扩展中的宏观作用，但并未涉及氢为什么促使产生延迟裂纹的物理本质。这个问题一直被金属学和焊接工作者所关注，因为彻底搞清楚这些理论问题必将使金属强度理论、焊接裂纹理论的研究以及有关生产技术带来一个飞

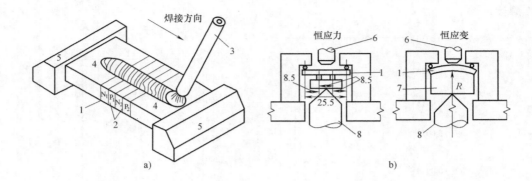

图 7-31　延迟裂纹的直接观察装置

a）试样准备　b）弯曲试验

1—试样　2—观察表面　3—焊条　4—引板　5—夹具

6—显微镜　7—曲面顶块　8—气动加载装置

跃。但是到目前为止人们尚无完全一致的看法，有许多问题仍在进一步探索。

3. 焊接接头的应力状态

结构的刚度、焊缝位置、焊接顺序、构件的自重、负载情况，以及其他受热部位冷却过程中的收缩等均会使焊接接头承受不同的应力。这些应力不仅是产生冷裂纹的直接原因，而且又通过影响氢的分布，加剧了氢的不利影响。

（1）焊接接头上的应力种类　在焊接条件下主要存在以下三种应力：

1）由于焊接热源的不均匀加热和冷却，在焊缝和热影响区中产生的热应力。

2）由于金属相变时体积的变化，造成的组织应力。

3）由于外部结构的拘束，妨碍焊接接头自由收缩的应力。

前两种应力可称为内拘束应力，后一种应力称为外拘束应力。

（2）拘束度和拘束应力　在不同条件下焊接，究竟需要多大的拘束应力会产生裂纹，这个定量数据对生产和理论研究都是有意义的。因此，国内外在测定和计算焊接接头的拘束应力方面做了大量的试验和研究。

为了估算焊接接头的平均拘束应力，引入了拘束度的概念。

对接接头的拘束度就是当对接接头的根部间隙产生单位长度的弹性位移时，在单位长度焊缝上所受到的力，用 R 表示，其单位为 N/(mm·mm)。

由定义可知，拘束度实质上是一个反映待焊接头刚度的物理量，显然结构的刚度越大，焊缝收缩变形的抗力越大，焊接接头的拘束应力也越大。

图 7-32 所示为两端刚性固定的对接接头，其拘束度可用下式计算，即

$$R = \frac{E\delta}{l} \tag{7-1}$$

式中　R——拘束度 [N/(mm·mm)]；

　　　E——弹性模量（MPa）；

　　　δ——试板厚度（mm）；

l——拘束距离（mm）。

通过 RRC 试验，可得出拘束度 R 和拘束应力 σ 之间的关系（见图 7-33）。由图 7-33 可以看出，在弹性范围内，拘束应力和拘束度成正比关系，即

$$\sigma = mR \qquad (7-2)$$

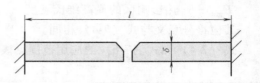

图 7-32　两端刚性固定的对接接头

式中，m 为比例系数，它与焊接方法、焊接参数以及母材的热物理性能、坡口的形式有关。

对于低碳钢、低合金钢的焊条电弧焊，有

$$m = (3 \sim 5) \times 10^{-2} \qquad (7-3)$$

可以使用式（7-1）、式（7-2）和式（7-3）估算类似图 7-32 所示模型对接接头上的平均拘束应力。显然，增加板厚和缩短拘束距离都会增大焊接接头的拘束度和拘束应力。

应当指出，实际焊接接头的应力状态比图 7-32 所示模型的应力状态复杂得多，沿焊缝长度各点的应力相差会很大，因此仅仅以焊接接头的平均应力来预测能否产生裂纹是很不够的。根据对一些焊接试件和实际结构残余应力的测定和计算说明，焊缝附近的最大拘束应力可达到屈服强度，甚至更大一些。因此在进行焊接接头裂纹倾向分析时，可假定拘束应力为屈服强度。

4. 三大因素对冷裂倾向的综合影响

以上分述了淬硬倾向、扩散氢和拘束应力三大因素对冷裂倾向的影响，但在实际焊接中，它们是同时存在的。那么如何定量地评价它们共同作用的综合影响呢？许多研究者进行了一系列的工作。日本溶接学会的 IL 委员会通过大量试验建立了插销试验临界应力计算公式，见式（7-4），它较好地反映了三大因素之间的联系和对冷裂纹的影响。

$$\sigma_{cr} = (86.3 - 211 P_{cm} - 28.2 \lg(S_{[H]} + 1) +$$
$$2.73 t_{8/5} + 9.7 \times 10^{-3} t_{100}) \times 9.8 \qquad (7-4)$$

式中　σ_{cr}——插销试验的临界断裂应力（MPa）；

P_{cm}——合金元素的裂纹敏感系数（%）；

$$P_{cm} = C + \frac{Si}{30} + \frac{Mn + Cu + Cr}{20} + \frac{Ni}{60} + \frac{Mo}{15} + \frac{V}{10} + 5B \qquad (7-5)$$

$S_{[H]}$——按照日本（JIS）甘油法测定的扩散

氢含量（mL/100g）；

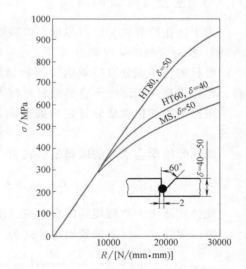

图 7-33　拘束度与拘束应力的关系

$t_{8/5}$——熔合区附近从 800℃ 到 500℃ 的冷却时间（s）；

t_{100}——熔合区附近从最高温度（约 1350℃）到 100℃ 的冷却时间（s）。

天津大学张文钺教授等根据插销试验的研究结果，得出了国产低合金高强度钢临界断裂应力计算公式：

$$\sigma_{cr} = (132.3 - 27.5 \lg(S_{[H]} + 1) - 0.216 H_{max} + 0.0102 t_{100}) \times 9.8 \qquad (7-6)$$

式中　$S_{[H]}$——按照国标甘油法（GB/T 3965—2012）测定的扩散氢含量（mL/100g）；

　　　H_{max}——热影响区的最高维氏硬度。

其他符号意义与式（7-4）相同。

式（7-4）和式（7-6）的应用范围见表7-4。

表7-4　式（7-4）和式（7-6）的应用范围

公式	式（7-4）	式（7-6）
$S_{[H]}$/（mL/100g）	1～5	0.55～11.0
P_{cm}（%）	0.16～0.28	0.238～0.336
H_{max}	—	300～475
t_{100}/s	—	400～1420
相关系数	0.91	0.97

通过式（7-4）和式（7-6）可计算出插销试验的临界断裂应力 σ_{cr}。如果能通过试验或计算得出实际焊接接头所承受的拘束应力 σ，那么就可通过比较两者的大小来判断是否产生冷裂纹。当

$$\sigma_{cr} > \sigma \tag{7-7}$$

则认为接头不会产生冷裂纹。

7.3.3　防止冷裂纹的措施

为了防止冷裂纹，应当尽量在焊接过程中减少三大因素的不利影响。

1. 控制母材的化学成分

母材的化学成分直接影响其淬硬倾向。因此，从设计上应尽量选用抗冷裂性能好的钢材，严把进料关，防止不合格的材料混入是防止冷裂纹的第一关。

根据钢种的化学成分评定冷裂倾向，各国都进行过许多研究工作，建立了系列碳当量公式。

国际焊接学会推荐的碳当量公式为

$$C_{eq(IIW)} = C + \frac{Mn}{6} + \frac{Cr+Mo+V}{5} + \frac{Cu+Ni}{15} \tag{7-8}$$

此公式适用于非调质的低合金高强度钢。

美国焊接学会提出的碳当量公式为

$$C_{eq(AWS)} = C + \frac{Mn}{6} + \frac{Si}{24} + \frac{Ni}{15} + \frac{Cr}{5} + \frac{Mo}{4} + \left(\frac{Cu}{13} + \frac{P}{2}\right) \tag{7-9}$$

此公式的适用范围：$w_C < 0.6\%$，$w_{Mn} < 1.6\%$，$w_{Cr} < 1.0\%$，$w_{Mo} < 0.6\%$，$w_{Cu} = 0.5\% \sim 1\%$，$w_P = 0.05\% \sim 0.15\%$。当 $w_{Cu} < 0.5\%$ 或 $w_P < 0.05\%$ 时，则可以不计入。试验结果经整理后得到图7-34及表7-5，两者可作为确定最佳焊接条件的依据。

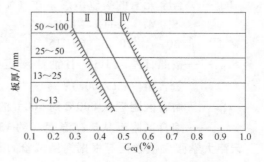

图7-34　焊接条件与碳当量的关系

表 7-5 不同焊接性等级的钢材应采用的焊接条件

焊接性	普通酸性焊条	低氢型焊条	消除应力	敲击处理
Ⅰ 优良	不需预热	不需预热	不需要	不需要
Ⅱ 较好	预热 40~100℃	−10℃ 以上不需要预热	任意	任意
Ⅲ 尚好	预热 150℃	预热 40~100℃	希望	希望
Ⅳ 可	预热 150~200℃	预热 100℃	必要	希望

日本溶接学会推荐的碳当量公式为

$$C_{eq(WES)} = C + \frac{Mn}{6} + \frac{Si}{24} + \frac{Ni}{40} + \frac{Cr}{5} + \frac{Mo}{4} + \frac{V}{14}$$ (7-10)

此公式的适用范围：$w_C < 0.2\%$，$w_{Si} = 0.55\%$，$w_{Mn} < 1.5\%$，$w_{Cu} < 0.5\%$，$w_{Ni} = 2.5\%$，$w_{Cr} = 1.25\%$，$w_{Mo} < 0.7\%$，$w_V < 0.1\%$，$w_B < 0.006\%$。根据此公式规定的碳当量界限如下：

HT50　C_{eq}　0.46%
HT60　C_{eq}　0.52%　（预热 75℃）
HT70　C_{eq}　0.52%　（预热 100℃）
HT80　C_{eq}　0.62%　（预热 150℃）

由上述碳当量公式可以看出，所有的元素中，碳是对冷裂倾向影响最大的元素，所以近年来各国都在致力于发展低碳、多元合金化的新钢种，比如发展了一些无裂纹钢（CF 钢），这种钢具有良好的焊接性，甚至中、厚板的焊接也无须预热。

2. 合理选择和使用焊接材料

（1）选用低氢和超低氢焊接材料　用国标甘油法测试熔敷金属的扩散氢含量，碱性焊条不超过 8mL/100g，超低氢型焊条则不超过 2mL/100g。而酸性焊条可高达几十毫升，所以碱性焊条的抗冷裂性能大大优于酸性焊条。对于重要的低合金高强度钢结构的焊接，原则上都应选用碱性焊条。

（2）严格烘干焊条、焊剂　因为焊条药皮中含有大量的吸附水和结晶水，所以即便使用碱性焊条也应在焊前严格烘干。图 7-35 所示为焊条的烘干温度与扩散氢含量的关系，可以看出，随着烘干温度的上升，扩散氢含量明显下降，到 400℃ 左右时，扩散氢含量已接近最低点。但当加热超过 437℃ 时，碳酸盐开始分解，此时铁合金也会开始氧化变质，所以烘干温度也不宜过高。一般认为，碱性焊条在 400℃ 烘干 2h 比较合适。对于酸性焊条，由于它的药皮中含有某些有机物，为防止它们在高温下分解，所以一般在 250℃ 烘干 2h 即可。

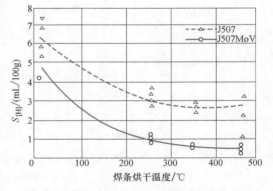

图 7-35 焊条烘干温度与扩散氢含量的关系

应特别注意的是，焊条烘干后还会重新区湿。对于正常烘干 400℃、2h 的 E5015（J507）焊条，在 30℃、相对湿度为 90% 的条件下吸湿仅 4h 时，就可使扩散氢含量从小于 2mL/100g 上升到 8mL/100g 左右。在施工现场推广使用焊条保温筒是防止焊条吸湿的有效措施。

（3）选用低匹配焊条　选择强度级别比母材略低的焊条有利于防止冷裂纹。因为强度较低的焊缝不仅本身的冷裂倾向较小，而且由于它较易塑性变形，使焊趾、焊根等部位的应力集中效应相对减小，所以使热影响区的冷裂倾向也有所改善。

（4）采用奥氏体焊条　因为奥氏体焊缝可溶解较多的氢，且塑性又好，可减少局部应力集中，所以在焊接拘束度较大、淬硬倾向较大的低、中合金高强度钢焊接接头时，可采用奥氏体焊条防止产生冷裂纹。如用 A202 焊条（06Crl8Nil2Mo2）焊接 35CrNiMo 钢；用 A502 焊条（06Crl6Ni25Mo6N）焊接 30CrMnSi 钢等。但是应当注意，奥氏体焊缝的强度较低，只有当接头的强度允许时才可以使用奥氏体焊条。另外，由于焊缝和母材的成分相差很大，相当于进行异种钢的焊接，存在焊缝的稀释和母材一侧的碳扩散等特殊问题，应当采用小的热输入焊接。

3. 选用合适的焊接参数

选择合理的焊接热输入、预热及层间温度、后热温度和后热时间等，对于改善热影响区和焊缝的组织，促使氢的逸出有重要作用，是防止冷裂纹的重要手段。

（1）焊接热输入的选择　适当增加焊接热输入可以减少焊接接头的冷裂倾向。其原因是增加热输入使冷却时间 $t_{8/5}$ 增加，减少热影响区的淬硬倾向，同时也延长了 t_{100}，有利于氢的扩散逸出。图 7-36 所示为焊接热输入 E 对两种钢材插销试验的临界开裂应力 σ_f 和临界断裂应力 σ_r 的影响。可见，对于 14CrMo 钢（见图 7-36b），当热输入增加到 25kJ/cm 左右时，对应的临界开裂应力 σ_f 已达屈服强度，因此对于该钢选用 25kJ/cm 的热输入，可以防止冷裂纹；而对于 15MnMoV 钢（见图 7-36a），无论热输入如何增加仍不能使临界应力达到屈服强度，这时必须采取预热和后热措施。

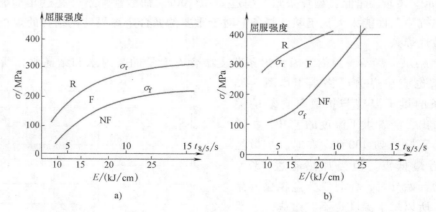

图 7-36　热输入（E）或 800～500℃的冷却时间（$t_{8/5}$）

对冷裂临界应力的影响（插销试验，烘干的碱性焊条施焊）

a）15MnMoV　b）14CrMo

NF—不裂　F—开裂　R—断裂

应当注意，增加焊接热输入使高温停留时间 t_H 增加，增加了热影响区粗晶区晶粒长大的倾向，使热影响区的韧性下降。不同的钢种对热输入的敏感程度不同。合理的热输入应当是在充分保证焊接接头韧性的前提下，尽可能增加热输入，这样既有利于防止冷裂，又有利于提高生产效率。

（2）预热温度的选择　如果单纯靠提高热输入尚不能防止冷裂纹；或者热输入增加到一定大小时，虽然防止了冷裂纹，但却造成过热，使热影响区的韧性大幅度下降，这时就需要采用适当的预热来解决。如果说热输入的变化对中温和高温冷却参数 $t_{8/5}$ 和 t_H 影响更大的话，则预热主要是改变低温热参数 t_{100}，也即预热主要是通过促使焊接区的氢充分逸出来降低焊接接头的冷裂倾向的。

一般在初步确定热输入的基础上，确定预热温度。可靠的方法是通过小铁研试验、插销试验等冷裂纹试验方法，甚至模拟实际产品试验来确定。图 7-37 所示是预热温度 T_0 对插销试验临界应力 σ_{cr} 的影响，试验钢材为德国 FG43 钢，所用焊条为 E5015，在 400℃ 烘干 2h。可见，随着预热温度 T_0 的提高，临界应力 σ_{cr} 呈直线上升，但当预热温度 T_0 提高到 150℃时，临界应力上升到约 700MPa，达到极大值，这时试验临界应力受材料强度的控制，即使再增加预热温度，临界应力也不再增加。因此，可以认为预热温度 T_0 确定为 150℃ 可以防止冷裂纹。

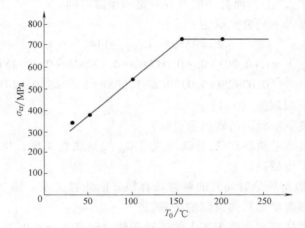

图 7-37　预热温度 T_0 对插销试验临界应力 σ_{cr} 的影响

[试验钢材：FG43（屈服强度为 465~475MPa），焊条：E5015]

日本学者在大量小铁研试验的基础上建立了如下确定预热温度的公式：

$$T_0 = 1440P_c - 392 \tag{7-11}$$

$$P_c = P_{cm} + \frac{S_{[H]}}{60} + \frac{\delta}{600} \tag{7-12}$$

$$P_{cm} = C + \frac{Si}{30} + \frac{Mn+Cu+Cr}{20} + \frac{Ni}{60} + \frac{Mo}{15} + \frac{V}{10} + 5B \tag{7-13}$$

式中　T_0——预热温度（℃）；

　　P_c——冷裂敏感指数；

　　P_{cm}——合金元素裂纹敏感系数（%）；

　　$S_{[H]}$——甘油法测定的扩散氢含量（mL/100g）；

　　δ——试验钢板厚度（mm）。

式（7-11）、式（7-12）和式（7-13）适用的范围：$w_C = 0.07\% \sim 0.22\%$，$w_{Si} = 0 \sim$

0.60%，$w_{Mn} = 0.40\% \sim 1.4\%$，$w_{Cu} = 0 \sim 0.50\%$，$w_{Ni} = 0 \sim 1.20\%$，$w_{Cr} = 0 \sim 1.20\%$，$w_{Mo} = 0 \sim$ 0.70%，$w_V = 0 \sim 0.12\%$，$w_{Ti} = 0 \sim 0.05\%$，$w_{Nb} = 0 \sim 0.04\%$，$w_B = 0 \sim 0.005\%$，$S_{[H]} = 1.0 \sim$ 5.0mL/100g，$\delta = 19 \sim 50$mm，热输入 $E = 17 \sim 30$kJ/cm，试件坡口为斜 Y 形。

当缺少可靠的资料，又没有试验条件时，可以采用上述公式初步确定预热温度。由于该公式是通过斜 Y 形坡口焊接裂纹试验得到的，试验条件较苛刻，所以用于一般对接接头有一定的安全裕度。

特别应该指出的是，预热温度并不是越高越好，预热温度过高不仅会恶化工人的劳动条件，浪费能源，而且可能会造成过大的附加热应力，所以预热温度应当慎重确定。

（3）**紧急后热**　紧急后热是指焊后，在热影响区冷却到产生冷裂纹的上限温度 T_{uc}（一般在 100℃ 左右）之前，立即加热、保温。后热的作用是使扩散氢能在温度 T_{uc} 以上更充分地逸出，使焊接接头中的氢低于产生冷裂纹的临界含氢量，起到防止冷裂纹的作用。

及时加热和保温是紧急后热工艺的关键，一定要在热影响区完全冷却到 T_{uc} 之前迅速加热，如不及时，等热影响区冷却到 T_{uc} 以下，则有可能在进行后热处理前就已产生裂纹；其次是后热的温度应在 T_{uc} 之上；而且还应当有一定的保温时间。

最低后热温度可参考下列公式确定：

$$T_p = 455.5 [C_{eq}]_p - 114 \tag{7-14}$$

$$[C_{eq}]_p = C + 0.2033Mn + 0.0473Cr + 0.1228Mo + 0.0292Ni - 0.0792Si + 0.0359Cu - 1.595P + 1.692S + 0.844V \tag{7-15}$$

式中　T_p——后热的下限温度（℃）；

$[C_{eq}]_p$——确定后热下限温度的碳当量（%）。

由式（7-14）可见，后热温度 T_p 与碳当量 $[C_{eq}]_p$ 呈线性关系，钢材的碳当量 $[C_{eq}]_p$ 越大，所需要的后热温度越高。

后热温度 T_p 的倒数与后热时间 t_p 的对数具有很好的线性关系。图 7-38 所示为两种钢材为防止冷裂纹所需后热温度和后热时间的关系。

采用紧急后热比预热可大大改善工人的劳动条件，而且不会产生不利的附加热应力，但是单独采用紧急后热有时比较困难，因为不预热时，热影响区一般在数十秒内就降到 100℃ 左右，常常来不及进行紧急后热。通常焊接冷裂倾向较大的钢种时要预热和紧急后热并用，利用后热降低预热温度，同时预热也缩短了紧急后热所需的时间。表 7-6 为同时采用预热及后热时的预热温度。

表 7-6　同时采用预热及后热时的预热温度　（HT80、$E = 17$kJ/cm）

方式	板厚为 δ 时的预热温度/℃		
	$\delta < 25$mm	$\delta = 25 \sim 38$mm	$\delta = 38 \sim 50$mm
不进行后热	165	180	200
进行后热	75	85	90

（4）**充分利用多层焊的有利作用**　多层焊的下一层焊道对前一层可进行一次回火处理，改善前一层焊道的淬硬组织，并对前一层焊道起消氢作用；而前一层焊道的余热对后一层焊道有预热作用。所以多层焊比单道焊有利于防止冷裂纹。但应指出，只有短段多层焊的前一层焊道对后一层焊道才有明显的预热作用，所以在条件允许时，应尽量采用短段多层焊。每

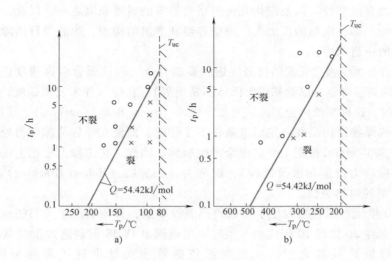

图 7-38 后热温度 T_p 与后热时间 t_p 的关系

a) 14CrMo 钢（预热温度 $T_0 = 80℃$，后热温度上限 $T_{uc} = 80℃$）

b) 18CrMoV 钢（预热温度 $T_0 = 200℃$，后热温度上限 $T_{uc} = 200℃$）

一焊道的间隔时间如能在几分钟内，就可使层间温度不低于预热温度，这样就能取消或部分取消预热工序。当然对于补焊等情况，也要防止层间间隔时间过短、层间温度过高，而造成焊接接头过热脆化的问题。

4. 加强施工质量管理

大量的生产实践证明，许多焊接裂纹事故往往不是母材、焊接材料不合格或结构设计、工艺设计不合理，而常常是由于施工质量差所造成的。为了防止产生焊接冷裂纹，在施工中应特别注意以下几点：

（1）仔细清理焊接坡口　对坡口及其两侧约 10mm 的范围应仔细清理，去除各种锈迹和油污，并且防止已清理过的坡口被再次污染，以减少带入焊缝的氢和其他杂质。

（2）提高装配质量　装配时不允许出现过大的错边和过大的坡口间隙，以免造成未焊透、夹渣和焊缝成形不良。不应使用各类夹具进行强行装配，以防造成过大的装配应力，增加冷裂倾向。

（3）提高焊接质量　对于重要的焊接结构，特别是压力容器，焊工一定要持证上岗，并进行严格的培训。严格执行有关的焊接工艺文件，防止气孔、夹渣、未焊透、咬边等焊接缺欠，这样可有效地降低应力集中，减少冷裂倾向。

（4）注意气象因素的影响　避免阴雨天施工，对于重要的焊接结构，冬季施工时，应当采取防风措施，必要时可建临时施工用大棚，这样可以降低焊接区的冷却速度，增加焊接接头的抗冷裂能力。

7.4　再热裂纹

焊接结构不可避免地存在着不同程度的残余应力，残余应力是造成低应力脆性破坏、焊接冷裂纹、应力腐蚀裂纹，以及结构几何形状失稳等的重要原因之一。因此，对于一些重要的厚板焊接结构，如核电站的压力壳、厚壁容器和潜艇结构等，焊后进行消除应力热处理几乎是不可缺少的一道工序。

对于某些含有沉淀强化元素的高强度钢和高温合金（包括低合金高强度钢、珠光体耐热钢、沉淀强化的高温合金，以及某些奥氏体不锈钢等），在焊后并未发现裂纹，而在热处理过程中出现了裂纹，这种裂纹称为消除应力处理裂纹（Stress Relief Cracking），简称 SR 裂纹。

另外，有些焊接结构是在一定温度条件下工作的，即使在焊后消除应力处理过程中不产生裂纹，而在 500～600℃ 长期工作时也会产生裂纹。因此，在工程上常把上述两种情况下产生的裂纹（消除应力过程和服役过程），统称为再热裂纹（Reheat Cracking）。图 7-39 所示为 18MnMoNb 钢的再热裂纹。

20 世纪 60 年代各国相继发生了多起再热裂纹事故，开始引起了人们的重视。国内首次发现再热裂纹是在 20 世纪 70 年代初，当时采用德国 BHW38 钢制造大型发电锅炉锅筒（汽包），结果在焊后热处理之后，发现在汽包的管接头处出现了再热裂纹。以后又在 15MnNiMoV、14MoWVTi 等钢的焊接中发生过类似的再热裂纹事故。因此，国内许多研究和生产部门对国产和部分进口压力容器用钢进行了系统的研究。

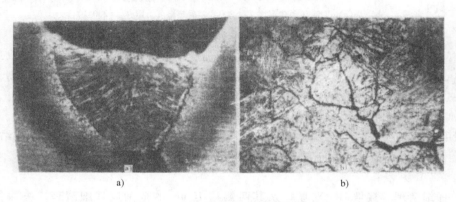

a)   b)

图 7-39   18MnMoNb 钢的再热裂纹
a）裂纹的部位（×4）   b）晶间开裂（×100）

7.4.1   再热裂纹的主要特征

1. 敏感钢种

在许多高强度钢中，为了增加钢材的室温和高温强度，常常加入一些沉淀强化元素，再热裂纹只产生在这些含有一定数量沉淀强化元素的钢中。如常用的 Cr-Mo 系耐热钢有一定的再热裂纹倾向，而一般的低碳钢和固溶强化类的低合金高强度钢，均无再热裂纹倾向。

2. 敏感温度区间

再热裂纹与再热温度、再热时间有关，再热裂纹存在一个敏感温度区间。对于一般的低合金钢，再热敏感温度区间为 500～700℃，它随钢种的不同而变化。图 7-40 所示为再热温度 T 与再热裂纹率 C_R 及临界 COD 的关系。可以看出，随着再热温度的提高，裂纹率 C_R 上升，临界 COD 值下降，对该试验材料在 600℃ 左右达到极值，再继续增加再热温度，反而使裂纹率下降，韧性提高。图 7-41 所示为再热温度 T 与应力松弛断裂时间 t_f 的关系。可以看出，几种试验钢材在 600~650℃ 的敏感温度区间断裂时间最短，降低和提高再热温度都使断裂时间大大延长，断裂时间和再热温度的关系呈"C"曲线状。

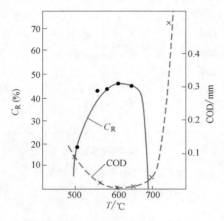

图 7-40　再热温度 T 与再热裂
纹率 C_R 及临界 COD 的关系

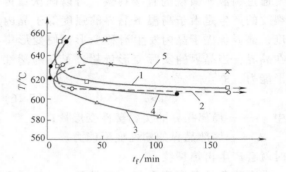

图 7-41　再热温度 T 与应力松弛断裂时间 t_f 的关系

1—22Cr2NiMo　　2—25CrNi3MoV　　3—25Ni3MoV

4—20CrNi3MoVNbB　　5—25Cr2NiMoMnV

3. 产生在热影响区的粗晶区

再热裂纹产生在热影响区的粗晶区，具有典型的晶间开裂特征，图 7-42 所示为再热裂纹断口。再热裂纹的走向一般沿熔合线附近粗晶区的晶间扩展，有时裂纹并不连续，呈断续状，遇到细晶区就停止发展。图 7-43 所示为拘束试样焊接接头上的再热裂纹，焊趾和焊根处的裂纹都始于熔合线附近的粗晶区，基本沿熔合线方向发展，止于细晶区。

图 7-42　再热裂纹断口

（母材：12Ni3CrMoV，×200）

图 7-43　拘束试样上的再热裂纹

（母材：14MnMoNbB，焊条：E8515-G）

4. 对应力条件有要求

在进行消除应力处理之前，焊接区存在较大的残余应力，并有不同程度的应力集中，两者同时存在时才会产生再热裂纹，否则不会产生再热裂纹。对 17CrMoV 钢进行应力松弛试验发现，在焊接接头的粗晶区只要有 0.25% 的残余应变，即可促使产生再热裂纹。如图 7-44 所示，应力集中系数越大，产生再热裂纹所需的临界应力越小。

7.4.2 再热裂纹的形成机理

通过高温显微镜的直接观察，可以确认：再热裂纹的产生是由于高温下晶界的强度低于晶内强度，晶界优先于晶内发生滑移变形，使变形集中在晶界，当晶界的实际变形量超过了它的塑性变形能力，即

$$e > e_s \qquad (7\text{-}16)$$

式中 e——局部晶界的实际塑性变形量；

  e_s——局部晶界的塑性变形能力。

这时就会产生再热裂纹。

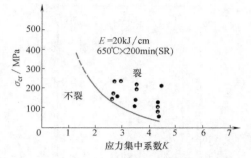

图 7-44 应力集中系数 K 与临界应力 σ_{cr} 的关系（0.5Mo 钢）

在再热条件下变形会集中到晶界，一般认为是由于晶界的相对弱化和晶内的相对强化所造成的。

1. 晶间杂质析集对晶界弱化的作用

在 500~600℃ 的再热过程中，钢中的 P、S、Sb、Sn、As 等元素都会向晶界聚集，大大降低了晶界的塑性变形能力。图 7-45 所示为杂质含量对产生再热裂纹的临界塑性变形量 E_c 的影响，可以看出，随着杂质含量的增加，E_c 剧烈下降，再热裂纹倾向增大。

2. 晶内沉淀强化作用

沉淀强化元素（如 Cr、Mo、V、Ti、Nb 等）的碳化物、氮化物在一次焊接热作用下，因受热而固溶（高于 1100℃ 时），在焊后冷却时尚来不及充分析出，在二次再热时，这些元素的碳化物、氮化物在晶内沉淀析出，使晶内强化。由于晶内强度提高，变形困难，使应力松弛的塑性变形更集中到晶界，当晶界的塑性储备不足时就产生了再热裂纹。

根据晶内强化的观点，人们建立了一些根据合金元素含量定量评定某些低合金钢再热裂纹倾向的经验公式，例如：

$$\Delta G = \mathrm{Cr} + 3.3\mathrm{Mo} + 8.1\mathrm{V} - 2 \qquad (7\text{-}17)$$

当 $\Delta G > 0$ 时，易裂。

$$\Delta G_1 = \mathrm{Cr} + 3.3\mathrm{Mo} + 8.1\mathrm{V} - 10\mathrm{C} - 2 \qquad (7\text{-}18)$$

当 $\Delta G_1 > 2$ 时，易裂；当 $\Delta G_1 < 1.5$ 时，不易裂。

根据这些公式可以大致判断钢种的再热裂纹倾向。

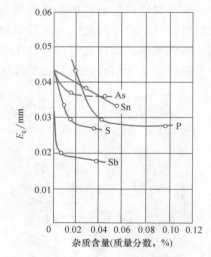

图 7-45 杂质含量对临界塑性变形量 E_c 的影响

（试验钢材：HT80 钢，再热温度：600℃）

7.4.3 影响再热裂纹的因素及防止措施

1. 冶金因素

（1）钢种化学成分的影响 各种合金元素对钢种再热裂纹倾向的影响是复杂的。

图 7-46 ~ 图 7-49 分别为 Cr、Mo、Cu、V、Nb、Ti 和 C 等元素对不同钢种再热裂纹倾向的影响，从这些图中可以看出如下规律：

1) 随着钢中沉淀强化元素 Cr、Mo、Cu、V、Nb、Ti 等的增加，钢种的再热裂纹倾向增加（见图 7-46 ~ 图 7-48）。

2) 铬与其他沉淀强化元素相比，影响规律更复杂，当铬含量超过一定值后，再热裂纹率反而下降（见图 7-46）。

3) 在几种沉淀强化元素中，钒对再热裂纹倾向的影响最大（见图 7-48）。

4) 各沉淀强化元素之间有交互作用，如图 7-46 所示，钢中的含钼量越多，则铬对再热裂纹倾向的影响也越大。

5) 碳对再热裂纹倾向影响很大，随着含碳量的上升，再热裂纹率迅速上升，当达到一定数量后，其作用趋于饱和，即使再进一步增加含碳量，再热裂纹率也不会再增加（见图 7-49）。

（2）钢种再热裂纹倾向的评定　可以通过再热裂纹倾向经验公式估算或直接进行再热裂纹试验来评定钢种的再热裂纹倾向，作为设计、施工选材的初步依据。例如，可以采用式（7-17）和式（7-18），根据钢种的化学成分估算再热裂纹倾向。

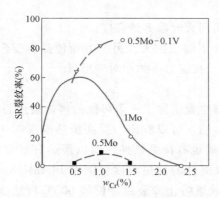

图 7-46　钢中含 Cr、Mo 量对 SR 裂纹的影响

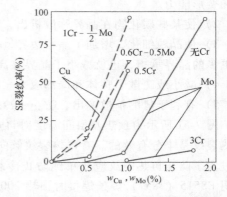

图 7-47　钢中 Mo、Cu 对 SR 裂纹的影响

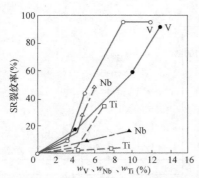

图 7-48　V、Nb、Ti 对 SR 裂纹的影响

（600℃ 再热 2h，随炉冷却）

●▲■—0.6Cr-0.5Mo-V、Nb、Ti

○△□—1Cr-0.5Mo-V、Nb、Ti

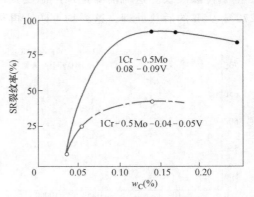

图 7-49　C 对 SR 裂纹的影响

（600℃ 再热 2h，随炉冷却）

许多研究者通过各种再热裂纹试验对一些国内常用压力容器用钢的再热裂纹敏感性进行了深入的试验研究，结果认为可将压力容器用钢对再热裂纹的敏感程度分成三档：

1）敏感：14MnMoNbB。

2）稍微敏感：18MnMoNb、18MnMoNbNi、18MnMoNbCu、14MnMoV、BHW38、BHW35、$2\frac{1}{4}$Cr-1Mo。

3）不敏感：15MnVN、15MnVNCu。

图 7-50 所示为几种钢材的再热裂纹"C"曲线。根据国际上的普遍意见，应力松弛试验时，在 SR 温度范围内，断裂时间超过 120min，就认为该钢种没有再热裂纹倾向。按此标准，图 7-50 中的 14MnMoNbB 再热裂纹倾向最大，BHW35 也有一定的再热裂纹倾向，而 15MnVNCu 则无再热裂纹倾向，这和上面的分类结果是一致的。

2. 工艺因素

（1）预热和后热的影响　预热和后热对于防止产生再热裂纹具有显著的效果，也是防止再热裂纹最常用的办法。预热和后热可以防止再热裂纹，可能是因为以下几方面的作用：

1）减少淬硬倾向或者增加了自回火的效果，从而降低了晶粒的硬度，增加了晶粒的韧性和变形能力。

2）使某些碳化物在晶界弥散析出，增加了高温回火时晶界的强度。

3）使晶粒细化，增加了晶粒边界，一方面增加了蠕变抗力，另一方面使晶界变形量可由更多的晶界承担，也就减小了晶界在高温回火时，在应力下的相对变形量。

4）减小或疏散了整体和局部应力。

5）有利于氢的扩散逸出，防止了冷裂纹，这样也就消除了一个可能的再热裂纹源。

图 7-51 所示为预热及层间温度对再热裂纹的影响，可以看出，提高预热温度对于防止再热裂纹是十分有效的。有再热裂纹倾向的钢种一般也有冷裂倾向，所以预热有双重作用，不过为了防止再热裂纹应比单纯防止冷裂纹要采取更高的预热温度。例如 14MnMoNbB 钢，采用 E8515（J857）焊条焊接时预热 200℃ 可以有效地防止冷裂纹，但经 600℃ 再热处理后便产生了再热裂纹。这时需要把预热温度提高到 270~300℃，或者预热到 200℃ 焊后立即进行 270℃、5h 的后热处理，这样均可防止再热裂纹。

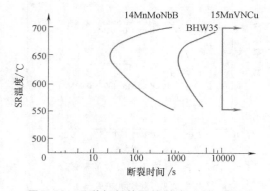

图 7-50　几种钢材的再热裂纹"C"曲线

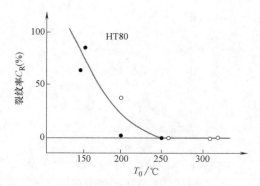

图 7-51　预热及层间温度对 HT80 钢
（板厚 50mm）再热裂纹的影响

（2）焊接热输入的影响　从防止热影响区淬硬考虑，提高热输入有利；从防止过热粗晶区脆化考虑，适当减小热输入有利。不同钢种的淬硬和过热倾向不同，不同的焊接方法热输入的范围也不一样，因此很难找到一个确定合适热输入的一般原则。由图 7-52 可以看出，由于钢种不同，焊接热输入的影响可以得到完全相反的结果。对 SCM4 钢（主要化学成分为 $w_C = 0.38\% \sim 0.43\%$，$w_{Cr} = 0.9\% \sim 1.2\%$，$w_{Mo} = 0.15\% \sim 0.30\%$），在小热输入时具有高碳马氏体组织，比大热输入时形成的贝氏体组织还要有利于减小再热裂纹敏感性。对于 HT80 钢（主要化学成分为 $w_C < 0.18\%$，$w_{Cr} = 0.4\% \sim 0.8\%$，$w_{Ni} = 0.7\% \sim 1.0\%$，$w_{Mo} = 0.40\% \sim 0.60\%$，$w_V = 0.03\% \sim 0.10\%$，$w_B = 0.002\% \sim 0.006\%$，$w_{Cu} = 0.15\% \sim 0.50\%$），恰恰相反，增大热输入可获得贝氏体组织，使再热裂纹敏感性减小。因此，对具体钢种应通过实践确定合适的热输入。

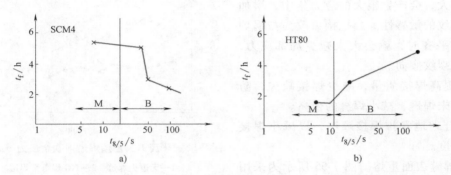

图 7-52　冷却时间 $t_{8/5}$ 对再热裂纹产生时间 t_f 的影响

（焊后再次加热温度为 620℃）

（3）焊接材料的影响　选用低强度匹配的焊接材料有利于减小近缝区的应力集中，因此有利于防止再热裂纹。如图 7-53 和图 7-54 所示，在焊接 HT80 钢和 A514 钢时，再热裂纹

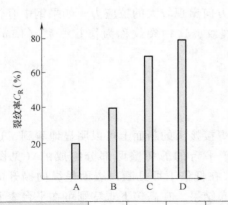

焊条	A	B	C	D
强度级别 /MPa	420	500	600	800

图 7-53　焊条强度级别对 HT80 钢
再热裂纹的影响

焊条	No.1	No.2	No.3	No.4
屈服强度/MPa	451	476	524	706
伸长率(%)	33	31.3	29.7	24.0

图 7-54　焊条强度级别对 A514 钢
再热裂纹的影响

率均随焊条强度级别的降低而减小。由此可见，焊接材料的强度级别略低于母材，有利于防止再热裂纹。如某厂在解决 BHW38（20NiCrMoV）钢锅炉锅筒的再热裂纹问题时，专门研制了一种 SG-2 焊条，它在 350℃ 以下至室温与母材等强（相当于 J607），而在再热处理时，强度下降，塑性、韧性提高，因此缓和了母材热影响区的粗晶区的应力集中，从而提高了抗再热裂纹能力。

（4）残余应力和应力集中的影响　残余应力本来可以通过对 SR 裂纹消除应力时消除，然而对再热裂纹敏感的钢种却可能在消除应力过程中产生再热裂纹。因此，设法降低残余应力和局部应力集中十分重要。为此可采取以下措施：

1）改进结构设计。例如锅炉锅筒与水冷壁管的接头采用"内伸式"结构时，接头的刚性很大，会产生很大的应力集中，增加了再热裂纹的敏感性。当把接口改为与锅炉锅筒内壁平齐时，就会大大减少局部应力，改善再热裂纹倾向。

2）提高焊接质量，减少焊接缺欠，防止咬边、未焊透，减小焊缝的余高。

3）合理地安排焊接顺序，以减小焊接接头的刚度。

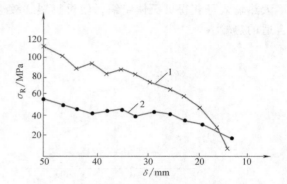

图 7-55　表面退火重熔焊道对残余应力 σ_R 的影响
1—无退火焊道　2—TIG 焊重熔焊道

4）焊缝表面重熔。图 7-55 所示为采用 TIG 焊表面退火重熔焊道对焊缝残余应力 σ_R 的影响。可以看出，在板厚较大时，残余应力下降一半左右。

7.5　层状撕裂

大型厚壁结构，在焊接过程中会沿钢板的厚度方向出现较大的拉应力，如果钢中有较多的夹杂，那么沿钢板轧制方向出现一种台阶状的裂纹，这种裂纹称为层状撕裂（Lamellar Tear）。

7.5.1　层状撕裂的特征、分类及危害

1. 层状撕裂的特征

层状撕裂最明显的特征就是呈阶梯状形态。从焊接接头的断面上可以明显地看到，这种裂纹是由基本平行于轧制表面的平台和大体垂直于平台的剪切壁两部分组成的（见图 7-56）。如果对已断裂的断口用扫描电子显微镜观察，在低倍下可见断口表面呈纵向撕开的木材纹理状，这是一层层的平台在不同的高度下的分布结果。在高倍下观察则可在平台表面发现有片状、球状或长条状的非金属夹杂物，剪切壁则呈撕裂岭的形态。

从产生层状撕裂的位置来看，它只出现在热影响区或母材中，并且它一般产生在金属的内部。只有由焊趾或焊根冷裂纹诱发的层状撕裂，才有可能在这些部位露出金属表面。

层状撕裂一般都发生在 T 形接头或角接接头上承受 Z 向应力的钢板上。在一般的对接接头上，即使板厚较大也不会产生层状撕裂。

2. 层状撕裂的分类

层状撕裂与钢材的强度关系不大，它主要和夹杂物的种类和形态有关，夹杂物的种类不同，层状撕裂的形态也不同。当沿轧制方向以片状的 MnS 夹杂为主时，层状撕裂呈明显的阶梯状；当以硅酸盐夹杂为主时，层状撕裂呈直线状；当以 Al_2O_3 夹杂为主时，层状撕裂呈不规则的阶梯状。

按层状撕裂产生的位置可分为如下三类：

1）始裂于焊趾和焊根的层状撕裂（见图 7-56a、d）。

2）焊道下热影响区中沿夹杂物产生的层状撕裂（见图 7-56b、c）。

3）远离热影响区母材中的层状撕裂。图 7-56d 中深入到母材中的部分就属此类，它多出现在含 MnS 片状夹杂物较多的厚板结构中。

在实际焊接接头中常常是两种或三种以上的层状撕裂兼而有之。

3. 层状撕裂的危害

在厚板焊接钢结构中，只要有 T 形接头或角接接头，都有可能产生层状撕裂。据德国 1978 年统计，焊接结构中因层状撕裂所产生的破坏事故高达 9.3%，甚至超过冷裂纹事故。另外，由于层状撕裂在外观上没有痕迹，容易造成隐患；同时由于裂纹在金属内部，无法返修，而所生产的结构又往往价值昂贵，所以一旦产生层状撕裂，造成的经济损失是很大的。如用于海洋石油开采的采油平台，平台管节点是海上采油平台的关键部分，也是典型的承受 Z 向应力的厚板焊接接头，因此层状撕裂就成为这类焊接结构严重的焊接质量事故。

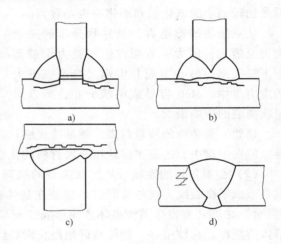

图 7-56　层状撕裂示意图
a）焊根处的层状撕裂　b）、c）焊道
下的层状撕裂　d）焊趾处的层状撕裂

7.5.2　层状撕裂的形成机理

层状撕裂的形成机理可用图 7-57 说明。厚板结构焊接时特别是 T 形接头和角接接头，在强制拘束的条件下，焊缝收缩时会在母材厚度方向产生很大的拉应力和应变，当应变超过母材金属的塑性变形能力时（沿板厚方向），夹杂物与金属基体之间就会发生分离而产生微裂，在应力的继续作用下，裂纹尖端沿着夹杂物所在平面进行扩展，就形成了所谓"平台"。这种平台可能在多处产生，与此同时，在相邻的两个平台之间，由于不在一个平面上而发生切应力，造成了剪切断裂，形成所谓"剪切壁"。连接这些平台和剪切壁，就构成了层状撕裂所特有的阶梯形态。可以看出它是一种纯机械性的撕裂。

造成层状撕裂的内因是钢材内部总是不可避免地存在一定数量的非金属夹杂物。在轧制过程中，它们被碾轧成带状，分布在基体金属中，这就造成了金属材料在力学性能上的各向异性。例如，一般低合金钢的 Z 向伸长率要比 L 向伸长率低 30% ~ 40%。

造成层状撕裂的外因是存在垂直于金属材料表面的 Z 向应力。

7.5.3 影响层状撕裂的因素及防止措施

1. 影响层状撕裂的因素

（1）夹杂物的种类和数量　一般说来，夹杂物的成分对层状撕裂的影响不大。任何夹杂物本身的变形能力都很差，远远小于基体金属，夹杂物与基体金属的结合力也远远小于金属本身的强度。因此，在拉应力的作用下，不是夹杂物的破碎，就是它们和基体金属发生分离，从而诱发层状撕裂。所以，不仅常见的硫化物、硅酸盐夹杂是有害的，就是比较细小的氧化铝和碳化物也是有害的。

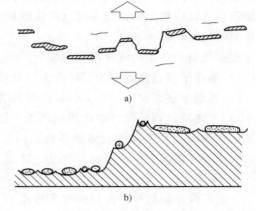

图 7-57　层状撕裂破坏示意图
a）阶梯状层状撕裂的形成过程
b）不同平面的平台及平台上的夹杂物

从夹杂物的形态看，呈片状分布的夹杂物害处最大，因为一方面它们使受力承载面积下降很多，另一方面其尖端又会造成更大的应力集中。MnS 容易成层状分布，所以对层状撕裂的影响最大。

显然，夹杂物的数量越多，越易造成层状撕裂。夹杂物的数量可以通过定量夹杂分析测得。但在工程中，还是更多地用金属材料的化学成分来间接衡量夹杂物的含量。

（2）金属基体的性能　从层状撕裂的机理分析可知，夹杂物与金属基体的脱离，一般只是形成了微裂纹，这些微裂纹还需要在基体金属中进一步扩展才能形成宏观的"平台"，"平台"之间还要发生剪切破坏才能形成"剪切壁"，从而形成宏观的层状撕裂。如果金属基体的塑性、韧性很好，就能较好地阻止微裂纹的扩展，也即阻止了层状撕裂的形成。

钢材的强度提高常伴随着塑性、韧性的下降，所以塑性、韧性不足的高强度钢更易发生层状撕裂。焊后由于热影响区脆化，以及 200~400℃区域的热应变时效脆化，都有可能增加层状撕裂的倾向。

（3）氢的影响　氢容易促使形成冷裂纹，而冷裂纹又可以成为层状撕裂的诱发因素。发生在焊趾和焊根处的层状撕裂，往往就是由于冷裂纹诱发产生的。因此，氢虽不是造成层状撕裂的直接原因，但可以诱发层状撕裂。

（4）Z 向拘束应力　包括层状撕裂在内的所有裂纹都是在拉应力下产生的，不同的是，只有 Z 向应力才可能导致层状撕裂。对于不同材料，产生层状撕裂的 Z 向拘束应力可以采用 Z 向插销试验、Z 向窗口试验等方法确定。

2. 防止层状撕裂的措施

（1）选用具有良好抗层状撕裂性能的金属材料　可以从两个方面来衡量材料的抗层状撕裂性能：一是材料的 Z 向塑性；二是材料的夹杂物含量。对于抗层状撕裂钢，要求硫的质量分数不大于 0.010%，Z 向断面收缩率大于 15%。

钢铁企业采用了如下措施，开发出了抗层状撕裂性能优异的钢材。

1）精炼钢。采用了铁液先期脱硫、真空脱气、炉外精炼等一系列措施。新研制的 Z 向钢和 CF 钢断面收缩率可达 60%~75%，硫的质量分数仅为 0.001%~0.003%。采用这些材料焊接大型厚壁结构，一般不会出现层状撕裂。

2）控制硫化物夹杂形态。MnS 是钢中的主要夹杂物，呈片状分布，所以对钢材的抗层状撕裂性能最为不利。通过添加 Ca、RE 合金元素可以形成球状的其他元素硫化物，从而使钢材的断面收缩率提高到 50%～70%。

（2）改进接头设计，避免产生 Z 向应力　对于图 7-58a 所示的两种焊接接头，如果改成图 7-58b 所示的形式，就可以防止层状撕裂。其中的十字接头是将钢板的 Z 向安排在与受力方向垂直的部分；角接接头则将坡口由单边 V 形改为双边 V 形，这样就可以尽量避免使钢板承受垂直于钢板表面的 Z 向应力。

对层状撕裂倾向较大的 T 形接头，可以在横板上预先堆焊一层低强度焊接材料，以防止焊根裂纹，同时也可以由低强度堆焊层分担较多的应变，减少横板的 Z 向应变，减少层状撕裂倾向（见图 7-59）。

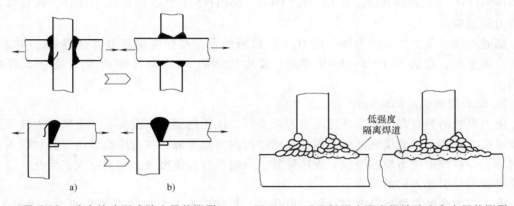

图 7-58　改变接头形式防止层状撕裂　　　　图 7-59　采用低强度隔离焊缝防止产生层状撕裂

（3）采用合适的焊接工艺　防止层状撕裂的工艺原则和防止冷裂是基本一致的，即采用合适的热输入、预热温度以及采用低氢型焊条。这样一方面减少了冷裂倾向，同时也减少了由于冷裂纹诱发的热影响区层状撕裂。同时由于减少了热影响区的脆化倾向，增加了金属本身的抗层状撕裂能力。

7.6　应力腐蚀裂纹

应力腐蚀裂纹是金属材料（包括焊接接头）在一定温度下受腐蚀介质和拉应力的共同作用而发生的延迟破坏现象，又称为应力腐蚀开裂，一般简称为 SCC（Stress Corrosion Cracking）。

7.6.1　应力腐蚀裂纹的危害

在石油、化工、冶金、能源和海洋工程等行业服役的焊接结构，一般要求其能在各种腐蚀介质下长期稳定地工作。这些结构往往具有较大的刚度和焊接残余应力，一般工作应力也较大，在应力和腐蚀介质的共同作用下，这类焊接结构很容易产生应力腐蚀裂纹。

1. 应力腐蚀是最严重的腐蚀破坏

随着对铬镍奥氏体不锈钢研究的深入，其晶间裂纹的腐蚀问题已经得到有效控制。18-8型奥氏体不锈钢在硫酸、硝酸等强腐蚀介质中，耐蚀性的表现尚好，但在某些含有 Cl⁻ 离子的溶液中，耐应力腐蚀的能力都很差，甚至在含微量杂质的高温水中，也能引起应力腐蚀。大量的事故案例说明应力腐蚀破坏事故已占 Cr-Ni 不锈钢湿态腐蚀破坏事故之首，高达40%~60%，成为不锈钢生产和应用的主要问题。

2. 应力腐蚀裂纹可发生在各类金属中

在钢铁材料中最早的应力腐蚀断裂是 1865 年铆接锅炉碳钢的碱脆；1919 年以后发现铝和铝合金的应力腐蚀断裂；1930—1937 年发现 Cr-Ni 奥氏体不锈钢的应力腐蚀现象；20 世纪 60 年代初钛合金和锆合金的应力腐蚀也不断出现。

在石油、化工行业中广泛应用的 Cr-Ni 奥氏体不锈钢，例如：10Cr18Ni12、06Cr19Ni10、07Cr19Ni11Ti、06Cr18Ni11Ti、07Cr17Ni12Mo2、06Cr17Ni12Mo3 等十几个牌号，都较容易产生应力腐蚀裂纹。

随着石油、化工工业的发展，由 H_2S 引起的低合金高强度钢应力腐蚀裂纹，引起了人们的高度重视。我国在 1975—1979 年间，发生破坏的 20 台球罐中有 40% 是由 SCC 所引起的。

3. 应力腐蚀裂纹的隐蔽性

应力腐蚀断裂是在未产生任何明显宏观变形、无任何预兆的情况下产生的，而且裂纹的扩展速度大大高于一般腐蚀速度，容易造成结构的突然泄漏，甚至爆裂。由于裂纹深入到金属内部，一旦产生应力腐蚀裂纹，无法修复，只能整台设备报废，损失巨大。因此，应力腐蚀裂纹越来越引起人们的重视。

由于应力腐蚀裂纹涉及金属材料、电化学、焊接等有关金属加工工艺的许多学科领域，因此到目前为止尚有许多问题有待深入研究。

7.6.2 应力腐蚀裂纹的特征及其产生条件

1. 应力腐蚀裂纹的特征

应力腐蚀裂纹与其他类型的焊接裂纹有明显的区别。

（1）应力腐蚀裂纹的宏观形态和位置

1）应力腐蚀裂纹只产生在与腐蚀介质接触的金属表面，然后由表面向内部延伸。裂纹往往集中在某一区域或某些局部区域。裂纹有时较少，甚至只有一条；有时又很多，甚至可多到无法计数的程度。

2）应力腐蚀裂纹的表面宏观形态可以呈直线状、树枝状、龟裂状、放射状等多种形态，它们均无明显的塑性变形，裂纹的走向与所受拉应力垂直。在板材焊缝处，多为垂直于焊缝的横向裂纹；而在管材焊缝处，多为平行于焊缝的裂纹；管子直管部位多为纵向裂纹；U 形、蛇形或其他冷弯管部位多为横向裂纹；管子与管板胀接部位多为横向裂纹；表面打磨处或表面划伤处的裂纹多与打磨痕迹或划痕垂直。

（2）应力腐蚀裂纹的微观形态

1）从横向或纵向剖面的金相试样上可以看到，深入金属内部的应力腐蚀裂纹呈树根状，细而长，并带有多支根须，这是不同于其他裂纹的最明显特征，如图 7-60 所示。

2）应力腐蚀裂纹断口为典型的脆性断口，无明显的塑性变形。一般情况下，低碳钢、低合金钢、铝合金、α 黄铜以及镍合金等，SCC 多为沿晶开裂。β 黄铜呈穿晶开裂。对于奥氏体不锈钢，当腐蚀介质不同时，开裂的性质也不同，可能呈沿晶开裂，也可能呈穿晶开裂，或为混合型开裂。奥氏体不锈钢在不同介质中的 SCC 开裂方式见表 7-7。

图 7-60　金属内部的 SCC 裂纹

2. 产生应力腐蚀裂纹的条件

（1）产生应力腐蚀裂纹的介质条件　金属材料并非在任何介质中都产生应力腐蚀，它们之间有一定的匹配关系。以 Cr-Ni 奥氏体不锈钢为例，常见的产生应力腐蚀的介质有：

1）各种氯化物或含氯化物溶液。

2）盐水、海水、河水、井水、高温高压水、水蒸气和海洋大气。

3）硝酸和硝酸盐溶液。

表 7-7　奥氏体不锈钢在不同腐蚀介质中的 SCC 开裂方式

序号	腐蚀介质	裂纹的行径
1	氢化物介质	穿晶或穿晶+沿晶
2	海水、河水、高温纯水	穿晶或穿晶+沿晶
3	碱溶液	穿晶或穿晶+沿晶
4	氢氟酸或氟硅酸	穿晶或穿晶+沿晶
5	硫酸、亚硫酸	穿晶+沿晶
6	$HCl+HNO_3+HF$	穿晶+沿晶
7	硫化氢水溶液	穿晶
8	硝酸和硝酸盐	沿晶

4）HNO_3+HF 和 $HNO_3+HCl+HF$ 水溶液。

5）氢氟酸、氟硅酸和含 F^- 的水溶液。

6）氢氧化物，如 KOH、NaOH 等的水溶液。

7）硫化氢水溶液。

8）连多硫酸（$H_2S_xO_6$）。

9）硫酸和亚硫酸盐溶液。

这些介质来自多种途径，有时介质的一些微小变化就能引起奥氏体不锈钢的应力腐蚀。

（2）产生应力腐蚀裂纹的应力条件　产生 SCC 的一个重要特征是总伴有一定的拉应力。根据对实际工程设备应力腐蚀开裂事故的调查统计，造成应力腐蚀开裂的应力主要是残余应力，占 80%左右，其中由焊接残余应力引起的应力腐蚀裂纹占 30%左右，由成形加工造成的残余应力引起的应力腐蚀裂纹占 45%左右。

7.6.3　应力腐蚀的形成机理

应力腐蚀是由电化学腐蚀和在拉应力下金属局部的机械破坏共同作用的结果。

1. 电化学应力腐蚀开裂

根据电化学研究结果，金属在腐蚀介质中有如下两种电化学作用：

1）阳极溶解腐蚀开裂（Active Path Corrosion，APC）。

2）阴极氢脆开裂（Hydrogen Embrittlemnet Corrosion，HEC）。

它们的腐蚀过程如图 7-61 所示，在应力作用下阳极发生 M^+ 溶解，即金属以离子状态溶入介质：

$$M \rightarrow M^+ + e$$

此即 APC 型的 SCC 过程。

与此同时，电子 e 在金属内部直接从阳极流向阴极（即金属表面）。如果金属表面存在介质中的 H^+，那么电子 e 与 H^+ 结合成氢原子 H：

$$H^+ + e \rightarrow H$$

这种结合的氢，将向金属内部扩散，造成脆化，即所谓 HEC 型的 SCC 过程。

从以上的讨论可以看出，APC 和 HEC 是同时进行的，究竟哪一种过程在 SCC 中起主导作用，则依金属和腐蚀介质的不同而有所区别。

2. 机械破坏应力腐蚀开裂

研究表明，18-8 型不锈钢的应力腐蚀与在拉应力的作用下金属表面氧化膜的破坏有关。在焊接应力和其他应力的作用下，金属会在局部产生不同程度的塑性变形，这种塑性变形将会产生"滑移台阶"，当滑移台阶高于氧化膜的厚度时，就会使氧化膜破坏，暴露出新鲜的金属。由于裸金属的电极电位相对金属氧化膜为负，因此在由裸金属和氧化膜构成的原电池中，裸金属部分作为阳极被腐蚀，如图 7-62 所示。

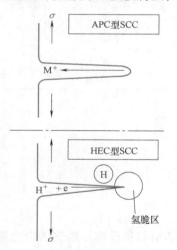

图 7-61　APC 和 HEC 应力腐蚀示意图

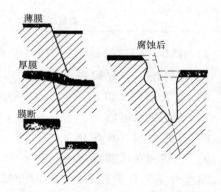

图 7-62　塑性变形引起的滑移台阶

7.6.4　防止应力腐蚀裂纹的措施

1. 母材的选用

选用抗应力腐蚀能力好的母材是防止 SCC 的根本措施之一。选择耐蚀母材时，除考虑耐一般腐蚀和晶间腐蚀等性能外，还必须考虑应力腐蚀，在含 Cl^- 的介质中工作时尤其如此。人们一般认为耐蚀性较好的 18-8 奥氏体不锈钢，恰恰在含 Cl⁻ 等的介质中容易产生应力腐蚀，因此可以根据工作条件酌情选用耐应力腐蚀较好的高铬铁素体不锈钢、双相不锈钢、高镍不锈钢或高镍合金。

双相不锈钢是在 18-8 奥氏体钢的基础上发展起来的一种新型不锈钢系列。它以 18-8 奥氏体不锈钢的成分设计为基础，相对提高铬含量，降低镍含量，使之形成 γ+δ 双相组织。与奥氏体不锈钢相比，双相不锈钢具有强度高、线胀系数小、热导率大、对晶界腐蚀不敏感、耐应力腐蚀、耐腐蚀疲劳、耐点蚀、价格较低等一系列优点。在许多场合双相不锈钢已成为替代传统 18-8 奥氏体不锈钢的较理想的钢种，如在造纸、化工、核反应堆等行业的某些部件上，使用 022Cr19Ni5Mo3Si2N 双相不锈钢替代 18-8 奥氏体不锈钢，有效地防止了应力腐蚀裂纹。

对于在腐蚀介质条件下工作的低合金高强度钢焊接结构，选择母材时不仅要考虑其强度，还要考虑其耐应力腐蚀性能。例如，日本同一规格的 HT80 钢，由于合金系统不同，其应力腐蚀开裂的倾向相差很大，见表 7-8。显然在应力腐蚀的介质中选用 Ni-Cr-Mo-V-B 系的 HT80 钢更合适。

表 7-8　不同合金系统的 HT80 钢 SCC 倾向

腐蚀条件	H₂S 饱和水浸 1 周		H₂S 饱和醋酸浸 1 周	
加载应力 σ/MPa	350	600	350	600
Cr-Mo-B 系	无裂纹	裂	裂	裂断
Ni-Cr-Mo-V-B 系	无裂纹	无裂纹	无裂纹	无裂纹

2. 控制介质中的杂质

能够引起 Cr-Ni 奥氏体不锈钢产生应力腐蚀的介质很多，这些介质来源广泛，有时介质的微小变化就能引起不锈钢的应力腐蚀断裂。特别是溶液中含一些特定的离子则更为危险，例如，Cl⁻ 离子在 200℃ 水中的浓度仅为 2×10^{-4}% 时，便可使 18-8 奥氏体不锈钢产生应力腐蚀；水中仅含 2×10^{-6}% 的 F⁻，在室温下即可引起敏化态 Cr-Ni 不锈钢的应力腐蚀。氧溶于高温水中，可引起在沸水反应堆中使用的敏化态 Cr-Ni 不锈钢的晶间应力腐蚀，而在强辐照条件下，这种应力腐蚀甚至可在固溶态 Cr-Ni 不锈钢中产生。由于杂质种类和不锈钢种类很多，目前尚无统一的杂质控制标准，只能根据实际条件通过各种试验确定。

液化石油气（LPG）球罐则会因 H₂S 含量较高，引起低合金高强度钢的应力腐蚀。图 7-63 所示为 H₂S 浓度与产生应力腐蚀的临界应力 σ_{cr} 的关系，H₂S 越高，则 σ_{cr} 越低。通常在 LPG 中含 H₂S 可达（1~3）× 10^{-2}%，甚至严重的达 1% 以上，这是造成低合金高强度钢 LPG 球罐应力腐蚀的重要原因。其腐蚀反应的方程式为

$$H_2S + e \rightarrow H + SH^-$$

$$SH^- + H^+ \rightarrow H_2S$$

所以，LPG 球罐中的 H₂S 必须加以处

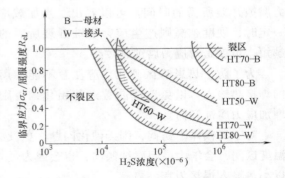

图 7-63　H₂S 浓度对 σ_{cr} 的影响

理，降到规定值以下。日本焊接协会高强度钢耐蚀研究组曾对 HT60 ~ HT80 高强度钢的焊接

接头在运行设备中做了 H_2S 的应力腐蚀试验，结果指出，水中 H_2S 浓度在 1×10^{-2}% 以下时，将不会产生 SCC。

3. 焊接材料的选用

尽管母材抗 SCC 能力很强，但选用的焊接材料不当，同样会使构件早期破坏。一般来说，焊缝的化学成分应尽可能与母材一致。母材为 022Cr19Ni5Mo3Si2N 双相不锈钢，采用三种不同焊条焊成的焊缝抗 SCC 能力的比较见表7-9。可见，与母材成分相当的 3RS61 和 P5 焊条（含 Mo）具有较好的抗 SCC 性能，而不含 Mo 的 A302 焊条抗 SCC 能力较差。

表 7-9　三种焊条的 SCC 敏感性（在 25%NaCl+1%$K_2Cr_3O_7$ 的介质中试验）

焊条	熔敷金属的化学成分（质量分数，%）				开　裂　情　况
	C	Cr	Ni	Mo	
3RS61	0.033	21.21	10.09	2.77	200h 停试时无裂纹
P5	0.035	22.23	14.70	1.90	200h 停试时无裂纹
A302	0.050	22.70	10.90	—	77h 熔合线开裂，一个焊缝试样 88h 开裂，另一个焊缝试样 112h 开裂

许多试验指出，在高温水中工作的 18-8 奥氏体不锈钢随含碳量的增高，SCC 的敏感性也随之增加。如图7-64所示，当含碳量超过 0.1%（质量分数）时，开裂的形态由穿晶型转为沿晶型，所以应选用低碳或超低碳的焊接材料。

4. 控制焊接工艺

选择焊接参数的原则：一是不产生硬化组织；二是不发生晶粒严重粗化。

焊接接头的硬度对其应力腐蚀倾向影响很大。图7-65 所示是高碳钢材料在饱和 H_2S 水溶液中进行应力腐蚀试验时，硬度对应力腐蚀开裂的影响。图7-65 中纵坐标为试验加载应力 σ，横坐标 t 为发生应力腐蚀开裂所需的时间。可以看出，当加载应力 σ 一定时，硬度越高则产生应力腐蚀开裂所需的时间越短，也就是对应力腐蚀越敏感。

为了防止热影响区硬化，应注意不能使用过大的焊接热输入，以免造成晶粒过热粗化，否则也会增加应力腐蚀倾向。

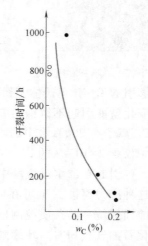

图 7-64　含碳量对 18-8 奥氏体不锈钢 SCC 的影响（高温水中，$T=300℃$，Cl^- 的浓度为 5×10^{-2}%）

○—穿晶开裂　●—沿晶开裂

对于奥氏体不锈钢，因无硬化问题，更没必要提高焊接热输入，否则不仅由于增大敏化温度区间，会增大晶间腐蚀倾向，也会因为过热区的晶粒粗大，增大应力腐蚀倾向，所以应以小热输入焊接为宜。

5. 采用合理的金属成形和结构组装

由于拉应力是造成应力腐蚀的重要原因，所以应当尽量减少在金属成形和冷加工过程中造成的残余应力和强行组装时的装配应力。尤其是对于不锈钢，由于它的加工硬化倾向大，任何加工成形，包括冷轧、冷拔、冲压、弯管、矫直、胀管等均会造成较大的残余应力，所以防止加工成形造成的残余应力具有特别重要的意义。因此，应当注意以下几点：

1）在设计上尽量减少加工变形量。

2）采用合理的加工工艺。在 Cr-Ni 奥氏体不锈钢和耐蚀合金管材的生产中，采用冷轧、冷拔工艺会产生很大的残余应力。如果进行固溶处理（1000~1500℃加热，水淬）可使残余应力下降，但管材急冷会出现变形，重新矫形又会使残余应力有所上升，所以要权衡利弊。

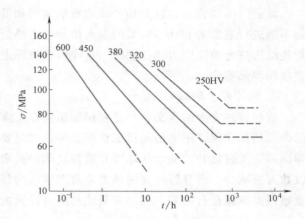

图 7-65　硬度对应力腐蚀开裂的影响

（试验材料：高碳钢，腐蚀介质：饱和 H_2S 水溶液）

在板材的弯曲成形等过程中应尽量避免锤击，必要时应使用专用软质工具。另外，不能在板材表面随意引弧、打磨，即使用砂纸打磨，也会使残余应力提高。

3）防止强行组装。强行组装会造成很大的残余应力，因此要严格控制组装质量。施工时应尽量保证下料精度，如有较大的错边，应采用整形的方法，不能用千斤顶强制组装，更不能在表面焊接各种拉筋、Π 形铁、支柱等装配用辅助夹具。

6. 焊后消除应力

对低合金高强度钢，焊后进行去应力退火处理，可以同时起到防止延迟裂纹和 SCC 的作用。对于厚壁压力容器焊接结构，特别是装有含腐蚀介质的物质时，必须进行焊后去应力退火处理。然而在通常的退火温度下，不仅不能消除不锈钢的残余应力，反而可能使其受到敏化处理，降低耐蚀性。因此，不锈钢焊接结构不应进行消除应力热处理。

（1）整体消除应力热处理　对于低碳钢和低合金钢焊接结构，进行整体消除应力的效果较好。图 7-66 所示是低碳钢和低合金钢焊接结构加热温度和保温时间对于残余应力的影响。该图中数据表明，650℃ 保温 20~40h 基本上可消除全部残余应力。

对于大型压力容器，如球罐等，近年发展了一种"内加热，外保温"的整体热处理方法，可消除残余应力 90% 以上，现在已得到推广使用。

（2）局部消除应力热处理　对要求不高的和无法进行整体消除应力热处理的焊件，

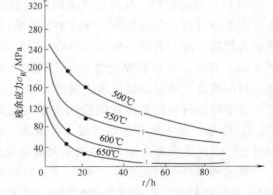

图 7-66　加热温度和保温时间对残余应力的影响

可以进行局部火焰加热、远红外线加热、感应加热，这样也能在一定程度上起到局部热处理消除应力的作用。

最后应强调指出，以上热处理均指低碳钢和低合金钢而言，对奥氏体不锈钢等高合金钢是不能进行通常的 600~700℃ 的退火消除应力热处理的。还应当指出，对于不同的低合金钢焊接结构进行消除应力热处理时，也应慎重选择退火的温度、时间，以防止可能产生的再热裂纹和再热脆化。

7. 监控和及时修补

监控有两方面的含义：一是要保证结构在正常的工况条件下运行，例如，不应使介质中的杂质超标和保证正常的运行工作压力等；二是要及时检查结构的腐蚀破坏情况，发现裂纹等缺陷要及时修补。从近年球罐开罐修复的经验来看，每修复一次都使下次开罐检查的总裂纹数有所减少，而且新补焊的地方未再产生新的裂纹，也就是说通过及时检查、修补可以有效地提高球罐运行的安全性，将裂纹的危害性大大降低。

7.7 焊接裂纹诊断的一般方法

焊接裂纹是最危险的焊接缺陷，它不仅可以直接造成泄漏，降低接头的承载强度，而且还会造成结构的突然断裂，给人们带来难以估量的损失。因此，在重要的焊接结构施工中，一般不允许任何可检出的裂纹出现。在焊接结构的失效事故分析中，由于涉及的因素较多，往往难以确定属于哪种裂纹。因此，需要进行认真、细致的调查、分析、研究及判断，对裂纹的性质做出正确的结论，从而找出裂纹的产生原因及防止措施。

本节讨论的内容，就是根据各类裂纹的特征，对于焊接结构中产生的裂纹进行分析、研究，然后做出裂纹性质的判断，从而为防止裂纹的产生及修复提出技术方案。

7.7.1 裂纹产生条件的初步调查

发生焊接裂纹事故后，首先应当充分了解下列与产生裂纹有关的基本情况。

1. 材料的种类、成分和性能

裂纹的调查范围包括母材，也包括焊接接头的区域。

（1）母材的种类 母材种类不同，对裂纹的敏感性也不同。如奥氏体不锈钢和铝合金不会产生冷裂纹，但对各种热裂纹十分敏感；碳钢和低合金钢除非含杂质较多，又使用了大热输入焊接方法，否则一般不大容易产生各类热裂纹，所产生的裂纹多属冷裂纹。

（2）母材、焊材和焊缝的成分 同一牌号的材料成分也有一定波动，甚至出现杂质含量超标的现象，也有因偏析而使钢材局部杂质含量超标而受检部位合格的情况。焊缝的成分更会由于焊接材料的差异和熔合比的不同变化很大。这些都会给抗裂性带来很大影响。例如，Q345 钢一般不易产生热裂纹，可是某厂在埋弧焊施工中出现了焊缝上的结晶裂纹，经过分析、研究表明是由于 C、S 含量超标造成的。

母材和焊缝中的杂质主要是 S、P，对焊接结构来说其含量起码应小于 0.05%（质量分数），不同的材料应严格按要求控制杂质含量。对 C、Si 等对冷、热裂影响很大的元素也应重点考查。

2. 焊接接头的工作条件

焊接接头的工作条件不仅和裂纹的启裂有关，而且对裂纹的进一步扩展影响很大。

（1）工作介质　焊接接头如果在腐蚀介质下工作，则在工作中产生的裂纹应考虑是否为各种腐蚀裂纹。在含 Cl^- 的溶液中工作的 18-8 奥氏体不锈钢焊接接头的裂纹极可能是应力腐蚀裂纹，而 18-8 钢焊接接头在 H_2SO_4 溶液中产生的裂纹则可能是晶间腐蚀裂纹或刀状腐蚀裂纹。

（2）工作温度　在高温下（一般为 500～700℃）工作的珠光体耐热钢及含沉淀强化元素的钢所产生的裂纹可能是再热裂纹。另外，在高温下长期工作还可能引起蠕变断裂，而在低温下工作又可能造成脆断。

（3）载荷性质　在动载下工作产生的裂纹可能是疲劳裂纹。

3. 接头的受力状态

（1）结构的刚度和焊接残余应力　若两者都较大，则易诱发冷裂纹、层状撕裂、再热裂纹、应力腐蚀裂纹等。

（2）接头的受力方向　只有接头承受 Z 向应力时才可能产生层状撕裂。

4. 结构的焊接工艺

（1）工艺方法和焊接热输入　当焊接热输入较大时，产生热裂纹的可能性较大；当焊接热输入较小时，产生冷裂纹的可能性较大。

（2）预热和后热　预热和后热是防止许多裂纹的关键工艺措施。在实际施工中，由于温度不易控制，或者施工管理不严格、不按工艺规程确定的预热和后热参数操作，容易造成裂纹事故。

（3）焊接材料　焊接材料选择不当是造成各种裂纹的直接原因之一。使用含氢量高的焊接材料容易引发冷裂纹。使用合金系统与母材不匹配的焊条，是造成不锈钢焊缝出现应力腐蚀裂纹的原因。

（4）装配和焊接质量　错边、咬边、夹渣、气孔等都会造成应力集中，因而是诱发冷裂纹的重要原因。

（5）施工的环境条件　温度和湿度直接影响焊接接头的质量。某厂液化石油气（LPG）球罐在冬季施工，西北方迎风面的裂纹明显多于其他方向，显然是由于该处接头冷却速度大造成冷裂倾向加大的结果。

7.7.2　裂纹的宏观分析

1. 裂纹产生的位置

首先应弄清裂纹是产生在焊缝、热影响区还是母材上。焊缝上可能产生各种热裂纹、冷裂纹、应力腐蚀裂纹，但不会出现再热裂纹和层状撕裂。热影响区产生的裂纹主要是冷裂纹，也有高温液化裂纹、多边化裂纹等热裂纹，以及各种腐蚀裂纹，但不会产生焊缝上特有的结晶裂纹。母材上一般只有产生层状撕裂和应力腐蚀裂纹的可能。

2. 裂纹的外观形态和走向

从表面观察，热影响区的冷裂纹多呈纵向，焊缝上的冷裂纹多呈横向，但多层焊的打底焊道在焊根处产生的冷裂纹也常贯穿焊缝截面，从焊缝正面看，裂纹在焊缝上呈纵向。结晶裂纹总是位于焊缝柱状晶的交汇面上，所以不是在焊缝的正中呈纵向分布，就是呈较小的短弯曲状裂纹,分布在焊缝中心线两侧、垂直于焊波的纹路。呈表面龟裂状的裂纹则可能是应力腐蚀裂纹。

在焊件表面露头的热裂纹常有氧化色,而冷裂纹断面则有金属光泽。

7.7.3 裂纹的微观分析

1. 金相分析

通过从裂纹处取样的断面金相分析可以清楚地看出裂纹向内部的延伸路径和微观形态,这是鉴别裂纹种类和成因的最有力手段之一。热裂纹,包括再热裂纹总是具有沿晶破坏的特征。冷裂纹则可能为沿晶也可能为穿晶破坏,它特别容易沿熔合线的粗晶区发展。层状撕裂总有明显的阶梯状。应力腐蚀裂纹呈特有的树根状。

还可以配合金相分析进行裂纹部位的硬度试验。例如,硬度值偏高,可提示有淬硬倾向,裂纹可能和冷裂纹有关。

2. 断口分析

用扫描电镜进行断口分析,近年来得到了广泛应用。断口形态可以帮助了解裂纹的性质。由于热裂纹均为晶间断裂,所以在扫描电镜下,可清楚地看到断口晶粒呈卵圆形。冷裂纹断口启裂处可呈岩石状晶间断口,扩展区多为氢致准解理断口,最后撕裂区则为韧窝断口。

对于断口上的局部,还可同时进行电子探针成分分析。腐蚀性裂纹常伴有腐蚀产物,热裂纹、层状撕裂常可在断口处发现各类夹杂物。

应当指出,诊断裂纹是一项较复杂的、综合性的分析工作。有时裂纹很典型,仅根据直观印象就能做出判断;有时裂纹并不典型,或多种裂纹并存,需要进行一系列的分析,并通过实验室的模拟试验,才能得出正确判断。即使如此,有一些裂纹究竟属于哪一类,其产生的准确原因尚有争论。

总之,本节简要地进行了各类裂纹的宏观、微观及断口等综合分析,通常可以做出较为正确的判断。更深入的分析研究手段还有很多,例如 X 射线衍射、电子探针、能谱分析等。随着科学技术的进步,还会出现更加完善、更高精度的分析研究方法。为了更准确地判断出裂纹性质,还应当进行有关的焊接裂纹模拟试验。也就是要根据工程中出现裂纹的实际工况条件进行认真、细致的试验研究,找出裂纹的形成原因及影响因素,从而提出解决防止裂纹的技术措施,以及返修技术方案。这方面的内容,还可参考有关焊接结构失效分析的专著及文献资料。

思 考 题

1. 试述焊接裂纹的分类,以及焊接裂纹的危害性。
2. 说明结晶裂纹的形成机理、影响因素及防止措施。
3. 综合分析产生冷裂纹的三大因素。
4. 在焊接工程中如何防止冷裂纹的产生?
5. 试述再热裂纹的主要特征及形成机理。

6. 在冷裂纹的形成过程中，氢的作用有哪些？

7. 高强度钢热影响区的延迟裂纹是如何形成的？

8. 何谓拘束度、拘束应力？它们对研究焊接冷裂纹有何意义？

9. 试述防止冷裂纹的措施。

10. 说明再热裂纹的产生机理及防止措施。

11. 层状撕裂的产生原因及防止措施有哪些？

12. 应力腐蚀裂纹的形成机理及防止措施有哪些？

13. 后热对于防止冷裂纹有何作用？它能否全部代替预热？

14. 采用宏观和微观分析方法，如何正确判断裂纹的性质？

附　　录

附录 A　焊条牌号的编制方法

表 A-1　字母及数字的含义

焊条类别	字母	第一位数字	第二位数字	举例
结构钢焊条	J	表示熔敷金属抗拉强度等级,其系列为 42——430MPa 50——490MPa 55——540MPa 60——590MPa 70——690MPa 75——740MPa 80——780MPa 85——830MPa 10——980MPa		J 50 7 CuP 用于焊接铜磷钢,有抗大气、耐海水腐蚀的特殊用途 低氢钠型药皮,直流 熔敷金属抗拉强度不低于490MPa 结构钢焊条
铬和铬钼耐热钢焊条	R	表示熔敷金属主要化学成分组成等级 1—含 Mo≈0.5% 2—含 Cr≈0.5%,含 Mo≈0.5% 3—含 Cr≈1%~2%,含 Mo≈0.5%~1% 4—含 Cr≈2.5%,含 Mo≈1% 5—含 Cr≈5%,含 Mo≈0.5% 6—含 Cr≈7%,含 Mo≈1% 7—含 Cr≈9%,含 Mo≈1% 8—含 Cr≈11%,含 Mo≈1%	表示同一熔敷金属主要化学成分组成等级中的不同牌号。对于同一药皮类型焊条,可有十个牌号,由 0、1、2、…9 顺序排列	R 3 4 7 低氢钠型药皮、直流 牌号编号为4 熔敷金属主要化学成分组成等级为含 Cr≈1%~2%,含 Mo≈0.5% 耐热钢焊条
低温钢焊条	W	表示低温钢焊条工作温度等级: 70——-70℃ 90——-90℃ 10——-100℃ 19——-196℃ 25——-253℃		W 70 7 低氢钠型药皮,直流 温度等级为 -70℃ 低温钢焊条

（续）

焊条类别	字母	第一位数字	第二位数字	举　例
不锈钢焊条	G	表示熔敷金属主要化学成分组成等级 2——含 Cr≈13% 3——含 Cr≈17%	表示同一熔敷金属主要化学成分组成等级中的不同牌号。对于同一药皮类型焊条，可有十个牌号，按 0、1、2…9 顺序排列	G 2 0 2 ├─ 钛钙型药皮,交、直流两用 ├─ 牌号编号为 0 ├─ 熔敷金属主要化学成分组成 　 等级为含 Cr≈13% └─ 铬不锈钢焊条
	A	0——含 C≤0.04%（超低碳） 1——含 Cr≈18%,含 Ni≈8% 2——含 Cr≈18%,含 Ni≈12% 3——含 Cr≈25%,含 Ni≈13% 4——含 Cr≈25%,含 Ni≈20% 5——含 Cr≈16%,含 Ni≈25% 6——含 Cr≈15%,含 Ni≈35% 7——含 Cr-Mn-N 不锈钢 8——含 Cr≈18%,含 Ni≈18%		A 0 2 2 ├─ 钛钙型药皮,交、直流两用 ├─ 牌号编号为 2 ├─ 熔敷金属主要化学成分等级为 　 含 C≤0.04%（超低碳） └─ 奥氏体不锈钢焊条
堆焊焊条	D	表示堆焊焊条的用途、组织或熔敷金属主要成分: 0——不规定 1——普通常温用 2——普通常温用及常温高锰钢型 3——刀具及工具用 4——刀具及工具用 5——阀门用 6——合金铸铁型 7——碳化钨型 8——钴基合金型	表示同一用途组织或熔敷金属主要成分中的不同牌号。对同一药皮类型的堆焊焊条，按 0、1、2…9 顺序排列	D 1 2 7 ├─ 低氢型药皮,直流 ├─ 牌号编号为 2 ├─ 普通常温用 └─ 堆焊焊条
铸铁焊条	Z	表示熔敷金属主要化学成分组成类型: 1——碳钢或高钒钢 2——铸铁（包括球墨铸铁） 3——纯镍 4——镍铁 5——镍铜 6——铜铁	表示同一熔敷金属主要化学成分组成类型中的不同牌号。对同一药皮类型焊条，可有十个牌号，按 0、1、2…9 顺序排列	Z 4 0 8 ├─ 石墨型药皮,交、直流两用 ├─ 牌号编号为 0 ├─ 熔敷金属主要化学成分 　 组成类型为镍铁合金 └─ 铸铁焊条
镍及镍合金焊条	Ni	表示熔敷金属化学成分组成类型: 1——纯镍 2——镍铜 3——因康镍合金		Ni 1 1 2 ├─ 钛钙型药皮,交、直流两用 ├─ 牌号编号为 1 ├─ 熔敷金属化学成分 　 组成类型为纯镍 └─ 镍及镍合金焊条

（续）

焊条类别	字母	第一位数字	第二位数字	举　例
铜及铜合金焊条	T	表示熔敷金属化学成分组成类型： 1——纯铜 2——青铜 3——白铜	表示同一熔敷缝金属化学成分组成类型中的不同牌号。对同一药皮类型焊条，可有十个牌号，按0、1、2…9顺序排列	T 2 2 7 低氢型药皮，直流 牌号编号为2 熔敷金属化学成分组成类型为青铜 铜及铜合金焊条
铝及铝合金焊条	L	表示熔敷金属化学成分组成类型： 1——纯铝 2——铝硅合金 3——铝锰合金		L 2 0 9 盐基型药皮，直流 牌号编号为0 熔敷金属化学成分组成类型为铝硅合金 铝及铝合金焊条
特殊用途焊条	TS	表示焊条的用途： 2——水下焊接用 3——水下切割用 4——铸铁件焊补前开坡口用 5——电渣焊用管状焊条 6——铁锰铝焊条 7——高硫堆焊焊条	表示同一用途中的不同牌号。对同一药皮类型焊条，可有十种牌号，按0、1、2…9顺序排列	TS 2 0 2 钛钙型药皮，交、直流两用 牌号编号为0 水下焊接用 特殊用途焊条

注：1. 表中各元素的含量均为质量分数。
　　2. 第三位数字表示各种焊条牌号的药皮类型及焊接电源（见表 A-2）。

表 A-2　焊条牌号中第三位数字的含义

数字	药皮类型	焊接电源种类	数字	药皮类型	焊接电源种类
0	不属已规定的类型	不规定	5	纤维素型	直流或交流
1	氧化钛型	直流或交流	6	低氢钾型	直流或交流
2	氧化钛钙型	直流或交流	7	低氢钠型	直流
3	钛铁矿型	直流或交流	8	石墨型	直流或交流
4	氧化铁型	直流或交流	9	盐基型	直流

附录 B　焊条药皮材料技术条件

表 B-1　矿物类材料的化学成分

序号	矿物名称	级别	颜色	化学成分（质量分数，%）	在焊条药皮或焊剂中的作用
1	大理石（$CaCO_3$）	—	白色、淡色或淡玫瑰色	$CaCO_3 > 95$，$S < 0.03$，$P \leqslant 0.03$	造渣剂、造气剂，并能稳定电弧
2	方解石（$CaCO_3$）	—	白色或灰色	$CaCO_3 \geqslant 97$，$S \leqslant 0.03$，$P \leqslant 0.03$	造渣剂、造气剂，并能稳定电弧

（续）

序号	矿物名称	级别	颜色	化学成分（质量分数，%）	在焊条药皮或焊剂中的作用
3	白云石（$CaCO_3$+$MgCO_3$）	—	白色或浅灰色岩石	$CaCO_3 \geqslant 50$，$MgCO_3 \geqslant 40$，$S \leqslant 0.04$，$P \leqslant 0.04$	造渣剂、造气剂
4	菱苦土菱镁矿（$MgCO_3$）	I	白色或灰色岩石	$MgCO_3 \geqslant 90$，$S \leqslant 0.03$，$P \leqslant 0.03$	造渣剂、造气剂
5	萤石（CaF_2）	I	半透明浅绿色或淡紫色结晶矿石	$CaF_2 > 96$，$SiO_2 \leqslant 3$，$S \leqslant 0.03$，$P \leqslant 0.03$	造渣剂、稀释剂，并能起去氢作用，但增加碱性焊条毒性
6	萤石（CaF_2）	II	半透明浅绿色或淡紫色结晶矿石	$CaF_2 > 92$，$SiO_2 \leqslant 6$，$S \leqslant 0.05$，$P \leqslant 0.05$	造渣剂、稀释剂，并能起去氢作用，但增加碱性焊条毒性
7	石英（SiO_2）	I	白色、淡灰色、淡黄色或无色半透明细粒或块状	$SiO_2 \geqslant 97$，$Fe_2O_3 \leqslant 0.5$，$S \leqslant 0.04$，$P \leqslant 0.04$	造渣剂
8	金红石（TiO_2）	—	暗红色或棕色细粒矿砂	$TiO_2 \geqslant 92$，$S \leqslant 0.03$，$P \leqslant 0.03$	造渣剂，能改善熔滴过渡，稳定电弧
9	人造金红石（TiO_2）	—	暗红色或棕色细粒	TiO_2 85～90，$S \leqslant 0.03$，$P \leqslant 0.03$	造渣剂，能改善熔滴过渡，稳定电弧
10	钛铁矿（精选钛矿）（$FeO \cdot TiO_2$）	—	黑色有金属光泽细矿砂	$TiO_2 \geqslant 45$，$S \leqslant 0.03$，$P \leqslant 0.03$	造渣剂
11	还原钛铁矿（TiO_2）	—	棕色细颗粒	$TiO_2 \geqslant 52$，$C \leqslant 0.20$，$FeO < 9$，$S \leqslant 0.035$，$P \leqslant 0.040$	造渣剂
12	赤铁矿（Fe_2O_3）	I	紫红色或褐色块状矿石	$Fe_2O_3 \geqslant 92$，$SiO_2 \leqslant 6$，$S \leqslant 0.10$，$P \leqslant 0.10$	造渣剂、氧化剂
13	铁砂（Fe_3O_4）	—	黑色有金属光泽细矿砂	$Fe_3O_4 \geqslant 90$，总 $Fe \geqslant 65$，$SiO_2 \leqslant 8$，$S \leqslant 0.05$，$P \leqslant 0.05$	造渣剂、氧化剂
14	锰矿（MnO_2）	I	黑色或黑褐色矿石	总 $Mn \geqslant 48$，$MnO_2 \geqslant 76$，$Fe_2O_3 = 6～15$，$SiO_2 \leqslant 10$，$S \leqslant 0.05$，$P \leqslant 0.10$	造渣剂
15	锰矿（MnO_2）	II	黑色或黑褐色矿石	总 $Mn \geqslant 45$，$MnO_2 \geqslant 75$，总 $Fe \leqslant 2$，$SiO_2 \leqslant 15$，$S \leqslant 0.05$，$P \leqslant 0.20$	造渣剂
16	白泥	—	白色、淡灰、淡黄或淡红色土	$SiO_2 = 69$，$Al_2O_3 \approx 20$，$S \leqslant 0.05$，$P \leqslant 0.05$	造渣剂、增塑剂
17	黏土（膨润土）	—	白色或淡白色干样块状或粉状	$SiO_2 = 70～75$，$Al_2O_3 = 15～18$，$S \leqslant 0.05$，$P \leqslant 0.05$	造渣剂、增塑剂
18	高岭土（陶土）	—	白色或淡灰色、淡黄色块状	$SiO_2 = 43～50$，$Al_2O_3 = 34～43$，$S \leqslant 0.05$，$P \leqslant 0.05$	造渣剂、增塑剂
19	钾长石	—	肉红色、白色或红褐色岩石	$SiO_2 = 63～73$，$Al_2O_3 = 17～24$，$K_2O+Na_2O > 12$，$K_2O \geqslant 8$，S、$P \leqslant 0.06$	造渣剂、稳弧剂

（续）

序号	矿物名称	级别	颜色	化学成分（质量分数，%）	在焊条药皮或焊剂中的作用
20	花岗石	—	淡灰色或淡黄色带黑斑岩石	$SiO_2 = 65 \sim 75$，$Al_2O_3 = 10 \sim 20$，$K_2O + Na_2O = 5 \sim 10$，$S \leqslant 0.05$，$P \leqslant 0.05$	造渣剂、稳弧剂
21	云母	—	透明至半透明片状或层状矿物	$SiO_2 \approx 48$，$Al_2O_3 \approx 36$，$K_2O + Na_2O \approx 9$，$S \leqslant 0.10$，$P \leqslant 0.05$	造渣剂、增塑剂
22	滑石	—	白色	$SiO_2 \geqslant 58$，$MgO \geqslant 30$，$Fe_2O_3 \leqslant 1.0$	造渣剂、增塑剂
23	石棉	—	白色或淡草绿色纤维集合体矿物	$SiO_2 = 32 \sim 37$，$CaO = 14 \sim 18$，$MgO = 22 \sim 27$，$Al_2O_3 < 5$，$S \leqslant 0.05$，$P \leqslant 0.05$	造渣剂、增塑剂
24	白土（细云母）	—	—	$MgCO_3 \approx 45$，$CaCO_3 \approx 25$，$SiO_2 \approx 25$，$Al_2O_3 \leqslant 4$，$S \leqslant 0.05$，$P \leqslant 0.05$	造渣剂
25	铝矾土（Al_2O_3）	—	淡黄色块状岩石	$Al_2O_3 = 80 \sim 85$，$Fe_2O_3 = 2 \sim 3$，$S \leqslant 0.05$，$P \leqslant 0.05$	造渣剂
26	镁砂	—	白色或淡棕色块状岩石	$MgO \geqslant 82$，$SiO_2 \leqslant 2.6$，$CaO \leqslant 2.68$，$Al_2O_3 \leqslant 2.1$，$Fe_2O_3 \leqslant 0.05$，焙烧损失 $\leqslant 10 \sim 12$	造渣剂
27	冰晶石	—	白色	$Na_2SiF_6 \geqslant 98$	造渣剂，并有去氧作用
28	石墨	I	黑色光泽粉末	$C > 90$，水分 $\leqslant 1.0$，灰分 $\leqslant 9.0$，$S \leqslant 0.2$，挥发物 $\leqslant 1.0$	石墨化剂
29	石墨	II	墨色光泽粉末	$C \geqslant 85$，水分 $\leqslant 5.0$，灰分 $\leqslant 12.0$，$S \leqslant 0.4$，挥发物 $\leqslant 5.0$	—

表 B-2 铁合金及金属粉末的主要化学成分

材料		主要化学成分（质量分数，%）	在焊条中的主要作用
名称	牌号		
低碳锰铁	FeMn80C0.7	$Mn > 80$，$C < 0.7$，$Si < 1.0$，$S < 0.03$，$P < 0.20$	脱氧剂、合金剂
中碳锰铁	FeMn78C1.0	$Mn > 78$，$C < 1.0$，$Si < 1.5$，$S < 0.03$，$P < 0.20$	
硅铁	Si45	$Si = 40.0 \sim 47.0$，$S < 0.02$，$P < 0.04$，$Mn < 0.7$，$Cr < 0.5$	
	Si65	$Si = 65.0 \sim 72.0$，$S < 0.02$，$P < 0.04$，$Mn < 0.6$，$Cr < 0.5$	
钛铁	FeTi30-A	$Ti = 25.0 \sim 35.0$，$C < 0.15$，$S < 0.03$，$P < 0.05$，$Al < 8.0$，$Si < 4.5$	脱氧剂、变质剂
	FeTi40-A	$Ti = 35.0 \sim 45.0$，$C < 0.10$，$S < 0.03$，$P < 0.03$，$Al < 9.0$，$Si < 3.0$	
钼铁	FeMo60	$Mo > 60.0$，$C < 0.15$，$S < 0.10$，$P < 0.05$，$Si < 2.0$，$Cu < 0.5$	合金剂
电解金属锰	DJMn99.7	$Mn > 99.7$，$C < 0.04$，$S < 0.05$，$P < 0.005$，$Se + Si + Fe < 0.205$，除 Mn 之外总和 < 0.3	
	DJMn99.5	$Mn > 99.5$，$C < 0.08$，$S < 0.10$，$P < 0.010$，$Se + Si + Fe < 0.310$，除 Mn 之外总和 < 0.5	
金属锰	JMn1	$Mn > 96.0$，$S < 0.05$，$P < 0.05$，$C < 0.10$，$Si < 0.50$，$Fe < 2.5$	
钼粉	FMo-1	$P < 0.001$，$Si < 0.003$，$Fe < 0.006$	
	FMo-2	$P < 0.005$，$Si < 0.010$，$Fe < 0.030$	

（续）

材料		主要化学成分（质量分数，%）	在焊条中的主要作用
名称	牌号		
铝粉	FLP1	活性 Al>96，Fe<0.5，Si<0.5，Cu<0.1，水分<0.2	脱氧剂
	FLP4	活性 Al>94，Fe<0.5，Si<0.5，Cu<0.1，水分<0.2	
钨粉	FWP-1	C < 0.010, P < 0.005, Mo < 0.20, Si < 0.010, Fe<0.030，Pb<0.01	合金剂
金属铌	FNb3	Ta<2.0，Nb+Ta>98，C<0.08，S<0.01，P<0.01	
电解镍粉	FND-3	Ni+Co>99.5，C<0.05，S<0.003，Co<0.1	
稀土硅铁合金	FeSiRE21	RE = 20 ~ 23，Si<46，Mn<4.0，Ca<5，Ti<3.5，余量为 Fe	
	FeSiRE45	RE = 44 ~ 47，Mn<3.0，Si<35，Ca<3.0，Ti<3.0，余量为 Fe	
金属铬	JCr99	Cr>99.0，C<0.02，S<0.02，P<0.01，Fe<0.40，Si<0.30，Al<0.30，Cu<0.04	
电解铜粉	FTD4	C>99.6，S<0.004	

注：需方对产品粒度有特殊要求时，可由供需双方另行协商。

附录 C　国内外焊条对照表

中国		日本		俄罗斯	瑞典	德国	美国	英国	荷兰	国际标准
牌号	GB	神钢	JIS	ГОСТ	ESAB	DIN	AWS	BS	PHILIPS	ISO
J421	E4313	B-33 RB-26 TB-35 TB-62	D4313	Э43	OK43.32 OK46.00 OK46.16 OK46.44	E4332R3 E4333RR8	E6013	E433R23 E4311R21	16 46S C17 28 48	2560-B-E4313A
J422	E4303	TB-24 TB-32 TB-43 TB-44 TB-25	D4303	Э42	OK50.00					2560-B-E4303A
J423	E4319	B-10 B-14 B-15 B-17	D4301	Э42			E6019	E316		
J424 J424Fe	E4320 E4327	IB-20 IB-25 IB-25D	D4320 D4327	Э42 Э46	OK39.50	E4354AR 11140	E6020 E6027	E433 E433K	C10	2560-B-E4320A
J425 J505	E4311 E5011	HC-24	D4311	Э42 Э50	OK22.45		E6011 E7011		31	2560-B-E4311A 2560-B-E4911A

（续）

中国		日本		俄罗斯	瑞典	德国	美国	英国	荷兰	国际标准
牌号	GB	神钢	JIS	ГОСТ	ESAB	DIN	AWS	BS	PHILIPS	ISO
J426	E4316	LB-26 LB-26V LBM-26	D4316	Э42А	OK48P	E4343B10	E6016	E4343B10 （H）	36 36S 36D 27	2560-B- E4316A
J427	E4315	LB-52U		Э42А			E601- 5C1	E610H	75	2560-B- E4315A
J502	E5003	LTB-5 LBW-52 LTW-50	D5003	Э50			E7019			2560-B- E4903-1A
J503	E5001	BW-52 BA-47	D5001	Э50						
J506 J507	E5016 E5015	LB-24 LB-52 LBO-52	D5016	Э50А	OK53.35 OK55.00	E5143B10 E5155B10	E7016 E7015	E5154B24 E5154B20	360 55 56	2560-B- E4916-1A 2560-B- E4915-1A
J506Fe	E5018	LTB-52N LTB-52A LB-52-18	D5026	Э50А	OK48.00 OK48.04 OK48.15 OK48.30	E5155B10	E7018	E5154B 12016	35 35Z 36H	2560-A- E425B32H5
J556 J557	E5516G E5515G	LB-76 LB-57	D5316 D5818	Э55А	OK73.08	EY50661N	E8016-G E8015-G		88SC	2560-B- E5516-GP 2560-B- E5515-GP
J606 J607	E5916-3M2 E5915-3M2	LB-62N LBM-62	D5816 D6216	Э60А	OK78.16	EY5554B ××H5	E9016- D1 E9015- D1	E619H	88 88S 98	18275-B- E5916-3M2P 18275-B- E5915
J707	E6915-G	LB-106	D7016	Э70А	OK75.65	EY6242B ××H5	E10015 -D2		116	18275-B- E6915-4M2P
J807	E7815-G	LB-116		Э85А		EY7953B ××H5	E11015 -G			18275-B- E7615-GP
R107	E5015-1M3	CMA-76 CMB-76	DT 1215	Э-М			E7015- A1			3580-B- E4915-1M3
R207	E5515-CM	CMB-83		Э-МХ			E8015- B1		KV₁M	3580-B- E5515-CM
R307	E5515- 1CMV	CMB-95 CMB-96 CMB-98	DT 2315	Э-ХМ	OK76.18	ECrMo1B10+	E8015- B2		KV5L	3580-B- E5515-G
R407	E6215- 2C1M	CMB-105 CMB-106 CMA-106	DT 2415			ECrMo2B10+	E9015- B3	E2CrMoB	KV3L （HP）	3580-B-E6 215-2C1M
R507	E5515- 5CMV	CM-5	DT 2516	ЭХ5Мф	OK76.12	ECrMo5 B10+	E8015- B6	E5CrMoB	KV4 （HP）	3580-B-E5 515-5CM
R707	E6215- 9C1M	CM-9				ECrMo9B10+		E9CrMoB	KV7	3580-6215
G202	E410-16	CR-40	D410- 16	Э12X13	OK84.42	E13B20+	E410- 16			3581-B- ES410-16

（续）

中国		日本		俄罗斯	瑞典	德国	美国	英国	荷兰	国际标准
牌号	GB	神钢	JIS	ГОСТ	ESAB	DIN	AWS	BS	PHILIPS	ISO
A002	E308L-16	NCS-38L NC-38L	D308L-16	Э04 X20H9	OK61.30 OK61.41 OK61.33	E199nCr23 E199nCB16	E308L-16 E308LC-16	E19.9L.R	RS304 RS304B	3581-B-E S308L-16
A022	E316L-16	NC-36L NCA-316L	D316L		OK63.30 OK63.41 OK62.33	E19123L.R	E316L-16	E19123 L.R	RS316 RS316B RS316A	3581-B-E S316L-16
A032	E317L-16	NC-36CuL	D316CuL-16				E317L-16			3581-B-ES317L-16
A102	E308-16	NC-38	D308-16	Э07X20H9	OK61.53	E199R26	E308-16	E199R		3581-B-E308-16
A132	E347-16	NC-37	D347-16	Э08X20H9Г2Ъ	OK61.81	E199NbR26	E347-16	E199NbR	RSS	3581-B-ES347-16
A202	E316-16	NC-36	D316-16		OK63.32	E19123R26	E316-16	E19123R		3581-B-ES316-16
A207	E316-15				OK63.35	E19123R26	E316-15	E19123B		3581-B-ES316-15
A302	E309-16	NC-39	E309-16		OK67.62	E2312R26	E309-16	E2312R		3581-B-ES309-16
A312	E309Mo-16	NC-39Mo	E309Mo-16		OK67.70	E23122R26	E309Mo-16	E23122R		3581-B-ES309Mo-16
Z308	EZNi-1	C1A-1	DFC-Ni		OK92.18		ENi-CJ		801	
Z408	EZNiFe-1	C1A-2	DFC-NiFe		OK92.58		ENiFe-CJ		802	

附录 D 国内外堆焊焊条对照表

序号	堆焊合金类别	焊条牌号及堆焊金属合金系统				
		中国统一牌号	俄罗斯	美国	日本	瑞典
1	低碳低合金钢	D107(1Mn3Si) D127(2Mn4Si) D112(2CrMo)	OЭH-250(15Mn2) OЭH-300(15Mn3) OЭH-350(18Mn4) OЭH-400(20Mn5) ЦH-250(20Mn2) ЦH-350(25Mn2) У-340ПЪ(15Mn2Si) К-2、К-1Б、ЦHИИ-250	—	LM-2、LM-1 MM-B、MM-A MM-D、TH-350 HF-240、HF-260 HF-280、HF-330 HF-350	P-250 P-300 OKH2 OK83.28(10Cr3)
2	中碳低合金钢	D132(3Cr2Mo) D172(4Cr2Mo) D167(4Mn4Si) D212(5Cr2Mo2)	ЦЩ-3(6Cr3) Ш-7(5Cr2Mo) ЦH-4(3Mn6)	—	CH-1、PM、 KM、HF-500、 HF-600、HF-650	OKH11 OKH12

（续）

序号	堆焊合金类别	焊条牌号及堆焊金属合金系统				
		中国统一牌号	俄罗斯	美国	日本	瑞典
3	高碳低合金钢	D207（7Cr3Mn2Si）	13КН/ЛИИВТ（80Cr4MnSi）	—	KB（130Cr6B）TH-80（70Cr6MoSi）	
4	铬-钨铬-钼热稳定钢	D397（5CrMnMo）D337（3Cr2W8）D322（5W9Cr5Mo2V）D327（5W9Cr5Mo2V）	ЦШ-2（50CrMnMo）ЦШ-1（30Cr3W8）ИН-1（30Cr2W8）Ш-16（40Cr12W3VSi）		SB（40Cr6Mn2Mo）CH-1（40Cr6Mn2Mo）HF-12（60Cr7Mo）	OKH5（30Cr8CoNb）OK85.58（35W8Co2CrNb）
5	高铬钢	D502（12Cr13）D507（12Cr13）D507Mo（12Cr13Mo）D507MoNb（12Cr13MoNb）D512、D517（20Cr13）	НЖ-20（25Cr12）ЦН-5（20Cr13）ЦС-2（12Cr15Ni2Si2即索尔玛依特2号）		CRM-1（20Cr12Mn2Mo）	OK84.42（12Cr13）OK84.52（20Cr13）
6	奥氏体高锰钢和铬锰钢	D256（Mn13）D266（M13Mo2）D276（2Mn12Cr13Mo）D277（2Mn12Cr13Mo）	МВТу-2（Mn13）МВТу-1а（Mn23）МВТу-1σ（Mn34）ЦНИИН-4（Cr25Mn13Ni3）	EFeMn-A（Mn16Ni4）EFeMn-B（Mn14Mo）	HF-11（Mn13）HF-1（Mn14）CRM-2（15Cr15Mn17Ni2）CRM-3（80Cr15Mn15Mo2V）	OK86.08（Mn13）OKH8（Mn13）OK86.18（Mn14Cr4Ni3）
7	奥氏体镍铬钢	D547（12Cr18Ni8Si5）D547Mo（12Cr18Ni8Si5Mo）D557（12Cr18Ni8Si6Mn2）	ЦН-6（06Cr18Ni7Si5Mn2）ЦН-7（06Cr18Ni8Si8）ЦН-8（12Cr20Ni11Si9Mn2）	—		
8	高速钢	D307（W18Cr4V）	ЦИ-1М（W18Cr4V）ЦИ-1у（W18Cr4V）ЦИ-1П（W18Cr4V）И-1（含Mo）И-2（W9Cr4V2）	EFe5A（W6Mo5Cr4V2）EFe5B（W2Mo8Cr4V）EFe5C（W2Mo8Cr4V）	TO-2（含Co）TO-9（含Mo）	OKHb（含Mo）OK85.65（W2Mo7Cr4V）
9	马氏体合金铸铁	D678（W9B）D608（Cr4Mo4）D698（Cr5W13）		RFeMoC（Mo10）	SUS（Ni4CrSi2）	
10	高铬合金铸铁	D642、D646（Cr30）D667（Cr28Ni4Si4）D687（Cr30Co5Si2B）	T-590（Cr25B）T-620（Cr20BTi）ЦС-1（Cr28Ni4Si4即索尔玛依特1号）	EFeCrAl（Cr29Mn6Si）EFeCrA2（Cr29Ni3SiMn）	CRH（Cr28Mn5Si）	

（续）

序号	堆焊合金类别	焊条牌号及堆焊金属合金系统				
		中国统一牌号	俄罗斯	美国	日本	瑞典
11	碳化钨合金	D717（W60）		Electric Borod Electric Tube Borod	TWC-P（W65） TWC-A（W40） HF-900 HF-1000（W56） HF-950（W44）	
12	钴基合金	D802（Co 基 Cr30W5） D812（Co 基 Cr30W8） D822（Co 基 Cr30W12）	ЦН-1（Co 基 Cr30W5） ЦН-2（Co 基 Cr30W5Si2）	ECoCrA（Co 基 Cr29W4Ni3） ECoCrB（Co 基 Cr29W8Ni3） ECoCrC（Co 基 Cr30W12Ni3）	STL-1（Co 基 Cr30W10） STL-2（Co 基 Cr30W8） STL-3（Co 基 Cr28W3） HF-6（Co 基 Cr28W3） HF-3（Co 基 Cr27W7）	

注：某些镍基合金焊条、铜基合金焊条等，也可进行堆焊工作。

参考文献

[1] 张文钺. 焊接冶金学（基本原理）[M]. 北京：机械工业出版社，1995.

[2] 张文钺. 焊接传热学 [M]. 北京：机械工业出版社，1989.

[3] 张文钺. 焊接物理冶金 [M]. 天津：天津大学出版社，1991.

[4] 天津大学焊接教研室. 焊接冶金基础 [M]. 北京：中国工业出版社，1961.

[5] 陈祝年. 焊接工程师手册 [M]. 2版. 北京：机械工业出版社，2010.

[6] 陈伯蠡. 金属焊接性基础 [M]. 北京：机械工业出版社，1982.

[7] 陈伯蠡，焊接冶金原理 [M]. 北京：清华大学出版社，1991.

[8] 陈伯蠡，焊接工程缺欠分析与对策 [M]. 2版. 北京：机械工业出版社，2006.

[9] 任家烈，吴爱萍. 先进材料的连接 [M]. 北京：机械工业出版社，2000.

[10] 邹增大. 焊接材料、工艺及设备手册 [M]. 2版. 北京：化学工业出版社，2011.

[11] 李志远，钱乙余，张久海，等. 先进连接方法 [M]. 北京：机械工业出版社，2000.

[12] 李亚江，等. 焊接冶金原理 [M]. 北京：化学工业出版社，2015.

[13] 武传松. 焊接热过程与熔池形态 [M]. 北京：机械工业出版社，2008.

[14] 叶罗欣 A A. 熔焊原理 [M]. 赵裕民，张炳范，贾安东，译. 北京：机械工业出版社，1981.

[15] 中国机械工程学会焊接学会. 焊接手册：第2卷 [M]. 3版. 北京：机械工业出版社，2014.

[16] 干勇，田志凌，董瀚，等. 中国材料工程大典：第2卷 [M]. 北京：化学工业出版社，2006.

[17] 徐滨士，刘世参. 表面工程新技术 [M]. 北京：国防工程出版社，2002.

[18] 唐伯钢，尹士科，王玉荣. 低碳钢与低合金高强度焊接材料 [M]. 北京：机械工业出版社，1987.

[19] 张文钺，杜则裕，等. 国产低合金高强钢冷裂判据的建立 [J]. 天津大学学报，1983（3）：66-75.

[20] 王勇，王引真，等. 材料冶金学与成型工艺 [M]. 东营：石油大学出版社，2005.

[21] 张炳范，等. 焊条计算机辅助设计软件系统 [J]. 焊接学报，1989，10（2）：73-79.

[22] 杜则裕. 工程焊接冶金学 [M]. 北京：机械工业出版社，1993.

[23] 张汉谦. 钢熔焊接头金属学 [M]. 北京：机械工业出版社，2000.

[24] 徐祖泽. 新型微合金钢的焊接 [M]. 北京：机械工业出版社，2004.

[25] 机械电子工业部哈尔滨焊接研究所. 国产低合金钢焊接 CCT 图册 [M]. 北京：机械工业出版社，1990.

[26] 中国机械工程学会焊接学会. 焊接金相图谱 [M]. 北京：机械工业出版社，1987.

[27] 中国机械工程学会焊接分会. 焊接词典 [M]. 3版. 北京：机械工业出版社，2008.

[28] 田志凌，潘川，梁东图. 药芯焊丝 [M]. 北京：冶金工业出版社，1999.

[29] 吴树雄，尹士科，李春范. 金属焊接材料手册 [M]. 北京：化学工业出版社，2008.

[30] 史耀武. 新编焊接数据资料手册 [M]. 北京：机械工业出版社，2014.

[31] Sindo Kou. 焊接冶金学 [M]. 2版. 闫久春，杨建国，张广军，译. 北京：高等教育出版社，2012.

[32] 何实，储继君，齐万利. 中国焊接材料的发展现状与未来趋势 [J]. 焊接，2015（12）：1-5.

[33] 杜则裕. 材料连接原理 [M]. 北京：机械工业出版社，2011.

[34] 杜则裕. 焊接科学基础：材料焊接科学基础 [M]. 北京：机械工业出版社，2012.

[35] Lancaster J F. Welding Metallurgy of Welding [M]. 3rd ed. London：George Allen & Unwin，1980.

[36] 余燕，吴祖乾. 焊接材料选用手册 [M]. 上海：上海科学技术文献出版社，2005.

[37] 卢晓雪. 焊接材料标准速查与选用指南 [M]. 北京：中国建材工业出版社，2011.